머핸시대 이후
중국의 해양력

후보(胡波) 지음
이진성 · 이희정 옮김

중국 해양력의 길은 어디로 향하는가?
전통 해양력 이론의 현실적 가치는 얼마나 되는가?
중국 해양력 발전의 길을 어떻게 혁신해야 하는가?

해상굴기의 길은 이미 절반이 지났다.
해양력의 의미, 중국의 상황과 특징을 종합하여,
중국 해양력이 나아가야 할 길을 엄중하게 평가한다.

박영사 海洋出版社

추천사

국제관계는 늘 변화하고 있지만, 중국의 부상으로 상징되는 최근의 변화는 그야말로 '격변'이다. 특히, 한반도 주변 해역, 동중국해, 남중국해, 태평양에서 벌어지고 있는 미국과 중국의 크고 작은 충돌은 이미 심각한 단계에 이르렀다. 양국의 대립과 갈등이 우리나라의 안보환경에 어떤 변화를 가져올지 우려하는 이들이 많다. 대한민국의 '평화와 번영'을 보장하기 위한 전략을 세우고 실천하는 일치된 노력이 무엇보다 중요한 때다. 그 첫 단계는 우리가 처한 상황을 제대로 이해하는 일일 것이다. "적을 알고 나를 알면 승리는 위태롭지 않고, 나아가 천시와 지형까지 알 수 있으면 승리는 가히 온전해질 수 있다(知彼知己 勝乃不殆, 知天知地 勝乃可全)"라는 손자의 교훈은 여전히 유효하기 때문이다.

『머핸시대 이후 중국의 해양력』은 그런 점에서 매우 큰 의미가 있는 책이다. 중국인 교수가 자국민을 대상으로 중국의 해양력에 관해 설명하고, 해양력 발전방안을 제안하는 내용을 담고 있기 때문이다. 제삼국이 아닌 중국인의 시각을 그대로 들여다볼 좋은 기회이다. 저자인 베이징대학 후보 교수가 제시한 분석과 통찰은 오늘의 중국과 중국의 해양력을 이해하는 매우 유용한 틀이 될 것으로 기대한다. 후보는 중국의 해상굴기(海上崛起)가 21세기 세계 최대의 지정학적 변천이며, 중국이 대국(大國)에서 강국(强國)으로 가는 새로운 시대에 접어들었다고 강조하고 있다. 해상교통로의 안전이 중국에 가장 중요한 사안이므로 전 세계 해양에 중국의 군사력을 투사할 수 있어야 한다고 주장하고 있다. 패러다임 혁신, 기술혁신, 제도혁신을 통한 해양력 건설의 제안도 담고 있다. 국제규범을 준수하고 주도하고 싶지만, 보편적인 기준에 미치지 못하는 중국의 취약점들도 어렵지 않게 살펴볼 수 있다.

이 책을 옮긴 이진성 해군사관학교 교수(소령)와 이희정 대령은 함정병과 장교로서 여러 해 동안 우리 바다에서 대한민국의 안보를 지켜왔다. 바다를 통해 전쟁을 억제하고 전승을 보장하는 막중한 임무를 수행하면서, 시의적절한 주제의 중국어 원서를 번역한 정성과 전문성에 큰 박수를 보낸다. 중국의 해양력을 좀더 깊이 이해하고, 우리의 바다를 더욱 평화롭게 하는 데 이 번역서가 큰 역할을 하리라 기대한다.

2021년 5월

해군사관학교장 해군 중장

김현일

옮긴이 머리말

중국의 해양력을 다룬 많은 말과 글이 있지만, 미국 중심의 우려와 대비가 주를 이루고, 중국 내부의 목소리는 잘 전해지지 않는다. 중국은 체제의 특성상 국가정책에 대한 다양한 목소리가 전해지기 어려우며, 그 선전에 치우쳐 외부의 궁금증을 충분히 만족시켜주지 못한다. 이 글은 중국의 해양력을 연구하는 중국 학자의 목소리라는 점에서, 우리나라와 외부에 의미가 있다.

우리 해군은 한반도를 둘러싼 잠재적 위협에 대비하기 위해 전력분석시험평가단을 중심으로 주변국 해군에 관해 연구하며, 격월간 「세계해군 발전소식」과 「중국 해양전략과 해군(2018)」 등을 발간하여 그 이해를 나누어 왔다. 이 책 역시 그 연장에서 시작하였으며, 2018년 당시 주중 해군무관 박노호 대령님의 제안으로, 중국통 해군 장교들이 번역의 뜻을 모아 국내에 전하게 되었다.

글쓴이는 오늘날 바다의 중요성과 중국의 굴기를 인정함과 동시에 중국 해양력의 한계도 받아들이고 있다. 핵심·중대·중요 해양이익을 지키기 위하여, 도광양회(韜光養晦, 재능을 감추고 드러내지 않다)를 벗어나 근해통제, 지역존재와 전 세계 영향을 목표로 제시하고, 패러다임과 기술 그리고 제도의 혁신을 주장한다. 지금까지의 전략적 모호성은 오히려 독이 되었다고 평가하며, 중국 위협론을 씻어 버리기 위해 외교의 역할을 강조한다.

중국은 미국의 해상패권에 도전할 조건도 의지도 심지어 능력도 없다고 분석하고, 평화발전과 해양경제의 민간영역 확대 등 효율성 제고를 주장한다. 중국의 해양력과 경제체제의 한계를 인정하고 중국 특색 해양력의 길을 찾는 모습이다. 특히, 해양분쟁과 타이완, 극지 개발에 대한 논리와 입장, 대양해군을 위한 태평양함대와 남중국해 원양함대 구성 제안 그리고 항공모함 개발 논리는 우리에게 참고가 될 만하다.

그렇다면, 과연 오늘날 중국 해양력의 발걸음은 어디로 향하는가? 주변국과의 해양 경계획정과 도서 영유권 분쟁에서 보이는 태도, 만두 빚듯 찍어내는 전력 증강, 해경의 인민해방군 편입과 해경법 제정 그리고 해상민병 운용 등 다양한 형태로 해양패권에 도전하는 모습을 감추지 않고 있다. 해양이익이 충돌하는 한·중 관계에서 평화발전과 선린외교라는 말에 우리는 경계를 늦출 수 없다.

앞으로도 중국 해양력의 길은 우리나라와 평행하기도, 교차하기도 하겠지만, 서로의 입장과 상황에 관한 인식은 그 마찰을 줄일 수 있을 것이다. 역사와 이론 그리고 혜안으로 중국 해양력의 길을 제시한 후보 교수님께 감사드리고, 우리말로 쓰인 책이 우리나라에 나올 수 있도록 도와주신 우리나라, 우리 군, 한국해양전략연구소와 박영사 그리고 일과 가정 사이에서 시간과 노력을 쏟을 수 있도록 배려해준 가족들에게 감사한다.

2021년 5월

이진성, 이희정

한국어판 머리말

해양력에 관하여, 대부분 중국인은 근대 중국이 약한 해상역량으로 인해 겪은 '백 년의 굴욕'을 먼저 떠올리며, 약자와 피해자의 사고방식이 매우 뚜렷하다. 해양력은 많은 중국인의 인식에서 종종 강권정치와 패권주의로 연결되며, 오늘날에도 많은 중국 학자와 관리들은 여전히 해양력이라는 개념을 이야기하는 데 익숙하지 않다. 그러나 인류문명이 시작된 날부터 지정학과 해양력의 경쟁이 영원하리라는 것은 인정하여야 한다. 세계 지역별로 바다의 색과 그 양이 크게 다를 뿐이다. 고대 그리스·로마 이후의 서방 문명과는 달리, 1840년 이전 동아시아 역사에는 세계 일류 해군이 여러 차례 있었음에도, 해양력과 해군은 동아시아 역사에 크게 영향을 미치지 않았다.

중국의 해양력 굴기가 전 세계 해상 구도와 서방 중심의 해양질서에 전례 없는 도전이라는 것은 부인할 수 없다. 서방의 많은 학자는 '머핸(Mahan)'의 패러다임과 서방 해양강국의 흥망성쇠 경험에 근거하여, 중국은 굴기하면 반드시 '확장'할 것이며, 적어도 서태평양에서 그 주도의 해양질서를 세울 것이라고 여긴다.[1] 서방 세계의 주류 관점은 대부분 자기도 모르게 오만하여, 비서방 국가가 세계 해양강국으로 도약하는 것의 정당성을 의심하며, 돋보기를 끼고 중국의 해상행위를 관찰하고 비판하기도 한다.

이 책은 중국의 예외주의를 부추기거나 강조하려는 의도가 아니다. 해양력은 세계 보편적 개념이지만 오늘날 해양력의 의미와 사용 방식은 크게 달라졌다.

제2차 세계대전 이후, 대국 간 핵 억제, 경제 세계화와 정치문화의 발전, 국가 간 대규모 폭력의 비용 급증과 효과 급감으로 시대는 변하였고, 이제 다시 대규모 전쟁

---

1) James R. Holmes, Toshi Yoshihara, Chinese Naval Strategy in the 21st Century: The turn to Mahan, New York: Routledge, 2009.

을 통한 해상굴기의 가능성은 없다. 이는 힘의 차이가 크지 않는 한 한 나라가 다른 나라에 절대적 권력을 갖기 어렵고, 해양력을 사용하는 방식을 조정하여야 함을 의미한다. 해양력은 점차 절대적인 권력에서 공유와 타협의 권력이 되고 있다. 오늘날의 해양력은 평시의 영향력과 위상에서 더 잘 나타난다. 물론, 해상역량은 전시 제해권을 차지하기 위해 싸울 준비가 되어 있어야 하지만, 평시에 더 많이 사용되며, 해양질서의 안정을 유지하여야 한다. 제프리 틸이 말했듯이 21세기 대국 해군들은 '근대적 해군(modern navy)'과 '탈근대적 해군(post－modern navy)'의 절충이다. 전자는 전통적 임무를 수행하고, 제해권 다툼에 대하여 배타적이고 경쟁적이나, 후자의 우선 임무는 제해권을 놓고 상대와 경쟁하는 것이 아니라, 좋은 해상질서를 보장하여 전반적인 해양안보를 유지하는 것이다. 따라서 우리는 이미 해양력의 '머핸시대 이후'에 와 있다.[2)]

동시에 군사기술의 발달로 육·해·공·우주·2. 등 전 영역에서의 경쟁이 등장하고, 영역과 영역 사이의 경계가 모호해지며, 해상에 사용할 수 있는 무기와 플랫폼이 다양해져, 각 군종은 모두 해양력에 이바지할 수 있다. 해양력의 도구가 풍부하여지는 것의 문제는, 어느 한 나라도 모든 '공간'과 기술 영역에서 우위를 차지하기 어렵다는 것이다. 이는 해양통제는 점점 더 어려워지고, 해양거부는 점점 쉬워지고 있음을 의미한다.

이러한 맥락에서 서양 특히 머핸식 패러다임의 해양력은 쇠퇴할 운명이다. 미래의 어느 나라도 오늘날 전 세계 해상에서 미국이 가진 주도권을 따라 하거나 추구할 수 없기 때문이다.

중국은 예외가 될 가능성이 더 작다. 중국은 해양지리가 불리한 국가로, 관할해역의 면적이 좁고 도련(島聯)에 갇혀있으며, 육·해 복합국가로 육·해 방어를 모두 고려해야 한다. 이는 중국의 해상역량이 지역 중점으로 배치하여야 하며, 미국과 같은 '전 세계 배치, 전 세계 공방(攻防)'을 영원히 이룰 수 없다는 것을 의미한다.

21세기는 바다의 세기이다. 세계 전체가 바다를 향하고 있다. 많은 나라가 다 같이 부상하는 가운데, 중국은 가장 눈에 띄는 것에 지나지 않는다. 물론, 그것은 주목할 만하지만, 중등 해양강국이 부상하여 중·미와 같은 대국을 견제하는 것도 무시하여서는 안 된다.

---

2) Geoffrey Till, Seapower: A Guide for the 21st Century, Taylor & Francis Group, 2009, pp.6－19.

중국이 오늘날 마주한 지정학적 환경과 처한 시대, 기술적 여건은 머핸이 살았던 19세기 말의 미국은 물론, 역사에서 떠오른 다른 해양강국과도 다르다. 역사의 관성은 매우 크지만, 경험과 교훈만으로는 충분하지 않다. 머핸의 책은 읽어야 하지만, 그의 계획은 분명히 오늘날 중국에 적합하지 않다. 이 책의 주요 목적은 세계 해양력 이론에 대한 종합적인 검토를 통해, 중국 근대 이래 해양력 건설의 역사를 체계적으로 돌아보고, 중국의 해양 천성과 처한 시대적 조건, 세계 군사기술의 발전 추이를 객관적이고 합리적으로 파악하여, 중국 해양력 부상의 길을 만드는 것이다. 물론 이는 나 한 사람의 말일 뿐 중국 정부를 대표하는 것은 아니다.

중국과 한국은 그 크기에서 차이를 보일 뿐, 모두 해상에서 '부상(浮上)'하고 있다. 두 나라의 역사에는 모두 강한 해군과 해상 영웅, 역사에 길이 남을 정화(鄭和)와 이순신이 있었으며, 해양활동 역시 매우 왕성하였다. 하지만, 지금처럼 한 국가의 모든 영역이 육지에서 해양으로 향하는 것은 두 나라 모두 처음이다. 해양에 관한 인식과 이해 그리고 해양의 이용은 모두에게 어렵고 힘든 과제이며, 해양력을 어떻게 차지할 것인가는 더욱 힘들고 중요한 과제가 아닐 수 없다.

한국해양전략연구소와 이희정 대령, 이진성 소령의 이 책에 관한 관심과 노력에 감사드리며, 이 책이 한국 독자들을 한국어로 널리 읽혀 중국의 해양굴기를 객관적으로 인식하는 데 도움이 되길 바란다. 아울러 이 책이 '타산지석'으로서 한국의 해상굴기에도 본보기와 도움이 되기를 바란다.

중국 베이징대학교
후보 교수

차 례

제2장 중국 해양력 발전의 조건 39

제3장 중국 해양력 굴기의 국제환경 52

제4장 중국의 중요한 해양이익 75

제2부 현황과 목표

제3부 수단과 방법

일러두기

1. 이 책에 사용된 한글 맞춤법과 외래어 표기는 문화체육관광부에서 고시한 한국어 어문 규범, 국립국어원의 표준국어대사전과 다듬은 말에 따랐다.
2. Alfred Thayer Mahan은 '마한'으로 많이 번역되지만, 외래어 표기법에 따라 '머핸'으로 표기하였다.
3. 각주(脚註)는 지은이의 원주(原註)이며, 역주(譯註)는 따로 표기하였다.
4. 본문의 괄호 안에 함께 적은 한자는 읽는 이의 이해를 돕기 위하여 번체자로, 각주는 인용 출처를 그대로 밝히기 위하여 간체자로 표기하였다.
5. 인명과 지명 등 원어의 표기는 처음 한 번만 괄호 안에 함께 적었으며, 각주에 표기하였으면 생략하였다.

서론

21세기 세계 최대의 지정학적 변천은 중국의 해상굴기(崛起)일 것이다. 수천 년 대륙의 전통을 가진 중국이, 바다로 나아가 세계적으로 영향력 있는 해양강국이 되는 것은, 물질적으로나 정신적으로나 매우 큰 변화이다. 중국이 건설하려는 해양강국은 정치, 경제, 군사, 문화 등 각 분야의 전면적 발전과 진보를 추구하며, 특히 경제사회 차원의 번영과 부강을 강조한다. 근대 이후 중국은 지정학적 경쟁에 서툴렀고, 오랫동안 전략적 인식이 부족했다. 그러나 해양통제와 영향을 둘러싼 해양력 경쟁은 여전히 국제 해양정치의 중요한 주제 가운데 하나라는 점을 알아야 한다. 미국은 해상전략의 전환, 해양통제로의 복귀(Return to Sea Control)를 가속하여, 해상에서의 지정학적 경쟁이 고조되고 있다. 영국, 러시아와 일본 등은 해상군비를 재정비하여, 해양부흥을 적극적으로 추진하고 있다. 다른 해양국들도 자신들의 해양이익을 지킬 수 있는 능력을 키우기 위해, 해상역량 건설을 강화하고 있다. 해양력에 관한 논의는 피할 수 없고, 해양강국 건설을 위해서도 반드시 있어야 한다.

해양력은 강국의 필수요소이며, 결국 국가의 총체적 강국 목표를 위해 이바지해야 한다. 중국은 대국(大國)에서 강국(強國)으로 가는 새로운 시대에 접어들었다. 2017년 10월 18일, 시진핑 중국 공산당 총서기는 제18기 중앙위원회를 대표해 중국 공산당 제19차 전국대표대회에서 「전면적인 샤오캉(小康, 중산층) 사회 승리 및 새로운 시대 중국 특색 사회주의의 위대한 승리 쟁취」라는 보고서를 내고 중국의 2049년까지의 전략목표를 다음과 같이 명확하게 밝혔다. '첫 번째 단계는 2020에서 2035년까지로 전면적으로 샤오캉 사회의 토대를 건설하는 위에 다시 15년을 분투하여 사회주의 현대화를 기본적으로 실현하는 단계'이며, '두 번째 단계는 2035년부터 본 세기 중엽까지로, 현대화의 토대를 기본적으로 실현한 후에 다시 15년을 분투하여 우리나라를 부강한 민주문명과 조화롭고 아름다운 사회주의 현대화 강국으로 만드는 시기'이다.[1]

최근 몇 년 사이, 중국 해군의 장비 건설은 '신의 속도'라는 말로밖에 형용할 수 없다. 국산 항공모함의 진수, '빚어내는 듯한' 주력 전투함의 취역 속도와 규모는 세상 사람들의 관심을 끌었다. 중국 해양력에 관한 연구도 나라 안팎에서 유명한 학문이 되었으며, 중국의 해상력이 빠르게 커지면서, 중국이 어떠한 해상굴기의 길을 걸을 것인가? 이것은 중국의 뜻있는 이들의 관심사일 뿐 아니라, 외부에서도 간절히 알기를 원하는 문제가 되었다.

1990년대 이후, 중국 해양력을 연구대상으로 한 글은 매우 많다. 나라 안팎의 '중국 해양력'이라는 제목의 전문저서만 해도 100여 권이고, 관련 저술은 무수히 많다. 돌이켜 보면, 중화인민공화국 건국 후, 상당히 오랜 기간 해안방어만 하고 해양력이 없었던, 중국이 강대한 해양력을 전략적 임무로 삼은 것은 개혁개방 이후일 것이다. 류화칭(劉華淸) 등 군과 중앙 지도부의 노력으로, 중국은 1980년대 초에야 비로소 전면적이고 체계적으로 강대한 해양력의 길을 찾기 시작한 것으로 알려져 있다. 30여 년 동안, 중국 해양력 건설의 성과는 도대체 어떠한가? 미래 발전방향과 방법은 어떻게 선택해야 하는가? 2049년을 '두 개의 백 년(兩個一百年)'[2] 목표를 실현할 시점으로 삼는다면, 해상굴기의 길은 이미 절반이 지났고, 해양력의 의미, 중국의 상황과 특징을 종합하여, 우리는 중국 해양력이 나아가야 할 길을 엄중하게 평가할 때가 되었다.

해양력은 무엇인가?

해양력 실천의 기원은 문명이 시작되던 날로 거슬러 올라간다. 바다의 연결성은 인간의 기동성을 크게 키워, 노동과 기술의 창조에 더 넓은 시장을 제공했을 뿐 아니

1) 习近平 :《决胜全面建成小康社会 夺取新时代中国特色社会主义伟大胜利》, http://cpc.people.com.cn/19th/n1/2017/1019/c414305－29595241.html.

2) 중국 공산당 창당 100주년이 되는 2021년까지 전면적인 샤오캉 사회를 건설하고, 건국 100주년이 되는 2049년까지 부강한 민주문명의 조화로운 사회주의 선진국을 건설(역주)

라 문명 간 교류의 통로를 제공하고, 국제정치의 실천도 대단히 풍부하게 하였다. 지중해와 그 주변 해역의 권력 구도는 고대 그리스와 로마의 흥망에 직접적으로 영향을 미쳤으며, 해군은 서방 문명의 개척자이자 수호자라고 할 수 있다. 근대 이후 대항해 시대가 도래하면서, 유럽의 식민주의와 제국주의의 확장으로 인해, 바다는 통로로서의 중요성이 더욱 두드러졌고, 해양의 통제는 제국주의 국가들이 식민지나 세력권을 쟁취하는 데 있어 중요한 수단과 통로가 되어 왔으며, 해양을 인식하고, 해양을 탐색하며, 해양을 통제하는 것이 유럽의 지역적인 정치 화제에서 세계적인 정치 주요의제로 발전하기 시작했다.

그러나, 해양력의 이론은 상대적으로 더디게 발달했으며 아직도 많이 모호하다. 19세기 말 해양력의 개념을 가장 먼저 체계적으로 제시한 머핸은 '해양력은 해양에서 또는 해양에 의해 국민이 위대해지는 모든 경향'이라고 하였으며, 지리적 위치, 자연조건과 그 생산력 및 기후, 영토의 크기, 인구, 국민성과 정부의 성격으로 6대 요소를 열거했다.[3] 그런데 이러한 정의는 별로 구체적이지 않아, 사실 해양력의 개념은 머핸 때부터 모호한 상태였고, 여러 가지 해석이 크게 달랐다.

논쟁의 일차적 초점은 해양력이 군사분야의 능력이나 영향만을 의미하는 좁은 의미여야 하는지, 아니면 군사, 정치, 경제 등 해양권세와 관련된 모든 것을 포괄하는 넓은 의미여야 하는지이다. 그런 점에서는 머핸 자신도 모순을 갖고 있었다. 제2차 세계대전 이후의 해양력 이론가들은 통상 해양력의 개념이 해군에 국한되어서는 안 된다고 생각했지만, 과연 어떠한 비군사적 요소가 여기에 포함될 수 있을지는 의문을 품고 있었다. 이에 대해 샘 탱고리드는 '해양력은 한 나라의 국제 해상무역과 해양자원 이용 능력, 해상에 군사력을 투사할 수 있는 능력, 상업과 분쟁에 대한 해상 및 지역 통제, 그리고 해군력을 이용하여 해상에서 육상에 영향을 미치는 능력의 결합으로 정의할 수 있다'라고 절충하였다.[4]

또 다른 의견은 논술의 중점을 어디 두느냐 하는 것으로, 배경, 방법과 입장 등의 차이에서, 연구자마다 힘에 더 관심을 두기도 하고, 권세에 더 관심을 두기도 하

3) Alfred Thayer Mahan, *The Influence of Sea Power upon History, 1660—1783*, Boston: Little, Brown and Company, 1890, p.29.
4) Sam J. Tangredi, *Globalization and maritime power*, National Defense University Press, 2002, p.3.

며, 자원, 조건 등 선천적인 요인에 더 관심을 두기도 한다. 해양력은 함정, 항공기, 선원 등 유형적 요소와 같이 힘의 개념이면서, 일종의 권세적 개념이기도 하며, 일종의 영향력이자, 유형의 힘으로 목표를 달성할 수 있는 일종의 기술이고, 일종의 관리 또는 전략적 운영능력이기도 하다.[5]

필자가 보기에 해양력은, 힘으로서의 해양력, 권력관계로서의 해양력, 자원이나 능력으로서의 해양력을 의미하는 적어도 세 가지의 다른 의미를 담고 있다.

힘으로서의 해양력은 함대, 상선대, 어선단, 항공기 등 해상에 영향을 미칠 수 있는 플랫폼 또는 장비를 가리키며, 해군, 해경, 상선 등 직접 해상역량과 육군, 공군과 우주 등 지원할 수 있는 역량을 포함한다. 권력관계로서의 해양력은 한 나라가 해상에서 다른 나라보다 우세한 지위에 있어, 해양을 기반으로 다른 나라의 해상과 육상 활동을 강제하거나 영향을 미칠 수 있는 것을 가리키며, 한 나라의 해양력 강약은 주로 국제 해양구도에서 차지하는 위치를 고려하여, 해양력이 가진 선천적 적대성을 결정하였다. 자원 또는 능력으로서의 해양력은 해양대국에게 공기와 물 같이 반드시 있어야 하는 것으로 해양강국이 되기 위한 모든 요소를 포함하며, 해상 군사강국을 이루기 위한 자원에 중점이 있다.

해양통제(Sea Control)는 해양력의 핵심적 의미이자 주요 내용으로, 해양을 자신을 위해 이용하는 것, 또는 적에게 이용되는 것을 막는다는 두 가지 의미를 담고 있다. 해양력은 해양통제의 기초이며, 해양통제는 해양력 운용의 결과이다. 육지 권력과 달리 해양통제의 가치는 물리적인 정복이나 점유에 있지 않다.[6] 2010년 미국은 「해군 작전개념: 해양전략 수행」에서 해양통제가 '지상 및 공중 전력의 지원을 받으며 핵심해역에서 군사목적을 달성하는 행동'이라고 정의했다.[7] 해양통제는 달성해야 할 목표와 현실이 아니라, 능력인 경우가 많다. 좁은 의미의 해양통제는 해상교통로 통제에 지나지 않으며, 넓은 의미의 해양통제는 전시에 특정 해역과 그 상공을 군사 및 비군사적 목적으로 사용할 수 있는 능력을 말한다. 실제로 평시에는 해군이 해양통제를 하지 않고, 그 대신 어느 정도의 해군력만 행사한다. 두 해상 강자의 대결에서 자

5) 师小芹：《论海权与中美关系》，北京：军事科学出版社，2012年，第6页。
6) Geoffrey Till, *Seapower: A Guide for the 21st Century*, Portland, OR.: Frank Cass Publishers, 2004, pp.156－158.
7) The Navy, marine corps and coast Guards, *Naval Operations Concept: Implementing The Maritime Strategy*, 2010, p.52.

신의 사용을 위해 해양을 완전히 통제하거나 상대의 사용을 완전히 거부하는 것은 불가능하거나 드문 일이다.[8)]

해양력은 어떻게 해석하더라도, 해양권익이나 해양권리 같은 법률적 개념이 아니라 정치적 개념이다. 해양력의 발전은 중국의 해양권익을 지키는 데 도움이 된다. 댜오위다오(釣魚島)와 난사군도(南沙群島)를 통제하는 것은 중국의 해양력을 확장하는 데 유리하지만, 도서 주권, 배타적경제수역 등 해양권익 자체를 해양력이라 할 수는 없다. 해양력은 해양강국의 전략적 기반이자 주요 구성요소이지만, 해양력이 해양강국의 모든 것을 가리키지는 못한다.

해양력의 개념은 고정불변한 것이 아니다. 군사기술이 변했고, 세계 국제환경과 정치의 속뜻도 변했다. 어떠한 해양력 강국도, 추구한 것은 모두 어떠한 시대, 특정 기술조건과 자신의 타고난 자질에 따른 선택으로, 역사적으로 같은 두 개의 해양력 강국은 없었다. 방법이 가장 비슷했던 미국과 영국도 해양력 강국이 되는 길과 해양력의 운용방식은 큰 차이가 있었다. 엄밀히 말해 제2차 세계대전이 끝난 뒤부터 이 세계는 해양력의 '머핸시대 이후'에 접어들었고, 전후 해양력의 발전과 운용은 이래저래 머핸의 흔적이 남아있지만, 점점 흐려지고 있다. 그러나 해양력 건설의 경우 머핸과 그를 대표하는 '머핸주의'는 여전히 외면하거나 피할 수 없는 존재이다. 중국 내에도 머핸 옹호론이 적지 않으며, 머핸은 간결하지만, 매력 있는 이론으로, 중국처럼 바다를 누비는 나라에서는 공감을 사기 쉽다. 중국 해군이 머핸의 뒤를 이어 머핸노선을 걷고 있다는 분석도 적지 않다.[9)] 머핸과 머핸의 해양력 이론을 어떻게 보느냐에 따라 중국이 어떠한 해상굴기의 길로 나아갈지 결정될 것이라는 얘기다. 냉전 종식 이후 해양력의 의미와 실천이 더욱 복잡하게 변하면서, 영국의 해양력 전략 전문가인 제프리 틸에 따르면, 중국과 미국 등 대국의 해군들은 모두 '근대적 해군'과 '탈근대적 해군'의 혼합체이고, 전자의 임무는 더 전통적이고, 제해권에 대한 다툼이 배타적이며 경쟁적인 특성이 있으며, 후자의 우선 임무는 상대와 제해권을 다투는 것이 아니라 해양질서 보호를 통하여 전체적인 해양안보를 유지하는 것이다.[10)] 해양력의 운용방

8) Milan Vego, "Getting Sea Control Right", *U.S. Naval Institute Proceedings*, Nov 2013, Vol.139, No.11.

9) James R. Holmes, "What's the matter with Mahan?", *U.S. Naval Institute Proceedings*, Vol.137, 2011, No.5.; James R. Holmes, Toshi Yoshihara, *Chinese Naval Strategy in the 21st Century: The turn to Mahan*, New York: Routledge, 2009.

식은 억제와 평화 경쟁의 특징이 뚜렷하여, 대국 간 대규모 해전은 상상하기 어려우며, 1945년 이후 냉전 기간에는 일어나지 않은 만큼, 우리의 미래를 조심스레 낙관할 수 있다.

하지만 이는 해양력이 한물갔다는 의미가 아니라 오히려 더 복잡하고 중요해졌다는 뜻이다. 오늘날과 미래의 해양력 경쟁은 머핸의 '함대결전(艦隊決戰)'이 아닌 전략적 대치나 소모가 될 가능성이 크다. 현재, 해양력 발전에 영향을 미치는 관료체계가 더욱 복잡해지고, 해양력과 관련된 행위체들이 많이 늘어났다. 해군은 더욱 바빠지고, 임무가 많아져, 인도적 위기, 해적, 지역 위기 등 평화부터 전쟁까지 거의 모든 안보 도전을 처리해야 한다. '바다를 지배하는 자, 세계를 지배한다'라는 말은 과장이 심하지만 강한 해양력 없이는 세계 대국이 될 수 없고, 오래갈 수도 없다는 것은 확실하다. 그러므로 21세기에 중국은 어떻게든 강대한 해양력을 구축해야 한다. 이런 철학적 의미에서 해양력의 중요성에 대한 머핸의 통찰력은 여전히 설득력 있다.

해양력과 중국

바다에 관해 중국의 고대인들은 일찍이 '어염지리(魚鹽之利, 바다와 소금의 이로움)'과 '주집지편(舟楫之便, 배가 다니는 길)'이라는 인식이 있었다. '하류(河流)문명 시대'와 '내해(內海)문명 시대'는 해양력 분야에서 서양과 큰 차이가 없었으며, 오히려 중국은 조선(造船)과 항법 등에서 오랜 기간 세계를 앞서기도 했다. 중국이 바다에서 뒤처진 것은 근대(15세기의 지리적 발견) 이후, 량치차오가 말한 '대양문명 시대'의 일이다.[11] 이때 서양은 눈을 전 세계로 돌렸는데, 중국은 땅을 지키느라 바다를 놓쳤고, 중국과 서방은 18~19세기에 각각 '해안방어'와 '해양력'으로 역사적 방향을 달리했다.[12]

근대에 이르러 중국은 해상에서 침략과 위협을 많이 받았는데, 이는 중국의 해상 군사대비를 강화하고자 하는 동기와 염원을 자극하였다. 1842년 위원(魏源)은 「해국도지(海國圖志)」를 저술하여, 처음으로 나라 안팎의 정세를 체계적으로 정리하고,

---

10) Geoffrey Till, *Seapower: A Guide for the 21st Century*, Taylor & Francis Group, 2009, pp.6－19.

11) 하류문명, 내해문명, 대양문명의 3대 문명의 표현은 다음을 참고. 梁启超：《二十世纪太平洋歌》, 载《梁启超诗文选》, 成都：巴蜀书社, 2011年。

12) 侯昂妤：《海风吹来：中国近代海洋观念研究》, 北京, 军事科学出版社, 2014年, 第22页。

중국의 해양력을 기획하였는데, 이후 170여 년 동안 해양력처럼 중국인들이 몇 세대에 걸쳐 가슴 벅차고 비통하게 만드는 화제는 없었다. 청나라 해군과 중화민국 해군의 짧고 찬란한 영광 뒤에 참담함은 있었지만, 강한 해군을 갖는 것은 피 끓는 중국인들이 여전히 간절히 추구하던 것이었다.

하지만 1840년부터 1970년대까지 130여 년 동안 중국인들이 말해온 해양력은 사실 해안방어의 개념으로, 대륙의 문화적 유전자가 강하게 남아 있었다. 진정한 변화는 개혁개방과 1980년대 중국 해군전략의 적극적인 모색에서 비롯되었다. 지상력은 더 많은 공간을 차지하기 위한 것이지만, 해양력은 개방경제 체제에서 이익을 보호하고 확대하기 위한 것으로, 외향적 경제는 해양력의 기초이자 발전의 원동력이다. 중국이 해양력을 본격적으로 인식하고 발전시키기 시작한 것은 불과 30여 년밖에 되지 않았다는 이야기다.

중국은 지금 강대한 해양경제를 발전시키고 있으며, 강대한 해군을 건설하고 있다. 중국의 해양력 발전 가속화가 이미 진행되고 있는 것은 두말할 나위도 없다. 실제로 중국 학계는 '강대한 해양력' 건설을 둘러싸고 10년이 넘게 떠들썩한 논쟁을 벌이고 있다. 근대의 처참했던 경험을 되새기고, 개혁개방 이후 쌓아온 실력과 저력으로, 거센 바다의 위기에 맞서, 많은 지식인이 강대한 해양력을 부르짖어왔다. 신문, 잡지, TV, 인터넷 등 생활 곳곳에서 격앙된 목소리가 끊이지 않는다.

해양력의 굴기는 해군의 강대함과 뗄 수 없으며, 중국 내 해군발전을 둘러싼 화두는 거의 모두 장비와 관련되어 있다. 최근 몇 년 중국의 해·공군 장비는 하루가 다르게 발전하고 있지만, 사람들은 여전히 중국 해군과 중국 제해권의 약세에 대해 걱정하고 있으며, 중국 해군의 낡은 장비, 원양작전 능력 부족에 대한 한숨이 나오고 있다. 오랫동안 장비 건설의 지연으로 뛰어나고 강력한 해상장비에 대한 열망은 이해할 수 있지만, 중국 해군과 세계 일류해군의 차이는 무기와 장비뿐인가? 북양함대는 당시 아시아 최고의 장비를 보유했는데, 왜 일본 연합함대에 패하고 말았는가?

이런 고민을 하다가, 2008년 10월 초 미국 샌프란시스코에서 1년에 한 번 열리는 함대 주간(Fleet Week)을 견학할 기회가 생겼다. 미 해군이 시작한 이 행사는 가정과 국가를 지키는 미국 군인과 제대군인에 대한 지지를 표현하는 한편, 미 해군에 대한 대중의 접근과 민간의 상호작용을 강화하기 위한 것이었다. 함대 주간에 줄을 잘 서면 함정에 올라 참관하고 해군 장병들과 흥겹게 즐길 수도 있다. 물론, 함대 주간에서 가장 멋진 것은 블루엔젤스(Blue Angles) 특수비행팀의 에어쇼였다. 에어쇼는 샌프란시스코 부두에서 진행되었는데, 부두에는 유람선들과 선박들이 빽빽하게 자리 잡고 있었다. 블루엔젤스 조종사는 이렇게 시끌벅적하고 여유로운 분위기 속에서 '충돌', '추락', '다리 건너기' 등의 아슬아슬한 묘기를 보였다. 이러한 비행술에 가장 감명 깊었던 것은 미 해군의 자신감과 담담함이었다. 비행술로만 따지면 중국의 '팔일(八一)' 비행팀도 이에 견줄 만하다고 생각했지만, 이들이 번화가 상공에서 그런 자신감이나 노련함을 나타낼 수 있을지, 또 중국 사회와 일반인들이 감추어진 위험과 돌발적인 희생을 감수할 수 있을지 확신하기 어려웠다. 블루엔젤스는 창단 이래 8건의 에어쇼 사고로 8명의 조종사가 사망하고 항공기 11대가 손실되었으나, 블루엔젤스의 에어쇼 계획은 크게 영향을 받지 않았다고 한다. 평시 희생에 담담히 맞서서, 죽은 선배와 동료들의 발자취를 꿋꿋이 따라가는 것은 미 해군의 강대함과 성숙함뿐 아니라 미국 국민의 성숙과 강한 정신을 보여주고 있다.

해양사업은 많은 기회를 품고 있지만, 도전으로 가득 차 있어, 항상 모험가의 낙원이었다. 대항해시대에는 해적, 항해사, 상인, 해군 장병, 정치인 등이 저마다 돛을 달고 자신들의 사업이나 국가의 운명을 바다에서 겨루었다. 콜럼버스, 마젤란, 해적 두목 호킨스 등은 해양모험의 신화를 남겨 후세의 본보기가 되었다. 해양 '모험'은 보수가 높지만, 위험도 크기 때문에 더 큰 이익을 위해서는 기회 속에 존재하는 위험을 감수할 용기가 있어야 한다. 이러한 모험정신은 훗날 현대 서방 해군이 계승한 주요 전통 가운데 하나가 되기도 하였다. 그것이 블루엔젤스의 두려움을 모르는 것과 담담한 힘의 근원이기도 하다.

중국이 강대한 해양력을 추구하는 것은 순풍에 돛 단 듯할 수 없다. 좌절과 예기치 못한 희생 그리고 압박에 시달릴 수밖에 없을 것이다. 국가지도자와 해군 장병, 정부 각 부처는 물론 일반 국민에게도 남의 일이 아닐 것이다. 큰 위험과 큰 좌절 그리고 큰 실패가 우리에게 닥쳤을 때 우리는 그것들을 바로 보며 굳건히 앞으로 나아갈 수 있을까? 지금처럼 계속 자신 있게 뜻을 펼칠 수 있을까?

중국 역사에서 장건(張騫)이 서역을 개척한 것은 콜럼버스와 마젤란이 일궈낸 사업에 견줄 만하지만, 해양사업 가운데 정화의 원정은 콜럼버스나 마젤란이 거둔 영광에 비할 수 없다. 정화 선단은 매번 배 200여 척에 3만여 명을 싣고 출항했는데, 콜럼버스와 마젤란의 선단은 한 번에 출항하는 배가 35척, 사람이 200여 명에 불과할 정도로 초라했다. 정화의 항해는 명나라 국위를 선양하기 위한 관(官)의 일로, 모든 비용과 보급이 조정(朝廷)에서 제공되었으나, 콜럼버스와 마젤란은 부와 개인의 성과를 좇았으며, 스페인 황실의 지원도 있었지만, 사적 성격이 뚜렷해 자금 조달과 보급 문제를 스스로 해결해야 했다. 경제적으로 보면 정화의 원정은 밑지는 장사였고, 사회 민중의 기반이 약해 지속가능성이 부족했으며, 국가의 힘이 약하거나 사회가 보수화되었을 때 그 뒤를 이을 수 없었다. 실제로, 정화 같은 경우는 전에도 없었고, 후에도 없었다. 하지만 콜럼버스나 마젤란의 항해는 서방 사회에 부와 함께 새로운 세계의 소식들을 성공적으로 가져다주었다. 그들은 대항해시대를 열었으며, 이후 서방에서는 귀족, 평민뿐 아니라 저잣거리의 천민들도 너나 할 것 없이 모두 이 사업에 뛰어들었으며, 결국 식민지 체계의 수립과 세계 체계의 형성을 촉진하여 많은 해상제국을 만들어냈다. 역사적으로 볼 때 중국에도 해상 비단길은 존재했고 송나라와 명나라에 번성했지만, 근대 이전의 중국인 대부분에게 바다는 어염지리에 불과했다는 점을 인정하지 않을 수 없다. 중국 경제의 자급자족으로 중국인들은 바다에 대한 모험의 동력도, 용기도 없었으며, 오랫동안 중화민족은 해양민족에게 필요한 모험정신과 해양전통을 잃어 왔다. 무기와 장비의 격차도 걱정이지만, 해양정신과 해양전통이 부족한 것은 더 치명적이다.

물질적인 차이는 쉽게 따라잡을 수 있으나, 정신적인 차이는 오랫동안 쌓아가야 한다. 해양력의 발전은 먼저 사회적 역량의 확장이고, 그다음에야 국가역량의 발전이다. 국가의 대업이자 사회사업으로 일반 국민의 폭넓은 참여가 요구된다. 해양력은 정부기관과 지도자나 해군만의 일이 아니다. 해양사업에 사회·경제적 기반이 없으면 강대한 해양력도 없다. 고대 중국의 강한 해양력이 반짝하고 만 것은 정책결정자의 실수 때문이기도 하지만 해양경제과 해외무역이 중국 경제의 주체가 된 적이 없었기 때문이다. 해양력의 발전은 반드시 사회의 진보와 경제의 진흥에 뿌리를 두어야 하며, 가장 좋은 방법과 길은 해양경제를 발전시키는 것이다. 해양경제를 크게 발전시켜야만 더 많은 사람이 해양으로부터 이익을 얻을 수 있고, 더 많은 사람이 자발적으로 해양이익을 지키고, 넓힐 수 있으며, 그래야 모든 민족이 적극적이고 진취적이며, 실패를 두려워하지 않고 희생을 감내하는 해양정신을 갈고 닦을 수 있다. 따라서 강대한 해군뿐 아니라 번영하는 해양경제도 해양력 발전의 과제 가운데 하나이다.

전략을 언급하자면, 정도(度)의 문제를 말하지 않을 수 없다. 해양력 전략의 연구나 탐구는 특히 더 이성적으로 생각해야 한다. 현재 강대한 해군 건설이나 해양력 강국 이룩 등은 이미 유행어처럼 번져 거의 '관념형태'가 되었다. '건드리면, 끝까지 좇아간다(犯我強漢者, 雖遠必誅)'라는 호기 넘치는 말은 대중의 이목을 끌고 열렬한 추종을 받기 마련이며, 이에 대하여 조금이라도 다른 목소리를 내거나 반대 의견을 내면 '매국노'나 '배신자'로 몰리기에 십상이다. 해양력을 제창하는 것은 좋지만, 해양력의 발전은 반드시 과학적 연구와 이성적 판단에 근거해야 한다. 20세기 나치 독일이나 제국주의 일본의 실패는 머핸의 해양력 이론을 얄팍하게 이해하였거나, 그 정수를 정확히 이해하였다고 하더라도 각자의 정치적 목적을 위해 왜곡하고 포장했기 때문이다.[13] 전자는 무식이고, 후자는 사이비이며, 그것들이 성행하면 국가 전체의 재난과 비극을 부를 수 있다. 중국 해양력 전략에 관한 연구는 먼저 선동을 멀리하고 과도한 격앙을 피해야 하며 잃어버린 우리의 정도를 찾아야 한다. 중국 자신의 조건, 처한 지정학적 환경과 지금의 시대적 배경에서 출발하여, 중국 해양력 확장의 주요 내용과 방향을 충분히 고려해야 한다. 특히 해상무력 사용의 경계, 범위와 방식이 중요하다. 이러한 의미에서 해양력 연구의 가장 큰 임무는 바로 해양력 발전과 응용의 한도와 경계를 찾는 것이다.

해양력 전략은 국제교류와 상호작용의 문제도 고려해야 한다. 중국은 세계와 마음을 터놓고 교류해야 하며, 자신의 진실한 생각을 합리적으로 표현해야 한다. 큰 전략은 권모술수나 얄팍한 음모 따위가 아닌, 한 나라의 발전 방향과 방식에 대한 큰 계획이므로, 보안 또는 교란이 필요 없다. 우선, 이처럼 상호의존이 긴밀하고 정보가 발달한 요즘 세상에서, 국가의 사활이 걸린 전략적 방침이 경쟁자들에게 알려지지 않을 수 없다. 한 번의 전투나 한 번의 경기처럼 잔꾀와 음모로 성공할 수 있는 것이 아니다. 우리는 다양한 전략적 기만이나 전략 술수로 경쟁에서 이기려는 마음을 접어야 한다고 생각한다. 그다음으로, 세계를 향해 진실로 자신을 표현하는 것이 중국 해양력이 강대해지는 것의 관건이다. 만약 중국이 계속해서 다른 사람들에게 모호하고 불확정적이거나 마음속 깊이 감추고 있는 이미지를 준다면, 다른 나라가 어떻게 우리에게 전략적 기대를 하는가? 한 나라의 이익이 비교적 집중되고 단순할 때는 이렇게 쉬쉬하고 비밀스러운 책략이 이익을 실현하는 데 조금이나마 도움이 되겠지만, 한 나라

13) James R. Holmes, Toshi Yoshihara, *Chinese Naval Strategy in the 21st Century: The turn to Mahan*, New York: Routledge, 2009, p.47.

의 이익이 하루가 다르게 다원화되고 범위가 넓어지는 오늘날에, 이러한 책략은 전체 이익에 전혀 도움이 되지 않는다. 중국의 해양력 전략은 무림비공이나 대대손손 내려오는 집안 비법이 아니므로 쉬쉬하며 숨길 필요가 전혀 없다. 따라서 해양 의제에 대하여 세계 각국과 얼마나 잘 상호작용할 수 있는지, 그들에게 자신의 해양력 전략목표와 이를 실현할 수 있는 주요 방식을 소개하는 것도 중국 해양력 전략의 중요한 부분일 것이다.

제1부

개념과 정세

제1장
꿈과 논쟁

제1절 역사가 빚은 백 년의 꿈

고대 중국은 오랫동안 범선시대의 해양강국이였다. 기원전 6세기, 중국은 이미 비교적 완벽한 해군조직을 갖추고 있었고, 춘추전국시대 오, 월, 초나라의 수군은 모두 중요한 군사력이었다. 송나라 때 이미 해상 비단길로 유라시아와 아프리카 대륙을 이었으며, 남태평양, 중동, 아프리카, 유럽 등 지역의 50여 개 국가와 통상을 해왔다. 대포와 나침반이 널리 이용되면서 송나라와 원나라 때의 중국 해군은 절정에 달했다. 명나라 때 정화의 7차례에 걸친 원정(七下西洋)은 중국 해군이 범선시대의 최고라는 것을 세계를 향해 마음껏 뽐냈다. 하지만, 이후 명나라와 청나라가 시행한 금해(禁海) 정책으로,[1] 중국은 대항해시대와 공업혁명의 기회를 잃고 말았다. 1792년, 건륭제가 당시 영국의 매카트니(Macartney) 백작을 접견할 때만 해도, 48년 뒤 영국과 같이 손바닥만 한 나라에 청나라가 질지는 꿈에도 상상하지 못했을 것이다.

아편전쟁 이후, 서방인의 견고한 함선과 성능이 우수한 대포, 그리고 약육강식이라는 정글의 법칙은 중국인들에게 '뒤처지면 죽는다'라는 진리를 깨닫게 했다. 역사의

1) 1430년 명나라 성조가 배를 불태우고 금해를 명하면서, 중국의 해외무역 정책이 보수화되었다. 청나라가 건국된 후, 타이완과 명나라를 따르던 이들을 고립시키기 위해 더욱 엄격한 금해조치가 시행되기 시작하였고, 1655년 청나라의 첫 금해령이 내려진 이후 여러 차례 금해령이 내려졌다.

참혹함은, 근대의 외적이 주로 바다에서 오므로, 다시 맞지 않기 위해서는 반드시 강대한 해군을 세워야 한다는 교훈을 남겼다. 이것이 근대 이후 중국 해양력 발전의 첫 번째 충동이었다. "오랑캐의 재능을 배워, 오랑캐를 제압한다"라는 말과 같이 강대한 해군을 세우고, 굳건한 해안방어를 하는 것이 중국 각 세대의 뜻있는 이들의 가장 큰 꿈이었다. 이 꿈은 청나라 말기부터 중화민국까지 계속되었으며, 중화민국에서 새로 건국한 중화인민공화국으로 이어졌다.

1875년, 청나라 정부는 제1차 해안방어 대토론을 통해, 해군을 건립하여 국가 해안방어를 책임지기로 하였으며, 19세기 말까지 청나라 말기 정부는 북양수사(北洋水師), 복건수사(福建水師)와 남양수사(南洋水師)를 건설하였다. 그 가운데, 북양수사는 당시 아시아 제일의 함대라 불렸다. 하지만, 청일전쟁을 통해 청나라 해군의 꿈은 산산이 조각났다. 이 참패로 인하여 국민 역시 꿈에서 깨, 철갑선과 대포만으로는 소용없다는 것을 깨달았다.

중화민국 정부는 건국 초기, 강대한 해군을 세우려는 포부를 가졌다. 20세기 초, 손중산 선생은 "세계의 형세가 변하여, 국력의 흥망과 강약은 땅이 아닌 바다에 있다. 바다에서 권세가 뛰어난 자가 그 국력 또한 뛰어난데, 나라의 해군을 보고 국력 경쟁의 소식을 들으니, 겉만 번지르르하구나"라며 지적했다.[2] 1929년, 중화민국 정부는 강대한 해군을 다시 세우기 위해, 해군부를 설치하고, '해군 6년 계획'을 수립했다.[3] 하지만, 바로 뒤에 발생한 중일전쟁(日本侵華戰爭)은 아직 포대기에 눠어있는 중화민국 해군을 압살하고 말았다. 중화인민공화국이 건국되기 전까지, 중화민국 해군은 안으로는 국민을 보호하지 못하고, 밖으로는 적을 막지 못하였으니, 중산 선생의 큰 꿈을 다시는 이야기하지 못했다.

중화인민공화국은 건국 후, 강대한 해군의 건립을 명확히 내세웠다. '제국주의의 침략을 막기 위해, 우리는 반드시 강대한 해군을 세워야 한다.'[4] 하지만 열악한 주변 안보환경, 육상 국경의 동요와 경제력의 낙후 때문에, 중국은 오랫동안 해군을 건설할 여력이 없었고, 1990년대 이전까지 강대한 해군은 요원한 공중누각에 불과했다.

냉전 종식 후, 중국은 주변국들과 좋은 외교관계와 신뢰를 쌓았고, 인접국들과의

2) 孙中山：《孙中山全集》, 第二卷, 北京：中华书局, 1956年, 第79页。
3) 陈书麟, 陈贞寿：《中华民国海军通史》, 北京：海潮出版社, 1993年, 第275－278页。
4) 毛泽东：《毛泽东军事文集》, 第6卷, 北京：军事科学出版社, 1993年, 第326页。

국경문제 역시 해결해나갔다, 21세기 초까지, 중국은 이미 중·인 국경을 제외한 모든 육상 국경분쟁을 해결하였고,[5] 주변의 안보환경은 뚜렷이 나아졌다. 근대 이래, 중국은 처음으로 외적의 대규모 침입에 관한 위협이 없어, 바다로 눈을 돌릴 수 있는 여력이 생긴 것이다. 동시에, 중국은 국내 총생산(GDP: Gross Domestic Product)에서 세계 2위를 차지하고, 개혁개방 이래 거둔 경제적 성과 역시 중국이 해양력을 발전시킬 수 있는 경제적 기초가 되었다. 해양력의 꿈은 다시 날아오르기 시작했다.

제2절 현실이 요구하는 강대한 해양력

오늘날, 각국은 해양권익을 둘러싼 암투와 총성, 그리고 세계 해양정치의 피비린내 나는 전쟁을 벌이고 있다. '중세 마을의 공유지가 경제개혁의 영향으로 마침내 '점거'되었듯이, 경제와 기술의 개혁이 바다의 용도를 넓혀 세계 각국은 지금 더 많은 바다를 '점거'하고 있다.'[6] 「국제연합(UN: United Nations, 이하 유엔) 해양법 협약」에 따르면, 35.8%의 해양면적을 세계 각국이 나누게 될 것이다. 지구상 마지막 한 차례의 '푸른 울타리(藍色圈地: 바다에 울타리를 치듯 차지하는)' 움직임은 2009년 5월 최고조에 달했다. 2017년 10월 26일까지 유엔에 제출된 200해리 대륙붕 경계획정안은 78건, 대륙붕 예비정보는 17건이나 된다.[7] 이렇게 말 달리듯 해양을 차지하는 과정에서, 육·해 복합형 국가인 중국이 전체적으로 얻은 이익은 일본, 인도네시아 등 군도 국가에 훨씬 못 미친다. 게다가, 중국의 해양의식이 늦게 깨고, 해양권익을 지키려는 행동도 늦어, 합법적 권익조차 주변국에 침범당한 상태이다. 전체적인 안보태세로 보면, 중국은 '서온동급(西緩東急)'의 주변 안보정세를 마주하고 있으며, 안보방어의 중심은 서

---

5) 가장 중요한 것은 중국과 러시아, 중앙아시아 3국의 영토경계 문제해결이다. 고르바초프는 1986년 블라디보스토크에서 중·소 국경문제를 인정하고 협상을 통해 해결하겠다는 담화를 발표했다. 중·러 국경은 1991년 「중·러 동쪽 국경 협정」과 2004년 「중·러 동쪽 국경 보충협정」을 통해 최종 결정되었다. 1990년대 중반 중국과 카자흐스탄, 키르기스탄, 타지키스탄과의 국경문제도 속속 해결되었다.

6) [美] 罗伯特·基欧汉(Robert Keohane), 约瑟夫·奈(Joseph Nye)：《权力与相互依赖》, 林茂辉等译, 北京：中国人民公安大学出版社, 1991年, 第107页。

7) 유엔 대륙붕한계위원회 홈페이지, https://www.un.org/Depts/los/clcs_new/commission_submissions. htm, 검색일: 2018. 1. * 2021.1.7. 현재 각각 88건, 47건(역주).

북, 북부 국경지역에서 동남 방향의 해양으로 바뀌었다. '현재와 미래 중국 안보의 주요 위협은 바다에서 올 것이다. 대외 개방정책 그리고 세계화의 심화에 따라, 중국이 해양과 그 자원을 개발하여 이용하는 빈도와 정도는 끊임없이 커질 것이며, 해양에서 오는 문제 역시 함께 늘어날 것이다. 특히 해양경제는 이미 중국 국민경제를 구성하는 중요한 부분이며, 계속 성장하는 추세이다. 동시에 중국이 해양과 그 자원에 더욱 의존하는 추세는 여전히 계속 발전하고 있다.'[8] 전체적으로 보면, 중국은 해양에서 매우 복잡하고 심각한 형세에 처해있다고 할 수 있다.

첫 번째로 해양분쟁이 갈수록 격화되어, 중국 해양의 국경위기가 전면적으로 터졌다. 중국은 일본과 댜오위다오에서 주권 분쟁이 있고, 중국의 난사군도 40여 개 섬은 베트남, 필리핀 등 국가에 침범당했다. 이 주변국들은 일방적으로 배타적경제수역과 대륙붕을 선포하고, 중국이 주장한 120만~150만㎢의 해역을 분쟁지역으로 만들었으며, 이는 중국 법적 관할해역의 거의 절반을 차지한다. 현재, 중국과 이 주변국들의 해양분쟁은 몇 년간의 상대적 평정을 지나 다시 극화되어, 중국의 해양권익은 주변국으로부터 날로 엄중한 위협을 받고 있다. 게다가, 중국의 국력이 강대해질수록 관련 국가들은 초조해하고, 해양이익을 둘러싼 중국과의 대결은 더욱 격렬해졌다. 이 국가들은 분쟁지역에 대한 점령, 통제와 개발을 계속해서 가속하고, 정치, 군사, 외교 등 많은 영역에서 끊임없이 중국의 해양이익에 맞서, 남중국해(南海)와 동중국해(東海)의 정세는 끊임없이 고조되며, 위기사건이 빈번하게 발생하고 있다.

필리핀 국회는 2009년 2월 17일, '군도 영해기선 확정안'을 통과시켜, 중국 황옌다오(黃巖島)와 난사군도의 중예다오(中業島) 등 7개 도서를 그 영해기선에 넣었다. 2012년 4월, 필리핀 군함이 황옌다오에서 중국 어민을 과격하게 잡고, 황옌다오 점령을 기도하였다. 이후 중국과 필리핀은 2개월 이상 대치하였으며, 이를 황옌다오 사건이라 부른다. 이 사건발생 이후, 필리핀은 현장에서의 도발을 어느 정도 억누르고 있으나, 외교전, 법률전과 여론전의 정도는 더욱 심해졌다. 2013년 1월, 필리핀은 미국과의 협상도 없이, 일방적으로 '남중국해 중재안'을 발의함으로써, 분쟁은 한층 커지고 복잡해졌다. 필리핀의 새로운 대통령 로드리고 두테르테는 중국과의 해양분쟁을 보류하고자 하나, 여러 해에 걸친 분쟁과 남중국해 중재안의 부정적 영향을 뿌리 뽑

8) 《应制定海洋发展战略与完善海洋体制》, 国家海洋局网站, http://www.soa.gov.cn/soa/news/importantnews/webinfo/2010/12/1293433726559627.htm.

기는 어려울 것이다.

베트남은 남중국해 문제에서 중국과 직접 대립하는 것은 피해왔지만, 실제 행동에서는 첨예하게 맞서며, 조금도 타협하지 않았다. 베트남은 '쯔엉사(중국의 난사)'의 행정지도자를 임명하고, 「해양 기본법」을 제정하였으며, 점유하고 있는 도서에 대하여 '국회 대표' 선거를 진행하고, 행정, 입법 조치를 통해 주권 강화 목적의 의도를 극도로 명확히 하였다. 주목할 것은, 베트남이 권익을 침해하고, 권익을 지키고자 하는 의지가 매우 단호하다는 것이다. 예로, 2014년 5월 7일, 중국 심해 석유 시추선 '해양석유(海洋石油) 981'은 시사군도(西沙群島)의 중젠다오(中建島) 부근에서 시추 임무를 수행하다가, 베트남의 강력한 저지에 부딪혔는데, 베트남은 심해잠수사를 보내, 물속에 많은 어망과 큰 장애물을 설치하고, 많은 선박을 보내 중국의 시추선에 충돌하고자 하였다.

동중국해에서, 일본이 2012년 9월 11일 섬을 사들인 이후, 중·일 양국의 법 집행 능력은 댜오위다오 12해리 내 공존하고, 양국의 군사부문도 댜오위다오를 둘러싸고 사실상 모종의 군사적 대치를 형성하였다. 일본은 끊임없이 동중국해 오일가스 유전문제를 조작하고, 현장, 외교, 여론 등 각 분야에서 중국이 중·일의 '일·중 중간선' 서쪽에서 채굴하는 것을 방해하고 있다.

중국 군사역량의 빠른 성장으로, 필리핀, 베트남, 일본 등 국가는 법률전, 외교전, 여론전에 대하여 더욱 중시했고, 미국에 대한 안보적 의존을 크게 강화했다. 2009년 11월 26~27일 하노이에서 베트남 주최로 열린 남중국해국제회의에서 국제여론을 이끌어 남중국해 문제의 국제화를 시도했다. 2010년에 열린 미국-동맹 간 제2차 정상회담에서 베트남 등 국가는 미국이 남중국해 분쟁에 개입하기를 희망한다고 명확히 밝혔다. 다른 한편으로는 국제기구, 특히 유엔 대륙붕한계위원회에서의 업무를 강화하여, 대륙붕 경계획정을 신청하고 지원을 얻어내기로 했다. 베트남, 말레이시아, 일본 등은 앞다투어 그 위원회에 논쟁적 신청을 제출하고, 이미 수리받은 상태이다. 배타적경제수역의 획정에 대한 논란이 가열되는 가운데, 중국과 일부 주변국의 대륙붕 갈등도 증폭되고 있다. 앞으로, 해양경계를 둘러싼 분쟁은 반드시 더욱 격렬해질 것이다. 필리핀이 제기한 '남중국해 중재안'의 최종 판정은 아무런 법적 효력이 없지만, 미국, 필리핀, 일본 등 국가는 중국을 상대할 때 반드시 패로 사용하고, 그 판정결과를 이용할 기회를 놓치지 않을 것이며, 심지어 중재결과에 대한 시행을 배제하지 않고, 남중국해 현장에서 무력 도발을 할 것이다.

두 번째로 중국의 경제성장은 상당한 성과이지만, 안보위험은 갈수록 커지고 있다. 첫째, 중국의 빠른 경제성장이 갈등을 증폭시키고 새로운 안보문제를 일으킬 수 있다. 장기적으로는 브릭스(BRICS: Brazil, Russia, India, China, Republic of South Africa)를 비롯한 신흥 경제력의 굴기에 따라, 미국 등의 서방국가는 세계 경제체제에서의 위상 쇠락을 피하기 어려울 것으로 보인다. 그 가운데, 중국 경제력의 빠른 성장은 주목받고 있지만, 중국은 불행히도 서방세계가 국내 갈등을 떠넘기며 불만을 토로하는 곳이 되고 있기도 하다. 미국의 대중국 경제목표는 그동안 중국의 국제체제 편입을 독려하던 입장에서, 미국이 국제 경제질서에서 차지하던 각종 권력을 중국이 차지하는 것을 견제하는 정책으로 바뀌고 있다. 이 때문에 미국은 위안화 환율과 미·중 무역적자 문제를 놓고 중국을 오랫동안 압박해 왔다. 더 주목할 것은 경제적인 수단이 문제를 해결하기에 부족할 때, 외교와 군사적인 수단이 중국의 굴기를 견제하는 미국의 두 가지 중요한 수단이 되고 있다는 점이다. 둘째, 중국 경제의 굴기는 정치·안보적 결과를 초래할 수밖에 없고, 미국이 주도하는 현재의 국제질서가 중국의 대국 지위를 얼마나 받아들일지도 불확실한 문제다. 중국의 경제발전은 '속도 우선'에서 '품질 승리'로 접어들고 있다. 중국은 이미 외자의 중국 투자 초국민 대우(자국기업보다 외국기업을 더 우대)를 취소했고, 세계의 공장과 서양의 원자재 생산지로 만족하지 않을 것으로 보이며, 중국이 전 세계에서 서방국가들과 벌이는 경제경쟁은 심화하고 있다. 중국 경제의 굴기는 국제정치에서 반드시 더 많은 권력을 요구하지만, 서방국가들은 세계 경제에서 중국의 권위가 높아지는 것을 달가워하지 않으며, 세계 체계에서 기득권을 스스로 포기하지 않을 것이다. 서방은 중국의 경제 굴기에 대응하기 위해 장기적으로 국제여론과 경제외교, 세계 경제 게임의 법칙 등을 활용해 견제할 가능성이 크다. 셋째, 각종 '안전 딜레마'의 추진기가 빠르게 돌아가고 있다. 미국, 일본, 인도 등 대국은 중국의 경제력이 결국 군사력으로 전환된다고 여기며, 중국에 대한 걱정과 우려의 복잡한 감정이 퍼져있다. 중국의 실력이 계속 향상됨에 따라, 이들이 중국을 대비하는 움직임도 커지고 있다. 미국은 2009년부터 아시아로 복귀해 남중국해, 북한 문제 등에 대한 대중국 정치공세 또는 견제를 확대하고 있으며, 2013년 말부터는 군사, 정치, 외교, 경제, 여론 등 전방위 수단을 동원해 중국의 해상행동에 관한 견제를 본격화하였고, 원가 인상의 방식으로 중국을 물러서게 하고 있다. 미국은 '아시아-태평양 재균형(Asia－Pacific Rebalance)' 전략을 시행한 이래 서태평양 지역에서 군사적 배치와 군사활동을 대폭 강화하고, 싱가포르에 연안전투함을 배치하였으며, 호주 다윈에 해병대를 배치하였다. 한국, 일본에는 사드(THAAD: Terminal High Altitude Area Defense)와 X－밴드 레이더를 배치하고, 필리핀의 5개 기지에 복귀했다. 미국은 중국이 차츰 가장 큰 해상전략 경쟁상대가 될 것으로 보고, '해양통제로의 복귀'를 외치며 이른바 중국 등의 '반접근/지역거부' 능력을 가장 큰 안보위협으로 보며, 중국을 겨냥해 '공해전투(AirSea Battle)', 분산된 치명성(Distributed Lethality) 등 작전개념을 제기하며 중국의 각종 작전계획을 적극적으로 대비하고 있다. 일본은 중국의 해상굴기를 국제환경의 가장 큰 위협 요인 또는 바탕으로 여겨, '중국 해상위협'을 과대광고하고 정치와 군사의 정상화를 추진하고 있다. 새로운 「미·일 방위협력지침」과 새로운 「안보법」의 틀을 확립하여, 일본은 군사적으로 이미 정상국가이며 미국이 아·태 사무에 간섭하는데 선봉장이 되었다. 베트남, 필리핀 등 주변국들은 중국이 경제적으로 해상굴기하는 기회를 함께 누리면서도, 중국을 안보적으로 대비하고 견제하는 측면이 강해, 동아시아 해상에서 군비경쟁을 피할 수 없게 되었다.

요컨대 경제의 빠른 발전은 기존의 안보문제를 해결할 수 없을 뿐 아니라 새로운 안보난제를 가져올 것이고, 중국과 세계 여러 주요 대국 및 주변국과의 상호작용은 새로운 적응기에 접어들었으며, 단순히 경제발전과 경제협력이 중국의 안보환경을 호전시킬 것이라는 기대는 매우 순진하고 위험한 바람이다.

세 번째로 타이완 해협의 정세 위기가 곳곳에 도사리고 있고, 조국통일의 대업은 갈 길이 멀다. 2016년 타이완 총통 선거에서 국민당이 대패하고, 도내 정치 생태계가 심각하게 균형을 잃어, 푸른 진영(藍營: 국민당, 친민당, 신당)의 쇠퇴가 뚜렷했다. 차이잉원(蔡英文)은 취임 후 '92공식(九二共識: 하나의 중국을 인정하되 각자 명칭을 사용하기로 한 합의)'을 인정하지 않았으며, 아직 큰 도발은 없었지만, 그녀는 타이완 독립노선을 절대 포기하지 않을 것이다. 민진당이 '타이완 독립'을 선언하지 않더라도 장기집권만 한다면 점진적인 방식으로 타이완 해협 양안의 정치·경제·문화적 분야의 연결고리를 계속해서 잘라낼 수 있다. 또 타이완은 미국과 일본이 중국을 견제하는데 중요한 패로, 미국·일본 등 외부 세력은 타이완의 어떠한 기회도 놓치지 않을 것이다. 미·중, 중·일 해양력 갈등 격화에 따라 미국은 타이완 독립세력을 풀어주고, 일본은 타이완과의 공식적 연계를 적극적으로 모색할 수 있다. 타이완 해협에 일이 생기면,

미국이 반드시 개입할 뿐 아니라, 일본의 군사적 개입 가능성도 커지고 있다. 게다가 타이완 문제는 여전히 중국의 너무 많은 외교자원이 얽혀 있어 정치·안보적으로 중국에 커다란 압박이 되고 있다. 타이완 문제는 중국 해양력의 발전과 중국의 해양력에 대한 외부의 관심이 커지면서 더욱 복잡해질 것이다.

미래에 양안의 군사력 균형이 맞지 않는 상황에서 타이완이 갑작스럽게 독립할 가능성은 작으며, 점진적인 타이완의 독립이 민진당의 주요 노선일 것이다. 점진적 타이완 독립에 대응하기 위해서, 우리는 강력한 군사력뿐 아니라 강한 정치, 외교 및 여론 등 수완이 필요할 것이다.

네 번째로 중국 해외이익의 안전문제가 두드러지고 있지만, 이를 지킬 수 있는 강력한 수단이 마땅치 않다. 중국의 경제활동이 전 세계로 뻗어나갔지만 이를 뒷받침할 안전수단은 턱없이 부족하다. 개혁개방 이후 중국의 경제발전은 날로 세계와 연계되고 있다. 2013년부터 중국의 화물 무역총액은 미국을 뛰어넘어 세계 1위의 무역대국이 되었다. 상무부의 「2014년 중국 대외 직접투자 통계공보」에 따르면 2014년 말 현재 중국 내 1.85만 투자자는 국경 밖에 약 3만 개의 해외직접투자 기업을 설립해 전 세계 186개 국(지역)에 분포하였으며, 중국의 대외 직접투자량은 8,826억 4천만 달러이다. 외교부 영사사(領事司)에 따르면 2014년 중국의 출국자는 억대를 넘어섰고, 2020년에는 연간 1억 5천만 명 규모에 이를 것으로 예상된다. '내향적 경제'에서 국제무역과 투자의 '외향적 경제'로 전환되고, 국가안보의 공간이 해양으로 넓어지면, 국가 해상력에 관한 관심이 커지는 것은 어쩔 수 없는 보편적 법칙이다. 해상교통로의 안전, 해외자산의 안전, 국민의 신변안전 등의 문제가 두드러지고 있으며, 해적과 해상테러, 해양생태 등 비전통적 안보위협도 심화하고 있다. 해양은 국내외를 연결하는 관문이자 국가 경제와 군사력이 밖으로 뻗어나가는 필수적 지역이기 때문에, 해양력은 국력을 전 세계의 지도적 지위 또는 안보로 전환하는 직접적 매개이다.

따라서 막강한 해양력을 구축하는 것은 역사가 못 이룬 꿈이자, 현실의 국가안보에 대한 외침이며, 해양경제를 크게 발전시키고 해양권익을 수호하는 것은 평화와 발전의 시대적 배경에서 중요한 주제이다. 가슴에 꿈을 품고, 어깨에 사명을 짊어진, 뜻 있는 이들이 해양력을 기획하고, 해양력을 논하자는 열의가 고조되었다. 이는 정화 이래, 어쩌면 화하(華夏, 중국의 옛 명칭)문명이 형성된 이래, 중화민족과 해양의 가장 가까운 만남이다.

제3절 주요 논쟁과 어려움

꿈은 아주 집요하고, 현실은 아주 분명하지만, 중국의 해양력은 개념 해석, 목표 설정, 방법 선택과 수단 건설 모두 이견과 논란이 가득하다.

중화인민공화국 건국 후 상당 기간 해양력은 제국주의의 확장과 패권을 위한 도구로 여겨졌고, 중국은 강한 해군을 내세웠지만, 해양력과 그에 관한 개념은 언급하지 않았다. 중국의 해양력을 연구대상으로 가장 먼저 명시한 것은 오히려 외국 학자들이었다.

1980년대부터 국내외에는 「샤오진광 회고록(萧劲光回忆录)」(속편), 「당대 중국 해군(当代中国海军)」, 「용의 제8차 항해: 중국 해양력 추구의 역사(龙的第八次航行：中国追寻海权的历史)」, 「바다의 만리장성: 중국 해군의 21세기 진입」[9] 등 중국 해양력에 대한 저술이 적지 않았다. 그러나 연구문헌이 쏟아지던 것은 2000년대 초반으로, 기본적으로 중국 해양력의 발전과정과 함께했다. 왜냐하면 20세기 말 중국이 인도를 제외한 육상 국경문제를 모두 해결하고, 중국의 성장세가 확고히 되며, 중국 붕괴론이 수그러들면서 중국 해군의 현대화가 가속화되었기 때문이다. 2005년, 정화의 원정 600주년 이후 국내외 학계에서 유명한 학문이 된 중국 해양력 연구는, 그 성과가 매우 많고 폭넓어졌다.

연구는 차원에 따라 크게 세 종류로 나눌 수 있다. 첫째는 상황 소개나 정세분석 부류의 연구로, 중국의 해양력 발전에 대한 역사적 배경, 객관적 조건, 지정학적 환경, 필요성 등에 대한 소개와 분석, 또는 해양력 발전의 일반적 법칙을 탐구하여 중국 해양력 발전의 이론적 근거를 제공하거나, 다른 대국의 해양력 굴기에 관한 역사, 중국의 고대와 근대 해양력 발전에 대한 경험과 교훈을 소개함으로써 중국 해양력의 발전상을 도출하는 것이다. 둘째는 전략이나 대전략 차원의 연구로, 중국의 대전략에서 해양력의 위상, 해양·지상력의 발전 관계 등을 중심으로 중국 해양력 발전전략을 탐구하는 것이다. 이 밖에, 연구가 끊임없이 깊어지고 넓어지고, 성과가 증가함에 따라,

9) Bernard D Cole, *The Great Wall at Sea: China's Navy Enters the Twenty–First Century*, Annapolis, Md: Naval Institute Press, 2001.

문헌 회고 등 정리성 연구도 학계에서 주목받고 있다.

현재 중국 해양력 발전을 둘러싼 학술 논쟁이나 관심사는 개념과 함의, 전략목표, 실천경로, 육·해 협조, 역량 건설 등에 집중되어 있다.

Ⅰ. 개념과 함의

영어의 Sea Power와 Maritime Power는 밀접한 관련이 있지만 담고 있는 개념에는 차이가 있다. 둘다 해양력(海權)으로 번역할 수 있지만, 전자는 해군 차원의 실력과 능력을 강조하고, 후자는 국가 해상력에서 군과 민의 역량에 똑같이 관심을 두는 종합적 개념이다.

중국 내 연구자들은 중국 해양력의 속뜻이 서구 전통과 다른 해양력 개념이어야 하며, 우리의 길을 가야 한다고 입을 모은다.[10] 학계에서는 중국 해양력 발전의 목표에 관한 이견도 많고 구체적인 범위도 모호하지만, 거의 모든 학자는 서구 해양력의 개념과 형식을 그대로 가져갈 수 없다고 생각하기 때문에, 중국은 중국 특색의 해양력 발전의 길을 가야 한다는 공감대를 갖고 있다. '서로 다른 국가·역사 및 사회적 배경 속에서 각기 다르게 이해되고 있다'[11]라는 점은 심지어 일부 외국 학자들도 같은 견해를 갖고 있다. 요시하라 토시와 홈스는 '중국 특색의 해양력'이라는 개념을 명확히 제시하며, 중국이 자신만의 방식으로 해양을 통제할 것으로 보고 있다.[12]

해양력의 정의에 대하여, 중국 학자들은 서방의 전통적 해양력 개념과는 달리 혁신을 진행하였다. 션웨이례는 "해양력은 군사력과 비군사력을 이용해, 해상으로부

10) 니러슝 선생은 유일한 예외일 수 있다. 그는 해양력 개념이 군사영역에 국한되어야 한다고 생각했다. 해양력 개념이 비군사영역까지 확장된다면, 학계의 약속을 위반한다고 생각했기 때문이다. '사실상 이런 방식은 창의성이 부족하고, 혼란을 가중한다.', 倪乐雄：《21世纪对海权的沉思》, 载《揭开冷战后时代的帷幕》, 上海：上海人民出版社, 2008年, 第334页。 이러한 설명은 많은 논쟁을 불러일으켰는데, 머핸이 저서에서 설명했듯이 해양력은 순수하게 군사역량만을 가리키는 것은 아니다. 해상무역 또한 해양력의 중요한 기반이다. '해양국으로서 그 근본은 해상무역에 있다.', [美] 阿尔弗雷德·塞耶·马汉(Alfred Thayer Mahan)：《海权论(The Theory of Sea Power)》, 范利弘译, 西安：陕西师范大学出版社, 2007年, 第65页。

11) 张文木：《论中国海权》, 北京：海洋出版社, 2009年, 第5页。

12) Toshi Yoshihara, James Holmes, "*Command of the Sea with Chinese Characteristics*", Orbis, Vol.49, No.4, Autumn 2005, pp.677－694.

터 국가의 상공을 포함한 영토주권을 수호하고, 해양으로 뻗어나가는 해양의 이익, 해양활동의 주체와 기타 정치적 실체의 의지적 행위에 영향을 미치는 능력을 총칭하는 의미"라고 말했다.[13] 장원무는 "중국의 해양력은 중국의 주권에 속하는 해양권리이지 해양권력이 아니며, 해양패권은 더욱 아니다"라고 주장했다.[14] '중국 특색의 '해양력'은 종합개념으로, 해양실력(해양 물리적 실력과 문화적 실력), 해양권익(해양권익과 외곽 해양권익), 해양권력(해양 물리적 권력과 해양 문화적 권력)의 3요소를 유기적으로 통합해야 한다는 학자도 있다.[15] 예즈청은 해양력을 "한 국가가 해양공간에서 가지는 능력과 영향력"으로 정의했다. 이러한 능력과 영향력은 군사력일 수도, 비군사력일 수도 있다. 그것은 하나의 도구로서, 합법적인 권익을 보호할 뿐 아니라, 세계를 제패하는 데도 쓸 수 있다.[16] 또 "현대적 의미의 해양력 개념은 한 마디로 국가의 해양 종합국력이고, 정치, 경제, 군사, 문화, 과학기술 등 사회발전의 각 분야를 포괄하는 국가 해양실력과 능력의 중요한 지표"이며, "중국의 해양강국 건설은 종합 해양력 발전의 길을 가야 한다"라고 지적하는 학자도 있다.[17]

해양력의 개념과 이론은 확실히 매우 크게 발전되었다. 큰 변화는 해양력이 단순히 군사개념이 아니며, 강한 해군만으로는 해양강국이 될 수 없다는 것을 인식하는 학자들이 늘고 있다는 점이다. 현대사회에서는 경제력과 구조, 외교와 정책 운용능력 등이 해양강국들 사이에서 갈수록 비중 있게 다뤄지고 있다. 제프리 틸이 말했듯이 해군의 기능은 갈수록 다양해지고 있으며, 현대 해군은 국제적 시야와 협조, 공동 행동의 세계관을 가져야 한다.[18]

그러나 발전의제의 급부상과 인류 해양활동의 증가는 간접적으로 해양력 개념의 일반화를 불러왔다. 해양력 개념의 틀에서 해양정치를 논하려는 학자들의 시도가 계속되면서, 해양력에 대한 묘사는 포괄적으로 바뀌었고, 권익 해양력과 종합 해양력의 탐구는 해양력 개념의 적절한 의미에서 벗어나게 되었다. 권력이 분명 해양력의 핵심

---

13) 沈伟烈：《地缘政治学概论》，北京：国防大学出版社，2005年，第143页。
14) 张文木：《论中国海权》，载《世界经济与政治》，2002年第10期。
15) 孙璐：《中国海权内涵探讨》，载《太平洋学报》，2005年第10期。
16) 叶自成：《陆权发展与大国兴衰：地缘政治环境与中国和平发展的地缘战略选择》，北京：新星出版社，2007年，第261页。
17) 刘中民：《中国海洋强国建设的海权战略选择》，《太平洋学报》，2013年第8期，第76、74页。
18) Geoffrey Till, "*Maritime Strategy in a Globalizing World*", Orbis, Vol.51, No.4, Fall 2007, p.571.

이고, 머핸식 해양력의 개념이 너무 편협하고 뒤처진 것은 사실이지만, 그렇다고 우리가 해양권력의 의미를 무한히 넓히고 해양권익과 해양문화의 내용을 모두 해양력이라는 개념에 담아낼 수는 없다.

필자는 해양력이 아무리 모호하고 현재의 조건과 정세가 얼마나 바뀌었든 간에 두 가지는 분명하다고 생각한다. 첫째, 해양력은 일정한 공간에서 작용하며, 그 범위를 정하는 것은 해양력 연구에 매우 중요하다. 둘째, 해군이 해양력 전부가 아니며, 제해권 역시 해양력 발전의 유일한 도구가 아니다. 권력은 군사, 정치, 외교에서 경제까지 다차원적 조합이어야 한다. 한마디로, 해양력은 일정한 해양공간에서 군사, 정치, 외교, 경제 등의 역할과 영향력을 행사해 국제사회의 존중과 신뢰를 얻는 능력이나 권세를 의미한다.

Ⅱ. 전략목표와 의도

'전략은 한 국가――또는 동맹국가들――의 자원을 관리하고 이용하는 기술을 말하며, 군사력을 포함해서 궁극적으로 적과 대항하여 국가의 최종적 이익이 실질적·잠재적 또는 가상적으로 효과있게 촉진되고 보장되지 않으면 안된다.'[19] 뉴셴종의 관점에 따르면, 전략연구는 전략목표, 전략수단, 전략환경의 3대 요소를 고려하지 않을 수 없다.[20] 전략환경은 전략목표와 전략수단을 확정하는 근거가 되며, 전략환경에 대한 객관적 인식은 전략형성의 전제가 된다. 중국 해양력 전략의 연구의제를 한마디로 하면, 중국의 해양력 발전이 직면한 자신의 조건과 국제환경에 대한 고찰을 통해 중국이 어떠한 방식과 전략수단으로 어떠한 전략목표를 달성할 것인지를 확정하는 것이다.

중국 해양력의 전략목표 설정에는 두 가지 중요한 문제가 반드시 해결되어야 한다. 첫째는 권력관계가 해양력의 핵심이고, 우리가 앞으로 중국이 해양정치 구도에서 어떠한 위치에 있을 것인가에 대하여 기본적으로 파악하고 인식해야 한다는 것이다.

---

19) Edward Mead Earle, Makers of Modern Strategy, (Princeton, N.j., 1943), p.Viii. 재인용 [美] 保罗·肯尼迪(Paul Kennedy)：《战争与和平的大战略(Grand Strategies in War and Peace)》, 时殷弘、李庆四译, 北京：世界知识出版社, 2005年, 第1页。

20) 钮先钟：《战略研究》, 桂林：广西师范大学出版社, 2003年, 第144页。

바꾸어 말하면, 중국은 몇 번째가 되어야 하느냐는 것이다. 이러한 문제를 피할 필요 없다. 해양력은 능력과 도구일 뿐이고, 대국이 권력지위를 추구하는 것은 당연한 이치이다. 차이는 권력 추구에 있는 것이 아니라, 권력을 추구하는 방식과 정도에 있다. 왜냐하면, 발전은 항상 상대적이기 때문이다. 당신이 발전하면, 다른 사람도 발전한다. 청나라 말기의 북양수사는 어느 정도 굴기했다 할 수 있겠지만, 발전 속도와 수준은 일본만 못해, 참패를 면치 못했다. 중국이 주권과 주권권익을 추구할 뿐, 권력에는 관심 없다고 말하는 것은, 상식에 어긋날 뿐만 아니라, 외부와의 신뢰 증진에도 도움이 되지 않는다. 둘째는 목표의 우선순위와 중요성의 서열이 있어야 한다는 것이다. 국가를 잘 다스리고, 발전을 추구하는 국가는, 보통 목표가 많다. 그러나 국가의 자원과 능력은 달성하려는 모든 목표와 항상 차이가 있고, 아무리 강한 국가도 예외는 아니다. 이것은 모든 전략의 기본으로, 우선순위 없이는 어떠한 전략도 있을 수 없다.

오늘날 중국은 머핸시대의 미국보다 더 심각한 상황과 복잡한 과제에 직면해 있으며, 중국의 문제는 머핸의 기본적인 이론만으로 해결할 수 있는 일이 결코 아니다. 중국은 머핸의 말을 경전처럼 믿고 따르지도 않을 것이다. '중국은 그 고유의 필요와 상황에 따라 해양통제의 개념을 맞출 것이다. 따라서 중국 특색의 해상통제는 독일·일본제국과는 성격이 크게 다른 도전을 제기할 가능성이 크다.'[21] 중국 해양력 발전의 지정학적 조건, 역사적 기회와 자신의 조건에 따르면, 군사적으로 중국은 미국과 같은 해양력 수준에 도달할 수 없으며, 미국의 전략목표와 행동방식을 따라서도 안 된다. 지역 중점적으로 배치한 해상역량으로서, 중국은 자신의 전략목표와 이익의 실현 순서를 신중하게 정해야 한다. 이것이 바로 전략 집중의 원칙으로, '전략은 국가의 여러 중요한 목표에 대하여 대략적인 경중과 완급의 순서를 정하고, 가장 우선하고 가장 중요한 사항에 관심과 노력을 기울이며, 다른 목표와 이익, 사항에 대해서는 적당하게 '에누리'하는 것이다.'[22] 전략에서 목표를 정할 때, 이상과 현실 사이에서 선택하고 목표와 수단을 재어봐야 한다. '전략의 성공은 '목적'과 '수단(도구)'의 계산이나 조정에 달려 있다.'[23] 목적은 반드시 기존의 모든 수단에 적합해야 한다. 이것이 국제

---

21) James R. Holmes, Toshi Yoshihara, *Chinese Naval Strategy in the 21st Century: The turn to Mahan*, New York, Routledge, 2009, p.86.

22) 时殷弘：《战略问题叁十篇——中国对外战略思考》, 北京：人民大学出版社, 2008年, 第6页。

23) [英] 利德尔·哈特(Liddell Hart)：《战略论(Strategy)》, 中国人民解放军军事科学院译, 北京：战士出版社, 1981年, 第440页。

정치의 현실로, 어떠한 국가도 마음대로 할 수 없다. 많은 상황에서, 아름다운 바램은 현실이 될 수 없다. 따라서, 전략목표를 정할 때는 반드시 그 가능성을 고려해야 한다. 바꾸어 말하면, 국가는 반드시 자신의 각종 능력과 수단을 분명하게 이해하도록 노력해야 한다.

이에 대해, 국내외 전문가들은 적극적으로 시험하였다. 류중민은, 중국 해양발전의 대전략을 세 가지 차원에서 파악해야 한다는 태도다. 첫째는 국제 및 국내 전략의 차원을 포함해야 한다는 것으로, 국제적으로는 중국의 해양 대전략이 평화와 발전의 국제환경을 구축해야 하며, 국내적으로는 지속 가능한 발전과 조화로운 사회 구축에 이바지해야 한다는 것이다. 둘째는 그것이 해양경제, 해양정치, 해양관리, 해양법률 등 하위 전략의 체계를 아우르는 전략체계라는 것이다. 셋째는 중국 대전략의 3대 수요, 즉 발전수요, 주권수요, 책임수요에 적합해야 한다는 것이다.[24] 이는 매우 포괄적인 해양 발전전략의 틀로서, 담고 있는 뜻이 중국의 해양력이 포괄할 수 있는 내용이 아니다. 이런 주장은 좋아 보이지만, 중국 해양력의 구체적 기획으로는 지나치게 거시적이고 추상적이다. 중국 해양력 발전의 구체적인 목표를 제시한 관료와 학자도 적지 않다. 류화칭 제독은 중국 해군의 근해방위 전략을 제시하며, 중국 해군의 방어범위를 설정했다.[25] 장원무는 중국 해군은 "동경 120에서 동경 125도 해역을 아우르는 해군역량을 가져야 한다…. 중국의 해양력은 여전히 유한 해양력으로, 그 범위는 타이완과 난사군도 등 중국 주권범위의 해역에 한정될 수밖에 없다"라고 말했다.[26] 이러한 주장과 연구는 해군, 경제발전 등 각자의 전문분야에서 목표와 방향을 제시함으로써, 중국의 해양력 발전에 있어 매우 중요한 가치를 지닌다. 그러나 이러한 주장과 연구는 중국 해양력 발전에 대한 총체적인 고려가 부족하며, 해군 발전전략이나 해양경제전략만으로는 해양력 발전전략을 대체할 수 없다.

물론, 학계에서도 중국 해양력 발전의 종합전략이 다양하게 등장하고 있다. 왕위이(王予亦) 제독은 '해양개발, 협력공영, 권익수호' 전략을 제시하며, 새로운 세기의 중

24) 刘中民：《中国海洋强国建设的海权战略选择－海权与大国兴衰的经验教训及其启示》, 载《太平洋学报》, 2013年第8期。

25) 류화칭은 중국 근해공간의 주요 범위가 '황해, 동중국해, 남중국해, 난사군도와 타이완 해협, 오키나와 도련 안팎 해역 및 태평양 북부 해역'을 포함한다고 가리켰다. 刘华清：《刘华清回忆录》, 北京：解放军出版社, 2004年, 第434页。

26) 张文木：《经济全球化与中国海权》, 载《战略与管理》, 2003年第1期。

국 해양전략은 정치, 군사, 경제, 과학기술, 문화 등의 분야를 포괄하는 종합적 전략이어야 한다고 지적했다. 왕슈광 전 국가해양국장은 중국의 해양강국 목표에 대하여, '해양경제가 발달하여 국내 총생산의 10% 이상을 차지하고, 해양방어력 강화로 국가 해양권익을 보호하며, 해양대국의 위상이 뚜렷해 국제 해양사무에서 중요한 역할을 하는 것'으로 제시한 바 있다.[27] 스쟈주 박사는「해양력과 중국」이라는 책에서 중국 해양력과 관련한 국내외 연구를 체계적으로 회고하고 논평하였다. 그리고 자신의 중국 해양력 전략을 제시하고, 해양국토의 수호, 해양교통로 보장, 해양경제의 발전과 해양방위력 구축 등 네 가지 측면에서 논증적으로 설명하였다.[28] 이 연구의 가장 큰 특징은 자료가 상세하고 풍부하며, 문제에 대한 분석과 설명이 충분하고 철저하다는 점이다. 안타까운 것은, 그의 연구가 많은 해양력의 목표를 제시하고 있지만, 이를 서열화하지 않았으며, 실현방안과 가능성에 대한 글은 적고, 해양력 발전의 필요성에 대해서만 너무 많이 쓰고 있다.

국내 전문가들이 일반적으로 강조하는 중국의 '근해방어, 원해호위(近海防禦, 遠海護衛)' 해상 군사전략과 달리, 해외 관측자들의 분석은 더 구체적이다. 많은 사람은 중국 해양강국의 목표가 어떠한 패권이나, 적어도 지역우위를 차지하는 것이라고 여긴다. 그 가운데, 미국의 유명한 인기도서 작가 로버트 카플란은 "중국은 자신도 모르게 동해(日本海, Sea of Japan)에서 아프리카 희망봉까지 유라시아 남쪽 해역 전체를 덮는 해상제국을 만들고 있다."[29]라고 하였으며, 크리스토퍼 피어슨 등은 중국이 유라시아 근해에서 '진주목걸이' 전략을 펴고 있다고 보고 있다.[30] 미국 국제전략문제연구소(CSIS)는 2013년 발간한「중국 군사 현대화와 전력 발전」보고서에서 "중국의 '적극방어' 전략은 해양요소가 있고, 이 전략은 3단계로 그려지며, 마지막 단계인 2020~2040년에 중국은 항공모함을 핵심으로 태평양과 인도양에서 미국의 군사적 우위를 종식할 것이다. 최근 중국해군의 발전과 행동은 이 해양전략의 시행을 반영하고 있다"라고 가리켰다.[31]

---

27) 王曙光：《论中国海洋管理》，北京：海洋出版社，2004年，第12页。

28) 石家铸：《海权与中国》，上海：上海叁联出版社，2008年。

29) Robert D. Kaplan, *China's Budding Ocean Empire*, http://nationalinterest.org/feature/chinas-budding-ocean-empire-10603.

30) Christopher, J. Pehrson, *String of Pearls: smeeting the challenge of China's rising Power across the Asian littoral*, https://ssi.armywarcollege.edu/.

솔직히, 이러한 표현을 딱히 해양력의 목표라고 하긴 어렵다. 군사와 같은 어느 한 영역에 지나치게 주목한 해상 군사전략이거나, 너무 포괄적이고 불확실하며 정책 결정에 참고할 가치가 없거나, 또는 표현은 합리적이고 전망이 있지만, 논리의 정밀한 논증이 부족하다. 지금까지 중국의 해양력은 폭넓은 공감대와 설득력 있는 목표체계가 아직 없었다.

Ⅲ. 경로문제

완전한 전략은 경로의 기획을 떠나서 얘기할 수 없다. 목표가 정해지면, '다음 단계는 이를 달성하기 위한 주요 장애물이 무엇인지, 위협은 어디서 오는지, 또 장애물은 어떻게 극복해 이겨내는지를 살펴보는 것이다. 행동방안을 연구해 원가와 대가를 따져야 한다.'[32] 이른바 행동방안의 마련이다. 전략에는 구체적인 정책 기획이 있어야 하고, 전략목표와 이익 서열에 따라 행동 방식과 수단이 달라야 한다. 핵심이익 목표에 있어서는 능력이 있어야 하고 결연하게 지키고자 하는 의지가 있어야 한다. 부차적인 이익 목표는 상황에 따라 적절하게 희생할 줄 알아야 한다. 어떠한 이익은 군사적 수단이 지키는 것을 주로, 어떠한 이익은 외교 수단이 넓히는 것을 주로, 또 어떠한 것은 경제·사회적 수단을 주로 해야 한다. 군사, 외교 및 경제적 수단을 총동원하여 전략목표를 달성해야 할 때가 많다. 행동방안을 만들 때 반드시 고려해야 할 것은 수익과 원가, 혹은 목표와 대가 사이의 관계이다. 이익 목표보다 원가나 대가가 너무 크면 같거나 더 중요한 이익을 희생할 수 있다는 뜻으로 전략적 설계 취지에 어긋난다.

평화발전은 중국 굴기의 기본노선이라 할 수 있고, 해양력 구축은 중국 평화굴기의 조성 부분이므로, 평화발전의 길을 따라야 한다. 이 점에 대해 중국 대부분 연구자는 의구심을 갖지 않는다. 문제는 거의 모든 해상 주변국과 도서 분쟁 및 해역 경계 획정 논란이 있는 배경에서, 미·일 등 해양 강대국과의 치열한 지정학적 경쟁과

31) Anthony H Cordesman, Ashley Hess, Nicholas S Yarosh, *Chinese Military Modernization and Force Development*, https://csis-website-prod.s3.amazonaws.com/ s3fs-public/legacy_files/files/publication/130725_chinesemilmodern.pdf, August 8, 2013, p.66.

32) 王辑思：《中国国际战略研究的视角转换》, 载《中国国际战略评论》, 2008年第1期。

힘겨루기 속에서, 중국의 이익이 빠른 속도로 해외로 나아가고 안보위험이 커지는 상황에서, 어떻게 평화적으로 발전할 수 있냐는 점이다. 중국은 이러한 문제들을 어떻게 처리하고, 어떻게 하면 대체로 평화적인 방식으로 해상굴기를 할 수 있을까? 이것들이 모두 연구하고 규명해야 할 문제들이다. 구체적인 방안의 기획, 구체적인 수단과 능력 건설 없이, 평화굴기를 강조만 한다면, 신뢰도, 진정한 평화굴기도 어렵다. 중국은 이미 비교적 안정적인 큰 경로를 갖고 있지만, 각종 작은 경로를 어떻게 지나야 평화발전의 탄탄대로에 이를 수 있는지에 관한 연구와 설명은 부족하다고밖에 할 수 없다.

이 가운데 미국과의 관계를 어떻게 할 것인지가 논의가 가장 많이 필요한 문제이다. 중국은 굴기하는 해양국이고, 미국은 기존의 해상 주도국으로서 양국 간 갈등이 치열한 데다, 역사적 경험에 따르면 미·중 간 해상 갈등은 이른바 '투키디데스의 함정'의 주요 내용 및 주요 표현과 거의 같다. 국내외 많은 전문가는 중국이 미국의 직접적인 도전을 피해야 한다고 여기는데, 예를 들면 로버트 아트는 미국이 중국 해군의 적절한 성장을 용인할 수 있지만, 공해에서의 미국의 우위에 도전해서는 안 된다고 말했다.[33] 왕자이방은 바다에서 지리적 위치의 우열은 세계 지도자의 필요조건 중 하나일 뿐이며…, 세계 지도자의 지위를 얻는 것은 오랜 과정으로, 최소한 현존하는 세계 지도자들에 대한 도전은 피해야 하고, 현존하는 세계 지도자들의 동반자로 시기적절하게 전환해야 한다고 지적했다.[34] 문제는 중국이 이러한 이상과 신념을 갖고 총체적으로 새로운 대국관계를 유지하더라도, 미국의 지위에 전혀 도전하지 않는 것은 불가능하다는 것이다. 미국의 과장된 언사에 비해, 중국의 엄숙한 학자와 전략가들은 중국이 전 세계 해양에서 미국에 군사적 도전을 일으킬 수 있는 능력과 잠재성을 갖고 있다고 거의 생각하지 않는다. 현재 미·중 간 주요 갈등은 동아시아 근해에 있고, 중국이 이곳에서 주권, 주권권익과 이에 상응하는 해상지위를 추구하려는 움직임은, 미국이 주도하는 지역 안보질서와 구조적 갈등을 겪고 있다. 태평양은 충분히 커, 체계적인 대립은 피할 수 있겠지만, 그 과정이 절대 쉽지는 않을 것이다.[35]

---

33) [美] 罗伯特·阿特(Robert Art)：《美国、东亚和中国崛起：长期的影响》, 见朱锋, 罗伯特·罗斯(Robert Ross)：《中国崛起：理论与政策的视角》, 上海：上海人民出版社, 2008年, 第265－303页。

34) 王在邦：《世界领导者地位交替的历史思考》, 载《战略与管理》, 1995年第6期。

35) 胡波：《中美东亚海上权力和平转移：风险、机会及战略》, 载《世界经济与政治》, 2013年第3期。

Ⅳ. 육·해 통합의 문제

알다시피, 중국은 육상 국경 2만여 km와 해안선 1만 8,000km, 육지 강토 960만㎢가 있으며, 300만㎢의 관할해역을 주장하는 대표적 육·해 복합국가이다. 하지만 육·해 복합국가의 대표적인 지정학적 특성은 땅과 바다를 동시에 돌볼 수 없다는 점이다. '이중으로 상해를 받기 쉬운 성질과, 전략과 목표에 이바지하는 국가자원 분배의 분산이 육·해 복합국가의 지정학적 약점이 되었다. 해·육 두 방면의 발전에서 일정한 균형을 맞추어야 한다.'[36] 역사적으로 중국은 오랫동안 땅을 중시하고 바다를 경시하는 불균형 상태였다. 중국 역대 왕조의 방어 중심은 모두 북방에 집중되어 있었으며, 청나라 이전에는 몽골 고원에 도사리고 있던 소수민족이 역대 왕조의 우환이었다. 근대 이래, 열강이 잇달아 쳐들어왔는데, 특히 일본이 오랫동안 대규모로 침입하여, 청나라 말기와 중화민국 정부는 상당한 압박을 받았으며, 그들은 정권의 생사존망을 위해 싸워야 했고, 자연히 해양력을 생각할 여유가 없었다. 중화인민공화국 건국 후, 육상 국경 분쟁에 막대한 자원을 소모했고, 중국·인도, 중국·러시아, 중국·베트남의 세 차례 국경 충돌과 수십 년에 걸친 북방에서 소련과의 대치도 중국이 육상 방어에 중점을 두게 했다. 오늘날 중국의 육상 형세는 이미 현저하게 호전되었고, 마침내 육·해 발전 불균형 상태를 변화시킬 기회와 조건을 얻었다. 그러나 육·해 복합국가로서 과연 중국이 자원을 두 방향으로 어떻게 적절히 배치해 효율을 극대화할 수 있을지가 고민거리이다. 청나라 말기에 이미 요새방어와 해안방어의 논쟁이 있었다. 오늘날 중국이 다시 해양에 직면하고 있는 동안에도, 해양·지상력 발전은 중국 해양력 연구의 최우선 과제로 남아 있어 학계는 이 문제를 둘러싸고 치열한 논쟁을 벌이고 있다.

첫 번째 관점은 중국이 해양력을 발전시키되, 중국 해양력의 발전은 중국의 대전략에 이바지해야 한다는 것이다. 예즈청 교수는 중국의 해양력 발전은 중국의 '지상력' 발전에 속해야 한다고 주장했다. '중국의 해양력이 지상력과 대등한 수준과 정도로 발전할 가능성은 크지 않고, 해·육이 동등하게 중요한 국가도 될 수 없으며, 이른바 해양력 국가가 될 수도 없다'라는 이유에서다. 이에 대해 탕스핑 교수도 중국 해

36) 刘中民, 王晓娟：《澄清中国海权发展的叁大思想分歧》, 载《学习月刊》, 2005年第9期。

양의 지정학적 환경이 중국을 진정한 해양강국으로 만들 가능성은 거의 없다고 지적했다.[37]

두 번째 관점은 지상력과 비교해 해양력은 상당히 우세하고, 해양력이 지상력을 압도해 왔다는 것을 강조한다.[38] 1500년 이래 세계에서 굴기한 대국은 모두 먼저 해양 패왕이었으며, 중국의 굴기 역시 자연히 해양력의 강함과 뗄 수 없다. 또 해양력만이 전 세계에서 중국의 국익을 보호할 수 있다. '해양력을 우선하는 것은 현대 중국의 전략적 선택이다.'[39] 왜냐하면 미래 중국의 이익 중심은 해상에 있고, 중국은 해양력을 크게 발전시켜야 할 뿐 아니라, 원양해군도 발전시켜야 한다. '중국은 세계적으로 해양이익을 보호할 수 있는 해군력을 발전시키지 않고서는, 중국의 해양이익을 확대하고 확장할 수 없다. 이런 확장과정은 무한하지만, 그 성격은 자위적 한도를 벗어나지 않는다.'[40] 우리가 말하는 세계화에도 자위수단의 세계화가 포함되어야 하고, 이익이 가는 데로, 우리의 자위수단도 가야 한다.[41]

세 번째 관점은 중국이 육·해 균형을 유지하면서 해양력을 발전시킬 수 있다는 것이다. 리이후는 중국 육·해 복합형의 지정학적 특징이 중국의 해양력 발전에 양면성을 갖는 양날의 검이라고 주장했다. '중국은 지정학적 잠재력과 권력을 최대한 통합하는 데 있어, 세계 대국의 천부적 조건을 갖추고 있지만, 또 다른 한편으로는 해·육 관계와 '심장－주변' 관계의 복잡성으로 불리한 요소의 영향과 지정학적 압박을 받고 있다.' 따라서 중국은 '먼저 중륙경해(重陸輕海: 땅을 중시, 바다를 경시)의 통념을 바꾸어, 육해병중(陸海並重: 땅과 바다를 함께 중시)한다는 전략적 사고를 수립해야 한다. 다음으로, 지상력의 우위 유지와 해양력 발전은 중국 지정학적 상호의존의 양 날개이다. 또한, 중국은 육·해 관계를 처리할 때 지상력과 해양력의 균형에 힘써야 하며, 한쪽에 치우쳐 다른 한쪽을 소홀히 하면 안 된다.'[42] 쥐하이룽의 「아시아 해양력: 지정학 구도론」과 「중국 해상 지정학 안정론」도 육해병중의 관점을 통해, 중국은 '육지쌍구(陸地雙區)'인 동북아와 동남아에 '해상쌍점(海上雙點: 타이완 지역과 남중국해)'을 더해

37) 唐世平：《再论中国的大战略》，载《战略与管理》，2001年第4期。
38) 倪乐雄：《从陆权到海权的历史必然》，载《世界经济与政治》，2007年第11期。
39) 刘新华：《海权优先：当代中国的战略选择》，载《社会科学》，2008年第7期。
40) 张文木：《试论当代中国海权问题》，载《中国远洋航务公告》，2005年第5期。
41) 张文木：《世界地缘政治中的中国国家安全利益分析》，济南：山东人民出版社，2004年。
42) 李义虎：《地缘政治学二分论及其超越》，北京：北京大学出版社，2007年，第262－264页。

자신의 해양전략 발전의 기반으로 삼아야 한다고 주장했다.[43)]

중국의 해양력 강화에 대해 연구자들은 사실 별 이견이 없다. 해양력이 중국에 얼마나 중요한지 누구나 알 수 있고, 강한 해군을 만들어야 할 필요성은 누구나 생각할 수 있다. 니러슝이 지적했듯이 "세계 미래의 불확실성에 기초한, 또 홉스의 법칙이 지배하고 있는 세상에서 중국은 강력한 해상력을 구축하는 것이 필요하다"라는 것이다.[44)] 사실 연구자들은 '해륙양립, 육해균형(海陸兼顧, 陸海平衡)'이건 '육이 해를 주로 삼고, 해를 육이 따름(以陸主海, 海爲陸從)'[45)]이건 '해양력 우선' 전략이건 해군력 강화와 필요한 자위력 확보에는 이견이 없으며, 어쨌든 중국의 해상역량은 강화되어야 한다.

Ⅴ. 역량 건설

오랫동안, 종합실력과 국방예산의 제한으로 중국 해군은 함대 구조에 있어 많은 선택을 하지 못하고 있다. 전략임무와 전략사상, 물질 기반의 실상은 중국 해군을 잠수함과 항공병, 기뢰와 고속정 등 소형함정을 주력으로 강조하는 구조로 만들었다. 그 가운데 잠수함은 해군장비의 핵심이지만, 대형 수상함은 매우 부족하다. 1980년대 국내외 정세의 변화에 따라, 특히 중국이 평화발전을 현시대의 주제로 확인하면서, 해군사령원 류화칭 제독의 주도로 해군 내부에서 해양력 균형발전을 일으키자는 논의가 시작되었으며, 핵심은 항공모함의 추진 여부이었다. 지지자들은 '해군은 어느 한 병종만 빠져도 완전한 전투력을 이루지 못하며, 해상작전의 사명을 감당하지 못할 것'이라고 주장했다. 실제로 류화칭은 1975년부터 대형 수상함과 항모를 발전시켜야 할 필요성을 기술적으로 입증했다. 반면 중국 근해방어의 성격을 생각할 때 항공모함이 필요하지 않다는 게 반대론자들의 지적이다. 게다가 연해작전 시 항모보다 잠수함의 효율이 높은 만큼 중국은 잠수함 우세를 계속 충분히 발휘해야 한다.[46)] 90년대 이후 기술 분야에서 국제전략, 이념, 정치 분야로 논쟁이 확대되었고, 이른바 '잠수함파'와 '항모파'의 논쟁은 2011년 첫 항모 진수 때까지 계속되었다.

---

43) 鞠海龙：《亚洲海权：地缘格局论》，北京：社会科学出版社，2007年；《中国海上地缘安全论》，北京：中国环境科学出版社，2004年。

44) 倪乐雄：《海权与中国发展》，载《解放日报》，2005年4月17日。

45) 刘小军：《关于当代中国海权的若干思考》，中共中央党校博士学位论文，第11页。

46) 高岩：《潜艇对中国海军的战略意义》，载《军事文摘》，2001年第5期。

사실 이념과 재정적인 요소를 떠나, 해군의 '근해방어' 발전과 이바지 전략으로 볼 때, 치명적 무기인 핵잠수함과 비대칭 전력인 재래식 잠수함 외에 대형 수상함은 물론 항공모함까지 시급히 발전시켜야 한다. 해군의 각 병종은 장단점이 있어 서로 조화를 이루어야 최대의 전투력을 발휘할 수 있기 때문이다. 당시 중국 해군이 직면한 가장 큰 문제는 일부 잠수함은 제1도련선에 진입할 수 있는 원양작전 능력이 있었지만, 수상함과 항공병의 엄호 없이는 잠수함의 은밀성과 전투력이 크게 떨어질 수밖에 없다는 점이었다. 제2차 세계대전 당시 독일 잠수함의 실패가 그러한 예인데, 더구나 오늘날 해상전장은 더욱더 입체적이다. 리제가 지적했듯이 "항모는 현재와 예상되는 미래 해상 군사행동에서 핵잠수함보다 훨씬 많은 임무를 맡게 되지만, 핵잠수함의 역할을 항모가 완전히 대체할 수는 없다."[47]

2010년 전후 중국 해군은 이런 논란을 실제 행동으로 종식하면서, 핵잠수함과 재래식 잠수함, 잠수함 병력을 중심으로 근해 반간섭과 억제역량을 강화하는 한편, 052D, 055 등 대형 수상함과 항공모함을 증강하는 등 대양해군(Blue-water navy) 건설에 적극적으로 나섰다.

중국 해상역량 건설에 관한 연구는 줄곧 해외에서 중국 해양력을 바라보는 가장 뜨거운 시각이었다. 그 한편은 능력이다. 「중국의 전략적 해상역량」, 「중국의 굴기하는 해상역량: 중국 해군의 잠수함 도전」, 「중국의 미래 핵잠수함 역량」 등 초기 저술은 잠수함의 능력에 관심에 집중되어 있었다. 펜타곤은 2000년 이후 매년 중국 군사력 연례 보고서를 국회에 제출해왔으며, 최근 들어 중국 해군의 발전에 관한 관심이 높아지고 있다. 미 국방성은 2015년 발표한 「중국 군사안보 발전 보고서」에서 "2008년 이래, 중국 해군은 꾸준히 해상작전 함정 개량계획을 추진하여 수상함 작전능력을 향상하였다. 중국은 현재 300여 척의 수상함, 상륙함, 초계함, 잠수함을 보유하고 있으며, 아시아에서 가장 많은 함정을 보유하고 있다. 중국의 야심 찬 해군 현대화 작업은 더 기술적이고, 더 유연한 전력을 만들어냈다"라고 밝혔다.[48] 미 의회연구원(Congressional Research Service)은 2008년부터 매년 「중국 해군력 현대화가 미 해군에게 주는 함의(China Naval Modernization: Implications for U.S. Navy Capabilities)」 보고

---

47) 李杰：《航母 VS 核潜艇之 YES OR NO》, 载《兵器知识》, 2004年第5期。

48) US Department of Defense, *Annual Report to Congress: Military Power of the People's Republic of China,* May 8, 2015.

서를 발표해 중국 해군발전의 진전과 미국에 대한 도전을 포괄적으로 다루고 있으며, 미 해군정보국(Office of Naval Interlligence)도 중국 해군 건설과 능력에 대한 보고서를 자주 발표하고 있다.

이 가운데 이른바 '반접근/지역거부' 능력이 관심사이다. 1990년대 초, 미 국방성 전략예산평가센터의 앤드루 크레피네비치 등은 「군사혁명」 보고서를 통해 제3세계 국가들이 일정 수량의 탄도유도탄과 순항유도탄, 고성능 항공기 등 장거리 무기체계를 장악함에 따라 전 세계에 펴져있는 미국의 전초기지가 심각한 도전에 직면하고, 충돌이나 위기 때 동맹에 대한 확신을 주지 못하며, 오히려 미국의 초조감이나 짐이 되고 있다고 지적했다. 2003년 「반접근/지역거부에 대한 도전」 보고서에서 크레피네비치 등은 '반접근/지역거부' 개념을 공식화했다.[49] '반접근'이란 대함 탄도유도탄, 대함 순항유도탄, 고성능 전투기, 첨단 기뢰, 스텔스 잠수함, 대위성 무기, 2. 무기 등으로, 미군이 중국 본토나 이들 무기의 유효사거리 밖에서 활동하지 않을 수 없게 함으로써, 중국 근해 위기에 대한 개입 능력을 상실케 하는 것이다. '지역거부'는 전시에 미군의 자유로운 진입을 막지 못하면, 미군의 진입을 지연시키거나, 교란하여 미군의 행동효율을 떨어뜨리는 차선의 선택이다. 이 개념은 이후 미 관측통들의 논평과 미군의 각종 보고서에서 빈번하게 사용되었다. 초기 저술에서는 위협 주체를 정확히 지칭하지 않았지만, 실제로 설정된 가장 큰 도전자는 중국이었다.

2009년 이래, 반접근/지역거부는 미국 정치에서 비난의 대상이 되어 미국의 국가안보와 군사전략에서 최우선 순위로 삼아야 할 위협으로 여겨지고 있다.

상대적으로 보면, 미국은 중국 원양해군에 관한 관심은 낮아도 된다. 미국 전략계의 평가에 따르면, 중국의 원양능력 발전이 빠르기는 하지만, 여전히 큰 결함이 있다. 랜드(RAND) 연구소가 2014년 발표한 「중국의 불완전한 군사변혁: 해방군 약점 평가(China's Incomplete Military Transformation: Assessing the Weaknesses of the People's Liberation Army (PLA))」 보고서에서 "중국 해군은 원양 보급능력이 부족하고 일부 작전능력은 여전히 향상이 필요하며, 실전과 높은 수준의 훈련이 부족하다"라고 지적했다. 2015년 군사력 보고는 랴오닝함(遼寧艦)에 대하여, 작전능력을 완전히 갖추

49) Andrew F Krepinevich, Barry Watts, Robert Work, *Meeting the Anti-Access and Area-Denial Challenge, Center for Strategic and Budgetary Assessments*, Washington, DC, 2003.

어도 '니미츠(Nimitz)'급과 같은 장거리 군사력 투사능력은 없을 것으로 보고 있다. 외부에서는 보편적으로, 중국 해군이 다른 군종과의 합동작전 효율성과 경험 부족, 대잠능력 미흡, 일부 핵심부품의 외국 의존, 장거리 투사 타격능력 미흡 등 뚜렷한 결함을 고 있다는 것이 중론이다.[50)]

주목할 것은, 미국 등 서방 전략계가 중국 해경, 어선, 상선대와 해상민병 등 다른 역량을 높이 평가하고 있다는 것이다. 이 분야를 집대성한, 미 해군 퇴역소장 마이클 맥더빗이 편집을 주관한 「위대한 해양강국이 되기 위해: 중국의 꿈」 보고서는 중국의 해군, 해경, 해상민병, 무장어선, 상선 등 해상역량의 상황과 발전전망을 자세히 서술하고 있으며, 각 장의 지은이는 모두 미국에서 중국의 해상역량을 연구하는 군 지도자들이다.[51)]

이 같은 관심과 연구는 중국 해양력의 현주소와 전망에 대해 다양한 측면에서 접근하고 있지만, 중국의 해양력을 전체적으로 다루는 탐구가 부족하다는 점은 인정하지 않을 수 없다. 중국 해양력 연구는 '중국 해양력'이라는 제목이나 주요 내용을 담은 전문 저서가 20여 편도 넘지만, 지나치게 거시적이거나, 어떠한 문제도 해결하지 못하거나, 목표와 수단, 목표와 목표 사이에 전체적인 기획과 균형이 부족한 것이 사실이다.

중국 해양력의 굴기에는 분명한 전략목표뿐 아니라 실현 가능한 방식과 전략수단의 기획이 필요하다. 중국 해군과 중국 해양력의 전략목표, 실현수단에 대한 논증 없이, 해군을 크게 발전시킬 것인지, 해양력을 크게 발전시킬 것인지, 해양력과 지상력을 어떻게 발전시킬 것인지를 논의하는 데만 몰두하고, 심지어 구호를 외치거나 이목을 끌기에 만족한다면 해양력 연구는 실질적으로 진척되지 않을 것이다.

학문적 진보와 이론적 혁신의 측면에서 중국 해양력의 목표를 명확히 하고, 중국 해양력 발전의 길을 계획하는 것은 혁신적인 의미가 있다. 중국 해양력의 발전전략은 중국 평화발전 대전략의 중요한 부분으로, 중국의 굴기과정에서 지적 버팀목 역할을 하는 지식인으로서, 우리는 중국 해양력 발전을 위해 실현 가능한 전략설계를

---

50) Ronald O'Rourke, *China Naval Modernization: Implications for US Navy Capabilities – Background and Issues for Congress*, Congressional Research Service, June 17, 2016, p.6.

51) Michael Mc Devitt, *Becoming a Great Maritime Power: A Chinese Dream*, Arlington, VA: CNA Corporation, June 2016.

해야 할 책무가 있다.

사명은 어렵고 영광스러운 것이지만, 형세는 오히려 더욱 엄중하다. 2009년 이래, 중국 해양의 주변환경은 날로 긴장되어 한반도, 댜오위다오, 남중국해 논란이 끊이지 않는다. 미국, 일본 등 국가는 해상 포위망 구축에 박차를 가해, 중국의 해양력이 커지는 것을 막고 견제하며, 중·일, 중·미 간의 해상 대치와 힘겨루기가 계속 일어나고 있다. 베트남, 필리핀, 말레이시아 등 주변국들은 잇달아 군대를 정비하고 난사로 칼을 겨누고 있다. 미국, 일본 등은 여론과 매체를 이용해 중국의 별로 강하지도 않은 해군과 중국이 해양권익을 지키는 합법적인 행동에 대해 떠들어대고 있다. 중국의 해양위기는 이미 전면적으로 폭발하여, 강력한 조처를 하지 않으면, 중국의 해양이익은 계속 잠식당할 위험에 직면하게 된다. 제대로 대응하지 못하면 다른 나라들과 해상충돌로 치달으면서, 평화발전의 국제환경과 전략적 기회를 놓칠 수도 있다. 이럴 때 임기응변식으로 처리하고, 대승적으로 도모하지 않으면 사사건건 당하게 된다. 최소한 논리적이고 오래 버틸 수 있는 해양력 목표체계가 필요하다. 이런 해양력 목표들을 어떻게 실현할 것인지에 관한 우리의 현실과 시대적 특성에 맞는 전략적 기획이 필요하다. 이것은 우리 스스로 경중과 완급을 가리는 데 도움이 될 뿐만 아니라, 중국의 국가의도와 미래 행보에 대한 국제사회의 안정적 기대에도 도움이 될 것이다.

이에 따라, 이 책은 중국 해양력 발전의 조건과 환경, 중국 해양이익의 범위와 주요 수단을 종합적으로 분석해, 현재 중국 해양력 발전의 성과와 문제점을 자세히 평가하고 분석하며, 전략목표의 합리성, 실현방식의 타당성 및 행동방안의 운용성에 대한 중점적인 고찰과 논술을 통해, 실현할 수 있고, 수단과 목표가 일치하며, 방법과 전략이 긴밀하게 결합한 해양력 발전의 길을 모색한다.

제2장 중국 해양력 발전의 조건

엄격히 말하면, 모든 해양국이 해양력을 추구하는 방법은 모두 다르다. 왜냐하면 해양력을 추구하는 모든 국가는 자신의 선천적 조건, 처한 시대와 당면한 기술조건 등에 따라 자신의 목표와 길을 정해야 하기 때문이다. '우리는 머핸을 배워야 하지만, 맹목적으로 믿어서는 안 된다.'

제1절 바다의 선천적 조건

중국의 해양은 자연조건이 우수하고 자원이 풍부하다. 해역이 넓어, 열대와 아열대, 온대를 아우르고, 길게 이어진 해안선은 총 3만 2,000km에 이르는데, 이 가운데 대륙 해안선이 1만 8,000km, 도서 해안선이 1만 4,000km이다. 1만 1,000여 개의 섬이 있어, 도서 총면적은 7만 6,800㎢로, 육지 면적의 약 0.8%를 차지하고 있다.[1] 중국은 보하이(渤海), 황해, 동중국해와 남중국해 등 4개의 근해와 타이완 동쪽의 태평양 해상 등 5개 해양지역이 있는데, 보하이는 중국의 내해이고, 황해, 동중국해,

1) 《2015年海岛统计调查公报》, 国家海洋局网站, http://www.soa.gov.cn/zwgk/hygb/hdtjdc/201612/t20161227_54241.html.

남중국해의 대부분 해역은 중국 관할에 속한다. 이 네 바다의 총면적은 472만㎢이며, 이 가운데 중국이 관할을 주장하는 해역은 약 300만㎢이다. 중국은 해양자원의 종류가 다양하고, 해양생물, 석유·천연가스, 고체 광산물, 재생에너지, 해안관광 등 자원이 풍부해 개발 잠재력이 크다. 해양생물 2만여 종, 해양석유 자원량 약 240억t, 천연가스 자원량 14조㎥, 해안 사광(砂礦) 자원 매장량 31억t, 해양 재생에너지 이론상 매장량 6억 3,000만kWh, 해안 관광명소 1,500여 곳, 심해 해안선 400여 km, 심해 항터(港址) 60여 곳, 갯벌면적 380만ha, 수심 0~15m의 연해면적 12만 4,000㎢ 등이 있다.[2)]

중국 동부의 긴 해안선은 중국 경제의 추진기로, 동부의 정치, 경제, 문화 우위는 해양을 통해 쉽게 뻗어나간다. 게다가 중국 근해는 모두 아열대와 온대, 아·태 중앙에 있어 좋은 항이 많다. 이밖에도 중국은 매킨더가 말한 내부 초승달(inner crescent) 지대에 있어, 일부는 대륙, 일부는 해양으로, 육·해의 우위에 있다. 이런 유리한 조건은 프랑스, 러시아 등 해·육 복합형 국가들과 비교가 되지 않는다. 군사적으로도 중국의 근해는 넓은 정면을 가지고 있고, 각 해역이 서로 통해 해군 병력의 기동과 집중에 유리하다.

중국 해양력의 발전은 지상력의 호위와 복사영향도 기대할 수 있다. 중국은 유라시아와 태평양이 만나는 지역에 자리 잡아, 동북아, 동남아, 남아시아, 중앙아시아와 인접해 있으며 북한을 등지고 있어, 바로 니콜라스 스파이크먼이 말한 주변지역(Rimland)이고,[3)] 육·해 복합형의 특징이 뚜렷하며, '육지대국과 해양대국이 서로 다투는 대상'이다.[4)] '중국은 지정학적 속성상 지상력 대국과 중요한 해양력 국가의 이중적 지위를 모두 갖추고 있으며, 심장지역(Heartland)과 주변지역을 잇는 유일한 대국'이라는 것이다.[5)] 전략적 위치는 매우 중요하다. 중국은 아시아의 중앙에 위치하여,

2) 《全国海洋经济发展规划纲要》, 国家海洋局网站, http://www.soa.gov.cn/hyjww/hyjj/2007/03/16/1174008941719037.htm.

3) 유라시아 대륙의 심장지역(Heartland)에서 멀리 떨어져 바다를 끼고 있는 육지지역을 가리키며, 주로 유럽 연안지역, 동아시아 연안지역 등을 가리킨다. 이런 주변지역들을 통제하는 것이 세계 통제의 관건인데,(Nicholas J. Spykman, 1944년) 심장지역에 빠르게 진입할 수 있고 해양문명을 쉽게 위협할 수 있기 때문이다. 전후 미국이 서유럽과 동아시아에서 소련과 중국에 대해 취한 억제 및 봉쇄정책은 이 학설의 영향을 받았다.

4) 沈伟烈：《地缘政治学概论》, 北京：国防大学出版社, 2005年, 第468页。

5) 李义虎：《地缘政治学：二分论及其超越》, 北京：北京大学出版社, 2007年, 第251页。

동북아, 동남아, 남아시아, 중앙아시아 모두와 탁월한 지리, 경제, 인문 연계가 있으므로, 아시아에서 쉽게 큰 영향을 발휘할 수 있다. 이 점은 일본이나 인도와 비교가 되지 않는다. 이러한 영향은 최소한 중국의 서태평양, 인도양 지역으로의 해양력 확장에 매우 긍정적인 의미가 있다. 주변지역 국가와의 지정학적 경제, 외교와 군사 연계를 강화하고, 대양에서 간접적으로 역할을 발휘할 수 있다. 중국이 동남아 및 남아시아 국가들과 우호협력을 통해 페르시아만－인도양－믈라카를 잇는 해상교통로의 안전을 지킬 수 있다면, 일부 국가의 지지에 힘입어 인도양에서 장기적으로 군사존재를 실현할 수도 있다.

중국은 영토가 넓고 물산이 풍족하여, 화하문명이 오랫동안 이 곳에서 번성해왔다. 중국 대륙의 공간은 강대한 중화제국의 번영을 2천여 년 동안 홀로 버티어 왔으며, 중국은 예로부터 지상력이 강한 나라이었다. 중국의 막강한 지상력은 중국 해양력 발전의 전략적 기반이자 중요한 바탕이다.

지정학적으로 중국은 지상력과 해양력의 상호보완적인 강점이 있다. '심장'에 있거나 '주변'에 있는 지상력 대국이며, 국가의 영역이 모여있어 중앙관할 통제에 유리하다.[6] 이렇게 막강한 지상력은 중국 해양력 발전의 든든한 버팀목이 된다. 동아시아의 전략태세에 관하여 로버트 로스는 "중·미 양국은 동아시아에서 각자의 강점이 있는데, 중국은 지상력, 미국은 해양력의 강점이 있어 동아시아에서 양극화가 이루어지고 있다"라고 진단했다. 이러한 상황은 양측 모두 자신이 주도하는 영역에서 어느 정도 방어적 우위를 갖게 하여, 서로 대비하는 동시에 어느 정도 여유를 갖게 한다.[7] 근해에서 중국 해양력은 지상력의 비호를 받았다. 지상력의 강대함과 지리적 복사효과로 중국은 대양이라는 진지에서 위협에 대처할 수 있는 무장역량도 필요 없게 되었다. 중국인민해방군은 대륙의 광활한 전략종심을 활용하여, 적이 자신의 무기 사정권에 들어오기를 기다렸다가, 상대방으로 하여금 중국이 지리와 군사상황에 유리한 조건에서 작전하도록 할 수 있다. '지리와 기술 측면에서 베이징은 자신의 자원과 계획, 무장역량을 활용하여 자신의 목표를 쉽게 달성할 수 있다. 이는 베이징이 핵심 경쟁력에 집중할 수 있도록 함으로써, 해방군의 능력과 지휘술이 비약적으로

---

6) 沈伟烈, 陆俊元：《中国国家安全地理》, 北京：时事出版社, 2001年, 第342页。

7) Robert Ross："Bipolarity and Balancing in East Asia", 载阎学通：《东亚安全合作》, 北京：北京大学出版社, 2004年, 第51－54页。

발전할 수 있게 하였다.'[8] 전체적인 힘을 비교하면, 중국이 절대적으로 열세이지만, 특정지역에서는 중국도 어느 정도 주도권을 쥘 가능성이 있고, 중국에게 전혀 기회가 없는 것은 아니다. '해양의 통제와 그 총체적 상황으로 볼 때, 특히 특정 유한구역 내에서는, 항상 장기적으로 불안정한 상태가 있었다. 저울추는 이쪽 아니면 저쪽으로 기울었다.'[9]

따라서 중국은 해양력 강국이 되기 위한 기본조건을 갖추고, 전략적으로 중요한 위치에 있으며, 해양공간적 자원이 잘 갖춰져 있고, 천혜의 강대한 지상력이 뒷받침하고 있다.

하지만 중국의 해양은 영국, 미국 등 전통적인 해양강국에 비해 선천적으로 천성이 떨어진다. 중국은 세계의 다른 대국에는 없는 복잡한 지정학적 상황에 직면해 있다. 중국이 위치한 동아시아 지역은 대국 세력이 모여있고, 중국은 땅과 바다 양쪽에서 모두 큰 도전에 직면해 있으며, 땅과 바다를 병행하기 어려워, 근대 이후 중국은 오랜 기간 육지와 해양 방향에서 이중으로 피해를 입었다. 오늘의 중국은 육지에서 적이 대규모로 침입하는 위험은 없지만, 육상의 안보정세도 걱정이 없는 것은 아니다. '위구르 독립'과 '티베트 독립' 세력이 정신없이 서부 국경의 안보를 위협하고 있다. 중국과 인도의 분쟁은 비록 전체적으로 통제할 수 있지만, 실제 통제와 협상에서 양국의 힘겨루기는 한 순간도 멈추지 않았다. 북핵 문제 이후 한반도 정세에 새로운 변수가 생겼다…. 중국은 미국과 같은 지정학적 우위는 결코 갖지 못할 것이지만, 육상의 위협을 거의 고려하지 않고, 해군 건설과 해양사업 확장에 정력과 자원을 집중할 수 있다.

해양통제라는 측면에서 보면, 중국 근해의 자연환경은 중국 해군의 작전수행에 어려움은 많고 이로움은 적다. 중국 근해는 남북으로 길고, 동서로 짧으며, 태평양과 인접 해역이 섬과 해협으로 끊겨있어, 반이 닫힌 해역의 특징을 보이며, 전시에는 적 병력의 봉쇄로 나뉘기 쉽다. 미국, 러시아, 일본, 동남아국가연합(ASEAN: Association of Southeast Asian Nations, 이하 아세안) 등은 해상전력을 해역 가장자리에 배치하여, 중국 해군전력이 대양으로 출입하는 것을 통제할 수 있다. 황해, 동중국해는 전략종

---

8) James R Hocones, Toshi Yoshihara, *Chinese Naval in the 21st century: The turn to mahan*, New York: Rontledge, 2009, p.70.

9) [美] 戈·塞·马汉：《海军战略》, 北京：商务印书馆, 1994年, 第239－240页。

심이 얕아 중국 해군전력의 활동이 제한된다.[10] 중국은 긴 해안선을 갖고 있지만, 타이완 동해안을 제외하면, 대양을 직접 통과할 수 있는 교통로는 거의 없다. 서태평양의 제1·2도련선은[11] 중국 군사력이 근해에서 대양을 드나드는 데 장애가 되어, 전시에 중국이 대양으로 향하는 모든 통로를 사슬처럼 봉쇄한다. 더 심각한 것은 미·일 등 중국의 해양력에 대한 회의적 역량이 거의 모든 중요 섬과 그 부속의 중요 해역을 장악하고 있어 황해, 동중국해, 남중국해가 사실상 폐쇄에 가까운 내해가 되고 있다는 점이다.

정신적으로 중국 해양력은 필요한 지적·문화적 비축이 부족하다. 문화 유전자 측면에서 중화문명은 '바다'의 원소가 상당히 부족하다. 유교에서 바다는 미지의 영역이고, 도가에서의 바다는 은유와 상상일 뿐이다.[12] 중국은 지정학적으로 육·해 복합 국가로 고대에도 해양활동은 활발했지만, 국가 전체가 해양으로 전향한 것은 지금이 중화민족 사상 처음이다. 산업 면에서 보면 개혁개방 이후 생긴 일이다. 역사적으로 중국은 오랫동안 강대한 지상력을 가졌지만, 육지 방향에도 강력한 상대가 오랫동안 있었다. 흉노, 선비, 유연, 돌궐, 여진, 몽골 등 유목민족 정권이 연이어 중국의 북방을 위협하고, 이들과의 대결에서 중원의 왕조는 위태로울 때가 많았다. 근대 들어서는 제정 러시아의 팽창과 소련의 패권이 중국의 북부를 압박했다. 이러한 위협에 대처하여 중국은 살아남기 위해 '중륙경해'의 전통을 오랫동안 갖고 있다. 수천 년의 농경문명에서 비롯한 내향적 민족성과 뿌리 깊은 '소농의식(小農意識)'도 여전히 중국이 해양으로 가는 정신적인 굴레이다. 이러한 요인들로 인해 중국은 해군 전통, 해양력 사고, 해양의식이 부족하고, 바다에 대한 인식, 이용과 통제에 관한 지식 축적을 서방 해양력 강국들과 비교하면 상당한 격차를 보인다.

중국의 해양은 물산이 풍부하지만, 국가 규모와 인구에는 훨씬 못 미치고, 통제와 이용률이 높지 않으며, 권력 유지의 압박이 심하다. 중국과 주변국 사이에는 도서 영유권 분쟁, 배타적경제수역과 대륙붕 경계획정 논란이 폭넓게 존재한다(표 1 참조).

---

10) 沈文周：《中国近海海洋空间》，北京：海洋出版社，2006年，第178页。

11) 제1도련선: 한반도 남단을 북으로, 규슈, 류큐 열도, 타이완섬, 필리핀 군도를 지나 말레이시아 반도 남단까지; 제2도련선: 일본 열도를 북으로, 오가사와라 열도, 마리아나 제도, 팔라우 제도를 지나 인도네시아 말루쿠 제도까지.

12) 王凌云：《元素与空间的现象学——政治学考查：以先秦思想为例》，载《陆地与海洋：古今之法辩》(附录)，第149页。

중국과 일본은 댜오위다오의 주권 분쟁, 동중국해 경계획정 분쟁이 있고, 남북한과는 황해 경계획정 갈등이 있으며, 베트남, 필리핀, 말레이시아, 브루나이 등과는 난사군도 등 도서 귀속문제와 남중국해 해역 경계획정 분쟁이 있다. 현재 중국이 관할하고 있다고 주장하는 300만㎢ 해역 가운데 절반 가까이가 분쟁에 휩싸여 있고, 중국이 실효적으로 통제하고 있는 해역은 150만㎢에 불과하다. 앞으로 중국의 해양권익 유지와 발전의 임무는 무겁고 갈 길이 멀다.

표 1 중국과 주변국 간 해양 경계획정과 도서 주권 분쟁 상황

국가	분쟁내용	현황
북한	북황해 영해, EEZ, 대륙붕 경계획정 분쟁	미획정. 2005년 12월 24일 「북·중 정부 간 해상 석유 공동개발 협정」 조인
한국	남황해와 동중국해 EEZ, 대륙붕 경계획정 분쟁 이어도, 가거초 귀속문제	미획정. 「한·중 어업협정」 서명, 2001년 6월 30일 발효. 한국은 이어도에 인공시설 건설
일본	동중국해 EEZ, 대륙붕 경계획정 분쟁 댜오위다오 주권 분쟁	미획정. 「중·일 어업협정」 서명, 2000년 6월 1일 발효. 중·일은 댜오위다오를 공동 통제
베트남	남중국해 EEZ, 대륙붕 경계획정 분쟁 난사군도 주권 분쟁	2000년 북부만 어업협정, EEZ와 대륙붕 경계획정 협의 서명. 기타 해역 경계 미획정. 베트남은 난사군도 29개 섬 점거
필리핀	남중국해 EEZ, 대륙붕 경계획정 분쟁 난사군도 주권 분쟁	미획정. 필리핀은 난사군도 8개 섬 점거
말레이시아	남중국해 EEZ, 대륙붕 경계획정 분쟁 난사군도 주권 분쟁	미획정. 말레이시아는 난사군도 5개 섬 점거
인도네시아	남중국해 EEZ, 대륙붕 경계획정 분쟁	미획정. 중국과 인도네시아는 영유권 분쟁 없음
브루나이	남중국해 EEZ, 대륙붕 경계획정 분쟁	미획정. 브루나이는 난퉁자오(南通礁) 주권 요구

출처: 国家海洋局海洋发展战略研究所课题组：《中国海洋发展报告(2007)》, 北京：海洋出版社, 2007年, 第16页. 필자 보충.

제2절 시대적 배경

시대는 인류사회 역사 발전단계의 기본적 특징에 대해 매우 포괄적으로, 가장 전반적이며 전략적인 문제이다. 시대의 주제란 일정한 역사적 단계에서 세계의 주요 갈등으로 결정되고, 세계의 기본적 특징을 반영하며, 미래 발전에 대한 전반적인 전략적 의미가 있는 문제를 말한다. 시대와 시대의 주제는 마르크스-레닌주의 사상가들이 세계를 인식하는 주요 틀로, 소련과 중국 같은 사회주의 국가들이 국제정치를 실천하는데 중요한 이론적 지도가 되었다. 근대 이후, 인류는 크게 두 시대를 겪었다고 할 수 있는데, 하나는 전쟁과 혁명의 시대(러시아 혁명에서 1970년대 말까지), 또 하나는 평화와 발전의 시대(1980년대 초에서 지금까지)이다. 평화와 발전의 시대는 전쟁이 없다는 의미가 아니라, 다만 국제정치의 관심이 체계적인 전쟁과 세계대전이 아니라, 어떻게 총체적인 평화와 경제발전을 이어갈 것인가에 맞춰져 있다는 점을 주목해야 한다. 덩샤오핑(鄧小平)은 "지금 세계에서 정말 큰 문제는 세계적인 전략문제로, 하나는 평화문제, 하나는 경제문제이다. 평화문제는 동서의 문제이며, 경제문제는 남북의 문제이다. 이를 요약하면 동서남북, 네 글자"라고 설명했다.[13] 30여 년 동안 인류사회는 평화든 발전이든 장족의 진보를 거듭해 왔다.

1500년 이래, 종종 반복되었지만, 국제 해양정치 문화는 전반적으로 긍정적인 방향으로 발전해왔음을 인정하지 않을 수 없다. 17세기에는 국제무역과 해양항해가 발달하면서 공해 자유의 이론이 대두되었다. 19세기 말에서 20세기 초 전쟁의 연속과 그 잔혹성은 기본윤리에 대한 인류의 호소와 전쟁법규 제정에 대한 요구를 불러 일으켰으며, 1856년 파리 「해상법의 요의(要意)에 관한 선언」부터 1899년과 1907년 헤이그 평화 회의를 거쳐 1909년 런던 「해전법규에 관한 선언」으로 전쟁법규의 인도화가 진전되고 국제분쟁의 평화적 해결 원칙과 제도가 개선되었다. 물론 인도, 정의, 평화적 분쟁 해결 등 국제법의 원칙과 규범이 크게 발전한 것은 제2차 세계대전 이후이다. 핵무기의 출현, 세계 경제의 상호의존적 발전, 그리고 제2차 세계대전 이

---

13) 《和平和发展是当代世界的两大问题》, 邓小平同志会见日本商工会议所访华团时谈话的一部分, 《邓小平文选》(1985年3月4日)。

후 시작된 세계 평화주의는 대국 간의 전쟁을 희박하게 만들었다. 현대전은 대국과 소국 간, 또는 소국과 소국 간에 벌어지는 것이 일반적이며, 대국과 대국 간 군사적 역할은 주로 실전이 아니라 억제에 있다. 비관적 시각에도 불구하고 국제정치의 상호운용 방식에 긍정적인 변화가 있었던 것은 사실이다. 지금도 강권과 패권주의가 있지만 17, 18, 19세기처럼 노골적일 수는 없다. 알렉산더 웬트(Alexander Wendt)는 국제관계에 홉스 문화, 로크 문화, 칸트 문화 등 세 가지 정치문화가 있다고 보았다. 국제사회는 현재 홉스 문화와 로크 문화 사이에 있다. 홉스가 묘사한 정글의 법칙는 그대로 남아있지만, 전반적으로 인류발전과 정치문화의 발전은 여전히 진보적이며, 제도·규범 등이 갈수록 중요해지고 있어 로크 문화의 흔적이 두드러지고 있기 때문이다.

근대 이후 중국의 주요 요구사항은 모두 독립과 생존에 집중되어 왔다. 생존문제가 근본적으로 해결되지 않는 한 해양력은 꿈일 수밖에 없다. 중국이 마침내 해양에 눈을 떴을 때, 시대가 크게 변했고, 머핸의 시대와는 상황이 많이 달라졌다. 시대의 주제는 전쟁과 혁명이 아니었고, 땅따먹기, 함포 외교는 갈수록 국제기제, 국제규범과 국제여론에 얽매이고, 국제기제와 국제규범 영향의 급속한 확대, 세계 경제의 높은 의존 등이 이 시대의 주요 특징이다. 경제 세계화와 상호의존의 발전으로 무력수단의 역할이 줄어들지는 않더라도 목적을 달성하기는 어렵게 되었다. 중국이 이러한 시대적 조건에서 해양력 굴기와 민족의 위대한 부흥을 시행하면, 역사에서 굴기한 모든 대국보다 더 많은 국제법률, 국제기구와 국제조약의 제약, 근대 유럽의 국제체제보다 더 긴밀한 세계 상호의존 정세의 견제 그리고 세계적으로 유례없는 세계적 위기의 영향을 받게 될 것이다. 따라서 역사 속 유럽의 어느 대국들처럼 외교적으로 '독주'하거나, 미국식 고립주의를 따라 할 수 없고, 자신의 식민지를 만들고, 세력범위를 가르는 것이 불가능하다는 것이다.[14] 더욱이 확장성 전쟁에 의존하거나, 세계대전이 일어나 어부지리를 얻을 것을 기대할 수도 없다. 이 때문에 중국이 해양력을 키우기에 너무 늦었다는 말까지 나오고 있다.

우선, 지금의 시대상황에서 중국은 전쟁수단으로 자신의 지정학적 불리함을 바꾸기 어렵다. 세계 대양의 모든 주요 도서, 전략 요충지는 이미 다른 나라가 나눠가졌

14) 郭树勇：《大国成长的逻辑——西方大国崛起的国际政治社会学分析》，北京：北京大学出版社，2006年，第23－24页。

는데, 핵심 도서와 해협을 통제하는 것은 해양을 통제하는 기반이다. 해군의 발전, 특히 원양 해상역량의 발전과 운용은 대양의 도서기지와 해협의 통제를 벗어나서는 결코 안 된다. 미국의 해상패권이 오랫동안 지속될 수 있었던 것은 강력한 해군력 때문이기도 하지만, 미국이 세계의 거의 모든 중요한 교통로를 장악하고 있는 군사기지를 갖고 있기 때문이기도 하다. 이들 기지와 교통로에 대한 미국 등의 통제는 제2차 세계대전과 냉전의 유산인 데 비해, 오늘날 중국은 대규모 전쟁이나 냉전적 대결을 통해 이를 탈취할 여건과 능력이 부족한 실정이다.

다음으로, 지금의 시대상황에서 새롭운 굴기국에 대한 국제사회의 요구사항은 더욱 까다로워졌고, 인내와 자제가 중국 주변 안보전략의 주요 전략으로 자리 잡았다. 후발국으로서 중국의 실력과 영향력은 항상 큰 간격을 두고 있으며, 중국의 실력 상승이 곧 영향력 확대로 이어지는 것은 아니다. 왜냐하면 이것은 국제사회, 특히 주변국의 인정 정도와 관련하기 때문이다. 현재 이들 국가는 중국의 실력을 인정하면서도 중국이 더 큰 권력과 영향력을 가질 것을 우려하는 상황이다. 오늘날 경제 상호의존과 국제제도, 규범, 여론의 제약으로, 중국은 무력을 통한 분쟁을 해결의 주도권을 사실상 일부 상실했다. 중국의 국력은 갈수록 강해지고 있지만, 대외전쟁은 갈수록 적어지고 있고, 중국의 국력은 갈수록 강해지고 있고, 그 판도 면적은 좁아지고 있다는 말이 나올 정도이다.[15] 이러한 논란에도 불구하고 최근 30여 년간 중국이 강권을 덜 활용해 지역우위를 추구해온 것은 사실이다. 냉전 종식 후, 동아시아의 안보협력과 다자외교가 발전하고, 평화와 안정, 발전은 동아시아 대다수 국가의 염원이자 동아시아 지역의 발전흐름이 되었다. 경제권 통합의 강화, 교류방식의 변화로 강권과 무력이 사라지고, 아세안이 지향하는 안보협력 형식[16]이 동아시아 모든 국가로 확대되었다. 중국이 개혁개방을 한 이상 현존하는 동아시아 체계에 동참한다는 것은 동아시아 국가, 특히 아세안이 제창한 행동규범을 받아들인다는 의미이다. 중국의 1990년 아세안 안보대화 참가, 2002년 동남아 관련국과의 「남중국해 당사국 행동선언」 체결, 2003년 「동남아 우호협력조약」 가입 등 '안린(安鄰: 이웃을 안심시키는)' 조치는 중국과

15) 옌쉐퉁이 칭화대학 '제6차 국제관계 연구방법' 강습반에서 한 말을 참조.

16) 안보협력의 특징: 전통적·비전통적 안보요소를 종합 고찰하고, 각국 정부의 역할을 강조하면서, 다른 비주권적 행위체의 역할도 중시한다. 방식 선택에 있어 유연하고 점진적이며, 행위체의 편안함을 강조한다. 주요 목표는 대화와 협력의 습관을 함양하고, 신뢰를 구축하여, 예방적 외교를 하는 것이다.

동남아 국가 간 전면적 관계 발전의 밑거름이 되었다.

그러나 전반적인 평화안정 조건은 부정적인 측면과 함께 긍정적인 측면도 많다. 한편으로 시대적 여건은 중국뿐 아니라 미국을 포함한 다른 해상강권도 구속한다. 중국이 선제타격과 해상 섬멸전을 통해 근해 해양분쟁을 일거에 해결하고 미국의 해상 주도적 지위를 차지하기는 어렵지만, 미국 등이 중국의 해양력이 '강해지려 할' 때 예방적 전쟁을 벌여 우세를 굳히기도 어렵다. 잠재적 충돌과 전쟁은 여전히 존재하지만, 역사적으로 대국 흥망성쇠한 역사에 비해 오늘날 중국의 해상굴기가 대규모 전쟁에 직면할 위험은 크게 낮아지고 있다.

다른 한편, 신은 한쪽 문을 닫으면서 다른 쪽 창문을 열어놓았다. 전반적으로 평화로운 국제환경에서, 오늘날의 국제 해양질서는 평화경쟁의 성격이 두드러지는데, 평화경쟁은 바로 중국의 강점이다. 해상이 전반적으로 평화로운 시대가 도래하면서 해양개발 경영능력이라는 삼지창이 해양강국을 건설하는 데 큰 역할을 하게 되었다. 해양은 지구의 70%에 가까운 천연자원을 간직하고 있어 지구에 대한 인류의 마지막 미지와 희망을 품고 있다. '해양의 세기'라 불리는 21세기 해양경제가 자연경제에서 해양공업 시대로 본격적으로 접어들면서 해양공간에 대한 종합입체체계 개발이 대세이다. 개발경영 능력이 뛰어난 사람이 다음 판인 해상경쟁에서 이길 가능성이 가장 크다. 중화민족은 줄곧 평화경쟁의 고수였는데, 고대 중국은 전 세계 농경지의 7%도 안 되는 경지로 세계 인구의 3분의 1 이상을 먹여 살리고, 막대한 부를 축적하여, 끊임없이 화하문명을 발전시켜 왔다. 개혁개방 이후, 중국인들은 다시금 외부에 중국의 평화발전과 평화경쟁의 지혜를 보여주었고, 중국은 식민침략 없이 30여 년 만에 대량생산과 대량무역을 통해 세계 2위의 경제대국이 되었으며, 세계 1위의 경제대국도 될 수 있을 것이다. 과거에 비추어 미래를 보아야 한다. 중국은 바다에서 또 다른 기적을 이뤄낼 것이며, 해양질서의 규칙을 익히고, 시장기제와 과학연구 제도를 정비한다면, 중국인의 지혜와 근면으로 해양 평화경쟁에서 거칠 것이 없다.[17]

---

17) 胡波：《2049年的中国海上权力：海洋强国崛起之路》，北京：中国发展出版社，2015年。

제3절 군사기술 추세

해양력의 대결은 기술수준의 경합이라 할 수 있으며, 해군은 통상 고기술 군종으로 인식된다. 해군의 발전은 매번 기술적 추진에서 비롯했다. 예를 들면, 1차 산업혁명 이후 증기기관이 배에 올라, 군함의 지속적이고 안정적인 동력을 확보한 것이다. 핵동력이 등장하면서 핵잠수함, 핵 추진 항모를 장착한 해군은 더 큰 전략적 의미를 갖게 되었다.

제2차 세계대전 종전 이후 해군 관련 과학기술의 발전은 기술발전의 불균형, 기술발전의 복잡화와 체계화, 기술의 가속화 확산성 등 세 가지 추세를 보인다.

기술발전의 불균형은 육·해·공·사이버 등 여러 플랫폼의 기술이 발전하고 있지만, 해상 플랫폼의 발전이 육·공·우주·사이버 등의 플랫폼에 미치지 못하거나 기술발전이 해상 플랫폼에 상대적으로 불리하다는 것을 의미한다. 제2차 세계대전 이전에는 군사기술의 발전으로 해군의 기동성과 장거리 투사능력을 확대되었는데, 이는 육지 플랫폼에 없는 일이었다. 그러나 전후 유도탄, 정보, 기술, 우주 기술 등의 발전으로 해양력이 지상력과 공중력의 치열한 경쟁에 직면하면서 해양력 발전의 황금기가 지났다고 할 수 있다. 해양력은 여전히 중요하지만, 결정적 위치에 있지 않아, "바다를 지배하는 자, 세계를 지배한다"라는 말은 지난 지 오래다. 기술발전으로 인해 해상행동의 우연성이 점점 낮아지고, 함대는 비밀리에 집중과 기습공격을 하기 어려워지면서, 대양에서 대형함이 육지 플랫폼에 의해 탐지, 공격당하기 쉽기 때문이다. 예를 들어, 미국은 둥펑(東風)-21D, 둥펑-26을 매우 중요한 위협이자, 항공모함에 대하여 전에 없던 도전으로 여기고 있다. 따라서 장거리 투사와 신속기동이 더는 해군의 전유물이 아니며, 해상에서도 해양력은 지상력과 권력을 나누어야 하며, 특히 주변 대국의 근해구역에서는 더욱 그러하다.

'반접근' 기술의 대량 운용은 해상역량의 취약성을 키웠고, 특정구역에서는 지상강권이 해상강권에 대해 일정한 천연적 전략우위를 형성했다. 일부 해양력 전문가들은 대륙국의 이러한 해상권력을 '지상기반 해양력'이라 부르며, 이러한 이론은 지상기반 전투기, 무인기, 대함 순항유도탄과 탄도유도탄 등 무기가, 연안국으로 하여금 강대한 수상함정 편대를 보유할 필요가 없는 상황에서, 싸우지 않고도 남을 굴복시킬 수 있도록 한다고 여긴다.[18] 이러한 기술적 조건에서 세계 해상의 둘째, 셋째는 물론 중등국가도 특정 해역에서는 세계 해상 첫째에 대한 국지적 우위를 점할 수 있어, 전통적 해양패권의 구축과 유지가 갈수록 어려워지고 있다. 예측 가능한 장래에도 중국, 인도, 러시아 등 후발 해상강국은 세계적으로 미국에 도전하지 못하겠지만, 중국은 서태평양, 인도는 북인도양, 러시아는 북극 인근해역에서 권력지형을 바꿀 잠재력이 있다. 장기적으로 미국의 해상 주도권 쇠퇴는 불가피하고, 세계 해상역량 구도는 다극화될 것이다.

복잡화와 체계화란, 해상 플랫폼과 관련된 기술이 다양해지고, 플랫폼별, 기술별 융합이 네트워크를 이루고 있다는 뜻이다. 오늘날 과학기술 혁신능력의 중요성은 공업화의 정도와 규모보다 훨씬 크고, 첨단 무기장비의 발전과 사용의 난이도와 복잡성는 이전 시대를 훨씬 뛰어넘어, 개발 주기는 종종 10년에서 20년이 되기도 한다. 20세기 초만 해도 강대국은 2~3년이면 강한 함대를 만들 수 있었다. 제2차 세계대전과 냉전에 이르러 이 시간은 10~20년이 되었고, 현재는 30년 이상의 지속적인 노력 없이는 강하고 전면적인 해상역량을 갖추기 어렵다. 이런 상황에서 경제력을 군사력으로 바꾸기는 더욱 어려워질 것이다. 창의력 없이 단순히 복제만으로는 강한 해군을 만들 수 없다. 하나의 플랫폼 또는 하나의 기술만으로는 군을 이룰 수 없어, 해상대결은 체계의 대결로 나타난다. 과거 해군의 발전과정에서는 기술도 중요했지만, 종합적인 국력을 갖추면 기술 장벽과 플랫폼을 쉽게 뛰어넘을 수 있었다. 수상, 수중, 공중 등 역량의 상호 지원과 통합도 쉽게 볼 수 있었지만, 대부분 선형통신 형태의 협조에 의존했다. 하지만, 지금은 플랫폼, 노드 간 소통, 통합, 심지어 상호 조작까지 보편화되었으며, 어느 한 고리에 문제가 생기면 해상편대 전체 전력에 큰 영향을 미칠 수 있다. 우위를 형성하는 것이 어떤 면에서는 더 쉽고, 균형 잡힌 현대화 해군을 만드는 것이 더 어렵다. 또 전반적으로 균형을 이룬 현대 해군을 만들더라도 육·공·우주·사이버 등 강대한 역량과의 상호 지원 없이는 전면적이고 강대한 능력을 형성할 수 없다.

또한, 군사기술의 확산 가속은 권력분산의 도전을 가져온다. 경제 세계화에 따른

18) James R. Holmes, *"An Age of Land-Based Sea Power?"*, https://thediplomat.com/2013/03/An-age-of-land-based-sea-power, March 2013.

세계 분업, 날로 발전하는 통신기술과 정보확산의 가속으로, 중등국가, 특히 경제가 발달한 국가들이 상대적으로 괜찮은 해상역량을 갖기 쉬워졌다. 이러한 국가들이 대국과의 대칭적 역량 발전이나 총력전을 좇지만 않는다면(이것이 정상이다.), 이러한 역량도 특정구역에서는 대국해군에 큰 도전이 될 수 있다. 우리가 권력의 기준을 더 낮춘다면, 권력은 대국에서 보통국가로 퍼지는 것뿐 아니라, 미래의 '권력은 더 많은 차원, 국가와 비국가 행위체가 결합한 수많은 무형 네트워크에까지 퍼져, 누가 앞설 지는 지위, 관계망, 외교수단, 건설적 행위의 정도를 보고 우열을 가려야 한다.'[19]

이 밖에도, 해상위협은 갈수록 복잡해져 공동의 대응이 대세이다. 대국의 강대한 해상 군비와 해양에 대한 통제는 21세기의 갈수록 복잡해지는 비전통적 안보위협과 비대칭적 도전에 대처하지 못하고, 미 해군은 전 세계의 무적으로 남아 있지만, 테러에 효과적으로 대처하지 못하고 있다. 국제체계를 손상하거나 마비시킬 수 있는 많은 기술이 갈수록 싸지고 있으며, 생화학무기, 컴퓨터 바이러스 등을 사용하는 방법도 널리 유행하고 있다. 국가는, 특히 이렇게 열린 해양공간에서 더는 폭력을 독점할 수 없다.

---

19) 美国国家情报委员会(National Intelligence Council)：《全球趋势2030：变换的世界(Global Trends 2030: Alternative Worlds)》, 中国现代国际关系研究院美国研究所译, 北京：时事出版社, 2013年, 第46页。

제3장

중국 해양력 굴기의 국제환경

중국 해양력의 굴기는, 강력하고 중국에 회의적인 경쟁자를 많이 상대하고 있다. 미국의 서태평양의 강력한 존재와 영향 외에도, 일본, 호주, 인도, 베트남, 인도네시아 등이 처한 지리적 위치와 실력도 만만치 않다. 이들 국가는 중국 해양력 발전에 대하여 다양한 형태로 견제할 수 있을 것으로 보이며, 중국의 포부와 야망을 크게 제한하고 있다. 서태평양에서 중국이 불리한 지정학적 태세와 함께, 이들 경쟁자의 중국 해양력에 관한 소극적 태도는 중국 해양력 발전의 가장 큰 외부환경을 형성하고 있다.

제1절 미국의 해상 '국지억제'

'억제'라는 용어는 냉전에서 유래한 말로, 통상 국제관계에서 당시 소련이나 동구권에 대한 미국의 전면적인 봉쇄정책을 가리킨다. 오늘날 미·중 관계는 어제의 미·소 관계와는 확실히 다른데, 그 가운데 가장 분명한 차이점은 미·중 간에 밀접한 경제적, 사회적 연계가 있거나 상호의존적이라는 점이다. 따라서 오늘날 워싱턴의 전략과 정책권에서는 미국의 대중 접촉에 대비하는 전략에 대한 불만이 커지고 있지만, 사사건건 중국을 적으로 삼는 억제전략은 실행하기 어려운 게 사실이다. 그러나 미국은 해상영역과 서태평양 지역에서 정책준비는 물론 구체적 행동에서도 중국을 최대 전략적 경쟁자로 보고 정치, 경제, 외교, 법률, 군사 등 종합적인 대응에 나섰다. 트럼프 행정부는 2017년 12월 18일 발표한 첫 번째 「국가안보전략」 보고서에서 미국이 경쟁의 새로운 시대에 있으며, 중국이 '인도－태평양' 지역에서 미국을 대체할 기회를 엿보고 있다고 명시했다.[1] 이는 사실상 일종의 '국지억제' 정책으로, 미국은 여전히 미·중 관계를 안정적으로 유지하길 바라고, 당분간 접촉과 대비의 전반적 사고를 바꾸기 어려우며, 역내 안보, 세계 통치 등 문제에서 중국과의 협력을 지속 모색하고 있다. 다른 한편으로는, 서태평양 지역에서 미국은 중국을 상대로 전방위적 대비와 견제행동을 분명히 하고, 남중국해 문제 등에서 직접 중국을 압박하기 시작했다. 트럼프 행정부의 발언과 미군이 준비하고 있는 '해양통제로의 복귀' 해상전략에 따라, 중·미는 국지해역에서 해양력 경쟁을 피할 수 없게 되었다.

Ⅰ. 미국의 아·태 지역 전략 및 정책 변화

냉전시대 미국의 동아시아 전략은 냉전 억제전략의 일부로, 미국은 동아시아에 중국(1970년대 이전)과 소련을 억제하는 초승달형 포위권을 구축했다. 냉전이 끝난 뒤 유라시아 대륙의 중앙권력이 '블랙홀로 되면서' 미국은 확실한 적을 잃었다. 유라시아 대륙에서의 미국의 전략은 점차 양 날개를 장악하고 중앙을 돌파하는 방향으로 발전했다. 유라시아의 서쪽 날개에서, 북대서양조약기구(NATO: North Atlantic Treaty Organization, 이하 나토)를 통해 유럽을 통제하고, 유럽이 러시아와 지나치게 연합하여 다시 굴기하는 것을 방지한다. 동쪽 날개에서, 미군의 동아시아 전방 배치를 유지하여 양자 연맹 또는 준연맹으로 중국, 일본이 위협이 되는 것을 예방하고 그 패권을 막는다. 유라시아 대륙에서 우세한 국가가 다시 생기는 것을 막기 위한 전략이다. 미국방성은 1990년대 4차례에 걸쳐 동아시아 전략안보보고서를 발표하며, 동아시아에서의 전략목표를 재확인했다. '냉전 후 미국이 동아시아에서 얻을 수 있는 가장 중요한 이익과 목표는 이 지역에서 주도적 지위를 유지함으로써, 지역패권이 등장하는 것을 막고 미국이 냉전 이후 획득한 'G1' 지위를 유지하는 것이다.'[2] 2000년대 초, 미국

1) The White House, *The National Security Strategy*, December 2017, p.2.
2) 刘琳：《冷战后美国东亚安全战略研究》，北京：军事科学出版社，2008年，第240页。

은 중국의 굴기를 동아시아에서 가장 큰 변수로 꼽았고, 주요 강대국들 가운데 중국이 미국과 군사적으로 경쟁할 수 있는 가장 큰 잠재력을 가지고 있다고 보았다.[3] 동아시아의 전반적인 흐름은 중국의 권세가 상승하고 미국의 영향력이 감소하면서, 미·중 양국이 미래에 근본적인 '세력전이'를 할 수 있고, 중국의 국력이 증강됨에 따라 중국의 확장이 가능해져 지역 안정에도 영향을 미칠 수 있다는 것이다. 이에 따라 중국의 굴기에 대한 도전은 미국의 동아시아 안보전략에서 가장 중요한 내용이 되었다. 또 타이완 문제와 사회제도(이념) 등에서 미·중은 비교적 치열한 현실 갈등이 있다. 이 때문에 미국은 경제적·사회적으로 중국과 폭넓게 접촉해왔으나 안보분야에서는 오랫동안 견제장벽을 세워 왔다.

'9·11' 테러는 미국의 관심을 돌렸지만, 세계 전략을 구사할 좋은 기회였다. 미국이 테러와의 전쟁을 명분으로 아프가니스탄과 이라크를 빠르게 점령하고 있는 가운데, 심장지역 돌파 전략이 효과를 본 것으로 나타났다. 대규모 테러와의 전쟁이 일단락되면서 미국은 유라시아 대륙의 서쪽 날개와 중앙에서 큰 진전을 이루었고, 유라시아 대륙의 동쪽 날개인 아·태 지역은 미국이 새로운 포부를 보여주는 가장 중요한 지역으로 떠오르기 시작했다. 군사적으로는 2000년대 초반부터 전 세계 군사력 배치 조정이 시작되었고, 미국의 전반적인 전략중심을 서태평양 지역으로 이동하는데 박차를 가하고 있다. 2009년 이후 미국이 추진해온 '아시아로의 회귀(Pivot to Asia)'와 '아시아－태평양 재균형' 전략은 근본적으로 '아시아－태평양 우선'이라는 세계 전략을 수립했다. 미 국방성은 2012년 1월 5일 발표한 새 군사전략보고서에서 미군은 계속해서 세계 안보에 책임을 지지만, 전략적 무게중심을 아·태 지역으로 이전해야 하며, 아·태 지역에서의 군사력 확장은 미군의 최우선 의제 가운데 하나임을 재확인했다.[4] 물론 아시아－태평양 재균형은 종합적인 전략이지만 군사배치의 조정은 주목받을 수밖에 없었다. 미국은 한국과 일본 등 동맹국들과의 군사협력을 강화하고, 아·태 지역에 대유도탄체계를 구축해 괌 기지군을 새로 만들었으며, 필리핀, 싱가포르, 호주 등 남중국해 주변지역에서의 존재도 확대하면서 전략폭격기, 핵잠수함 등 공격용 무

3) US Department of Defense, *Quadrennial Defense Review Report*, February 6, 2006, p.29.
4) US Department of Defense, *"Sustaining US. Global leadership: Priorities For 21st Century Defense"*, http://www.defense.gov/news/Defense_StrategicGuidance.pdf.

기가 서태평양 지역에 배치되는 사례가 늘고 있다. 미군은 2017년까지 전체 해·공병력의 60%를 아·태 지역에 배치한다는 목표를 세웠다. 트럼프 행정부는 기본적으로 '아시아-태평양 재균형' 전략의 군사안보 관련 내용을 이어가며 '인도-태평양' 전략을 확장하고 있다. 인도-태평양 전략의 핵심은 군사안보 분야에 있으며, 주요목적은 중국의 해상굴기에 대비해 서태평양과 인도양에서 미국의 지정학적 주도적 지위를 유지하는 것이다.

유일한 초(超)대국으로서 동아시아에서 미국의 정치적 영향과 서태평양 지역에서의 미국의 전진적 군사존재는 중국 해양력 발전의 가장 중요한 외부환경을 조성하고 있다. 중화인민공화국이 건국되어 지금까지 중·미 관계가 좋고 나쁨은 거의 줄곧 중국 외부 안보환경의 지표가 되어왔다. 제2차 세계대전이 끝난 뒤 서태평양에서 미국의 절대적 우위가 형성되었고, 섬으로 이은 사슬은 소련, 중국 등 유라시아 사회주의 대국을 가로막은 미국의 주진지가 되었다. 미국은 제1도련선과 제2도련선에 많은 군사를 주둔했을 뿐 아니라 서태평양 지역에서 일본, 한국, 호주, 싱가포르, 필리핀 등 많은 군사동맹 또는 준군사동맹을 발전시켰다. 소련의 붕괴와 함께 중국이 강해지면서 중국은 미국의 주요 경계대상이 되고 있다. 21세기 들어 미국의 안보전략은 중국에 대한 표적성이 강해지면서 중국의 굴기를 잠재적이고 가장 심각한 전통적 안보 도전으로 간주하고 중국의 국력 신장에 대해 특히 '중국의 군사력 발전과 중국군의 의도와 전략, 능력에 대한 회의, 시기 및 불신은 오랫동안 해소되기 어렵다'라고 말했다.[5] 아·태 지역에서 미군의 존재와 강력한 정치적 영향력은 중국에 큰 압박으로 작용했고, 중국이 빨리 성장할수록 미국의 경계 강도도 커졌다. 또 중국의 실력 상승이 가속화되는 시기, 특히 군사력 발전이 빠른 시기가 되면, 미국의 실력 우위는 중국의 굴기를 곤경에 빠뜨릴 수 있다.[6]

중국의 이른바 '불확실성'에 대응하기 위해 서태평양 지역의 군사적 우위를 강화하는 한편, 미국은 유라시아 대륙에서의 정치외교 공세를 강화해 중국 주변의 거의 모든 방향에 손을 쓰기 시작했다. 타이완에 무기를 판매하여 타이완이 대륙을 견제하는 역할을 계속 강화하고, 일본과의 동맹을 강화하고 조정하여 중국을 더욱 겨냥하며, 한국, 태국, 필리핀, 호주와의 동맹관계를 강조 및 강화하고, 싱가포르, 말레이시

---

5) 朱锋：《国际关系理论与东亚安全》, 北京：人民大学出版社, 2007年, 第104页。
6) 孙学金：《崛起困境与冷战后中国的东亚政策》, 载《外交评论》, 2010年第4期, 第147页。

아, 인도네시아와의 안보관계를 강화하며, 베트남과 안보 유대를 재건, 인도와의 정치, 상업과 군사관계를 대대적으로 제고, 인도를 끌어들여 중국을 겨냥한 미·일·인·호 안보협력체제를 구성했다. 대테러를 틈타 아프가니스탄을 신속하게 점령하고, 파키스탄에 침투하였으며, 중앙아시아 지역에 군을 주둔시켰다. 미국은 또 몽골에 관심을 두고 지원을 아끼지 않으며 연합훈련에 참여하도록 요청했다. 오바마 대통령 시기, 미국은 아세안 주도의 동아시아 다자체제 구축에 소극적이던 태도에서 벗어나 아세안과의 관계를 대폭 끌어올리는 등 동아시아에 대한 전략적 개입을 강화했다. 미국은 2년만에 「동남아 우호협력조약」을 체결해 아세안+미국의 대화체제를 구축하고 동아시아(10+8) 정상회담에 적극적으로 참가하고 있다.

사실 중국의 주변국이나 지역과의 정치, 군사 및 전략적 관계를 강조하고 강화하며, 대량의 군사존재를 유지하는 것이 미국의 대중 '공갈' 전략의 가장 중요한 수단이다. 미국은 현재 중국과 동아시아의 갈등을 이용하여 동아시아에 대한 개입을 확대하고 있다. 타이완 문제와 한반도 위기(북핵위기, 천안함 사태와 같은 충돌 등)를 계속 이용하여 일본과 한국을 끌어들여 중국을 제약하는 것 외에도, 미국은 남중국해 문제와 댜오위다오 문제에 대하여 공개적으로 엄중한 관심을 공개적으로 나타내며, 심지어 군사를 포함한 다양한 수단을 직접 이용하여 남중국해에 개입하고 있다. 미국은 중국과 아세안 일부 국가 간의 남중국해 도서 영유권 및 해상 분쟁에 대한 개입을 노골적으로 나섰다. 댜오위다오 문제에서, 미국은 영유권 귀속문제에 대한 애매한 입장을 계속 유지하는 한편, 댜오위다오가 동맹의 방어범위에 속한다고 여러 차례 밝힘으로써, 일본이 방어의 책임과 의무를 다하도록 돕고 있다.

오바마 정부는 8년의 임기 동안, 중국이라는 가장 큰 해상 상대에 대한 전략수립과 정책준비를 거의 마쳤다. 2014~2015년에 발간된 「국가안보전략」, 「국가군사전략」, 「4개년 국방검토보고서」, 「아시아-태평양 해양안보전략」, 「21세기 해양력을 위한 협력전략」 등 전략문건은 예외 없이 중국의 이른바 '반접근/지역거부'를 가장 큰 전략적 위협으로 꼽고, 중국을 겨냥해 '공해전투', '국제공역에서의 접근 및 기동을 위한 합동개념(JAM-GC: Joint Concept for Access and Maneuver in Global Commons)' 등의 작전개념을 내놓았다. 미국이 남중국해 문제에서 기존의 상대적 중립에서 벗어나 공개적으로 편 가르기, 심지어 전면에 나선 것도 이런 정체성 및 정책 배경과 직결된 것이 분명하다.

물론 중국이 미국의 아시아-태평양 전략의 전부가 아니고, 이 지역에서 미국의 움직임이 모두 중국을 겨냥한 것일 수도 없으며, 냉전시대 소련 억제와 달리 미국의 포괄적 대중 억제전략은 아직 존재하지 않고, 트럼프의 국가안보전략에 냉전적 색채와 대결적 의미가 있지만, 아·태 지역에서 미국의 강력한 군사존재와 빈번한 군사활동, 안정적인 동맹체제 그리고 강력한 정치 동원능력 등은 중국의 해양력 발전에 반드시 큰 압박으로 작용할 것이다. 특히 중국의 힘이 굴기함에 따라, 미국의 아·태 전략이 중국을 강하게 겨냥하고, '인도-태평양' 전략과 새로운 해상전략은 기본적으로 중국을 중심으로 전개되고 있다. 또 트럼프 행정부의 보호무역주의 성향이 뚜렷하고, 미·중 경제블록이 흔들리며, 미국의 대중 정책이 질적으로 변화하고 있고, 경쟁의 측면이 강해지고 있으며, 접촉과 억제의 두 전략 가운데 억제의 색채가 짙어질 것으로 보인다.

Ⅱ. 미국의 강한 아·태 지역 군사력

냉전 후기, 미군은 서태평양 지역에 약 13.5만 명이 있었고, 병력은 해·공군 위주로 구성되었다. 냉전이 끝나고 소련의 위협이 사라지자 미군은 적당히 몸을 빼기 시작했고, 태평양 전구는 작아졌다. 1990년과 1992년 동아시아 안보전략 보고서에 따르면 미국은 동아시아의 주둔군을 단계적으로 감축할 예정이었다. 실제로 미국은 아·태 지역 주둔 병력을 일부 감축하고 필리핀 기지를 철수시켰다. 그러나 다른 지역, 특히 유럽보다 감축 규모는 매우 작았고, 미군은 점진적인 방식을 취하고 있었다. 90년대 중반 이후 미국의 동아시아 전략은 동아시아 안보의 불확실성과 각종 사건에 대응하고, 그 지역에서 미국의 세력을 따돌리는 힘이 생기는 것을 막기 위해, 동아시아에서의 군사존재를 강화한다는 점을 분명히 하기 시작했다. 상징적인 사건은 1997년 「미·일 방위협력지침」 개정이다. '9.11' 테러 이후 미국은 안보위협의 세계화와 불확실성을 느껴, 대규모 기지에 대한 의존도를 줄이고 임시 기지와 작은 기지의 수를 늘려 배치범위를 확대하며, 유연성과 기동성을 강조하는 전 세계적 군사배치 조정을 시작했다. 이를 바탕으로, 미군은 전 세계적 전략 이동을 가속하였다.

이 같은 전략사상과 지도원칙에 따라 미국의 아·태 지역 군사력은 새로운 전략, 즉 기동성을 강조하면서도 규모와 품질을 특히 강조하고 있다. 갈수록 많은 공격용 무기가 서태평양 지역에 배치되고 있다. 2006년 「4개년 국방검토보고서」에 따르면 미군은 태평양 지역에 항공모함 6척과 미 해군의 60%를 배치할 계획이라고 한다. 2012년 '아시아-태평양 재균형' 전략 이후 서태평양 지역에서 미군의 힘은 크게 강화되었다. 현재 미군은 태평양 지역(미 본토 제외)에 약 15만 3,000명(괌, 하와이, 알래스카 포함)으로 유사시 30만 명 수준으로 신속하게 증원할 수 있다. 이 가운데 약 9만 7,000명이 날짜변경선 서쪽에 배치되었다.[7] 구체적인 배치현황은 한국 약 3만 명, 일본 약 5만 명, 괌 3,000여 명이다. 최근 몇 년 새 미국은 싱가포르와 호주, 동남아 지역에 순환 주둔하는 방식으로 많은 병력을 증강했다. 미군이 서태평양 지역에 상주하는 함정은 주로 일본 요코스카 기지, 사세보 기지 및 미국 괌과 하와이 기지에 분포되어 있다. 요코스카 기지에는 항공모함(CVN) 1척, 순양함(CG) 3척, 구축함(DDG) 8척, 상륙함(LCC) 1척이 있으며, 사세보 기지에는 상륙함 4척(1 LHD, 1 LPD, 2 LSD), 소해함 4척(MCM, 괌에는 잠수함 지원함 2척, 잠수함 4척(SSN), 하와이에는 순양함(CG) 2척, 구축함(DDG) 9척, 잠수함(SSN) 18척이 있다. 서태평양에 상주하는 군용기 종류는 주로 F-15C/D 전투기, F-16C/D 전투기, C-130 수송기, RC-135V/W 정찰기, F-22A 전투기, E-3B/C 조기경보기, B-52 전략폭격기, RQ-4B 글로벌호크 무인정찰기 등이다. 2017년 말까지 잠수함과 해외 공중역량의 60% 이상이 아·태 지역에 배치되었는데, 특히 신형 장비를 우선 배치하였다. 2020년까지 최신예 강습함인 '아메리카함(USS America)'을 이 지역에 배치하고, 최첨단 '줌왈트(Zumwalt)'급 스텔스 구축함 3척을 태평양함대에 배치할 예정이며, F-22, MV-22 '오스프리(Osprey)', P-8 대잠초계기, F-35 전투기 등 공중전력의 배치 강도도 높일 예정이다.[8]

미군이 이 지역의 기지와 시설을 점선으로 이으면, 서태평양의 '3대 도련선'을 따라, 대체로 3선 배치로 나타난다. 제1선은 일본, 한국에서 인도양 동부지역 1선의 기지로 구성되어, 전략적 지위가 매우 중요한 항로와 해협, 해역을 통제한다. 제2선은 괌을 중심으로 한 여러 섬, 호주와 뉴질랜드의 기지로 구성되어, 1선 기지의 버팀목

---

7) US Department of Defense, *Base Structure Report FY 2015*, https://www.acq.osd.mil/eie/Downloads/BSI/Base%20Structure%20Report%20FY15.pdf, p.188.

8) Center for Strategic and International Studies(csis), *Asia-Pacific Rebalance 2025: Capabilities, Presences and Partnerships*, https://csis-prod.s3.amazonaws.com/s3fs-public/legacy_files/files/publication/160119_Green_AsiaPacificRebalance2025_Web_0.pdf, pp.34-35.

이자, 해·공군 행동에 중요한 중간기지이다. 제3선은 하와이를 중심으로 한 여러 섬과 미드웨이, 알래스카 알류샨 열도에 이르는 기지로, 태평양 전역과 본토 서해안을 지휘하는 중추이다. 이는 아·태 지역에서 미국을 지원하는 전략적 후방이자 미국의 방어 전초이다. 이러한 배치에서 미국의 일본과 괌의 군사존재는 중국에 가장 위협적이고, 주일미군은 미국이 중국 근해와 연안 지역에서 바로 대응할 수 있는 주요 전력이 되며, 주괌미군은 미국의 서태평양 지역에서 정보수집, 지휘와 협조, 후방지원과 전략타격의 중추가 된다.

주일미군

현재 미국은 일본에 약 5만 명 규모로 주둔군을 유지하고 있다. 미국은 일본에 해군기지로 요코스카, 사세보, 마이즈루, 오미나토, 쿠레항 등이 있고, 해군항공기지는 아쓰기, 미사와, 가데나 등이 있으며, 공군기지는 요코다 등이 있다. 오키나와의 기지는 태평양의 중심지로 불릴 만큼 중요하다. 주일미군의 60%가 오키나와에 주둔하고 있으며, 미국이 단독으로 사용하는 군사시설의 75%가 오키나와에 있다. 이 가운데 일본을 주요 기지로 하는 제7함대는 중국 개입에 앞장서 왔다.

제7함대 전투단/제70기동부대(CTF－70): 일본 요코스카;

제7함대 수상함부대(CTF－75)와 제7함대 항모강습단(TF－77)[9];

제7함대 초계정찰부대(CTF－72): 일본 가나가와현의 카미세야시(사령부), 오키나와, 미사와시(기지);

제7함대 잠수함부대(CTF－74): 일본 요코스카;

제7함대 상륙작전부대(CTF－76): 일본 오키나와;

제7함대 상륙군부대(CTF－79): 일본 오키나와;

서태평양 군수지원부대(CTF－73): 싱가포르.

주괌미군

괌은 마리아나 제도 남단에 위치해 전략적 위치가 중요하며, 미국이 유라시아 동편에서 대륙국들을 방어하는 요충지이자 태평양 서안을 향해 진격할 수 있는 전진

---

9) CTF－70과 통합되었다(역주).

기지이다. 1898년 미국이 섬을 점령한 뒤, 서태평양에 미군이 주둔하는 중요한 해군 기지가 되었고, 제2차 세계대전 당시 미 태평양함대사령부가 있던 곳이다. 냉전 중 괌 기지는 제2도련선의 핵심으로 서태평양에서 미국 억제전략의 교두보가 되었고, 한국전쟁과 베트남전 때는 병력집결과 병참보장, 장거리 폭격에 중요한 역할을 했다.

전시에 일본, 한국 등 동맹국의 기지를 사용하는 것은 정치적으로 제한을 받을 수 있지만, 괌은 그러한 걱정이 없다. 괌은 한반도와 타이완 해협, 남중국해 등 분쟁이 격렬한 지역에서 모두 2,500km가량 떨어져 있어, 서태평양 지역에서 균형과 전략 공격을 위해 해안에서 떨어진 이상적 기지이다. 이에 따라 미국은 괌의 전략적 가치를 갈수록 중시하고 있다. 2001년 9월 「4개년 국방검토보고서」는 미국이 괌 기지의 군사력을 확대하기로 결정해, 서태평양 미군기지의 중추적인 요충지로 삼고, 전 세계 미군을 서태평양으로 집결하는 주요 구역이 되었다.

이어 괌에 대한 군사배치를 대폭 강화해 전략폭격기, 핵잠수함 공격 및 유도탄 방어 등의 전초기지와 탄약, 항공유 저장소로 활용했다. 미국은 괌에 미 공군 제2의 항공유저장고(용량 2억 1,600만L)를 건설하고 패트리엇 유도탄기지를 설치하였으며, 사드도 적극적으로 배치하고, 제15잠수함중대를 구성하며, '로스앤젤레스'급 핵 추진 잠수함 4척을 배치했다. 2009년 1월부터 미군의 B－52, B－2 전략폭격기, 스텔스 전투기 F－22는 괌까지 교대로 훈련을 시작하였으며, 글로벌호크 무인정찰기는 상시 배치되었다. 2016년 8월 미 태평양공군사령부는 저고도 고속으로 비행하는 B－1B 폭격기를 10년만에 괌에 배치한다고 발표했다. 괌의 현재 3대 군사기지는 앤더슨 공군기지, 아플라 해군기지, 아가니아 해군기지이다. 미국의 아·태 전략에서 괌 기지군의 위치가 갈수록 중요해지면서, 최근 몇 년간 많은 작전부대와 경비가 괌으로 몰리기 시작했다. 2006년 5월, 양국은 주일미군을 재편하기로 최종 합의하고, 2014년 말 이전에 주일본 미 해병대 1.8만 명 가운데 8,000명을 괌으로 이전하기로 하였으며(2013년 계획은 다소 조정되어, 최종 규모는 줄어들었다.), 이후 다른 부대도 옮겨 결국 괌에는 약 2만 명의 주군 규모가 형성되었다. 미국은 이를 수용하기 위해 괌에 핵 추진 항공모함 전용부두를 건설하고, 유도탄방어 체계와 여러 실탄 훈련장을 신설하며, 앤더슨 공군기지를 확장하는 등 괌을 서태평양의 '초군사기지'로 만들려는 150억 달러 규모의 군사시설 확장 과제를 진행 중이다.

중국의 경우 장거리 투사능력과 다원화된 장거리 정밀타격 수단이 부족해 괌까지 도달할 수 있는 중거리 유도탄이 소량인데다가, 그 공격효율도 미군 육상기반 및 해상기반 유도탄 방어체계에 요격될 수 있어 크게 떨어지며, 괌은 기본적으로 재래식 무기의 포화타격 범위 밖에 있다. 반면, 미국은 해·공군 장거리 투사와 정밀타격 능력을 활용해 중국에 일방적인 우위를 점할 수 있다. 예컨대 괌 기지는 중국 근해에서 활동하는 7함대에 정보와 후방지원을 하고, 괌을 기지로 하는 미 전략폭격기, 정찰기, 무인기 등 작전 플랫폼은 중국을 겨냥한 군사작전에 직접 참여할 수 있다. 이에 따라 미군의 일본기지에서의 상대적인 취약성에 비해, 괌의 존재는 전략적 균형을 깨고, 항상 중국의 머리 위에 다모클레스의 검이 되었다. 괌 등 전략기지의 지정학적 이점과 서태평양에서 미군의 해·공군 우위가 중국 해상력이 도달하고 통제할 수 있는 한계를 거의 결정했다고 볼 수 있다.

주 남중국해 주변의 미군

미군이 1992년 필리핀 군사기지에서 철수한 뒤, 동남아 지역의 군사력 배치는 20년 가까이 공백이었다. 미국은 이번 재배치 전 싱가포르 창이에만 군수기지를 두고 7함대에 연료, 식품, 부품 등 보급품을 공급하는 한편, 7함대 함정의 유지보수를 담당했다. 미군은 '아시아-태평양 재균형' 전략 이후 '동북아는 굳히고, 아·태 남부 존재 강화(固北強南)' 전략을 통해 동남아와 남중국해 주변지역에 대한 군사력을 대폭 강화했다. 미군은 2013년부터 싱가포르에 연안전투함을 교대로 배치해왔으며 앞으로 3척을 1개 조로 교대할 가능성도 있다. 2014년 8월 미국은 호주 북부의 다윈에 미 공군과 2,500명 미만의 해병대 공지기동부대 1개를 파병하는 내용의 「군사태세 협의」를 체결했다. 미군은 필리핀 기지 복귀도 서둘렀다. 2016년 3월 18일, 미국과 필리핀은 제6차 양자 전략대화에서 미국이 필리핀의 군사기지 5곳을 사용하기로 합의한 뒤, 팔라완섬의 안토니오 바우티스타 공군기지, 필리핀 수도 마닐라 북쪽의 바사 공군기지, 루손섬 중부 팔라얀의 포트 막사이사이 기지, 남부 민다나오의 룸비아 공군기지, 중부도시 세부의 막탄-베니토 에부엔 공군기지 등을 사용할 수 있도록 허가받았으며, 항공기, 함정과 해병대를 순환배치한다.

이 같은 배치는 시작에 불과할 가능성이 크다. 미국과 필리핀은 필리핀 내 다른 기지의 사용에 대해 여전히 개방적이고, 필리핀이 허용한다면 미국은 필리핀에 '사드' 대유도탄체계를 배치할 수도 있다. 미군은 함정 방문, 정비, 임시배치 등을 통해 베트남 깜라인만 기지와 말레이시아 코타키나발루 등 남중국해 주변 군사기지의 진입과 사용권을 확보하고 있다.

다윈 외에도, 미국은 기지 및 대유도탄체계에 대한 호주와의 협력을 확대하고 있다. 미 공군의 호주 군비확장 계획에는 B－52 전략 장거리 폭격기, FA－18 전투기, C－17 수송기, 글로벌호크 무인기, 공중급유기 등도 포함된다. 스노든의 폭로에 따르면, 호주는 태평양에서 미국 첩보체계 에셜론(Echelon)의 중요한 연결고리로, 그 핵심 부분은 호주 서해안의 제럴턴(Geraldton) 기지이며, 서(西)호주주(州)의 주도(州都)인 퍼스(Perth) 이북 약 370km에 위치해, 주로 중국과 인도양 주변의 전화, 전보, 팩스와 단파, 민간항공, 항해통신을 포함한 다양한 무선통신의 감청을 담당하고 있다.

Ⅲ. 아·태 지역에서 미국의 강대한 정치 영향력

아·태 지역에서 미국의 강대한 정치 영향력도 중국 해양력 발전에서 빼놓을 수 없는 문제이다. 미국이 동아시아에서 구축한 동맹이나 준동맹체계는 미국이 정치 영향력을 발휘하는 중요한 버팀목이 되었고, 북한, 캄보디아, 라오스를 제외한 동아시아 국가들은 미국과 긴밀한 군사협력과 정치관계를 유지하고 있으며, 미얀마와 미국의 관계도 빠르게 개선되고 있다. 이러한 정치적 강점은 미국이 동아시아에서 오랫동안 역외균형(offshore balancing)자 역할을 해 온 기반이다. 또 동아시아 여러 국가들 사이에서 갈등관계를 조성하고, 이들과 상호 불신과 대비를 활용해 미국의 막강한 위상을 부각시키려는 의도도 있다. 동아시아에서의 미국의 정치적 우위와 그 역외균형 전략은, 동아시아의 주요 역량으로 하여금 동아시아 국가 간의 중대한 문제를 해결하기 위해, 미국의 지도력을 받들거나 협조할 수밖에 없게 만들었다. 이것이 바로 이른바 지점 결합 협업(hub－and－spoke)이라는 것으로, 미국이 축을 이루고, 다른 나라는 미국 주변에 위치해 바큇살로 연결되는 것이다. 중－일, 한－중, 중국과 아세안의 긴밀한 경제 관계와 협력에도 불구하고 정치와 안보 분야에서 이들 국가는 여전히 미국을 따르고 있다. 중국이 일본, 한국과 아세안 국가의 관계를 처리하기 위해서는 미국을 피해갈 수 없고, 문제를 해결하기 위해 미국의 도움을 빌려야 할 때도 있다. 미국의 동아시아 '복귀'과정은 동아시아에서 미국의 강력한 정치 영향력과 동원력을 잘 보여준다. 미국 오바마 행정부 시절에 '천안함 사건', 중·일 선박충돌 사건, 남중국해 등 문제를 빌려 한국, 일본, 동남아 일부 국가들에 불안과 불확실성을 조성하고 그 지역에서 자신의 영향력을 신속하게 확대했다. 트럼프 행정부 출범 이후 중국의 지역적 영향력이 커지자 미국은 중국을 더 넓은 범위의 '친구권(朋友圈)'으로 희석하거나 헤집고 들어가려는 의도를 가지고 '동아시아'와 '아·태' 대신 '인·태(인도-태평양)' 개념을 사용해, 중국을 더 폭넓은 범위에서 정치적 견제를 하고자 한다.

제2절 일본의 균형

미국을 제외하면, 일본이 중국 해양력 발전에 가장 큰 외부요인인 것은 분명하다. 일본은 일찍이 중국의 해상굴기와 해상행동에 대하여 일본 안보환경의 가장 큰 도전으로 보고, 「방위백서」, 「중기 방위력 정비계획」 등 주요 전략 또는 정책 문서에서, 중국 해상역량의 성장과 해상권익 수호행동을 크게 강조했다. 주변국 경쟁의 상대적 제로섬(zero-sum) 성격에 따라, 일본은 중국 해상 영향력의 성장을 오히려 미국보다 더 목에 가시 같이 여겼다. 일본의 경제성장은 20여 년 연속으로 부진했지만, 일본의 과학기술 혁신능력과 전체 해상력은 모두 무시할 수 없다. 일본의 국방예산과 군사력 제고는 모두 큰 잠재력이 있으며, 지리적 강점을 앞세우고, 미국과의 군사협력에 힘입어, 일본은 앞으로 중국의 강력한 상대가 될 것이다.

Ⅰ. 일본은 중국 해양력 발전을 견제

지리적으로 '일본은 해양국으로서, 유라시아 대륙 외에, 섬나라의 길고 긴 전략 도련선은 중국이 태평양으로 들어오는 것을 막을 수 있는 중요한 전략 교통로로서, 해양국으로서 해양력을 통제하는 결정적 강점이 있으며, 중국 연안에 발달한 지역과 도시에 대한 공격에 유리한 조건을 갖고 있다.'[10] 역사적으로 일본은 오랫동안 해양력 강국이었고, 두 차례에 걸쳐 중국 해양력 굴기의 꿈을 짓밟았다. 오늘날, 일본은 동아시아에서 여전히 힘이 가장 균형 잡힌 전면적 해양국이고, 미국과 군사동맹 관계

10) 朱宁：《胜算——中日地缘战略与东亚重塑》，杭州：浙江人民出版社，2007年，第268页。

를 유지하고 있으며, 미국의 군사력이 아·태 지역에서 존재할 수 있도록 지원과 편의를 제공하고 있다. 일본의 역사는 앞으로도 중국 해양력 발전과정 가운데 가장 큰 변수가 될 수 있다.

1990년대 들어, 일본은 오랫동안 '의미제화(倚美制華: 미국 의지, 중국 통제)'의 외교책략을 수행하며, 국제지위, 지역 영향 등 분야에서 중국과 격렬하게 경쟁을 벌여왔다. 중·일 관계에는 역사문제, 안보의 어려움과 전략상의 상호 시기 등 여러 가지 부정적인 요인이 있고, 그 외에도, 중·일은 동중국해 경계획정과 댜오위다오 귀속문제에서 심각한 분쟁이 있다. 중국의 굴기에 맞서, 중국 해상권력의 발전을 대비하는 것은 이미 일본의 군사와 외교전략의 가장 중요한 임무가 되었다. 일본의 전략의도 분석에 따르면, 중국 해양력의 발전과 일본 해양대국 발전전략의 충돌 또는 마찰은 피할 수 없을 것이다.

첫째는 일본과 중국의 전략경쟁은 더욱 치열해질 것이다. 중국과 일본은 동아시아에서 가장 강대한 국가로, 역사적으로도 중국과 일본은 동아시아 지역의 주도권 또는 주도적 지위를 번갈아 나눠 가졌으며, 앞으로도 한동안 동아시아는 두 강국이 병립한 국면이 될 것이다. 1895년 이전 대부분의 시기에, 중국의 강대한 정치, 경제 및 군사력과 그 문화적 영향력은 모두 일본이 따라잡기 어려웠다. 1895년 청일전쟁 후 일본은 단숨에 동아시아에서 가장 강한 국가가 되었으며, 중국은 1945년 전쟁이 끝날 때까지 오랫동안 일본의 침략과 모욕을 당해야만 했다. 제2차 세계대전 이후 상당히 긴 시기에, 중·일 양국의 국력은 불균형의 발전 상태에 처했다. 중국은 군사와 국제정치 지위 분야에서 중대한 성취를 거두었으나, 경제력 분야에서 일본에 매우 뒤떨어졌다. 일본은 경제성장이 탁월했으나 정치가 자라지 못했다. 양국의 국력은 모두 강점이 있지만, 약점도 분명히 있다. 90년대 중반부터 이미 중국의 경제발전, 종합국력이 점차 규모를 갖추면서, 다양한 출처의 통계수치에 따르면, 2010년 중국 경제총량은 일본을 뛰어넘고 세계 2위가 되었다. 이와 함께 일본은 군사 정상화, 정치 대국화의 국가전략 시행에 박차를 가하고 있다. 새로운 「미·일 방위협력지침」과 일본의 새로운 「안보법」이 제정되면서 일본은 군사적 제약이 풀리고, 이른바 정상국가가 된 것을 나타낸다. 동아시아 '두 강국'의 경쟁은 피하기 어렵고, 이러한 인식과 논리 아래, 일본은 국제문제와 지역사무에서 사사건건 중국과 힘겨루기 하며, 국제적으로는 중국과 영향력 다툼에 여념이 없다. 아베 신조 총리 집권 이후 일본은 미국의 아·태 지역에서 가장 큰 동맹국으로서 중국을 겨냥하여 다자 안보질서와 군사동맹 네트워크에서의 역할을 크게 강화했다. 중국이 정치 영향력과 군사력을 키우고자 하면, 일본은 질투하고, 막거나 부수기도 했다. 일본은 동남아 지역에서 중국과 영향력을 다투고, 유럽에서 우위에 서기 위해, 유럽연합을 설득하여 중국에 대한 무기판매 금지를 해제하지 말라고 하였으며, 이는 동아시아 지역의 역량 균형을 해치는 것이라고 하였다. 일본은 동남아, 남아시아 등에서 공공연히 중국의 '일대일로(一對一路)' 구상에 맞서, 1,100억 달러 규모의 아시아 기초시설 건설자원 계획에 지출하여 균형을 깼다. 일본은 남중국해 사무에도 적극적으로 개입하고, 인도, 호주 등 국가를 끌어들여 중국을 견제한다. 아프리카와 라틴 아메리카에서도, 일본은 중국과 전략적 자원을 다투고 있다.

더 심각한 것은, 일본이 정치대국을 추구하는 목표가 중국이 강경책을 시행하는 것과 연계되어, 역사문제, 해양권익 문제에서 끊임없이 중국 인내의 한계에 도전하리라는 것이다. 역사문제는 점차 일본의 조잡한 핑계가 되어, 많은 일본 총리, 정부의 부처 내각 대원, 국회의원이 야스쿠니 신사참배를 하여 국민에게 주변국에 대한 강경한 자세를 보였다. 일본의 많은 정치인은 사죄가 아닌, 이러한 방식으로 '자학'에서 벗어나, 역사문제가 일본을 정치 영향력을 구속하는 것을 해소하고자 한다. 댜오위다오 문제에서, 일본 정부는 재차 중·일 양국이 합의한 양해를 위반하고, 끊임없이 현황을 타파하는 조처를 했다. 강경책은 타이완 문제로 번졌는데, 일본은 이 문제에 관한 입장과 태도가 매우 부정적이며, 이른바 '주변 사태'의 범위는 사실상 이미 타이완 지역을 포함하고 있다. 일본은 '중국 위협'을 과대 포장하여, 국내정치를 동원하고, '개헌'과 '보통 국가화'의 목표를 빠르게 완성하고자 한다. 일본이 정치대국을 추구하는 과정에서, 중·일 관계는 불행히 희생양이 되어, 일본 정치지도자는 마치 중국에 대하여 강경하게 해야만, 자신이 가치 있게 보인다고 여긴다. 이에 따라, 20세기 말 이후 중·일 간 무역거래는 빈번해지고 갈수록 상호의존도는 높아지고 있지만, 양국 정치 관계의 갈등은 끊이지 않아, 역사문제, 동중국해 경계획정 문제, 댜오위다오 문제, 타이완 문제가 계속 불거지고, 갈등은 점점 더 심해졌다.

둘째는 일본이 중국 도서주권과 해양권익 상의 분쟁을 대폭 강화했다. 동중국해는 풍부한 오일가스 자원이 매장되어 있고, 「유엔 해양법 협약」에 따르면 동중국해 해저의 대부분 지역은 전형적인 대륙붕 구조로, 해양에서 중국 대륙이 자연적으로 뻗어 있으며, 오키나와 해구[11]는 자연스레 양국 대륙붕의 경계선이 되고 있다. 일본은 중·일 해안선의 방향과 길이 차이, 대륙붕 연장 상황 등 국제공인의 경계획정 고려요소를 무시하고, '중간선' 원칙을 내세우고 있다. 이렇게 서로 다른 획정방법에 따라, 중·일 간 약 16만㎢의 분쟁해역이 형성되었다. 중국 정부는 이른바 '일·중 중간선'을 인정하지 않지만, 중·일 관계는 여전히 중요하여, 오랫동안 참고 있으며, 분쟁지역에서 '분쟁은 보류하고, 공동개발'을 제의하며, 심지어 일본에서 주장하는 중간선의 중국측 자원개발문제에서, 중국은 담판의 대문을 활짝 열어두었다. 목적은 중·일이 동중국해 대륙붕 개발 협력을 통해, 중·일 간 우호협력의 좋은 분위기를 조성해, 동중국해를 '우의, 협력'의 바다로 만들겠다는 것이다. 하지만, 일본은 여전히 '제로섬 게임'의 논리에 따라, 이른바 '빨대 효과'를 핑계 삼아, 중국이 '중간선' 서쪽에서 오일가스를 개발하는 것을 까닭 없이 비난하며, 군함을 장기파견하고 정찰기로 감시하며 소란을 피워, 춘샤오(春曉) 등 천연가스전에서 중국이 작업하는 것을 훼방하고 있다.

댜오위다오와 그 부속도서는 동중국해 경계획정과 긴밀하게 연관된 문제이다. 댜오위다오와 그 부속도서는 동중국해 타이완섬 부속도서 동북 각 섬 동단의 도련으로, 댜오위다오, 간란산(속칭 난샤오다오(南小島), 베이샤오다오(北小島), 다난샤오다오(大南小島), 다베이샤오다오(大北小島), 옌쟈오란(岩礁瀨) 등), 황웨이위(黃尾嶼), 츠웨이위(赤尾嶼)를 포함하고, 통칭하여 '댜오위다오 열도' 또는 '댜오위 열도'라 부르며, 줄여서 '댜오위다오'라 부른다. 1895년, 청나라가 패하고, 댜오위다오는 타이완의 부속도서로 일본에 침범당했다. 일련의 국제조약 문건에 따라, 일본은 패전 후 이 도서들을 무조건 중국에 반납해야 한다. 「카이로 선언」에 따르면, '삼국의 목적은 1914년 제1차 세계대전이 발발한 이래 일본이 강탈했거나 점령해 온 태평양 모든 섬을 몰수하는 데 있으며, 또한 일본이 중국으로부터 탈취한 모든 영토를, 예를 들면 만주, 타이완 팽호(澎湖) 열도 등을 중국에 반환하는 데 있다'. 「포츠담 선언」에 따르면, '카이로 선언의 요구조건들이 이행될 것이며 일본의 주권은 혼슈와 홋카이도, 규슈와 시코쿠, 그리고 우리가 결정하는 부속도서로 제한될 것이다'. 제2차 세계대전 이후, 댜오위다오는 미국에 의해 위탁관리되었으며, 미군의 사격장으로 사용되었다. 1971년 미국은 중국 대륙과 타이완 지역의 강력한 반발을 무시하고, 댜오위다오를 일본 관리로 넘겼으나,

11) 「유엔 해양법 협약」 제76조에 따르면, '대륙붕의 바깥한계선을 이루는 고정점은 2500m 등심선으로부터 100해리를 넘을 수 없는데', 오키나와 해구의 평균심도는 2,960m이다.

넘긴 것은 행정권뿐이며, 다른 국가의 댜오위다오에 대한 주권에 영향을 미치지 않는다는 것을 강조했다. 하지만 일본은 이러한 기회를 틈타 주권의 증거로 삼고, 댜오위다오의 주권을 훔치고자 도모했다. 일본은 우선 댜오위다오가 '무주지'라 하고, 1895년 일본 영토에 편입하였으며, 후에는 '센카쿠 열도'를 일본의 '난세이 제도'에 포함해, 국제법이 승인한 「카이로 선언」, 「포츠담 선언」의 규정, 자신과의 '샌프란시스코 조약'과 '중일화평조약(日台和約)'을 빠져나가고자 했다. 중·일 관계의 대승적 차원에서 오랫동안 자제해 온 중국은 '논쟁 보류'를 원칙으로 하고 있다. 하지만 일본은 이에 만족하지 않고, 수교를 시작으로, 등대 건설, 섬에 상륙하여 주권 선포 등과 같이 작은 움직임을 끊임없이 계속하고 있다. 냉전 종식 후 일본은 댜오위다오와 주변 해역에 대한 통제를 더욱 강화하여, 중국 어민, 민간 어로보호 인원들과 여러 차례 충돌하였으며, 중국측 인원들을 여러 차례 불법 억류하였다. 일본은 오랫동안 점령하고 통제하여, 기정사실로 만들고, 결국에는 댜오위다오의 주권을 빼앗고자 한다.

댜오위다오는 일본의 관점에서 큰 경제적·전략적 매력이 있다. 댜오위다오 해역은 풍부한 석유와 어족자원들이 있으며, 그 가운데 석유자원 매장량은 30억~70억t이다. 어족자원 연간 어획량은 15만t에 달한다. '댜오위다오 열도의 중요성은 절대 낮게 평가할 수 없다, 왜냐하면 그것은 일본이 동중국해 대륙붕 석유 천연가스 자원의 디딤돌뿐 아니라, 동아시아 지역 전략 안보와 평화의 중요 지점을 쟁취하는 것이기 때문이다.[12] 일본이 댜오위다오를 점유한다면, 일본은 중·일 배타적경제수역에서의 경계획정에서도 유리한 지위를 차지할 수 있으며, 일본이 댜오위다오로 영해기선 경계획정을 한다면, 일본은 6만㎢가 넘는 해역면적을 얻게 된다. 게다가 댜오위다오의 전략적 위치 역시 매우 중요하다. 일본은 댜오위다오를 점령한다면, 방어종심을 서쪽으로 300여km 추진할 수 있고, 댜오위다오를 기지로 삼아, 중국 대륙 연안지역과 타이완 지역의 군사배치와 행동에 대한 저고도 근접 정찰과 감시를 할 수 있으며, 전방 조기경보 진지로서, 중국으로부터의 유도탄 위협에도 대비할 수 있다.

이에 따라, 권력 경쟁의 필요든, 아니면 현실 이익을 고려해서든, 일본은 중국 해양력의 발전에 대해 매우 민감하고, 중국 해양력이 강해지는 것을 바라지 않는다. 사실상, 일본자위대의 주요 상대는 이미 러시아와 북한에서 중국으로 옮겨갔다. 2010

12) 傅崐成：《中国周边大陆架划界方法与问题》，载《中国海洋大学学报》(社会科学版)，2004年第3期，第7页。

년 12월 17일 시행한 미래 10년「방위계획대강」과 미래 5년「중기 방어력 정비계획」은 이미 서남을 중점 방어한다는 지침을 명확히 했고, 일본은 현재 서남 방향, 특히 오키나와 지역과 댜오위다오 해역의 작전능력을 강화하고 있으며, 중점은 대잠, 방공 등 능력 건설을 포함하고, 중국 해양력 발전을 대비하는 의도가 매우 뚜렷하다.[13) 2013년 12월, 일본은 '일본 주변의 안전보장 환경이 더욱 엄준'하다며,「방위계획대강」과「중기 방위력 정비계획」을 수정하고, '기동사단·여단'과 상륙부대 신설, 예산 대폭 증가 등 구상을 제기했다. 현재, 일본은 이미 중기방위계획에서 제정한 '서남제도 방위' 계획 시행을 완성 또는 시작하였으며, 이시가키섬, 미야코섬 등에서 대함·대공 유도탄 기지와 중국 해·공군 부대를 겨냥한 통신감청기지를 건설하여, 중국 해군과 공군을 봉쇄하기 위한 포석을 대폭 강화했다.

Ⅱ. 일본의 해상 군사력과 방위정책

일본은 중국 해양력 발전을 견제하는 강한 의지가 있을 뿐 아니라, 풍부한 실력도 있다. 일본 군사력 가운데 인원은 겨우 20여 만(234,500) 명이지만, 일본의 국방비는 오랫동안 세계 3위를 차지하고 있으며, 국민자위대, 특히 해상역량의 장비가 우수하고, 훈련이 잘되어있다. 아·태 지역에서 미국을 제외하고는 가장 유능한 해상력이다. 일본 해상자위대의 주요 장비에는 구축함 38척이 있으며, 그 가운데 8척은 이지스 구역 방공체계를 갖추고 있다. 호위함 9척, 재래식 잠수함 18척을 보유하고 있으며, 향후 2척의 구축함과 4척의 잠수함을 추가로 도입할 계획이다. 특히 일본의 대잠작전 능력은 월등하여, 미군도 넘어섰으며, 일본의 해상자위대는 180여 대의 각종 대잠항공기를 보유하고 있다. 일본 항공자위대는 각종 최신형 항공기를 280여 대 보유하고 있으며, 전자전기는 이미 세계 최고 수준이다. 또 하나 빼놓을 수 없는 것은, 일본 해상보안청의 능력으로, 세계에서 가장 강한 해양경찰 역량 가운데 하나로, 인원 12,650명, 순시선 400여 척, 각종 항공기 74대를 보유하고 있다.[14) 일반적으로 일본

13) 李明, 江新风：《日本新《防卫计划大纲〉和〈中期防卫力量整备计划》述评》, 载《外国军事学术》, 2011年第2期, 第63－64页。

14) The International Institute of Strategic Studies(IISS), *The Military Balance 2016*, London: Taylor & Francis Ltd, pp.261－262.

해상보안청은 해상 분쟁을 처리하는 주요 역량으로, 해군함정은 협조할 뿐이다. 여러 차례 중·일 동중국해 충돌과 댜오위다오 충돌의 과정 가운데, 선봉은 해상보안청의 함정과 항공기였다.

일본의 군사력 발전은 오랫동안 평화헌법의 제한을 받아왔다. 일본 정부는 근래 각종 조치를 통해 차츰 이러한 제한을 극복하였으며, 이미 많은 진전을 이루었다. 냉전 종식 이후, 일본은 군사 정상화의 속도를 내고, 동맹의 의무를 이행하며, 미군의 해외작전에 참여한다는 명목으로, 잇달아 국내에서 「유엔 평화유지활동 협력법」, 「대테러 특별조치법」과 「이라크 재건지원 특별조치법」 등 법안을 통과시켜 자위대 해외활동의 장애를 깨끗이 제거하였다. 20세기 초, 일본이 평화헌법을 돌파한 점진노선은 이미 기본 형태를 갖추었다. '군사행동 범위를 주변에서 전 세계로 확대하고, 해외파병을 평시에서 전시까지 확대하며, 일본의 무기 사용권한을 확대하고, 수상의 정책 결정권을 확대하였다.[15]

2015년, 일본의 군사 '정상화'는 결정적인 돌파를 거두었다. 4월 27일, 미·일 양국 정부는 뉴욕에서 양국 외교부 장관과 국방부 장관이 함께 참석하는 안보협의위원회(즉, 2+2) 회의를 열고, 새로운 「미·일 방위협력지침」을 내놓았다. 새 지침은 미·일 군사협력의 지역 제한을 없애고, '주변'에서 전 세계로 한번에 확장하였으며, 일본 무장역량이 세계로 향하는 목표를 실현했다. 협력 내용은 모든 것을 아우르며, 평시에서 유사시까지 평화유지, 구조, 조기경보, 정보공유, 감청, 정찰, 훈련, 연습, 탄도유도탄 요격, 선박호송 등에서 '빈틈없는' 협력을 강조한다. 이 지침은 '일본과 우호적인 제3국이 공격을 받아, 위기가 일본의 생존과 국민이 추구하는 생활, 자유와 행복을 추구하는 권리에 이르면, 일본 생존을 확보하고 일본 국민을 보호하기 위해, 일본은 무력사용을 포함한 조처를 하여 형세에 반응할 수 있다'라고 규정하고 있다. 이것은 실질적으로 집단자위권을 해제하여, 일본이 타이완 해협, 남중국해, 북한 등 아·태 사무에 개입하여, 미군이 전 세계 사무에 관여하는 데 필요한 근거를 제공하는 것이다. 같은 해 9월 17일, 일본 참의원 위원회는 새로운 보안법안의 통과를 표결하였으며, 그 법안은 '큰 영향을 미칠 사태', '존립 위기 사태'와 '회색지대 사태'의 세 가지 핵심개념을 이용하여, 기존의 안보체제를 완전히 뒤엎었다. 제도적으로 평화헌법과

15) 军事科学院世界军事研究部：《日本军事基本情况》, 北京;军事科学出版社, 2005年, 第98页。

국회는 무력을 사용하는 문제의 견제와 방해를 완전히 벗어던졌다.

일본은 중국의 해상굴기 또는 '해상위협'이라 부르는 것이 그 안보환경에 영향을 미치는 가장 중요한 요인 또는 도전으로 보고, 모든 방위문서에서 중국의 이른바 해상확장을 공개적으로 조작하고 있다. 앞으로, 중국의 해양력 굴기는 일본의 배척을 피할 수 없을 것이며, '중·단기적 시각에서 보면, 중국에 대한 일본의 전략적 도전은, 중국에 대한 미국의 도전보다 더 엄중하다."16)

제3절 인도와 호주의 불확실성

미국과 일본을 제외하고, 인도와 호주는 아·태 지역에서 나머지 양대 해양역량이자, 중국 해양력 발전에 영향을 주는 나머지 양대 핵심국가이다. 인도는 중국의 서진 통로를 지키고 있어 언제든지 중국 해상교통로에 중대한 위협이 될 수 있고, 호주는 중국의 해양이익이 남쪽으로 뻗어나가는 남대문에 자리하고 있어 외적이 되어 중국을 압박하고 봉쇄할 또 하나의 패가 될 수 있다. 그들은 전체적으로 중국의 핵심 해양이익의 주위에 위치하여, 해상에서 중국과 이익 충돌은 크지 않다. 대중국 정책에 대해 말하자면, 그들은 안보에 대해 미국과 비교적 가깝고, 호주는 미국의 동맹국이지만, 일본과는 크게 다르다. 그들은 상대적으로 독립적인 대중국 정책을 시행하고, 미국을 따라 중국을 견제하고 봉쇄하는 문제에서 상대적으로 신중하다. 전략적 지위에서 말하자면, 그들은 중국과 경쟁자들이 단합하고 쟁취할 수 있는 중점 대상이다. 중국 해양력 발전의 과정 가운데 양국의 지위를 낮게 평가해서는 안 된다. 인도와 호주 모두 대중 해상전략을 명확히 밝히지 않아 향후 정책의 불확실성이 크다.

역사적 원한, 지역 안보난과 대국 전략을 설계하라는 여론에 따라, 인도는 중국이 인도양에서 어떠한 움직이는지 매우 경계하고 있고, 중국이 이른바 '진주목걸이' 전략으로 인도를 해상에서 포위한다고 여기며, 군사와 외교적 차원에서 중국에 대한 감시와 대비를 강화하고 있다.

인도가 중국의 인도양 활동에 특히 민감한 이유는, 인도가 중·인 관계를 바라보

16) 朱锋：《国际关系理论与东亚安全》, 北京：中国人民大学出版社, 2007年, 第120页。

는 시각의 영향을 받았다. 인도는 오랫동안 중국을 아시아의 경쟁상대로 삼아왔기 때문에 중국의 강세가, 중국의 전방위적 급속한 발전이 인도를 세계의 어떤 위치에 놓이게 될 것인가에 대한 새로운 우려를 낳고 있다.[17] 중국의 군사 강화가 인도의 안보를 위협한다는 우려까지 제기되면서 중국의 군사 현대화는 이런 인식을 더욱 증폭시키고 있다. 중국에 대한 인도의 총체적 인지가, 인도가 중국의 인도양 진출을 바라보는 시각과 태도를 결정짓는 것이다.[18] 그러나 해상권력의 경우 중국은 인도의 인도양에서의 지위에 도전할 능력과 의지가 없는 반면, 미국의 패권은 인도의 인도양 전략에 가장 현실적이고 직접적인 도전이 되고 있다. 인도가 '중국 위협론'을 앞세워 '동진'을 외치고, 해군의 영향과 활동을 남중국해와 아·태 지역까지 확대한 것도 부분적으로는 미국과의 전략적 이익 충돌을 피하기 위해서이다.[19] 이에 따라 인도는 중국의 해상역량을 대비하는 면에서 미국, 일본과 같지만, 미국, 일본과의 안보협력은 여전히 보류하고 있어, 그 협력의 성질은 아직 판단하기 어렵다.

인도가 인도양에서 중국의 제한된 군사활동에 적개심과 편견을 갖고 중국의 위협을 억측하는 것도 중국과 권력 경쟁을 해야 할 필요성 때문이다. '인도양에서 인도해군의 더 강한 존재는 중국의 해상 취약성을 증가시킬 수 있어서 육지와 공중, 우주에서 중국이 인도에 갖는 강점을 어느 정도 상쇄시킬 수 있다.'[20] 중·인이 북부 육상국경에서 충돌할 때 인도는 인도양에서 중국의 생명줄인 해상교통로에 대해 행동하여, 중국의 강한 지상력이 가진 열세를 메울 수 있다는 의미이다.

호주는 중국의 굴기가 곧 경제적 기회를 의미한다는 점에서 중국과 충돌하는 것을 꺼린다. 현재 중국은 호주 제1의 무역 상대이자 제1의 수출시장, 제1의 수입처, 제2의 외자 유치국이다. 그러나 호주의 안보전략에도 중국을 경계하는 요소는 있다. 미·호 동맹은 안보상 호주 안보전략의 초석으로 '아·태 지역에서 미국의 '부경장(副警長)' 역할을 계속하면서 미국과의 동맹관계를 강화함으로써 영향력을 확대해 나갈 것'이라고 말했다.[21] 이에 따라 미국은 중국과 관련된 동아시아 문제에 깊숙이 개입하고 있

---

17) 唐璐：《印度主流英文媒体报道与公众舆论对华认知》, 载《南亚研究》, 2010年第1期, 第4页。
18) 刘新华：《论中印关系中的印度洋问题》, 载《太平洋学报》, 2010年第1期, 第52页。
19) 制海龙：《中国海权战略》, 北京：时事出版社, 2010年, 第78－80页。
20) Rajiv Sikri, *Challenge and strategy: Rethinking India's Foreign Policy*, SAGE Publications India Pvt Ltd, 2009, p.288.
21) 丁念亮, 王明新：《霍华德政府时期澳大利亚在中美之间的平衡策略》, 载《太平洋学报》, 2010

어 타이완 문제, 남중국해 문제 등 호주의 지원도 당연히 기대하고 있다. 또 호주는 중국의 안보전략 의도에 대해 불필요한 인식을 하고 있고, 안보에서 중국의 굴기가 위험 상승을 의미한다고 여기며, 중국이 강해져 군사적으로 확장하고 정치적으로 기세등등할 것을 걱정한다. 호주 케빈 러드 정부는 2009년 5월 2일 「2030년 군사력: 아·태 세기에서 호주 국방」이라는 제목의 국방백서에서 이 같은 우려를 분명히 했다. '중국의 군사 현대화의 속도, 범위, 구조는 이웃 국가들이 우려할 만한 잠재력이 있다.', '중국은 앞으로 아·태 지역에서 발생할 수 있는 위기의 폭발점이다.[22] 호주는 2017년 「외교정책백서」에서도 중국의 굴기에 대한 우려를 분명히 했는데, 중국 권력의 성장에 따라, 앞으로 10년간, 호주는 곤란한 상황에 부닥칠 것이다. 왜냐하면 현대사에서 경험한 적 없는 변화에 직면할 것이기 때문이다. 또 미국이 아시아에서 중국에 맞설 수 있도록 영향을 확대하기를 희망한다고 명시했다.[23] 그러한 배경에서 호주는 미국, 일본, 인도 등 국가와 협력을 확실히 강화하여, 이른바 중국 '불확실성'의 충동에 맞서야 한다. 주목해야 할 것은, 최근 몇 년 동안 호주가 남중국해 문제에 적극적으로 개입하였으며, 남중국해 순항, 남중국해 중재안 등 문제에서의 태도는 미국, 일본과 같은 수준이다. 호주의 대중 정책은 국내정치의 부정적 영향까지 받아 편견과 투기의 색채가 짙다.

제4절 다른 주변국의 시기와 대비

주변국의 상황은 복잡하다. 중국은 14개의 육지 인접국, 8개의 바다를 사이에 두고 있는 해상 인접국이 있으며, 태국, 캄보디아 등 매우 가까운 나라들도 있다. 이들 주변국은 대부분 제2차 세계대전 이후 독립하여, 민족주의 정서가 팽배하며, 정치 변

年第2期。

22) Australian Department of Defense, "Defending Australia in the Asia Pacific Century : Force 2030", https://apo.org.au/sites/default/files/resource-files/2009-05/apo-nid14278.pdf, p.21.

23) Australian Government, *2017 Foreign Policy White Paper*, https://www.fpwhitepaper.gov.au/foreign-policy-white-paper, p.4.

천의 과도기를 여러 차례 겪어, 그 정치와 사회의 불안이 중국의 주변 안보에 부정적 영향을 미칠 수 있다. 중국은 세계에서 가장 많은 핵 이웃을 가진 나라로, 중국이 속한 동아시아 지역의 핵 비확산 임무를 어렵게 하고 있다. 재래식 무기의 경우 중국 주변지역은 세계 최대의 무기 수입지로, 각국은 막대한 무기 교체와 군 발전을 계획하고 있으며, 해·공군 건설에 역점을 두고 있다. 아시아, 특히 동아시아는 중국만이 아니라 군웅이 병립하는 형국이다. 일본, 인도는 물론이고, 한국과 아세안 각국 모두 야심 차게 경쟁적으로 군사전략 중점을 조정하고, 해군 경비 예산을 증가하며, 해군 장비 건설과 기지, 항구와 같은 부대 시설 건설을 강화하여, 정예해군을 만들고 있다.

주변국과 폭넓은 해양권익 논쟁은 중국의 해양력 확대를 더욱 어렵게 했다. 해양력의 장기적인 약세로 제1도련선에서 중국이 주장하는 합법적인 해양권익이 일부 주변국에 의해 잠식되고 있다. 이 국가들은 중국의 해양역량이 이 지역에 부족하다는 것을 이용하여 중국에 속한 도서와 해양자원을 강점하였다. 중국은 이 같은 논란과 분쟁에 대해 선린우호(善隣友好) 대국을 중시하며 '주권은 나에게 있지만, 논쟁은 접어두고, 공동개발하자(主權屬我, 擱置爭議, 共同開發)'라고 일관되게 주장해왔다. 그러나 이들 국가는 기득권을 굳히는데 박차를 가하는 한편, 안보 측면에서는 중국에 대한 대비와 제약을 강화하고 있다. 이들은 첨단무기를 구입하고, 군비를 정비하며, 자체 군사력을 강화하고 있다. 분쟁의 국제화를 촉진하고, 역외 대국을 끌어들여 중국을 견제할 수도 있다. 이러한 상황에서 중국의 해상력 증가, 특히 해군이 강해지는 것은 환영받을 수가 없다. 중국의 국력이 날로 강대해짐에 따라 이들 국가는 갈수록 불리한 처지에 놓일 것으로 보고, 중국과의 해양분쟁을 다루면서 조바심을 내고 있다. 앞으로 이들 국가의 중국 해양력 발전에 대한 우려나 대비는, 중국의 국력과 해군이 굴기할수록 깊어질 수 있다는 얘기이다. 어떻게 하면 해양력을 발전시키면서 주변국의 심리적 감각을 배려하고 중국의 안보정책에 대한 의구심과 우려를 덜어줄 수 있을지가 중국 해양력 발전의 또 다른 난제가 될 것이다.

또 최근 들어 강대국들의 권력 경쟁, 안보난국, 해양분쟁 등의 문제가 복합적으로 가속하는 추세이고, 특히 미국의 호소 아래 미·일·인·호, 미·일·한, 미·일·호, 미·일·인, 미·일·캐·아세안 등 소규모 다자 네트워크가 급속히 발전하는 등 중국 해양력 발전이 직면한 전략적 환경은 악화하고 있다. 이들 대국과 절대다수의 주변국들은 중국 해양력의 강화를 달가워하지 않는다. 중국의 경제적 굴기에 대해서는 낙관적이지만, 중국 해상역량의 발전에 대해서는 우려의 목소리를 높이고 있다. 경제적으로는 중국과 협력하고, 안보적으로는 중국과 거리를 두는 전략을 많이 쓰고 있다. 중국의 해양력 발전, 특히 해군을 발전시키는 과정에서 일부 국가가 배척과 대비에 나설 수 있다는 인식을 해야 한다. 중국의 종합국력이 날로 강대해지고, 중국과 해상이익이 상충하는 국가들이 서로 협력을 강화하면서, 중국과 경쟁하는 추세가 뚜렷해진다.

외부 환경에서 보면 중국은 미·일 양대 해양력이 우세한 국가의 억제와 봉쇄를 직면하였고, 서태평양을 남북으로 관통하는 도서는 모두 미국이나 그 동맹국에 의해 통제되었으며, '중국 해군은 미국과 일본의 막강한 해군력에 맞서, 아직 제1도련선의 해양통제도 못 한다는 의견이 많다.'[24] 시대적 여건상 중국이 해외에 대규모 기지를 보유할 수도 없고, 원양 투사능력이 부족해 중국 해군이 대양에서 무언가 하기(有所作爲) 어렵다. 역사적 의혹과 실질적인 고려를 바탕으로, 주변국들은 중국의 해양력 발전에 대해 그다지 호의를 갖지 않을 것이다. 인도와 호주는 중국의 해상력 발전에 대해 극도로 경계하고 있으며, 중국에 대항하는 미·일 해상 방어선에 합류할 수 있다. 동남아의 많은 국가가 중국과 해양이익 충돌을 겪고 있으며, 당연히 중국의 해상역량이 강해지는 것을 반기지 않을 것이다. 이런 불리한 요인 때문인지 '중국이 진정한 의미에서 해양강국이 되기는 거의 불가능하다'라는 결론까지 나왔다.[25]

---

24) James R. Holmes, Toshi Yoshihara, *Chinese Naval Strategy in the 21st Century: The turn to Mahan*, New York: Routledge, 2009, p.87.

25) 唐世平：《再论中国的大战略》, 载《战略与管理》, 2001年第1期。

제4장

중국의 중요한 해양이익

해양이익은 국익의 중요한 부분으로, 국익이 갖는 모든 내용과 특징을 가지고 있다. 국익은 '한 민족국가의 생존과 발전의 전체적인 이익을 가리키며, 민족국가의 모든 인민의 물질적·정신적 수요를 모두 만족시키는 것을 포함한다. 국가는 물질적으로는 안전과 발전이 필요하고, 정신적으로는 국제사회의 존중과 승인이 필요하다.'[1] 간단히 말해, 국익은 생존과 발전, 영광의 3대 분야의 내용을 포함하고, 국가가 다른 발전단계 또는 다른 국제환경에서 처하면 주요 이익을 바라보는 관점에도 매우 큰 차이가 있다는 것이다. 국가 대전략 수립이나 일상적 정책 시행 모두 반드시 먼저 국익을 확정해야 한다. 왜냐하면 국익은 국가 대외행위의 근본적인 원인이며, 국가가 대외전략과 정책을 수립하는 가장 중요한 근거이기 때문이다.

해양이익은 사이버 이익, 우주이익 등의 분류방법과 비슷하며, 지리적 공간이나 가상의 공간적 범위에 따라 국익으로 분류된다. 해양이익의 생산과 발전은 모두 해양공간 또는 해양활동과 밀접한 관계가 있으며, 이것은 해양이익과 기타 공간이익을 구분할 수 있는 유일하게 중요한 기준이다. 해양공간은 해안, 해상, 해중과 해저를 포함하는 지리적 구역과 섬 또는 암초를 포함한다. 섬을 해양공간에 포함한 것은, 한 섬의 귀속이 최대 약 43만㎢ 해역의 관할권 영향을 미칠 수 있기 때문이다.[2] 또한, 지리적

1) 阎学通：《中国国家利益分析》, 天津, 天津人民出版社, 1996年, 第10－11页。

2) 만약 한 도서가 어느 한 국가에 속한다면, 그 국가는 최대 200해리의 배타적경제수역을

으로 중요한 위치에 있는 섬은, 해상교통, 해양안보 나아가 국가안보에 매우 중요한 역할을 할 수도 있다. 인류의 해양실천 활동이 갈수록 다양해지고 해양이익의 연관성도 더욱 넓어짐에 따라, 국가의 주권, 안보, 발전, 명예 등 방면에서의 중대한 요구사항이 언급되고 있다.

중요도에 따라, 우리는 해양이익을 다시 핵심이익, 중대이익, 중요이익 등으로 나눌 수 있다.

핵심이익은 국가의 생사가 걸린 것을 의미하며, 국가 생존에 없어서는 안 되는 것으로, 일반적으로 국가의 기본제도와 국가안보, 국가주권과 영토보전, 경제사회의 지속 가능한 발전 등을 포함한다. 핵심이익은 동적인 것으로, 국가의 생존 욕구가 충족되기 전에는 생존이 제1의 이익이고, 생존문제를 해결하고 나면 발전문제가 핵심이익이 될 수 있다. 국제관계의 정상적인 상황에서, 국가가 항상 '생사존망'의 문제를 마주하지는 않아도 된다. 직접적 대항이나 위기가 없는 상황에서 국가는 자신의 적절한 발전(초강대국이 자신의 패권을 지키는 것을 포함)을 생사존망의 문제로 치부하기에 십상이다.[3] 2011년 발간된 「중국 평화발전」 백서는 중국의 핵심이익을 국가주권, 국가안보, 영토보전, 국가통일, 중국 헌법이 확립한 국가정치제도와 사회정세의 안정, 경제사회의 지속 가능한 발전을 위한 기본 보장으로 규정하고 있다.[4] 이 역시 추상적인 개념이지만, 중국의 핵심이익에 관한 가장 권위 있는 공식 표현이며, 또한 우리가 중국의 핵심이익을 확정하는 데 중요한 참고가 된다. 중국 정부로서는 주권, 안보, 전면적 발전이 3대 주요 추구목표이다.[5] 따라서 주권과 영토보전, 당의 집권과 국가의 지속 가능한 발전에 직결되는지가 중국의 핵심이익과 비핵심이익을 가르는 중요한 지표가 된다.

얻을 수 있고, 그 도서를 원심으로 200해리의 반경 구원면적에 가까우며, 대충 계산해도 해역면적 약 43만㎢에 달한다. 물론, 이것은 그 도서해역이 다른 지연해역과 경계획정 충돌이 없다는 전제 아래 이상적인 상황이고, 현실에서는, 많은 도서가 이웃하거나 서로 바라보는 거리가 너무 가까워 이렇게 최대주장을 할 수 없다. 이 밖에도, 「유엔 해양법 협약」은, '인간이 거주할 수 없거나 독자적인 경제활동을 유지할 수 없는 암석은 배타적경제수역이나 대륙붕을 가지지 아니한다'라고 규정하고 있으나, 이 규정은 논쟁이 있지만, 모든 도초가 200해리의 배타적경제수역 또는 대륙붕을 가질 수는 없다는 것을 설명한다.

3) 李少军：《论国家利益》, 载《世界经济与政治》, 2003年第1期, 第7页。

4) 中国国务院新闻办公室：《中国的和平发展》白皮书, 2011年9月, 第15页。

5) Wang Jisi, *"China's Search for a Grand Strategy: A Rising Great Power Finds Its Way"*, Foreign Affairs, Vol. 90, No. 2, March/April 2011, p.71.

대응방식(협상으로 해결할 수 있는지, 무력을 사용해야 하는지를 결정하는 원칙)의 차이도 핵심이익과 비핵심이익을 구분하는 중요한 지표가 된다. 2000년 미국 국익위원회가 발표한「미국의 국익」보고서는[6] 무력의 사용 여부와 사용정도를 이익을 구분하는 기준으로 삼았다. 원칙적으로 핵심이익은 타협이 쉽지 않은 만큼 필요하면 무력사용도 불사한다. 비핵심이익은 타협이 상대적으로 쉬우므로, 이익을 지키는 과정에서 무력의 사용이 희박하다.

또 핵심이익은 정치, 경제, 안보 등 많은 영역에서 중요한 가치를 지니며, 전략적이거나 포괄적이다. 게다가, '핵심이익의 실현은 국가 비핵심이익을 실현하는 데 도움이 될 수 있으며, 핵심이익이 심각하게 침해되면 국가 비핵심이익의 보호도 보장되지 않는다.'[7] 이에 비해, 비핵심이익은 한 분야에서만 중대한 영향을 미치고, 다른 분야에 영향을 미치는 경우가 적다.

표 2 핵심이익, 중대이익과 중요이익 특징과 분류기준

구 분	분류기준		
	중요도(3대 기본추구와의 관계)	무력 선호	영향 비중
핵심이익	직접 관련	필요할 때 단호히 무력사용	전반적 또는 전략적 영향
중대이익	간접 관련	위기 시 신중히 무력사용	단일 영역의 중요 영향
중요이익	관련성이 크지 않음	전쟁수단을 거의 운용하지 않음	다음 영역의 중요 영향

※ 3대 기본추구란 주권과 영토보전, 당의 집정지위와 국가의 기본제도, 국가의 지속 가능한 발전과 사회 전체의 안정

6) 이 보고는, 생사존망이 걸린 국가의 이익에 대하여 동맹의 참여가 없더라도 미국은 전투에 투입할 준비를 해야 하고, 극단적으로 중요한 이익에 대하여, 미국은 동맹국의 공동참여 하에서만 무장역량을 사용할 준비를 해야 하며, 미국은 중요한 이익에 대해 비용이 낮거나 다른 나라가 최대 원가비용을 분담해야만 군사행동에 참여해야 한다고 말한다. The Commission on America's National Interests, *America's National Interests*, July 2000, https://www.belfercenter.org/sites/default/files/files/publication/amernatinter.pdf, p.17.

7) 王公龙：《国家核心利益及其界定》，载《上海行政学院学报》，2011年第6期，第76页。

비핵심이익을 다시 중대이익과 중요이익으로 나눌 필요가 있다. 전자는 주권권익, 국제정치적 권력지위 등 구체적 영역에 대한 중대한 의제와 관련하며, 일반적으로 어느 한 영역에 대해 강한 중요성을 가진다. 후자는 어느 한 분야에 대해서만 중요한 의미를 갖거나, 일반적인 전 세계 통치문제가 걸려 있는 경우가 많다. 지키는 방식도 크게 다른데, 중대이익은 타협할 여지가 적으므로 신중하게 무력을 사용할 수 있지만, 중요이익은 타협할 여지가 많아 주로 외교, 국제법, 비전쟁 군사행동으로 지켜진다.

제1절 핵심 해양이익

국가 해양사업의 기본적이고 장기적인 목표인 국가주권, 국가안보, 해양경제의 지속 가능한 발전 등을 다루는 핵심 해양이익은 통상 해양강국 건설에 대해 전략적이고 포괄적인 의미가 있다.

I. 내수 및 영해 해·공 공간의 절대안전

'내수'는 영해기선의 육지쪽 수역을 말하며, 그 국가 영해의 일부를 구성하고, 국가의 육지 영토와 같이 주권에 관하여 법적 지위를 가지고 있으며, 완전히 일국의 관할 하에 있어, 이 국가의 허가를 받지 않으면 다른 나라의 선박은 입항할 수 없다. 영해는 연안국의 주권 관할 아래 해안이나 내수와 인접한 일정 너비의 해역을 말하며, 마찬가지로 국가 영토의 구성 부분으로 그 상공, 해저 및 수상 수역은 모두 연안국의 주권 관할에 속한다. 영해에서 외국선박은 일정한 무해통항권을 누리고 있는데, 이는 '내수'와 법적 효력의 차이가 가장 큰 지역이다.[8] 내수 및 약 38만 ㎢의 영해 공간은 중국 육지 주권의 직접 연장구역으로, 그 절대안전은 모든 연해지역의 평화 및 안정과 관련되어 있다. 또 이러한 공간은 중국의 해양경제와 사회 실천의 중요한 기초이며, 근해, 심해 및 원양 개발의 대규모 진행에 앞서 많은 해양산업과 사회실천 활동의

8) 「유엔 해양법 협약」 제2부, http://www.un.org/zh/law/sea/los/article2.shtml.

터전이 되고 있다.

Ⅱ. 타이완과 대륙의 통일

타이완은 중국의 주권과 영토보전을 다루고, 중국의 통일과 관련되어 있어 정치적 가치가 크다. 타이완 문제는 중국 인민의 아픔을 쉽게 떠올린다. 왜냐하면 1950년대에 미 7함대의 방해로 대륙의 타이완 통일계획이 어쩔 수 없이 보류되었으며, 1995~1996년의 타이완 위기는 중국 지도자의 위기의식을 극도로 불러일으켰다. '타이완 독립' 반대와 미군의 타이완 해협 사무 개입 반대는 중국인민해방군의 주요 임무가 되었고, 타이완 문제의 존재와 발전은 최근 20년 동안 중국 군사 현대화의 가장 중요한 원인이었다. 타이완을 통일하는 것은 중국 해양력 발전의 중대한 사명이고, 중국 해양력이 어느 정도 발전하고 해양강국이 아무리 '강'해도 중국이 타이완의 앞길을 결정하지 못한다면, 어떠한 해양력의 야망도 결국은 거대한 물거품이 되고 말 것이다. 앞으로 중국의 뜻대로 타이완이 대륙으로 돌아갈 수 있을지 역시 해양강국의 진정한 표지 가운데 하나이다.[9)]

중국에 있어서 타이완은 대륙을 지키는 연안의 천연 장벽이자, 해상교통로를 보호하는 이상적인 지점으로, 중국 해군이 도련 봉쇄를 뚫고 태평양과 인도양으로 뻗어나가는 열쇠와 같은 전략적 가치를 가지고 있다. '타이완섬은 중국 해안선의 가운데에 걸쳐 있어, 중국 해군이 남북에 배치한 함대의 전략적 집중(병력을 집중하는 것은 해군 응용의 원칙이다.)을 쉽게 막을 수 있으며, 중국 해군이 제1도련선 바깥 구역에서 행동하는 데 장애가 되고 있다.'[10)]

그동안 타이완은 중국의 가장 논란의 여지가 없는 핵심 국익이었다. 실제로 중국의 핵심이익에 관한 공식발표도 타이완에서 시작되었다. 타이완의 천수이볜(陳水扁) 집권시기, 즉 '타이완 독립'의 형세가 가장 심각했던 몇 년간, 중국은 타이완 문제에서 눈에 띄게 핵심이익[11)]에 대한 공표와 강조를 강화했다. 2000년대 초 타이완 사

---

9) 胡波：《中国海权策》，北京：新华出版社，2012年，第105页。

10) James R. Holmes, Toshi Yoshihara, *Chinese Naval Strategy in the 21st Century: The Turn to Mahan*, New York: Routledge, 2009. p.54.

11) 중국의 '핵심이익'은 탕자쉬안(唐家璇) 당시 중국 외교부장이 콜린 파월 미 국무장관과 2003년 초 두 차례 만난 데서 비롯됐다. "台湾问题事关中国的核心利益", http://news.xinhuanet.

무에 대한 중국의 관심이 커진 것은 핵심이익 개념의 사용에 큰 영향을 미쳤다.[12)]

Ⅲ. 댜오위다오와 난사군도 등 분쟁 도서의 주권

타이완 문제에 비하면, 국내 학계와 정책 측면에서 댜오위다오와 난사군도 등 분쟁도서에 대한 중요성은 엇갈린다. 한 가지 관점은, 댜오위다오, 난사군도 등 도서에 중국의 사활이 걸리지 않았으며, 기껏해야 중요이익에 불과하다는 것이다.[13)] 앞서 밝힌 바와 같이, 우리는 발전과 비교의 눈으로 핵심이익을 보아야 한다. 세계가 전반적으로 평화를 유지하는 배경에서 중소국들은 여전히 생존의 문제에 직면할 수 있지만, 중국과 미국 같은 대국은 기본적으로 생존에 큰 문제가 없으며, 생존 외의 발전, 권력, 명예 등의 요구도 국가가 대외적으로 추구하는 핵심이익이 될 수 있다. 댜오위다오와 난사군도에 대해 「인민일보」 등 중국의 관영매체들은 핵심이익의 논조를 자주 사용하지만, 중국 정부 당국은 신중한 자세를 취하고 있다.

하지만, 실천 차원에서 댜오위다오와 난사군도는 중국 정부의 핵심이익 목록에 분명히 있다. 그것들의 지위가 타이완보다는 못하지만, 똑같이 신성불가침으로, 중국은 똑같이 무력사용도 불사할 것이다. 2013년 7월 30일 중국 공산당 제18차 중앙정치국은 해양강국 건설에 대해 제8차 집체학습을 진행했다. 시진핑 총서기는 학습을 주재하면서 해양권익 수호의 12자 방침인 '주권은 나에게 있지만, 논쟁은 접어두고, 공동개발'을 주장하고, 평화와 협상으로 분쟁을 해결하자고 주장하며, '그러나 정당한 권익은 포기할 수 없으며, 국가의 핵심이익을 희생시켜서도 안 된다'라고 주장했다.[14)] 중국이 해양국이 됨에 따라, 댜오위다오와 난사군도가 중국의 해양강국에서 차지하는 위상은 더 많이 올라갈 것이며, 점점 더 중요한 역할을 할 것이다.

---

com/newscenter/2003-01/20/content_697363.htm, http://www.people.com.cn/GB/paper39/8546/802017.html。이어 중국 외교부 대변인, 중국의 대미 교섭, 중국 지도자의 타이완 관련 연설 등에서 빈번히 언급됐다. http://news.xinhuanet.com/taiwan/2004-04/01/content_1396632.html。

12) Michael D Swaine, China's Assertive Behavior Part One: On Core Interests, http://carnegicendowment.org/files/swaine_com_34_111410.pdf.

13) 薛力：《凤凰博报访谈,走向海洋中国必须全面挑战美国吗?》, http:/blog.ifeng.com/zhuanti/special/hyqg2015/.

14) 习近平：《进一步关心海洋认识海洋经略海洋推动海洋强国建设不断取得新成就》, http://news.xinhuanet.com/politics/2013-07/31/c_116762285.htm.

댜오위다오와 난사군도를 중국의 핵심이익으로 규정하는 것은 중국이 적극적으로 무력을 사용하여 도서를 차지하겠다는 것을 의미하지 않는다. 그 정책적 의의는 크게 두 가지로 표현된다. 첫째는 중국은 어떠한 국가도 이러한 문제에 계속해서 도발하는 것을 용인할 수 없고, 중국은 모든 수단을 동원하여 추가적인 이익손실을 피하리라는 것이다. 둘째는 역사적으로 형성된 현 상황에 대해, 중국은 가볍게 받아들일 수 없지만, 여전히 평화 담판을 통해 해결하자고 주장하며, 무력의 역할은 주로 위협이라는 것이다.

댜오위다오와 그 부속도서는 중국 영토의 일부이다. 역사적·지리적으로나 법적으로 보아도 댜오위다오가 중국의 고유 영토이며, 중국은 논쟁의 여지가 없는 주권을 갖고 있다.[15] 일본의 중국 침략, 전후 국제질서 안배 등 민감한 문제로 댜오위다오는 매우 강한 정치적 의의가 있게 되었고, 제대로 처리하지 못하면 중국의 국내 안정과 중국 공산당의 집권 지위에까지 영향을 미칠 수 있다.

동시에 댜오위다오의 전략적 위치도 매우 중요하다. 댜오위다오는 중국 해상 영토의 가장 동쪽에 위치하여, 중국의 매우 좋은 전초기지이다. 왜냐하면 댜오위다오와 타이완섬은 중국이 제1도련선을 돌파하는 실질적이고 전략적인 바탕이며, 댜오위다오를 통제하는 것이 중국이 깊고 푸른 바다로 향하는 기반이기 때문이다.[16] 또한 앞서 밝힌 바와 같이, 댜오위다오 문제는 중대한 해양경제 이익과도 관련된다.

「인민일보」는 일본이 "댜오위다오 부근 도서를 명명하려는 것은 명백히 중국의 핵심이익을 위협하는 처사다"라고 논평했다.[17] 2013년 4월 26일 열린 외교부 정례 브리핑에서 중국 외교부 대변인 화춘잉(華春瑩)은 "국가 핵심이익은 국가주권, 국가안보와 영토보전 등을 포함"하며 "댜오위다오 문제는 중국의 영토주권에 해당한다"[18] 라고 밝힘으로써 사실상 간접적인 방식으로 댜오위다오가 중국의 '핵심이익'이라는 관점을 나타냈다.

중국은 난사군도를 최초로 발견하고 이름을 명명하였으며, 가장 먼저, 그리고 지

---

15) 中华人民共和国国务院新闻办公室：《钓鱼岛是中国的固有领土》(白皮书), http://news.xinhuanet.com/2012－09/25/c_113202698.htm.

16) 胡波：《2049年的中国海上权力：海洋强国崛起之路》，北京：中国发展出版社，2015年，第73页。

17) 钟声：《中国维护领土主权的意志不容试探》，载《人民日报》，2012年1月17日第叁版"国际论坛"。

18) 2013年4月26日外交部发言人华春莹主持例行记者会， https://www.fmprc.gov.cn/web/wjdt_674879/fyrbt_674889/t1035595.shtml.

속해서 난사군도를 주권 관할하고 있고, 난사군도는 중국의 주권과 영토보전과 관련되어 있다. 제2차 세계대전 당시, 일본은 중국 침략전쟁을 발동하여 난사군도를 포함한 중국 대부분 지역을 점령했다. 「카이로 선언」과 「포츠담 선언」 및 다른 국제문건은 일본에 빼앗긴 중국 영토를 중국으로 돌려주라고 명확하게 규정하고 있으며, 여기에는 당연히 난사군도가 포함된다. 1946년 12월, 중화민국 정부 대표는 중국을 대표하여 이 군도의 주권을 회복했다. 전후 한동안 동남아를 비롯한 국제사회는 이를 인정했고, 베트남, 필리핀 등은 중국의 난사군도 영유권을 인정했다. 그러나 1970년대부터 필리핀, 베트남 등이 난사군도 대부분 섬을 미친 듯이 침범하여, 1980년대 말에는 중국, 베트남, 필리핀, 말레이시아, 브루나이 및 중국 타이완 지역의 5개국 6자가 나누어 가진 태세가 형성되었다.

난사군도는 중국 해양강국의 전략적 의미도 크다. 난사군도는 중국 영토의 최남단에 위치해 오랫동안 남중국해 중남부의 정치, 경제, 군사 존재를 뒷받침해왔으며, 중국의 역량이 원양으로 뻗어나갈 수 있는 지리적 기반이었다.

난사군도는 남중국해 경계획정과도 직결되어 있으며, 남중국해 각국이 다투는 것은 대부분 도서 주변의 해역이다. 「유엔 해양법 협약」(이하 「협약」) 제121조 섬 제도에 상당한 모호성과 유연성이 있음에도 불구하고, 군도가 아닌 국가의 바다에서 군도에 대해 군도기선을 설정할 수 있는지 설명이 없으며, 난사도초의 영해와 배타적경제수역 설정방법, 난사군도를 하나의 영해기선으로 할 수 있는지 등은 논란의 여지가 있다. 그러나 난사도초의 주권은 여전히 중국이 난사 주변해역의 주권을 주장하는 중요한 근거 가운데 하나임에 틀림없다.

'남중국해 문제는 중국의 핵심이익과 관련이 있다'라고 총칭하는 것은 분명하고 현명한 표현이 아니다. 왜냐하면, 남중국해 문제는 적어도 난사도초, 해역 경계, 역사적 권익 등 다양한 성격의 분쟁을 포함하여 매우 복잡하며, 그것들의 중국에 대한 중요성이 같다고 할 수 없기 때문이다.

중국 정부에 따르면, 중국은 둥사군도, 시사군도, 중사군도와 난사군도를 포함한 남중국해 제도에 대해 주권을 가지고 있다. 중국의 남중국해 제도는 내수, 영해 및 접속수역을 소유하고 있다. 중국의 남중국해 제도는 배타적경제수역과 대륙붕을 소유하고 있다. 중국은 남중국해에서 역사적 권리를 가지고 있다.[19]

Ⅳ. 근해 지리적 공간의 전략적 안보

근해는 지리적 개념이지 법률적 개념은 아니다. 중국인민해방군 군어(軍語)에 따르면, '근해는 보하이(渤海), 황해, 동중국해, 남중국해와 타이완섬의 동쪽 일부 해역을 포함'한다.[20] 즉, 제1도련선 이내와 그 주변해역이다. 중국이 인접해역에서 전략우위를 추구하는 것은 동아시아에서 자신의 세력권을 만들어 미군을 동아시아로 축출하려는 것이 아니라, 적극방어를 위한 국가안보 전략의 필요성 때문이다. 중국은 근해에서 전략우위를 점해야만 타이완과 대륙의 통일, 댜오위다오와 난사군도의 주권 등 핵심이익을 지킬 수 있기 때문이다.

또 주변을 혼란스럽지 않게 해야 하는 것은 모든 세계 대국의 성장 가운데 가장 중요한 안보 요구사항이며, 미국과 러시아 역시 모두 그러하다. 근해 안보와 중국 본토 안보는 긴밀하게 연계되어, 근해에서 전략우위를 점하는 것은 중국의 국가안보를 위한 중요한 내재적 수요이다. 지상력 강국은 해양력 강국과의 대치 속에서 공격과 방어 모두 전략적 열세에 놓였다. 역사적 경험에서 보면, 중국의 근해가 적대국에 의해 통제되면, 중국 국가안보 상황은 바로 긴장될 것이며, 적대국이 이 지역을 이용할 수 있고, 만㎞가 넘는 해안선 어느 곳이든 중국 대륙의 안보를 위협할 수 있다. 청일전쟁 이후의 일본, 제2차 세계대전 이후의 미국은 모두 오랫동안 이 해역을 장악해왔고, 중국의 국가안보에 큰 위협을 가져왔다. 이에 따라 중국의 근해는 중국에 미국, 일본 등 해양강국과의 완충지대일 뿐만 아니라, 중국이 반드시 쟁탈해야 할 전략적 안보 공간이다.

중국은 현재 해상에서 주로 다음과 같이 심각한 현실적 안보압박과 잠재적 안보위협에 직면했다. 미국, 일본 등 국가가 서태평양에서 거의 모든 중요한 도서를 통제하고, 이 도서를 전진기지로 삼아, 육·해·공·우주의 입체 우위역량을 갖춰 중국을 위협하고 봉쇄하고 있어, 중국은 전략적으로 수세에 처했다. 동부 연해지구는 중국의 경제, 정치 및 문화의 중심으로, 중국은 해상위협에 대한 전략적 종심이 취약하다. 또한, 안보와 안정 역시 하나의 심리적인 추구이다. 국가안보는 일종의 느낌인데, 오랫

---

19) 中国外交部：《中华人民共和国政府关于在南海的领土主权和海洋权益的声明》, https://www. fmprc. gov.cn/web/zyxw/t1380021.shtml.

20) 中国军事科学院：《中国人民解放军军语》, 北京：军事科学出版社, 1997年, 第440页。

동안 외세의 침략에 시달렸던 중국으로서는 더욱 그러하다. 중국이 근해의 안보와 안정을 보장하지 못하면 상대와의 힘겨루기에서 맥이 빠질 수 있고, 외세는 우세한 해상권력을 통해 중국의 불안감을 증폭시켜 타협을 압박함으로써, 중국의 정치, 경제 등 다른 국익을 해칠 가능성이 크다.[21)]

Ⅴ. 세계 주요 해상교통로의 안전

국제정치에 있어서 해양의 가장 중요한 의의는 교통로로, 중요한 교통로를 통제함으로써 해상과 육상의 권력분배에 영향을 미치거나 관여하는 것이 국제 해양정치의 가장 원시적인 속뜻이다. 전 세계 개방경제체계가 걸려 있는 세계 해상교통로의 안전은 미국, 영국 등 전통적인 해양강국 모두 예외 없이 핵심이익 가운데 하나로 간주하고 있다.

21세기 초반부터 중국 경제의 대외의존도, 특히 석유 등 전략자원의 수입의존도가 크게 높아지면서, 해상교통로 안전에 관한 연구가 활발해졌다. 전체적으로는 다들 해상교통로가 중국에 중요하다고 생각하지만, 일반적으로는 중국의 중대한 이익 가운데 하나로 규정하고 있을 뿐이었다.[22)] 해상교통로 문제를 핵심이익으로 명확히 한 것은 리중제와 리빙이다. 그들은 '국제전략 교통로는 중국의 경제안전, 사회안정과 군사안보 등에 관하여 중대한 전략문제이자, 평화발전 과정에서 시급히 해결해야 할 중대한 과제이며, 중국의 핵심이익에 관련된다'라고 여겼다.[23)] 중국 정부와 군이 최근 몇 년 교통로 안전에 관한 관심을 강화한 것은, 여러 해 이어진 아덴만 호송작전에서 잘 나타난다. 또한, 교통로문제는 중국의 다양한 중대 전략계획 문서에 담겼으며, 2013년 「국방백서: 중국 무장역량의 다양화 운용」에서는 국제 해상교통로의 안전 유지를 중국군의 중요한 기능 가운데 하나로 명시했다.[24)]

21) 胡波：《2049年的中国海上权力：海洋强国崛起之路》，北京：中国发展出版社，2015年，第12－13页。

22) 李兵：《国际战略通道研究》，中共中央党校2005年博士学位论文，中国现代国际关系研究院海上通道安全课题组：《海上通道安全与国际合作》，北京：时事出版社，2005年；梁芳：《海上战略通道论》，北京：时事出版社，2011年；冯梁，张春：《中国海上通道安全及其面临的挑战》，载《国际问题论坛》，2007年秋季号。

23) 李忠杰，李兵：《抓紧制定中国在国际战略通道问题上的战略对策》，载《当代世界与社会主义》，2011年第5期。

그런데도 이 문제에 관한 중국 대부분 학자와 정부 당국의 인식과 진술은 다소 보수적이며, 대륙문명의 사고방식을 반영하고 있다. 하지만, 실제로 해상교통로의 안전은 중국 평화발전의 길과 관련이 있고, 중국이 앞으로 해양강국이 되든 안 되든 이 문제는 점점 더 중요해지고 있다.

중국은 이미 세계 제1의 무역대국으로서, 중국의 평화발전은 개방된 국제무역 체계와 원활한 국제 해상교통로에 크게 의존하고 있다. 중국은 전체 무역화물 수송량의 85%를 해상교통로에서 조달해 이미 해상교통로에 크게 의존하는 외향적 경제대국이다. 해상교통로에 조금이라도 문제가 생기면 당장 국내 경제발전에 차질이 생긴다. 중국 개혁개방의 '해외진출(走出去)'와 '일대일로' 구상이 진행될수록, 미국을 제치고 세계 해상교통로의 가장 큰 수혜자가 될 가능성이 크다.

해상교통로의 원활과 안전은 어떠한 세계적 체제나 실체가 살아남고 발전하기 위한 필수조건으로 사활을 걸고 있다고 해도 과언이 아니다. 중국이 세계적인 대국으로 부상하고 있는 가운데, 중국의 정치, 군사, 문화 등 영향력이 세계로 계속 뻗어나가려면, 세계 주요 해상교통로의 소통이 반드시 있어야 한다.

제2절 중대 해양이익

중대 해양이익은 군사안보, 해양정치, 해양경제 등 구체적 분야의 주권권익, 국제정치적 권력지위 등 중요이익과 관련하고, 통상 어느 한 영역에 매우 중요하다.

Ⅰ. 배타적경제수역과 대륙붕의 자원개발 권익 및 생태 안전

배타적경제수역의 권익에는 '해저의 상부수역, 해저 및 그 하층토의 생물이나 무생물등 천연자원의 탐사, 개발, 보존 및 관리를 목적으로 하는 주권적 권리와, 해수·해류 및 해풍을 이용한 에너지생산과 같은 이 수역의 경제적 개발과 탐사를 위한 그

24) 中国国防部：《国防白皮书：中国武装力量的多样化运用》，http://www.mod.gov.cn/affair/ 2013-04/16/content_4442839_4.htm。

밖의 활동에 관한 권리'를 포함한다.[25] 대륙붕 권익에는 '천연자원은 해저와 하층토의 광물, 그 밖의 무생물자원 및 정착성어종에 속하는 생물체, 즉 수확가능단계에서 해저표면 또는 그 아래에서 움직이지 아니하거나 또는 해저나 하층토에 항상 밀착하지 아니하고는 움직일 수 없는 생물체'가 포함된다.[26] 중국의 경제발전 임무는 여전히 매우 어렵고 막중한데, 현재 육상자원은 이미 중국의 국민경제 발전을 지탱하기에 부족하고, 많은 중요 자원과 에너지 생산량이 대폭 하락하여 대외의존도는 갈수록 높아지고 있다. 앞으로 해양자원은 점차 육지자원을 대체해 중국의 경제발전을 지탱하는 주요 버팀목이 될 것이다. 「협약」의 규정과 중국의 일관된 주장에 따라 중국이 보유한 약 300만㎢의 주장 관할해역, 중국은 동중국해 동부, 남중국해 북부 지역에서 일부 외대륙붕 권익을 보유하고 있다. 이렇게 관할할 수 있는 해양공간은 중국의 미래 해양 대개발과 대발전의 기초가 될 것이다.

해양환경문제가 갈수록 세계 난제로 떠오르는 가운데, 중국 관할해역의 생태안전은 중국 해역의 지속 가능한 발전뿐 아니라 중국 연안 생태계에도 심각한 영향을 미치고 있다. 중국은 오랫동안 방만한 경영과 약탈적 개발로 인해, 주장 관할해역의 환경악화 추세가 아직 호전되지 않고 있으며, 해양 방재와 완화가 절실하다. 일부 해역의 심각한 오염과 적조 등 해양 생태계 악화는 해양경제의 지속 가능성을 저해하는 가장 중요한 요인으로 작용하고 있다.

Ⅱ. 중요 해양규칙의 발언권

오늘날 해양질서는 평화진전의 과정에 있고, 「협약」으로 대표되는 해양기제가 완성되기는 했지만, 아직 성숙하지 않았으며, 앞으로도 중국을 포함한 세계 여러 연안국의 꾸준한 노력에 달려 있다. 합당한 해양정치권을 획득하는 것도 국익에 필요하다. 세계 해양에서 중국의 최종 수익성은 중국이 세계 해양질서의 발전방향과 규율을 얼마나 잘 끌어내느냐에 따라 달라질 것이다. 따라서 중국은 세계 해양질서의 변천과정에서 새로운 해양질서가 중국의 이익과 가치관, 정치이념을 구현할 수 있도록 목소리를 내야 한다. 세계 대국으로서 미국, 중국, 러시아, 유럽연합, 인도, 제3세계 국가

---

25) 「유엔 해양법 협약」 제56조, http://www.un.org/zh/law/sea/los/article5.shtml.
26) 「유엔 해양법 협약」 제77조, http://www.un.org/zh/law/sea/los/article6.shtml.

집단을 포함한 미래에 예상되는 다극 해양정치 구도에서 중국은 반드시 한 축이 되어야 한다.

Ⅲ. 공해, 심해저 및 남북극지를 평화롭게 이용할 권리

공해는 각국의 내수, 영해, 군도수역과 배타적경제수역 외에 어떠한 국가의 주권 관할과 지배를 받지 않는 해양 부분을 가리키며, 약 2.3억㎢로, 전 세계 해양 총면적(3.6억㎢)의 60% 이상이다. '심해저(the Area)'라 함은 국가관할권 한계 밖의 해저·해상 및 그 하층토, 즉 각국의 배타적경제수역과 대륙붕이 아닌 심해해저와 그 하층토를 의미하며, '자원'이라 함은 복합금속단괴를 비롯하여, '심해저'의 해저나 해저 아래에 있는 자연상태의 모든 고체성, 액체성 또는 기체성 광물자원을 말한다.[27] 공해와 심해저는 인류의 공동공간이자 공동재산으로 풍부한 광물자원이 매장되어 있고, 중국은 인구가 많고 관할해역 면적은 작으며, 발전압박이 매우 높아, 공공 해양공간이 중국 해양강국 건설에 필요하다.

남북극지는 특수한 지리적 위치와 풍부한 천연자원으로 인해, 세계 해양과학조사, 교통로, 자원개발 등에서 매우 중요한 지위와 역할을 한다. 중국이 해양강국이 되려면 남북극지의 다양한 평화활동에 더욱 적극적으로 참여해야 한다. 중국은 「남극조약」, 「남극광물자원활동규제조약」, 「스피츠베르겐 제도 조약」의 구성원이거나 당사국이며, 북극이사회의 옵서버 국가이다. 이러한 국제 제도나 기제는 중국이 남북극지를 평화적으로 이용할 권리를 부여한다.

Ⅳ. 전통적 해양권익

내수, 영해, 접속수역, 배타적경제수역과 대륙붕 외에도 남중국해에는 '단속선(斷續線)'으로 규정된 역사적 권익이 있으며, 이는 중국 선민이 오랫동안 실천해 온 결과로서, 중요한 경제적 가치와 정치적·상징적 의미를 지닌다. 현재 국제해양법 학계는 단속선의 법적 효력에 관한 견해가 크게 엇갈리고 있으며, 해강선(海疆線), 도서 귀속

27) 「유엔 해양법 협약」 제133조, http://www.un.org/zh/law/sea/los/article11.shtml.

선, 역사적 수역선의 세 가지 해석이 유력하다. 필자는 '단속선'을 중국의 '전통해역' 즉, 역사적 수역선으로 보아, 선 안쪽 수역에서 중국의 역사적 권익을 결정한다고 보는 편이다. 배타적경제수역과 대륙붕 제도의 형성과 실천에 따라 '단속선' 내 기존 법률사실은 세 가지 유형으로 발전하였다. 첫째는 도서주권과 영해, 둘째는 「협약」에 근거하여 주장하는 도서의 배타적경제수역, 셋째는 법적 효력이 기대되는 전통해역, 즉 역사적 권리나 권익이라는 것인데, 이 역시 논란이 되는 부분이다.

'단속선'은 영해선이 아니고, 중국 정부도 이런 식으로 규정하지 않았으며, 기존 해양법 체계가 해석할 수 없는 법률사실이다. 이와 같은 전통적 영역이나 역사적 실천에 따른 권익에 관하여 국제 해양 기본법으로서 「협약」은 어떠한 규정도 내놓지 않고 있으며, 이러한 실천과 기존 법률사실도 명확하지 않다. 「협약」은 제15조 및 제298조 제1항 (a)에서 역사적 권리를 언급하여 역사적 권리를 인정한다고 밝혔지만, 역사적 권리가 무엇인지에 관한 조항은 없다. 중국의 '단속선' 주장이 어느 정도 모호한 것이 어쩔 수 없는 것은 「협약」 자체의 규칙 부재 때문이지, '단속선'의 실천 탓이 아니다.

'단속선'은 중국이 난사제도와 그 주변 해역에서 주권적 권리를 행사할 수 있는 중요한 법적 기반이다. 중국 정부가 1947년 외세의 침입을 막기 위해 설정한 남중국해 단속선은 명백히 중국의 남중국해 관할을 확정했을 뿐 아니라, 남중국해 제도가 예로부터 중국 영토였다는 사실을 보여주고 있다.[28]

제3절 중요 해양이익

중요 해양이익은 해양산업 발전, 해외기지의 안전, 재외국민의 신변안전과 투자이익 등 중요한 해양이익과 관련되거나 지역평화 유지, 전 세계적 해양문제 등 광범위하고 전 세계적인 이해관계와 관계한다.

28) 李金明：《中国南海断续线产生的背景及其效用》，载《东南亚研究》，2011年第1期，第46页。

Ⅰ. 중요 해양산업의 발전과 안전

강대한 해양경제는 해양강국의 중요한 구성요소이며, 해양경제가 강하고 강하지 않은 것은 해양산업에 달려 있다. 2016년 기준 전국 해양 생산은 70,507억 위안으로 국내 총생산의 9.5%를 차지하며,[29] 전국 해양 종사자는 3,624만 명으로 추산된다.[30] 해양어업, 해양교통운수업, 해양선박공업 등 전통산업은 노동집약형으로, 그 건강한 발전에 중대한 국가경제와 민생문제가 걸려 있다.

이러한 신흥산업은 해양강국 건설의 성패를 좌우하므로, 해양강국을 이루기 위해서는 세계적으로 경쟁력을 갖춘 해양산업을 키워야 한다. 근해에서 복합 입체응용을 중심으로, 해양생물 의약, 장비 제조, 해변 여행, 근해 양식 등의 산업에 힘쓰고, 각 전통업계의 과학기술 수준을 대폭 높이며, 과학기술 혁신을 통해 공간 활용효율을 높여야 한다. 심해와 원양에서, 중국은 심해탐사, 해양생물, 해양관측, 해양 원격감지 등 과학연구에 집중하고, 심해잠수정 기술, 해양 천연가스 하이드레이트(hydrate) 종합탐측기술과 해양 오일가스 플랫폼 기술 등 심해 개발기술과 장비수준을 높여야 하며, 새로운 해양 미지공간과 이미 알려진 공간의 새로운 영역에 대한 탐색을 적극적으로 해야 한다.

Ⅱ. 공해의 자유와 안전

네덜란드 법학자 휘호 흐로티위스(Hugo Grotius)가 자유해론을 제시한 이래 공해의 자유는 세계 해양질서의 중요한 원칙 정신이 되었다. 400여 년 동안 '자유해양'은 고정불변한 것이 아니었다. 흐로티위스가 말한 '자유해양'은 주로 항행의 자유와 어로의 자유로 영국, 미국 등 해양강국들이 공해에서 기본적으로 실천하고 있는 이념이다. 1958년 「공해협약」은 자유해양을 새롭게 확장해 '해저전선과 관설 부설의 자유'와 '공해 비행의 자유'를 추가했다. 1982년 「협약」에 규정된 공해의 자유는 항행의 자

29) 중국 자연자원부(국가해양국 통합)에서 발표한 2019년 전국 해양생산은 89,415억 위안으로 국내 총생산의 9.0%를 차지하며, 2018년 전국 해양종사자는 3,684만 명이다(역주).

30) 《2016年中国海洋经济统计公报》, 国家海洋局网站, http://www.soa.gov.cn/zwgk/hygb/zghyjbgb/2016njjjgb/201703/2017032255284.htm。

유, 상공비행의 자유, 해저전선과 관선 부설의 자유, 국제법상 허용되는 인공섬과 그 밖의 시설 건설의 자유, 어로의 자유, 과학조사의 자유 등 6개 항목이다.[31] 중국의 해외 경제활동이 늘어나면서 공해 항행의 자유와 안전은 중국의 국익과 밀접하게 연관되었고, 공해 항행의 자유와 안전을 지키는 것은 세계 해양강국의 중요한 책무이자 의무로, 이는 중국이 지는 국제적 책임이며, 책임 있는 대국의 가장 중요한 징표이자 상징이 되었다.

Ⅲ. 해외 해양권익

중국의 해양산업이 대규모로 해외진출함에 따라, 중국의 해외 해양경제 권익은 갈수록 많아지고, 인원의 활동범위와 깊이가 급격히 확대될 것이다. 마찬가지로 중국의 군사력이 해외진출함에 따라, 해외 군사기지 배치는 불가피해졌고, 중국도 점차 해외에서 일정한 군사권익을 확보할 것이다. 이러한 해외권익은 점차 중국의 해양이익의 중요한 부분이 되고 있다. 그것들은 대부분 정치협정이나 상업계약에 따라 얻기 때문에, 해당국의 정권교체 또는 정치, 사회 혼란 등의 영향을 받기 쉽다.

표 3 중요도에 따른 국익 분류

핵심 해양이익	중대 해양이익	중요 해양이익
내수 및 영해 해·공 공간의 절대안전 타이완과 대륙의 통일 댜오위다오와 난사군도 등 분쟁도서의 주권 근해 지정학 공간의 전략적 안전 세계 주요 해상교통로의 안전	EEZ와 대륙붕의 자원개발 권익과 생태안전 중요 해양규칙의 발언권 공해, 해저지역 및 남북극지를 평화롭게 이용할 권리 전통 해양권익	중요 해양산업의 발전과 안전 공해의 자유와 안전 해외 해양권익

31) 「유엔 해양법 협약」 제87조, http://www.un.org/zh/law/sea/los/article7.shtml.

제2부

현황과 목표

제1장
해양력의 요소와 중국 해양력 평가

해양력의 개념에 대해 인식을 같이하기 어려운 것처럼, 권위 있는 해양력 이론가들도 해양력의 강약을 결정하는 요소에 대한 인식에 차이가 크다. 이것은 바라보는 시각과 주안점이 다르기 때문이기도 하고, 해양력의 발전을 결정하는 요소가 너무 많아, 사람들이 철저하게 파헤치기 어렵고, 적합한 비교를 하기도 어렵기 때문이기도 하다. 특히, 대규모 전쟁의 경험이 없는 상황에서, 급성장하고 있는 국가의 해양력 강약을 정확하게 판단하는 것은 대단히 곤란하다. 하지만, 오늘날 중국의 해양력은 도대체 세계에서 어떠한 위치에 있으며, 미국 등의 해양강국과 차이는 어떠한가? 이러한 것은 중국의 해양력에 대한 미래를 계획하기 전에 반드시 분명히 알아야 할 문제이다.

제1절 논쟁 중인 해양력의 제 요소

해양력을 결정하는 요소의 체계는 머핸에서 시작한다. 그는 국가 해양력의 6대 요소를 지리적 위치, 자연조건, 영토의 크기, 인구, 국민성 그리고 정부의 성격으로 열거하였다.

지리적 위치: 좋은 지리적 위치는 군대를 집중하기 쉽고, 군사행동을 전개하는

위치와 기지를 제공하며, 요충지(영국 해협, 지브롤터 해협 등) 통제가 편리하다. 일반적으로, 주요 해상교통로 주변국의 지리적 위치는 뛰어나고, 해양국(영국과 미국같이, 통상 섬나라 또는 지상방어에 대한 부담이 비교적 작은 국가)은 해양과 지상을 모두 중시하는 국가보다 우수하다. 영국과 같은 섬나라는 해양제국을 세우기 위해 역량을 집중하기 좋지만, 프랑스와 같은 국가는 해양과 지상을 모두 고려해야 한다.

자연조건: 주로 기후와 천연 생산력을 가리킨다. 강대한 해양역량을 세우기 위해서는 반드시 충족한 자원이 바탕이 되어야 한다. 또한, 기후, 민족 화합, 국토 통합 등의 요소도 모두 은연중에 영향을 미칠 것이다.

영토의 크기: 영토의 크기는 해역과 해안선을 가리키며, 해양국의 관점에서 말하면, 해양은 그 국가의 장벽이고, 식민지는 그 영토이며, 상선대는 그 생명선으로, 이러한 것들이 있어 본토의 협소함과 자원의 결핍을 모두 채울 수 있다.

인구: 인구는 단순히 총인구만 가리키는 것이 아니라, 해양업에 종사하는 사람들이 총인구에서 차지하는 비율도 가리키며, 그들은 해양상업에 종사하는 사람과, 언제든지 해군에 입대할 수 있는 사람도 포함한다. 한 국가가 강대한 해군을 유지하려면, 반드시 완전한 상비군과 충분한 예비역 그리고 체계적인 공업체계가 있어야 하며, 공업체계의 발전은 일정한 규모의 노동력이 필요하다.

국민성: 국민성은 국민이 해양에서 얻은 각종 성과(즉, 무역, 해운, 식민지)를 이용하는 전체적인 경향을 가리키며, 한 국가의 국민성 역시 국력의 한 부분으로, 국민이 해양을 바라보는 인식은 해양력의 사상적 기초이다. 한때 번성했던 스페인은 해양을 통해 부를 쌓을 줄만 알고, 재물에 빠져 현실에 안주하여, 무적함대의 전멸 후에 점차 쇠퇴했다. 프랑스는 공업은 집중적으로 발전시켰지만, 귀족들이 상인들을 경시하여, 그 해양역량이 시종 2위에 머물렀는데, 영국과 폴란드는 이익을 위해 제조–생산–덤핑–발전의 공업 선순환을 거쳐, 진정한 해양력으로 나아갈 수 있었다.

정부의 성격: 주로 국가기구의 조성과 효율을 가리킨다. 머핸은, 해양력을 중시하는 국가의 정부 효율이 지상력을 중시하는 국가보다 반드시 우세하다고 여겼다. 당시 유럽의 강국 가운데 영국 정부가 가장 잘했는데, 그들은 국민의 재산과 주의력을 해양으로 완벽하게 이끌었다. 하지만 독일은 뒤늦은 열세로, 국민이 해양을 향하고자 하는 요구가 매우 절박하여, 정부는 이끌 필요 없이, '순응'만 하면 되었다. 러시아는 많은 선견자가 해양에 노력을 기울였지만, 관료정부의 낮은 효율 때문에, 그 발걸음

이 계속 주춤하였고, 이것이 그들의 가장 큰 차이라고 할 수 있다. 비록 자연조건이 한 국가의 해양력 발전에 중요한 작용을 하지만, 개인요소 특히 최고지도자의 해양력 성장에 대한 선택이 큰 변수가 된다.[1)]

정확히 말하면, 머핸의 해양력 6대 요소가 주로 묘사하는 것은 한 국가의 해양력을 발전시키는 잠재력 또는 내재한 형태를 말하며, 해군과 상선대 그리고 해외 식민지는 머핸이 기록한 해양력의 외재적인 형태이다. 머핸의 이론은 널리 퍼져, 미국·독일제국과 일본제국의 해상굴기와 확장 방법에 상당히 큰 영향력을 미쳤다. 그러나 확실하게 말하면, 그의 이론은 주로 영국·미국과 같은 '섬나라'를 대상으로, 미국 맞춤형으로 만들어진 것이어서, 어떤 내용은 독일이나 일본에 그리 적합하지 않다. 물론, 독일과 일본의 교훈은 주로 그들이 머핸의 이론을 단편적으로 해석한 것이지만, 머핸의 해양력 이론도 확실히 어느 정도 흠과 부족함이 있다.

한편, 머핸의 해양력 6대 요소는 주로 영국 역사, 특히 17~18세기의 역사에 바탕을 두고 결정내린 것으로, 국가별 속성과 역사적 단계 등 분야가 어떠하든 지나치게 확대하고, 보편화한 문제가 있다. 이것은 그 이론의 천성적 단점이다.

다른 한편으로는, 이 이론도 역사의 한계성을 피할 수 없다. 해양력의 발전은 어느 정도 객관적인 물질적 조건을 기초로, 사회의 일정한 생산방식, 역사적 조건과 자연환경의 엄격한 제약을 받는다. 6대 요소는 해양력이 발전하는 과정에서 정치, 경제, 기술요소의 영향에 따라, 어떤 것은 지위가 올라가고, 어떤 것은 내려가며, 또 어떤 것은 다시는 해양력의 요소가 되지 않기도 한다.[2)]

예를 들어, 세계 구도에서 강한 지상력이 없다면, 강한 해양력도 유지할 수 없다. 영국, 네덜란드와 같은 해양력 제국은 지역 국제체제 아래에서만 세울 수 있다. 즉, 유럽을 제외한 전 세계 다른 지역은 확연히 뒤떨어지며, 전 세계 정치의 중심은 주로 유럽 쪽에 있다. 국제정치 구도가 지역 체계에서 전 세계 체계로 나아갈 때, 영국과 같은 '섬나라'의 해양력은 쇠락하는 것을 피할 수 없었고, 미국, 소련과 같은 지상과 해상 능력이 모두 강한 국가가 국제 해양정치의 중심으로 진입하기 시작했다. 무역에

1) 6대 요소의 자세한 설명은 다음 참조. Alfred Thayer Mahan, *The Influence of Sea Power upon History: 1660 – 1783*, 25th edition, 1918, Boston: Little, Brown and Company, pp.29 – 59.

2) 杨震：《后冷战时代海权的发展演进探析》, 载《世界经济与政治》, 2013年第8期, 第101页。

관해서는, 번영의 규칙에 이미 커다란 차이가 있다. 머핸 시기의 해외무역 구도는 사실 해양력 구도였는데, 해양력이 강한 국가만이 강한 해외무역 또는 상선대를 보장할 수 있기 때문이다. 오늘날, 한 국가의 국제무역 점유율은, 주로 그 국가의 생산능력과 비교우위에 달려 있는데, 왜냐하면 제2차 세계대전 이후 확립된 일련의 규칙은 전 세계 무역체계의 교류를 보증하여, 해상역량이 상대적으로 약한 국가도 무역대국으로 성장할 수 있었기 때문이다. 독일, 일본 그리고 중국이 국제무역에서 급성장한 매우 좋은 예이다. 물론, 무역마찰과 보호주의는 여전히 매우 격렬하지만, 해군이 상선대를 널리 호송해야 할 정도는 아니다. 또한, 머핸은 그의 저서에서 해외 식민지의 영향을 강조하였는데, 식민체계가 와해하였으니, 자연히 재고가 필요하다.

머핸 이후의 많은 해양력 이론가는 해양력을 해군과 기타 요소로 구분하였는데, 해양력은 '결코 전함만을 뜻하지 않으며', '전시에 국가가 해상교통을 통제할 수 있는 무기, 설비와 지리적 환경 전체'라고 하였다.[3] 폴 케네디(Paul Kennedy)는 해양력의 요소를 강한 해군함대와 '기타 요소'로 나누었다.[4]

20세기 말이 시작되고, 해양력의 정의와 속뜻은 점차 보편화되고, 해양력의 요소는 더 번잡하게 바뀌었다. 영국의 해양력 이론가 에릭 그로브는, 해양력의 요소가 경제력, 기술력, 사회·정치 문화, 지리적 위치, 해양 의존성과 정부 정책 및 지각 능력을 포함한다고 하였다.[5] 중국학자 뤼셴천, 양전 등도 이러한 분야에서 적극적으로 탐색하였으며, 뤼셴천은 현대의 해양력이 하나의 복잡한 체계라고 가리키며, 해양력을 구성하는 객관적 물질요소 즉, 해상 군사력, 해양 관리기구, 해양산업과 해양과학 기술력 등과, 해양관리 법률제도, 해양 가치관과 해양의식 등 비물질 요소를 포함한다고 하였다.[6] 양전은 냉전시대 이후의 해양력이 주로 해상 무장역량, 해양 관리기구, 해양 산업체계, 해양 법률체계와 해양과학 기술력으로 구성된다고 하였다.[7]

그 가운데, 제프리 틸은 가장 체계적이고, 균형적이며, 전면적으로 귀납하고자

---

3) Bernard Brodie, *A Layman's Guide to Naval Strategy*, Princeton: Princeton University Press, 1943, p.4.
4) Paul M Kennedy, *The Rise and Fall of British Naval Mastery*, New York: Charles Scribner's Sons, 1976, pp.3－4.
5) Eric Grove, *The Future of Sea Power*, London: Routledge, 1990, p.231.
6) 吕贤臣：《现代海权构成与发展问题思考》, 南京：南京海军指挥学院硕士学位论文, 2007年, 第7页。
7) 杨震：《后冷战时代海权的发展演进探析》, 载《世界经济与政治》, 2013年第8期, 第103－108页。

노력을 했다. 그의 분석은 세 가지 요소를 포함한다. 첫째는 인구, 사회와 정부, 다른 수단들, 기술이고, 둘째는 해군이며, 셋째는 해양지리, 자원과 해양경제이다.

해양력의 구성요소8)

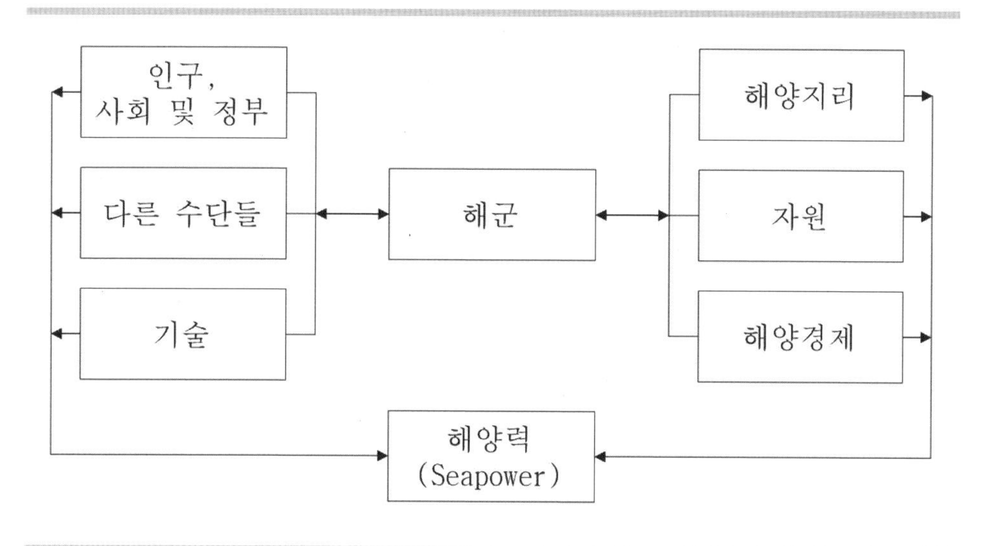

그는 인구, 사회와 정부가 한 국가의 해양민족을 만드는 능력을 결정하며, 인도의 브라만 카스트, 중국 15~16세기의 지배층과 러시아 19세기의 보수파 등 역사상 많은 사회가 해양에 대해 일종의 부정적인 견해가 있었다고 하였다.

해양지리 조건은 항로, 교통 요새와 각국의 해양특징을 결정한다. 해양지리는 국가의 안전과 번영에 매우 중요하며, 그것은 국가의 전략을 기획하는 분야에서 중요한 역할을 한다.

다른 수단들9), 즉 다른 군종의 해양력 발전 중 역할은, 주로 해양력에 영향을 미치는 지상력과 항공력 등을 가리킨다.

---

8) Geoffrey Till, *Seapower, A Guide for the 21st Century*, Taylor & Francis Group, 2009, p.84.

9) 저자가 인용한 제프리 틸의 21세기 해양력(Seapower, A Guide for the 21st Century)의 제2판(2009)에는 지상력(Landpower), 항공력(Airpower), 합동작전(Joint operations), 다국적 연합작전(Coalition operations)을 포함하는 '다른 수단들(Other means)'로 되어 있으나, 제4판(2018)에는 우주 및 2.공간 영역(The space and cyberspace domains), 법의 힘(The power of the law)을 더하여 '다른 영역들(Via other domains)'로 확장되었다(역주).

자원은 주로 해양력의 발전을 지탱하는 다양한 자연 또는 비자연의 국력을 가리키며, 천연자원 외에도 외교, 재정 등 분야의 능력을 포함한다.

기술은 해군력에 직접 영향을 미친다. 해군과 관련된 군사기술은 주로 플랫폼, 무기와 센서 등 분야의 기술을 포함하며, 그 밖에도, 정보기술은 해군을 혁신적으로 바꾸고 있다.

해양경제 가운데 상업 해운과 그 관련 산업은 국가의 번영과 안전에 매우 중요하며, 해군력도 그것에 매우 큰 영향을 받는다.

제2절 해양력 강약의 평가지표

상술한 매우 복잡한 표현 가운데 공약수를 찾는 것은 매우 어렵다. 해양력은 본래 그 개념이 그리 명확한 것이 아니고, 또 특별히 복잡한 존재이기 때문이다. 서로 다른 시각과 자신의 연구취향에 따라 매우 큰 결론의 차이가 나타난다.

하지만, 해양력은 상대적 개념으로, 스스로와의 수직적인 비교뿐 아니라, 다른 국가와의 수평적 비교가 더욱 필요하다. 머핸 시기에는 사정이 비교적 간단하여, 해군의 총톤수, 해외 무역액과 해외 식민지의 수량을 세면 되었다. 그러나 오늘날 해양력을 결정하는 요소는 매우 복잡하여, 어떠한 상수 또는 지표를 비교해야 할지, 굉장히 확정하기 어려운 실정이다. 따라서, 한 국가의 해양력이 강한지, 약한지를 판단하는 것은, 반드시 한 계열의 측량 가능한 지표 상수가 있어야 한다.

앞에서 저술한 해양력 구성요소에, 필자의 관찰과 이해를 종합하면, 해양력에 영향을 미치는 요소를 대략 네 가지로 정리할 수 있다.

첫째, 해상역량

해상역량의 강약은 여전히 우리가 한 국가의 해양력 상태를 관찰하는 가장 중요한 지표이다. 다만, 현대의 해상역량은 해군 외에도, 해경 또는 해안경비대와 같은 준군사역량을 포함하며, 심지어 공중, 우주, 지상과 사이버 등의 역량을 포함하기도 한다. 해상역량을 평가하는 상대적인 실력은 주로 소프트웨어와 하드웨어 두 가지 분야이다. 하드웨어는 플랫폼, 무기와 센서를 포함하고, 핵심지표는 주요 작전함정의 규모와 질량이다. 소프트웨어는 군사체계, 전문기능, 전통과 경험을 포함하며, C4ISR 체계의 능력과 해군이 집행하는 임무의 종류 및 빈도로 비교할 수 있다. 이렇게 한 국가의 해상역량의 상대적 강약을 판단하면, 첨단 주력함정 규모, C4ISR 체계 능력, 임무 종류와 빈도의 3대 지표로 측량할 수 있다.

첨단 주력함정 규모: 각국의 해군 장비는 서로 다르고, 표준도 통일되어 있지 않아, 군함, 항공기와 유도탄의 수량을 그대로 비교하는 것은 별 의미가 없다. 우리는 각국 해군 가운데 정예역량을 골라 수평적으로 비교할 수 있다. 여기의 주력함정은 일반적으로 대형 수상함과 잠수함을 가리키며, 그것들은 한 국가 해군의 주요 작전 플랫폼, 무기체계 및 센서 등 하드웨어의 수준을 대표한다.

C4ISR 체계: 지휘(Command), 통제(Control), 통신(Communications), 컴퓨터(Computers), 정보(Intelligence), 감시(Surveillance) 및 정찰(Reconnaissance)을 나타내는 영문단어 앞 글자의 약어로, 현대 군대의 신경중추이자, 병력의 효과를 키우는 장치로, 한 국가 군대의 소프트웨어 수준을 집중해서 보여준다. 해군 분석전문가 노먼 폴마는 정보화시대에서 공간능력, C3I(지휘, 통제, 통신과 정보 영문 앞자리의 약어)와 인원 자질의 3대 요소가 해군력에 미치는 영향이 가장 크다고 덧붙였다.[10] 사실, 이러한 요소들은 이후 등장한 C4ISR 체계에 거의 포함되어 있다. C4ISR 체계의 자세한 상황은 각국의 고도 기밀이라, 체계의 수치를 제대로 비교하기 어렵고, 대국 간에는 고강도 전쟁을 싸워본 적이 아예 없어, 우리 역시 전장에서 평가를 진행할 수가 없다. 만약 사람을 요소에서 빼고, 장비와 기술 면에서만 관찰한다면, 우리는 컴퓨터 업계의 능력 수준, 공간기술 수준, 플랫폼과 센서의 분포범위 등 상수로 대략 평가할 수 있다. 컴퓨터와 정보산업의 수준은 그 국가 C4ISR 체계의 기술수준을 나타내고, 공간기술 수준, 플랫폼과 센서의 분포범위는 한 국가 군대 C4ISR 체계의 범위를 확정한다.

임무 종류와 빈도: 피터 헤이든은 해군 임무를 위에서 아래로 전략억제와 강제, 군사력 투사, 해상통제, 해군외교, 해양안보 및 인도적 구조 등 여섯 가지로 나누고,[11] 수행할 수 있는 임무의 등급이 높을수록 해군의 능력이 강하다고 설명한다. 세

10) Norman Polmar, “The Measurement of Naval Strength”, Andrew Dorman, Mike Lawrence Smith, Matthew R H Uttley edit, *The Changing Face of Maritime Power*, New York: ST.MARTIN'S PRESS LID, pp.130－131.

계에서 전략억제와 통제임무를 수행할 수 있는 것은 미국, 러시아, 영국, 프랑스 등 손에 꼽히는 해군들이고, 해양안보 및 인도적 구조임무는 세계 거의 모든 해군가 수행할 수 있다. 필자는 이렇게 나눈 것을 인정하지만, 빈도, 즉 임무 수행의 횟수를 추가로 고려해야 한다고 생각한다. 전략억제와 통제임무를 미국 해군이 수행한 빈도는 다른 국가의 해군보다 훨씬 높다.

둘째, 해양지리

해양지리는 바다와 연한 각국의 기본적인 지정학 환경을 결정한다. 기술진보에 따라, 해양지리 요소의 영향은 적어지는 추세로, 유도탄, 우주, 사이버 등 기술의 발전이 지리의 장애를 거의 뛰어넘었다. 하지만, 만약 대규모로 군사력을 투사해야 한다면, 지리적 요소는 반드시 진중하게 고려해야 할 것이다. 아직, 현재까지의 군사기술발전은 거리가 권력에 영향이 미치는 영향을 바꿀 수 없으며, 군사효율은 통상 군사행동이 본토에서 떨어진 거리와 반비례한다. 동아시아 근해에서, 미국의 군사력 투사효율은 중국만 못하다. 머핸이 언급한 지리적 요소가 완전히 끝난 것이 아니라, 새로운 시각이 필요한 것이다. 추상적으로 보면, 한 국가의 해양지리 상황 역시 바뀌고 있으며, 지리적 위치, 해역면적, 해상 주변국의 수, 해외기지 상황의 4대 지표로 결정된다.

지리적 위치: 전형적인 2개의 법칙은 여전히 유효하다. 국력이 같다는 조건 아래, 해양국은 지·해 복합형 국가보다 우수하고, 전략 교통로에 가까운 국가가 다른 해양국보다 우수하다.

해역면적: 관할해역의 면적이 클수록, 그 국가 해양력 발전의 전략공간은 자연히 커지고, 그것은 통상 지리적 위치와 상승효과를 만든다, 해역면적이 크고, 지리적 위치가 좋은 국가는 해양력 강국이 되기 위한 지리적 잠재력을 가진다.

해상 주변국의 수: 해상 주변국은 통상 바다를 두고 서로 바라보거나 이웃한 국가를 가리키는데, 물론 이 거리가 너무 커서는 안 되고, 400해리 안팎이 좋으며, 이 폭을 넘어 서로 바라보고 있는 국가는 주변국이라고 할 수 없다. 한 국가의 해상 주변국이 많을수록, 지리적 환경은 복잡하고 열악하다는 것을 의미하며, 해상교통로 통제, 해양 경계획정 분쟁, 지역권력 경쟁 등의 어려움에 부딪힐 수 있다.

---

11) Peter T Hayden, *Sea Power and Maritime Strategy in the 21st Century: a 'Medium' Power Perspective*, Halifax, N.S.: Centre for Foreign Policy Studies, 2000, p.31.

해외기지 상황: 해외기지는 대국이 해외에서 맞닥뜨리는 물자공급, 정보정찰과 기반시설 등 분야의 부족을 채울 수 있다, 모든 해양력 강국은 해외동맹과 해외기지에 의존해야 하는데, 자신의 자원으로는 그 전 세계에서의 행동을 지탱할 수 없기 때문이다. 한 국가의 해외기지 수가 많을수록, 분포범위가 넓을수록, 그 국가의 해외행동 능력은 강해진다.

셋째, 경제력

해외무역과 해양경제는 해양력 발전의 목적이자, 해양력이 지속 가능한 발전을 할 수 있는가 하는 중요한 변수이다. 해양력으로 보면, 밀접하게 관련된 두 가지 경제지표가 있는데, 즉 전체규모와 과학기술 수준이다.

전체규모: 해군은 군을 이루는 시간이 매우 길다. 육군과 달리, 국가가 반드시 어느 정도의 규모와 지속 안정적인 투자를 보증해야 한다. 종합실력은 일정한 규모가 필요하므로, 해양력은 소국이 갖고 다룰 수 있는 것이 아니다. 그 가운데, 특별히 중요한 것은 해양경제의 규모이다.

과학기술 수준: 하지만 돈과 규모만으로는 안 되며, 품질도 있어야 한다. 예를 들면 청나라 말기, 1840년 중국의 국내 총생산은 전 세계의 30%를 차지하여, 영국을 훨씬 넘었지만, 영국에 박살이 났다. 청일전쟁 시, 일본의 국내 총생산은 우리(중국)보다 훨씬 작았고, 우리보다 부유하지도 않았으나, 우리는 더 비참하게 졌다. 품질은 해양력 발전을 지탱하는 경제체계가 우수한 생산력을 대표한다는 것을 가리키며, 또한 국가의 경제사회 체계는 지속 가능해야 한다. 예를 들어, 부동산과 같은 산업과 소농의 경제형태는 해양력 발전에 큰 도움이 안 된다.

넷째, 정치력

상술한 세 가지 요소와 달리, 정치력은 주로 도구적인 측면에서 영향을 발휘한다. 즉, 어떻게 하면 해양력의 다른 자원과 잠재력을 더 잘 발휘할 수 있느냐는 것이다. 정치력은 주로 정부효율, 국제 위상과 영향을 포함하며, 후자는 동맹체계 상황, 국제정치 지위, 외교능력 등의 지표를 통해 관찰할 수 있다.

정부효율: 주로 정부가 자금과 다른 자원을 마련하는 것, 합리적으로 이용하는 것 등 분야의 효율을 가리킨다. 주의해야 할 것은, 머핸 등의 해양력 이론가들은 영

국, 미국과 같은 민주제도를 주목했지만, 민주제도가 해양력 발전 분야에서 비민주제도보다 우수하다는 증거는 없다. 따라서, 집권과 분권, 전제와 민주로 정부효율을 판단할 수 없다.

동맹체계: 모든 해양력 국가가 거의 동맹을 맺었다. 동맹은 해양력 확장에 필수 불가결하다. 해외 군사행동 또는 전방 배치에 필요한 물리적 지원을 제공할 뿐 아니라, 필요할 때 정치적 지지를 제공한다. 좋은 동맹체계는 해양력 강국의 기준으로, 미국의 전 세계 해상주도 지위는 전 세계의 강대한 동맹체계에 상당히 크게 의지하고 있다.

해양외교 기교: 주로 대외전략의 설계와 집행, 외교의 기능과 기교, 국제법의 능숙도 등을 포함한다. 외교기능은 외교력과 달리, 국력과 그리 큰 관계가 없다. 대국도 외교기능이 약할 수 있고, 소국도 외교기능이 강할 수 있다. 특히 국제 해양정치에서, 해양법의 영향이 점차 커져, 네덜란드, 뉴질랜드 등 소국도 그 국력을 넘어 영향을 발휘하곤 한다. 이 지표를 평가할 때 국력이 미치는 영향이 크지 않다는 것을 고려해야 한다. 한 국가의 국민이 국제 해양기구나 소송에서 법관, 중재원 및 기타 국제공무원을 맡는 횟수는 그 국가의 국제해양법 분야에서의 능력을 확실히 어느 정도 반영한다. 그렇지만 법관, 중재원과 국제공무원의 임용은 지역의 균형과 공평성을 상당히 고려하기 때문에, 그 국가의 변호사단체 또는 국민이 해양소송에서 활약하는 것보다 더 설득력 있지는 않을 것이다.

제3절 중국 해양력의 중간평가

30여 년 전과 비교하면, 지리적 위치, 해역면적과 주변국의 수 외에, 중국은 네 가지의 다른 거의 모든 지표 분야에서 현저한 진전을 거두었다. 다른 국가와 비교하면, 중국은 이러한 지표에서 순위를 대폭 올렸다. 자신과 비교하는 것은 물론, 다른 국가와 비교해도, 중국이 이 기간에 해양력 발전 분야에서 얻은 성취와 진보는 모두 매우 큰 것이다.

그렇지만, 몇몇 구체적인 상수를 살펴보면, 중국을 C4ISR 체계, 과학기술 수준, 동맹체계와 해양 외교능력 등 모든 분야에서 일류 해양력 국가와 비교하면, 격이 다른 큰 차이가 여전히 존재한다는 것을 쉽게 알 수 있다. 중국 해양력 발전의 성취와 부족을 한층 종합적으로 정리하기 위해, 필자는 상술한 4종류 12개 지표에 따라, 정량과 정성을 서로 결합한 방법으로, 중국 해양력을 세계라는 큰 무대에 놓고자, 주로 미국, 영국, 프랑스, 러시아, 인도, 일본 등 해양강국과 수평적으로 비교했다.

Ⅰ. 해상역량

1. 대형 주력함정(2020년)[12)]

해상 주요 작전 플랫폼에서, 중국 해군은 질량, 규모 모두 분명히 미국 해군에 버금가는 세계 2위의 해상역량이다.

표 4 세계 주요 해양강국의 첨단 주요 함정

함정	미국	중국	영국	프랑스	일본	인도	러시아
항공모함	11	2	2	1	0	2	1
이지스 구축함	88~91	18~20	6~8	2	8	5~6	0
현대호위함	0	30~32	1~2	6	4	3~10	9~11
대형상륙함	33	6~8	6	3	3	0~3	0
군수지원함	30	8	3	4	5	0~3	4
공격 잠수함 (재래식 AIP+핵)	55	20+ (6~7)	7	6	22	6+ (1~2)	(9~11)+ (14~15)
탄도유도탄 핵잠수함	14	5~6	4	4	0	1~2	10~12
계	231~234	95~103	29~32	26	42	18~34	47~54

2. C4ISR 체계

12) 이 표는 다음을 참고하여 편집. Michael McDevitt, "China's Far Sea's Navy: The Implications of the Open Seas Protection Mission", Michael McDevitt edit, *Becoming a Great Maritime Power: A Chinese Dream*, June 2016, pp.46-47.

최근 몇 년간, 중국은 컴퓨터 소프트웨어, 통신기술 등 분야에서 진보가 매우 뚜렷하다, 컴퓨터와 정보산업은 미국, 영국, 프랑스 등 서방국가와의 차이가 비교적 작은 영역으로, 일반적으로 중국과 미국의 차이는 5~10년이다. 대형 컴퓨터, 통신교환설비 등 몇몇 분야에서는, 심지어 중국이 세계 최고의 지위를 차지하고 있다. 인도는 컴퓨터 소프트웨어 분야에서 중국보다 뛰어나지만, 인도의 제조업 능력이 약소한 것을 고려하면, C4ISR 체계가 필요로 하는 하드웨어 제조 분야에서 중국과 여전히 큰 차이가 있다. 전체적으로 보면, 중국의 기술수준은 영국, 프랑스, 독일과 같은 수준이지만, 미국보다는 뒤떨어진다.

공간기술과 플랫폼에서, 현재 국제적으로 이미 미국, 중국, 러시아, 유럽의 4극 체제를 형성하고 있고, 인도와 일본이 분발하여 바짝 따라가고 있다. 미국은 C4ISR 체계의 공간자산과 지상장치로 거의 전 세계(남북극 외 음영구역은 다소 있다)를 서비스할 수 있다, 따라서 넓이 면에서, 미군은 절대 우위를 차지하고 있다. 중국, 러시아는 전 세계에 C4ISR 체계를 구축하고 있으며, 단기간 내 미국을 넘어설 가능성은 매우 작지만, 영국, 프랑스 군대의 범위에 이르거나 넘어설 희망은 있다.

기술수준, 투입 형세와 종합국력을 고려하면, C4ISR 체계 분야에서 중국의 능력이 미국 이외의 국가를 넘어서는 것은 시간문제이고, 현재 미국, 영국, 프랑스 다음이라고 할 수 있으며, 러시아와 같은 순위이다.

3. 임무 유형과 빈도

제2차 세계대전 이후, 미국을 포함한 해상강국은 모두 해상에서 강한 상대와 격렬한 해상충돌과 전쟁의 경력과 경험이 없다. 유일하게 비교적 큰 해전도 영국과 상대적으로 약소한 아르헨티나 사이에 발생했다. 모든 해상강국이 모두 격렬한 전쟁 경험이 부족하므로, 이 점은 미국 해군과 중국 해군의 상황이 비슷하다. 하지만, 미국, 러시아, 영국, 프랑스 등 국가의 해군은 아직도 전쟁 준비 또는 전란 중에 있고, 20년 가까이, 그들은 다른 군종과 합동으로 걸프전, 이라크전, 아프간전, 리비아전, 시리아전 등의 충돌에 참여했으며, 그들이 수행한 임무의 수준과 빈도는 모두 중국 해군보다 높다. 이 분야에서, 중국 해군은 기껏해야 세계 5위이다.

Ⅱ. 해양지리

1. 지리적 위치

해양력 발전으로 보면, 영국과 일본은 모두 섬나라이고, 인도는 반도, 미국은 큰 대륙 섬이므로, 그들의 지리적 위치는 모두 중국보다 우월하다. 중국, 프랑스, 러시아는 모두 육·해 복합형 국가이지만, 중국은 오늘날 세계 해상지리의 중심인 아시아·태평양에 더 의존하고 있으며, 중국의 해역과 항구의 위치 역시 러시아와 비교하여 유리하다. 따라서, 이 지표는, 중국이 세계 해상강국 중에서 5위가 될 수 있다.

2. 해역면적

중국이 주장하는 관할해역은 약 300만㎢이고, 약 150만㎢의 해역은 여전히 분쟁 중이다. 편의상 300만㎢로 계산하면, 중국의 해역면적은 세계 해상대국 가운데 가장 작고, 미국, 프랑스, 호주, 러시아, 영구, 뉴질랜드, 인도네시아, 캐나다, 칠레, 브라질, 키리바시, 멕시코 등 국가보다 훨씬 작아, 해양강국의 지위로는 매우 부적합하다.

3. 해상 주변국의 수

해양대국 가운데, 중국의 해상 주변국 수는 러시아 다음으로, 점수는 뒤에서 2위이다.

표 5 세계 주요 해양대국의 해상 주변국

국가	해양 주변국
중국	8개(북한, 한국, 일본, 베트남, 필리핀, 말레이시아, 브루나이, 인도네시아)
미국	4개(캐나다, 멕시코, 러시아, 쿠바)
영국	5개(프랑스, 독일, 벨기에, 네덜란드, 아일랜드)
프랑스	4개(영국, 스페인, 이탈리아, 벨기에)
일본	5개(중국, 한국, 러시아, 북한, 필리핀)
인도	4개(파키스탄, 방글라데시, 미얀마, 스리랑카)

러시아	13개(북한, 일본, 미국, 캐나다, 네덜란드, 에스토니아, 스웨덴, 노르웨이, 우크라이나, 터키, 그루지야, 불가리아, 루마니아)

※ 본토만 계산하고, 해외 영지는 계산하지 않음.

4. 해외기지

미국: 미 국방성이 발표한 「2015년 미군기지 구조 보고」에 따르면, 미국 해외 군사기지는 남극주 외의 6대주, 4대양, 전 세계 50여 국가에 퍼져, 총 587개이다.[13)]

프랑스: 프랑스의 해외기지 규모와 수량은 미국 다음으로, 프랑스 국방성 홈페이지에 공개된 수치에 따르면,[14)] 2016년 프랑스 군대는 세네갈, 코트디부아르, 가봉, 아랍에미리트, 지부티에, 각 350명, 900명, 350명, 650명과 1,450명(군인과 공무원 포함)이 주재하고 있다.

프랑스군의 프랑스 해외영토와 해외 데파르트망 주둔 상황으로, 라틴 아메리카의 해외영토 프랑스령 기아나에 2,100명(군인과 공무원 포함, 이하 같음), 아메리카 카리브해 소앤틸리스 열도의 프랑스령 과들루프, 마르티니크에 1,000명, 남태평양의 프랑스령 뉴칼레도니아에 1,450명, 남태평양의 프랑스령 폴리네시아에 900명, 프랑스 인도양의 해외 데파르트망 레위니옹섬, 프랑스령 마요트섬에 1,600명이 주둔하고 있다.

영국: 21세기 이래, 영국의 대형 해외 군사기지는 브루나이, 지브롤터, 포클랜드제도, 키프로스와 대양의 몇몇 신탁 통치지 등만 남았다. 영국은 나토와 유엔 구조 내 라이베리아, 시에라리온, 에티오피아, 아프가니스탄, 이라크, 조지아, 코소보 등 지구에 임시로 군사역량을 배치하고, 소형 군사기지를 건립하였다.

러시아: 국경 밖에 20여 개의 군사기지를 유지하고 있고, 그 가운데 대다수 기지는 모두 독립국가연합(CIS: Commonwealth of Independent States) 국경 안에 분포하며, CIS 밖의 주둔은 주로 시리아에 집중되어 있다. 현재, 러시아는 키프로스에 해·공군기지로 사용할 곳을 찾고 있다.

---

13) US Department of Defenses, *Base Structure Report FY 2015*, p.6. https://www.acq.osd.mil/eie/Downloads/BSI/Base%20Structure%20Report%20FY15.pdf. * 2018년 기준 513개 (역주)

14) French Defense Ministry, *Defence Key Figures 2016*, http://www.defense.gouv.fr/english/portail-defense.

인도: 인도는 공식적으로 해외에 기지 보유를 인정하지 않는다. 하지만 인도는 파키스탄 이외 대부분의 남아시아 국가에서 주도적 영향을 발휘할 수 있으며, 심지어 부탄과 네팔은 직접 통제한다. 인도는 세이셸, 몰디브, 모리셔스와 스리랑카에 레이더 기지를 설립하는 해상감시 프로젝트를 이끌고 있기도 하다.

Ⅲ. 경제력

1. 해양경제 규모

국제적으로 각국의 해양경제 통계방식은 서로 다른데, 통상 연안(coastal zone)과 해양산업 두 가지의 계산방식이 있고, 중국의 해양경제는 해양산업 통계에 따른다. 2016년 중국 통계국과 국가해양국의 수치에 따르면, 중국의 국내 총생산은 이미 744,127억 위안에 달하고,[15] 해양경제는 약 10%, 7만억 위안에 달하며, 대략 러시아 전체 국가의 국내 총생산에 상당한다. 그 가운데, 중국의 어업, 해상운송업, 조선업 등은 모두 세계 선두로, 미국, 영국, 일본 등 전통 해양대국을 넘어선다. 만약 연안으로 계산하면, 중국에서 바다를 바라보는 동부 12개 성시의 경제총량은 국내 총생산의 약 60%를 차지하고, 바다 쪽 100㎞ 범위의 연안에[16] 생산액 대부분이 집중되어 있다. 대략 계산하면, 중국의 해양경제 규모는 미국에 상당하나, 일본보다는 작다.

2. 과학기술 수준

세계 지식재산권 기구(WIPO: World Intellectual Property Organization)는 2016년 11월 23일 2015년 세계 지식재산권 지표 현황을 발표하였다. 특허신청을 수리한 국가 또는 지역 가운데, 중국은 1,101,864건을 수리하여, 5년 연속 1위를 차지했다.[17]

---

15) 중국 통계국이 발표한 2019년 국내 총생산은 990,865억 위안이다(역주).

16) 연안은 해안선에서 육·해 양쪽으로 확장된 일정 너비의 띠 모양 구역으로, 연안육역과 연안해역을 포함하며, 그 범위에 대해, 지금까지 통일된 기준은 없다. 유엔은 2001년 6월 「새천년생태계평가(Millennium Ecosystem Assessment)」에서 연안을 다음과 같이 정의하였다. "해양과 육지의 경계면으로 정의하고, 해양에서 대륙방향으로 대륙붕의 중간까지 해양의 영향을 받는 모든 구역을 포함하며, 구체적인 경계는 평균수심 50m와 고조위 이상 50m의 구역, 또는 해안에서 대륙으로 100km의 범위에 이르는 저지대, 산호초, 조간대, 하구, 연안 양식장, 해초 공동체 등을 포함한다."

17) WIPO가 발표한 2018년 중국의 특허신청 수리 수는 1,542,002건으로, 8년 연속 1위이다

그러나 중국의 특허신청 수가 많더라도, 그 수준은 그만큼 오르지 않았으며, 해외 특허신청 비율은 5%도 안 된다. 중국의 연구개발 투자 역시 미국 다음으로 수년 연속 세계 선두를 차지하고 있다. 하지만, 기초가 부실하고, 연구개발 효율이 낮은 등 원인으로, 중국의 독창적이고, 광범위한 영향을 주는 건 많지 않으며, 핵심기술은 여전히 사람으로 제한된다.

중국의 제조업 수준에 대해서는, 중국 공업정보화부장 먀오웨이(苗圩)가 비교적 적절한 평가를 했다. 그는 전 세계 제조업이 4개 제대의 발전구조를 형성했다고 평가했다. 제1제대는 미국을 주도로 하는 전 세계 과학기술 혁신의 중심이고, 제2제대는 고급 제조영역으로, EU·일본을 포함하며, 제3제대는 중저급 제조영역으로, 주로 신흥국가이고, 제4제대는 주로 자원수출국으로, 석유수출국기구(OPEC), 아프리카, 라틴아메리카 등 국가이다. 중국은 제3제대로, 제조강국이 되기 위해서는 아직 시일이 필요하다.[18]

해양공업 관련 영역에서, 중국 과학기술과 제조의 주종목은 주로 체계 통합과 전체 설계에서 두드러지고, 반도체 동력설비 등 핵심부품, 기초재료와 공예 등 분야의 진보는 비교적 제한된다. 중국의 해양 과학기술 수준은 미국, 영국, 프랑스 등 전통 해상강국 또는 제조업 대국보다 약하고, 러시아·프랑스와 비교하면 서로 특징이 있다. 중국의 완비한 공업체계를 고려하면, 항공모함에서 심해잠수정을 포함한 해양공업 장비 일체를 자력 생산할 수 있으므로, 중국은 일본과 인도보다 강하다.

Ⅳ. 정치력

1. 정부효율

세계경제포럼(WEF: World Economic Forum)의 수치에 따르면, '제도(Institutions)' 항목에서, 중국은 세계 45위, 미국은 27위, 프랑스는 29위, 러시아는 88위, 일본은 16위, 인도는 42위, 영국은 14위이다.[19] '제도'는 전 세계 경제경쟁력의 2급 지표 가운

(역주).

18) 刘育英：《中国工信部部长：中国制造处于全球制造第叁梯队》, http://www.chinanews.com/cj/2015/11－18/7630207.shtml.

19) "The Global Competitiveness Report 2016－2017", http://www3.weforum.org/docs/GCR

데 하나로, 주로 제도가 경제발전에 미치는 영향을 반영한다. 해양력이 군사, 안보 등 높은 정치영역에 미치는 영향에 비추어, 군사역량 발전과 경제건설을 이루는 것은 다르므로, 그 지표는 참고만 할 수 있는 값이다. 만약 조선속도와 중국의 요즘 군사 현대화의 성취만 고려한다면, 중국 정부의 효율은 두말할 여지 없이 독보적이다. 하지만 해양기구, 제도의 운영상황만 고려하면, 크게 다를 것이다. 「유엔 해양법 협약」(이하 「협약」) 발효 후, 각 해양 인접국은 「협약」에 적합하게 국내 체제기구의 혁신을 지속 강화했다. 국내 해양체제 개혁과 입법 두 개의 차원에서 보면, 중국은 이 분야의 진전이 미국, 러시아, 일본, 영국, 프랑스 등 대국보다 뒤떨어지며, 심지어 베트남, 한국 등 중등국가보다도 뒤떨어진다.

2. 동맹체계

개혁개방 이래, 중국은 '비동맹'의 정책을 고수해왔다. 이 정책은 지금처럼 각계에서 수없이 질문을 받고, '비동맹'은 공식문서 중에 매우 조금밖에 논의되지 않았지만, 중국은 다른 주권국과 확실히 의무적인 군사동맹을 결성하는 데에는 여전히 매우 신중한 태도를 보인다. 중국은 1961년 북한과 「조·중 우호협력 및 상호원조조약」을 체결했다. 여기에는 군사동맹의 뜻도 있지만, 오늘날 중국과 북한 양국은 모두 군사동맹 성격에 크게 의미를 두고 있지 않다. 따라서 북한은 엄격한 의미에서 중국의 동맹이라고 할 수 없다. 중국은 대외적으로 60개에 달하는 '동반자 관계'를 체결했다, 여기서 동맹관계라고 할 수 있는 것은 중국-파키스탄의 '전천후 전략적 협력동반자 관계'뿐이고, 중·러 전략적 협력동반자 관계는 군사안보 분야를 포함하지 않으며, 전략과 정치의 협력에 중점이 있다. 동맹 네트워크 구축 분야에서, 중국은 미국, 영국, 프랑스, 러시아, 일본 등 전통적 강국에 많이 뒤처지고, 인도와 같은 신흥대국보다도 뒤처진다. 인도 역시 '비동맹' 정책을 고수하고 있지만, 인도는 남아시아에서 세력범위 구축을 멈춘 적이 없다. 인도는 네팔, 부탄, 스리랑카, 세이셸 등 남아시아 국가에 군사안보 상 큰 영향을 준다. 인도는 러시아와 전통적으로 우호관계에 있고, 최근 들어 미국과 '준동맹' 관계를 결성하고자 한다. 동맹체계만 고려하면, 중국은 가장 고독

2016-2017/05FullReport/TheGlobalCompetitivenessReport2016-2017_FINAL.pdf. * 2019년 중국은 58위, 미국은 20위, 프랑스는 22위, 러시아는 74위, 일본은 19위, 인도는 59위, 영국은 11위이다(역주).

한 해양대국이다.

3. 해양외교 기교

최근 몇 년, 중국 해양외교의 성취는 사람들의 눈길을 끌었고, 그 진보는 매우 분명했다. 하지만 중국이 해양외교의 경험과 기교 분야에서, 서방의 해양국과 여전히 큰 차이가 있다는 것은 인정할 수밖에 없고, 해양외교의 자주의식과 도구 설계능력의 제고가 시급히 요구된다. 국제해양법의 이용에서 보면, 중국은 해양법 조항의 해석과 이용에 영향력이 강하지 않아, 분명 미국, 영국, 일본, 캐나다, 호주, 프랑스, 독일 등 서방국가만 못하다. 국제사법재판소(ICJ: International Court of Justice), 국제해양법재판소(ITLOS: International Tribunal for the Law of the Sea)와 상설중재재판소(PCA: Permanent Court of Arbitration) 등 기구에서 처리하는 해양분쟁과 상업분쟁 중인 대리 변호사와 법률 자문단체 가운데, 중국인은 그림자도 찾기 힘들다. 사실, 중국 변호사 사무소는 국제 해사소송을 처리할 능력이 별로 없으며, 해양분쟁 분야의 소송은 더욱 심각하다. 중국 단체는 능력과 경험 분야에서 채워야 할 매우 큰 공백이 있다. 종합하여 해양외교 기교 분야에서 세계 순위를 매기면, 중국은 절대 10위 안에 들지 못한다.

위 분석에 따라, 지리적 위치, 해역면적, 해상 주변국 상황 등 비교적 변하지 않는 지표를 제외한, 다른 9개의 지표에서 중국은 모두 작지 않은 진전을 이루었고, 이미 하나의 해양력 강국으로의 성장기초를 갖추었다는 것을 어렵지 않게 볼 수 있다.

하지만, 우리는 각 지표의 비중을 아무리 조정하더라도, 이 비교로는 중국의 해양력을 세계 2위라고 판단할 수 없다는 것을 분명히 보아야 한다. 주요 작전 플랫폼과 해양경제 규모 두 가지 지표에서는 세계 2위이지만, 해역면적, 정부효율과 해양외교 기교 세 가지 지표에서는 모두 10위권 밖이다. 기타 일곱 개 지표에서 만약 우리가 미국, 중국, 영국, 프랑스, 러시아, 인도, 일본의 일곱 개 해양대국만 고려한다고 하면, 중국의 순위는 대부분 5위 안팎이다. 또한, 중국의 현재 해양력은 지역성 특징이 매우 강하여, 서태평양 이외 해역에서는 이제 막 영향을 미치기 시작했을 뿐이다.

이를 고려하면, 우리는 중국 해양력이 잘해야 세계 2위의 잠재력이 있다고 말할 수밖에 없다. 해상굴기의 전야에서, 앞으로의 길은 매우 멀고 험하다.

표 6 해양력의 주요 강약지표 중 중국 순위

주요 요소	평가상수	세계순위
해상역량	주요 작전 플랫폼(대형 주력함정)	2
	C4ISR 체계	4~5
	임무 유형과 빈도	< 5
해양지리	지리적 위치	5
	해역면적	< 10
	해상 주변국	6
	해외기지	6
경제력	해양경제 규모	2
	과학기술 수준	5
정치력	정부효율	< 10
	동맹체계	7
	해양외교 기교	< 10

제2장

중국 해양력의 목표를 확정하는 원칙

"전략의 형성은 한 국가의 지리, 경제, 사회와 정치상황에서 결정된다."[1] 해양력 전략목표의 선택은 중국 자신의 객관적 수요만 고려해선 안 되며, 목표의 합리성과 가능성, 즉 자신의 전략자원과 수단이 미리 설정한 모든 목표를 실현할 수 있는지도 고려해야 한다. 따라서, 중국 해양력 전략목표를 정하는 것은 중국의 이익추세, 지정학 특징, 자신의 실력과 중국 전체의 발전방식 등 요소를 반드시 종합적으로 고려해야 한다.

제1절 국익에 따른 분포

해양력 구축의 논리는 지상력, 공중력 등의 영향력과 비교해 큰 차이가 있다. '잠재적인 적들의 규모와 화력에 깊이 관련될 수밖에 없는 육군이나 공군과는 다르게, 해군의 규모는 보호해야 할 해상 재산과 이익의 양에 의해 결정된다.'[2]

1) [美] J. 莫汉·马利克(Mohan Malik)：《战略思想的演变》, 载[德]克雷格·A·斯奈德, 等：《当代安全与战略》, 徐伟, 等译, 长春, 吉林人民出版社, 2001年, 第17页。

2) Alam, Cdre Mold Khurshed, "Maritime strategy of Bangladesh in the new millennium", *Bangladesh Institute of International Studies Journal*, Vol.20, No.3, 1999. 재인용

국익은 해양력 발전의 목적으로, 해양력은 국익을 실현하는 중요한 전략도구이다. 제1부에서, 필자는 중국의 중요 해양이익을 자세하게 기술하였다. 하지만, 해양력은 절대 해양이익만을 위한 서비스가 아니라, 육·해·공·우주·사이버 등 공간범위의 정치, 경제, 군사, 외교, 문화 등 거의 모든 종류의 이익발전을 촉진한다. 따라서, 해양력의 건설은 국가 전체이익과 반드시 일치한다.

현재, 중국 국익의 범위는 갈수록 넓어지고, 종류도 갈수록 다양해지고 있으며, 중국은 이익의 종류와 중요성에 따라 실현수단을 선택해야 한다. 즉, 서방국가가 기대하는 단순 협력으로는 할 수 없고, 그들이 걱정하는 단순하고 거만한 공세로는 더욱 할 수 없다.[3] 국력 신장에 따라, 중국이 자신의 핵심이익을 지키기 위한 결심과 의지는 갈수록 결연해지고, 동시에 공동이익, 상호협력과 공동발전을 추진하는 분야의 기대도 갈수록 강렬해진다. 중국의 해양력과 밀접하게 관련된 국익은 주로 국가의 기본안보, 주권해역 내의 합법적 권익, 해상교통로 안전, 해외권익의 수호와 확장, 공해과 '심해저'를 평화롭게 이용할 권리 등을 포함한다.

중국의 국가주석 시진핑은 중국의 중요한 국익이 주권, 안보와 발전이라고 여러 차례 강조하였다.[4] 이러한 표현은 중국 3대 중요이익의 종류를 매우 잘 묘사했다.

Ⅰ. 주권과 영토보전

미국, 영국 등 서방의 대국과 비교하면, 중국은 사실상 민족국가의 성립과정을 완전히 지나지 않았고, 중국이 선언한 영토는 아직도 그 행정통제 범위 내에 있지 않은 경우가 적지 않아, 영토의 완전한 통일을 이루지 못했다. 지리적으로 말하면, 오늘날 중국의 주권은 불완전하다. 9만 여㎢의 남티베트 지구는 여전히 인도의 직접적인 통제 아래 있고, 타이완은 여전히 대륙과 분열되어 있으며, 일본은 원래 중국에 속했

Geoffrey Till, *Seapower: A Guide for the 21st Century*, Taylor & Francis Group, 2009, p.33.

3) 협력, 공세의 두 가지 표현과 구체적인 해석은 다음을 참조. [美] 迈克尔·斯温(Michael D. Swaine), 阿什利·特利斯(Ashely J. Tellis):《中国大战略(Interpreting China's Grand Strategy: Past, Present, and Future)》, 洪允息、蔡焰译, 北京:新华出版社, 2001年, 第180－226页。

4) 2017년 7월 1일의 홍콩 7·1 담화와 7월 30일의 8·1 열병식 담화는 각각 다음을 참조. http://cpc.people.com.cn/n1/2017/0702/c64094－29376810.html, http://news.xinhuanet.com/mil/2017－07/30/c_129667950.htm?1501799226997.

던 댜오위다오를 통제하고 있고, 중국은 난사군도의 주권에서 베트남, 필리핀 등 국가의 빈번한 침범을 겪고 있다. 남티베트 지구 외에도, 중국 대륙이 타이완, 댜오위다오와 난사군도의 통제권을 잃은 주원인은 중국 해양력 발전의 낙후에 있다. 주권 수호와 영토보전은 모든 국가 정부에 신성한 직책과 사명이며, 중국 해양력 발전의 가장 우선 되는 동기와 목적이다.

물론, 평화발전과 선린우호의 전제 아래, 중국이 주권을 지키고 영토를 보전하는 것은 중국이 군사수단으로, 빼앗긴 섬과 암초를 되찾겠다는 것이 아니며, 타이완 통일을 위해 반드시 무력을 사용해야 한다는 것을 의미하지는 않지만, 중국은 결코 더 이상의 새로운 손실을 받아들이지 않을 것이다. 주권 수호와 영토보전은, 먼저 물리현상 또는 법리현상 분야에서 중국의 변화에 새로운 불이익이 나타나는 것을 피하는 것으로, 만약 관련국이 새로운 도발을 하거나, 타이완 민진당 당국이 '타이완 독립'을 추진할 때, 중국은 무력으로 반격하여 제압하는 선택사항을 보류해야 할 것이다. 주권 수호와 영토보전은 중국 대륙이 외교, 군사, 경제와 문화 등 수단을 반드시 통합적으로 사용해야 하고, 조국 통일의 수호와 주권 수호 분야의 능력을 높여야 하며, 국면을 자신에게 유리한 방향으로 발전을 추진하여, 최종 해결에 이르러야 한다.

이러한 이익은 주로 중국 본토와 그 주변에 집중되어 있으며, 국가주권을 대표하는 대사관 등 파견기구, 해외의 군사기지 등 세계 다른 지방에서도 중국은 몇몇 주권이익이 있다.

Ⅱ. 국가안보

국가안보는 주로 정치안보, 경제안보, 군사안보, 문화안보 등을 포함한다. 국가안보는 한 국가의 가장 중요한 생존이익으로, 오랫동안 해외 침략을 받아왔던 중국은 더욱 그러하다. 20세기 말 이래, 인도는 빈번히 중·인 국경에서 마찰을 일으켜왔지만, 중국은 지리적 환경 전체에서 서에서는 느리고 동에서는 빠르게, 땅에서는 느리고 바다에서는 빠르게 태세를 갖추었다. 가장 큰 안보 압박과 도전은 모두 해상에서 오며, 주로 두 분야에서 나타난다. 첫째, 미국·일본 등 국가가 남태평양의 거의 모든 주요 도서를 통제하며, 이러한 도서를 전진기지로, 육·해·공의 입체적 우위역량을 갖추어 중국을 위협하고 억제하는 것으로, 중국은 전략안보에서 수세에 있다. 둘째,

중국 동부 연안지구는 경제·정치의 중심으로, 해상위협에 처할 때 전략적 종심이 없다. 안보·안정 역시 일종의 심리적 요구로, 안보는 중국의 질서관의 큰 영향을 미친다. 또한, 국가안보는 일종의 감정으로, 외부 세력이 우세한 해상권력으로 중국의 불안감을 크게 함으로써, 중국의 타협에 압박을 가하고, 중국의 정치·경제 등 다른 분야의 국익에 손해를 입힐 수 있다. 오늘날 중국은 대규모 외적의 침입 가능성은 아주 작은데, 이것은 중국의 실력 때문에만이 아니라, 세계 권력 경쟁 발전의 큰 추세 때문이다. 패권주의와 강권정치는 그 막강한 힘으로, 위협하고, 유혹하는 등 책략을 취하여, 대규모 전쟁수단이 아닌 담판 방식으로 자신의 목적을 달성하는 경우가 더 많다.

중국의 이익이 전방위로 전 세계에 뻗어나감에 따라, 중국의 안보이익 역시 세계화되고 있다. 하지만, 중국의 중요한 안보이익은 여전히 중국 본토와 그 관할해역에 집중되어 있다. 미국처럼, 맹목적으로 자신의 안보한계를 넓히는 것은 중국의 전체정책에 부합하지 않는다. 해외 안보이익 가운데 가치 있는 것은 해상교통로의 안전인데, 중국의 경제정치 안보위협에 직접 관련되기 때문이다.

중국의 무역 화물운수 총량의 85%는 해상교통로를 통해 완성된다. 세계 해운시장의 19%를 차지하는 대량화물이 중국으로 향하며, 22%의 수출 컨테이너가 중국에서 온다. 중국 상선대의 항적은 세계 1,200여 항구에 퍼져, 중국은 이미 해상교통로의 외향형 경제대국을 이루었다. 중국 경제는 이미 철저히 외향성 경제를 이루었다, 지금까지, 대외무역 촉진은 여전히 중국 경제발전의 가장 중요한 동력 가운데 하나이며, 중국 경제발전의 중요 전략자원의 수입 역시 해상교통로를 통해 운송해야 한다.

교통로 안전은 주로 두 가지 분야의 도전이 있다.

첫째, 타국의 전략억제 또는 습격. 믈라카 해협의 운수 안전문제는 폭넓게 관심을 받아왔으며, 중국의 해상운수 안전연구에서는 이미 믈라카 곤경(dilemma 또는 predicament)으로 불리는데, 학자 가운데는 이러한 말을 과장으로 여기기도 한다. 사실, 믈라카 해협의 운수안전문제는 중국 해상교통로 안전에서 빙산의 일각에 불과하며, 페르시아만, 인도양, 남중국해 해상교통로의 각 지점은 모두 잠재적 적의 위협을 상대하고 있다. 중국 경제와 외부를 연결하는 해상동맥은 거의 시시각각 다른 해상열강의 위협 아래 있다. '미국은 언제나 중국을 봉쇄할 수 있다. 중국의 대외무역과 석유 수입을 완전히 정체에 빠지게 할 수 있다.' 다른 지역대국 인도, 일본 등 국가 역시 중국 해상교통로의 취약점을 이용하여, 중국이 다른 영역에서 타협하도록 한다.

인도 국방부가 발표한 해군 작전지침은, 인도는 '인도양의 해상 수송과 안보에 큰 영향을 미칠 수 있는 지위로서, 인도 해군 통제전략의 요점은 국제 경쟁에서의 흥정에 유용할 수 있으며, 필요할 때 군사력을 사용하는 것은 여전히 피할 수 없는 사실'이라고 강조하였다.[5]

물론, 전 세계 경제의 상호의존도가 이렇게 높은 오늘날, 해상 항행의 자유는 이미 모든 대국의 공동이익이 되었으므로, 이들 국가는 중국에 대하여 이러한 비장의 수단을 함부로 쓸 수 없다. 왜냐하면, 무역에서 이익을 얻는 것은 통상 서로에게 이로운 것이기 때문이다. 하지만 우리가 놓치지 말아야 할 것은, 국제 경제전에서 선진국이 일시적으로 무역이익을 희생하면서, 장기적으로는 국제역량의 대비구도를 변화시키려는 전략적 의도를 가진다는 것이다. 직접 무력을 사용하는 것 외에도, 많은 절충적 방법을 고려할 수 있는데, 예를 들면 봉쇄와 습격으로, 중국의 에너지와 자원의 수입을 제한하고, 중국의 경제성장 속도를 늦출 수 있으며, 중국의 일정 방향의 무역로를 제한하여, 그 경제발전의 원가를 높일 수 있다…. 주목해야 할 것은, 광활한 공해에서 어느 상대도 중국의 해상교통로를 완전히 봉쇄할 수 없지만, 작은 습격도 중국의 에너지와 자원의 안전을 흔들기에는 충분하다. 1993년 발생한 은하호 사건은 이미 중국 해상운송 안전에 경종을 울렸다.

둘째, 해적과 테러의 위협과 혼란. 홍해, 페르시아만에서 동아프리카, 인도 해역, 벵골만까지, 다시 동남아 해역까지의 광대한 지역은 모두 세계에서 해적활동이 가장 창궐한 지역이다. 국제해사국의 '2012년 해적 및 무장 선박 납치 수치(보고되지 않은 불완전통계 제외)'에 따르면, 남중국해와 믈라카 해협 부근 해역에서 발생한 해적사건(미수 포함)은 114회 이상, 홍해, 소말리아와 아덴만 부근 해역의 사건은 99회, 인도양에서 발생한 것은 33회이다. 이 지역들의 사건을 모두 합치면 314회이고, 2012년 전 세계 해적 발생 사건(341회)의 약 72%를 차지한다.[6] 이 해적활동 지역들이 바로 중국의 가장 중요한 해상교통로에 집중되어 있다. 수치상, 국제사회는 호송, 순찰, 감시 및 통제 등 강력하게 조치하고 있지만, 이 지역들의 해적활동 특히 소말리아 해적의

---

5) Ministry of Defense(Navy), *Indian Maritime Doctrine*, INBR, New Delhi: Integrated Headquarters, April 25, 2004, p.63.

6) International Maritime Organization, "Reports on Acts of Piracy and Armed Robbery Against Ships", http://www.imo.org/en/OurWork/Security/PiracyArmedRobbery/Reports/Documents/193_Annual2012.pdf.

위협은 줄어들지 않고, 더욱 심화하고 있다. 해적은 중국이 해양교통 안전에서 반드시 상대해야 할 중대한 문제 가운데 하나가 되었다.

국제 테러는 우리가 관심가져야 할 또 하나의 큰 위협으로, 중동, 남아시아와 동남아 지역의 많은 국가가 내부의 정치 동요를 겪고 있고, 심지어 어떤 국가는 장기 내란 또는 내전에 빠졌으며, 이것은 직접적으로 각양각색의 테러를 양산하고 있다. 21세기 초, 스리랑카의 '타밀' 호랑이 조직은 이른바 해상 '유격대'를 조직하여 각국 해역을 멋대로 누비며 각국의 통항 상선과 어선을 상대로 무장 습격과 차단을 일삼았다.

이러한 문제에 대하여 느끼는 정도의 차이는 있지만, 위협의 원인과 수단이 무엇이든, 공간범위에서 보면 중국의 해상교통 안전은 매우 취약하고 매우 불안정하다. 개방적이고 세계로 나가는 대국으로서, 공해 항행의 자유와 해상교통로의 안전은 갈수록 중국이 마주할 중요한 과제이다.

Ⅲ. 발전이익

발전이익은 주로 중국의 발전에 필요한 좋은 외부환경, 공간과 천연자원 그리고 국력에 적합한 재정과 시장을 포함한다. 일반적으로, 발전이익은 13억 명에 가까운 중국인의 발전권을 주로 가리키며, 중국과 같이 큰 국가는, 반드시 충분하고 지속 가능한 발전능력이 있어야 한다.

중국은 이미 세계 2위의 경제체가 되었지만, 1인 평균수입은 세계 70~80위로, 모든 선진국보다 낮을 뿐 아니라, 수많은 개발 도상국보다도 낮다. 중국은 도시와 시골, 동서남북 등 지역의 발전정도가 크게 차이 나, 전면적으로 샤오캉을 구현하고자 하는 임무에 대해 여전히 책임이 무겁다. 갈 길이 멀고, 경제발전의 임무는 여전히 매우 어렵고도 험난하다.

오늘날, 중국의 육상자원은 이미 중국의 국민경제 발전을 지탱하기에는 부족하고, 수많은 중요한 자원과 에너지의 생산량이 대폭 감소하였으며, 대외의존도는 날로 높아간다. 장차, 해양자원과 해외자원은 점차 본토의 자원을 대신하여 중국 경제발전의 주요 버팀목이 될 것이다. 1993년부터, 중국은 석유 순수입국이 되었으며, 중국 경제의 빠른 발전에 따라, 중국의 수입석유에 대한 의존도가 치솟아, 국가에너지국 수치에 따르면, 2009년 중국의 석유 수입은 이미 1.99억t에 달했고, 수입의존도는 50%가 넘었다. 2017년 1월, 중국석유경제기술연구원이 베이징에서 발표한「국내외 오일가스 산업발전 보고」에 따르면, 2016년 중국 석유 소비량은 5.56억t으로 나타났고, 원유의 대외의존도는 65%를 넘었다. 중국의 주요 광물 45종 가운데, 2020년까지 수요를 만족할 수 있는 것은 6종 밖에 안 되고, 특히 철, 구리, 알루미늄 등의 공급은 심각하게 부족하며, 2003년, 위 세 가지 광물의 자급률은 각각 51%, 34.8%, 52.3%로 떨어졌다. 2010년, 이 세 가지 광산의 대외의존도는 60~80%에 달하였다. 이러한 전략자원을 수입하는 원산지는 전 세계 각지에 분포되어 있는데, 중동, 아프리카, 남아시아, 오세아니아와 라틴 아메리카 등 지역에 많이 집중되어 있다.

중국의 발전에 필요한 해양자원 역시 전 세계에 분포된 양상을 보인다.「유엔 해양법 협약」(이하「협약」)의 관련 조항과 중국의 일관된 주장에 따르면, 중국이 가진 300만㎢의 관할해역은 중국이 현재 지속 가능한 발전의 전략기반이다.

공해와 심해저는 중국이 적극적으로 확장할 수 있는 새로운 공간이다.「협약」발효 이후, 전 세계의 바다와 인접한 국가는 새로운 국면의 해양확장 활동을 시작했고, 전 세계 35%의 해양면적이 각국에 의해 쪼개어졌으며, 서태평양 지역에서의 비율은 더욱 높아질 것이다. 최근 몇 년간, 각국은 외대륙붕과 해양자연보호구를 앞다투어 신청하여 분위기를 고조했다. 각국은 배타적경제수역, 내외대륙붕 획정에 관하여 주장하고, 합리적인 주권권익을 외치며, 자신에게 유리하도록 지리, 과학기술, 외교 등 분야의 우위를 이용하여, 세계 공공자원을 앞다투어 차지하고자 전략적 기도를 보였다. 심해는 인류가 아직 개발하지 못한 전략성 자원인, 풍부한 오일가스, 복합금속단괴, 망간각, 해저 열수 황화물, 심해생물유전자 등 중요한 자원을 품고 있다. 심해구역은 일부 주권국에 속한 배타적경제수역과 대륙붕을 포함하지만, 공해와 국제 공공 심해저가 더 많다.「협약」에 따라, 전자는 개발채굴권이 소속 주권국에 있지만, 후자는 세계 모든 국가가 개발하고 이용할 수 있는 지역이다.

그 밖에도, 다른 국가의 주권 관할범위 내에서, 중국은 양자협정, 협약과 사업계약에 따라, 합법적으로 많은 자산, 자원과 시장을 보유하며, 해외이익 역시 중국 국가발전이익의 중요한 부분이다. 해외이익은 중국 정부, 기업, 사회조직과 국민이 전 세계와 함께 생산하지만, 중국 주권 관할범위 밖에 존재하는 것으로, 주로 국제 협약형식으로 표현되는 국익이다. 경제 세계화에 따라, 해외 국익의 범위는 갈수록 넓어지고, 그것은 국가의 해외 정치이익, 해외 경제이익, 문화이익과 국민권익을 포함한다.

주의해야 할 것은, 국익이 변화하고, 국력에 따라 강해지며, 해외이익의 폭과 깊이가 계속 넓어지리라는 것이다. 최근 몇 년간, 중국의 해외 국익의 종류는 갈수록 많아졌고, 숫자도 갈수록 커졌다. 상무부의 「2013 중국 대외 직접투자 통계공보」에 따르면, 2013년 말까지 중국은 1.53만 명의 국내 투자자가 국외에 2.54만 개의 대외 직접투자 기업을 설립하였고, 전 세계 184개 국가(지역)에 분포하며, 2015년 연말까지 중국 대외 비금융류 직접투자 누계순액(재고)은 8630.4억 달러에 달했다. 외교부 영사사 통계에 따르면, 2013년, 중국 출국인수는 억 명을 돌파했다. 2020년을 예측해보면, 중국 국민의 연간 출국 규모는 1.5억 명에 달할 것이며, 2025년 전후 중국 대외 투자 총액은 1.25억 달러로 전망된다.

중국의 해외이익은 인명안전, 재산안전, 자원제공과 해외시장 확장의 4대 분야를 포함한다. 종합하면 주로 경제이익과 해외 국민이익 두 가지이다. 중국은 정치제도와 가치관을 수출하지 않는 외교방침을 갖고 있으므로, 해외에 배타적인 정치이익이나 문화이익은 없다. 중국의 경제가 '해외진출' 발걸음을 가속함에 따라, 중국 해외이익의 폭과 밀도는 모두 점차 커질 것이고, 중국의 경제, 사회, 문화가 세계와 다빈도로 상호작용하는 과정 가운데, 발생하는 다양한 갈등과 충돌은 더욱더 피하기 어려울 것이다. 정세가 불안정한 국가 또는 지역에서 중국의 해외이익은 정권교체, 충돌과 전쟁 등 전통적 안보문제의 영향과 테러, 집단범죄 등 비전통적 안보의 위협을 받을 것이다. 이러한 상황에서, 중국은 해외 경제이익과 국민이익을 지키기 위한 유력한 수단이 절실하게 필요하다.

제2절 자기 실력에 대한 객관적 인식

실력은 모든 전략의 기초로, 자기 실력에 대한 정확한 인식 역시 전략기획의 전제이다. 21세기 초, 국내를 둘러싼 국력 연구 또는 종합국력 연구의 성과는 매우 많은데, 연구자들의 평가지표와 방법에는 차이가 커, 평가결과의 차이가 심하다. 중국의 종합국력이 도대체 세계 몇 위인가 하는 논쟁은 끊이지 않은 문제이다.[7] 그 가운데 매우 중요한 한 원인은, 중국 국력발전의 불균형으로, 중화인민공화국 건국 초기 경제력은 오랫동안 낙후했지만, 정치력과 군사력은 상대적으로 강했다. 개혁개방 이후의 30여 년, 중국 경제력은 빠르게 성장했으나, 정치, 군사력의 성장은 상대적으로 더디었다. 학자들의 연구에서, 각 지표가 국력 가운데 차지하는 비중이 크게 달라, 결과의 차이가 생겼다. 그러나 최근 몇 년간 이러한 논쟁은 중국의 성장에 따라 빠르게 안정을 찾았다. 의심의 여지가 없는 것은, 미국을 제외한 대국 가운데, 중국의 발전추세가 가장 빠르고, 실력도 가장 전면적이라는 것이다.

하지만 중국의 실력에도 여전히 작지 않은 약점이 있는데, 주로 국제체계에서 서로 작용하는 형식의 변화와 중국 자기 실력의 불균형에서 비롯한다. 예로, 중국의 문화적 영향력은 물리적 영향력보다 부족한데, 물리적 영향력의 성장은 주로 경제력 면에서 나타난다. '중국의 경제력 발전은 세계 제일이 되겠지만, 중국은 여전히 여러 대국의 제약을 마주할 수 있다.'[8] 중국은 국력을 대외권력으로 바꾸는 과정에서 복잡한 제약요소와 많은 어려움을 만날 것이다.

Ⅰ. 중국 해상역량 - 빠른 성장, 하지만 수준과 경험의 향상 필요

1990년대 이전, 지상에서의 압박으로, 중국은 기본적으로 해군을 해안방어의 개념으로 건설하였다. 낡고 많은 수의 작은 함정으로 중국의 12해리 영해를 지켰다. 이러한 '해안방어 해군'의 함정은 톤수가 작고, 현대화 과정이 낮았으며, 수만 많았다, 머핸이 일찍이 19세기에 경계했던 '육군 경계선식'의 해군으로, '해군을 단순하게 방어에 사용하려면, 많은 수의 소형함정을 보유해야 한다.'[9]

1990년대 중기 이후, 중국은 해군 건설에 대한 투입을 늘렸지만, 전체 실력은 여전히 중국의 당시 국력에 비하면 매우 부적합했다, 우리는 여전히 대형 수상함정이 부족했고, 선진 대잠능력과 구역방공체계가 부족하였으며, 지휘통신체계 역시 상대적으로 뒤떨어졌다. 미 해군대학의 라일 J. 골드슈타인이 지적한 것처럼, 중국의 군사공

7) 중국 종합국력 평가결과의 차이와 그 원인에 대한 자세한 분석은 다음을 참고. 阎学通：《中国崛起的实力变化》，载《国际政治科学》，2005年第2期。

8) 秦亚青：《国际体系与中国外交》，北京：世界知识出版社，2009年，第93页。

9) 马汉：《海军战略》，北京：商务印书馆，1994年，第143页。

업 수준과 제조능력은 그 국가지위에 걸맞지 않아, '근대 중국군, 특히 해군이 이렇게 뒤떨어진 장비와 약소한 능력을 오랫동안 유지하는 것은 사람을 놀라게 하는 역사적 기적'이었다.[10)]

2010년대, 중국의 개량 속도는 사람들의 시선을 끌었다. 해상역량은, 주로 두 분야로, 첫째는 해상의 장비가 날로 다원화하는데 작용했는데, 해군함정 외에도, 지상기반 전투기, 유도탄 등을 포함하였으며, 그 가운데 둥펑-21D, 둥펑-26 등 탄도 대함 유도탄은 전통적 해전을 바꾸는 잠재력을 가졌다. 둘째는 중국 해군과 해경 함정의 개량 속도가 세계 기록을 끊임없이 경신하고 있는 것으로, 성숙한 현대화 플랫폼인 052D 구축함, 054A 호위함 등을 대량으로 진수하였으며, 중국 항모 플랫폼의 건조와 사용 역시 성숙한 수준에 이르렀다. 외부에서는 보편적으로, 규모와 수량에서 중국 해군이 이미 미국에 버금가는 세계 제2의 해상역량을 이루었고,[11)] 중국 해경은 그 함정 규모가 이미 세계 제일이라고 보고 있다.[12)]

그러나 이것은 중국의 해상행동 능력이 이 수준에 도달했다는 것을 의미하지 않는다. 앞장에서 서술한 바와 같이 중국은 기술수준, 훈련강도, 전투경험, 연합행동, 해외지지 등 분야에서 미군에 못 미치며, 영국, 프랑스, 러시아 등 국가에 비교해도 차이가 클 것이다.

중국은 일반적으로 종합국력을 해군력과 원양작전 능력으로 바꾸는 능력이 부족하다. 중국 군사공업 과학기술의 수준이 낮고, 공예는 낙후되었으며, 혁신능력도 상대적으로 떨어진다. 중국은 여전히 그렇다 할 해외기지가 없고, 장거리 투사수단과 투사경로가 없다. 이러한 요소는 모두 중국의 종합국력과 해군이 해양을 통제하는 능력과 전혀 비례하지 않게 하였다. 그러나 가장 큰 장애는 과학기술과 장비의 낙후가 아니라, 중국 해군의 전통과 해상작전 경험의 심각한 부족이다. 전쟁은 군대가 빠르게 성장할 수 있는 가장 좋은 시련인데, 중국은 시작하자마자 이러한 기회를 잃었다. 다

10) Lyle J Goldstein, "Resetting the US-China Security Relationship", *Survival*, Vol.53 No.2, pp.90-91.

11) Michael McDevitt, "China's Far Sea's Navy: The Implications of the 'Open Seas Protection' Mission", Michael McDevitt edit, *Becoming a Great 'Maritime Power': A Chinese Dream*, June 2016, p.45.

12) Ryan Martinson, "The China Coast Guard-Enforcing China's Maritime Rights and Interests", Michael McDevitt edit, *Becoming a Great Maritime Power: A Chinese Dream*, June 2016, p.58.

른 국가가 해상에서 패권을 다툴 때, 중국은 생사존망의 고비에 있었다, 해군은 전쟁에서 보조도구에 불과해, 맡은 역할이 해안방어, 심지어 내수방어였으며, 단지 움직이는 포대의 역할을 할 뿐이었다. 중화인민공화국 건국 후, 포대기 속 중국 해군은 세계 일류해군의 봉쇄를 맞이하게 되었고, 오랫동안 투자가 부족했다. 중국 해군은 선천적으로 취약한데, 후천적으로도 성장하지 못했다. 중국 해군이 대부분 시기에서 맞이한 것은 생존과 자국 보호의 문제이었고, 전투경험, 특히 해상 강적과의 교전과 대결은 부족했다. 몇 차례 작은 대외 해상충돌이 있었지만,[13] 그것은 사실 지상전의 연장으로, 그 교훈을 적용하는 것이 매우 제한된다. 오늘날 세계에서 대규모 해상전쟁은 보기 드물다. 중국 해군은 사실상 이미 실전을 통해 전력을 빠르게 향상할 기회를 잃었다. 그래서 중국은 뛰어난 작전 플랫폼과 체계를 보유하고 있지만, 그것들로 군이 적합한 전력을 발휘하기 위해서는 아직 갈 길이 멀다. 중국 해군의 작전능력을 체계적으로 향상하는 것은 항공모함 몇 척 건조할 줄 아는 것으로 해결될 문제가 아니다.

오늘날, 중국 해군의 플랫폼 건설과 기술발전 분야의 진보는 일취월장한다. 서방 해양강국과 하드웨어 차이는 빠르게 줄어들고 있고, 다음 단계의 중점은 플랫폼 통합, 체계 융합과 경험 누적이다. 장비 건설과 비교하면, 어쩌면 더 많은 시간과 노력이 필요할 수도 있다.

우리는 반드시 냉정하게 인식해야 한다, 해상역량의 건설과 해상력의 제고는 매우 멀고 긴 과정이다.

Ⅱ. 중국 외교력 – 외교자원은 풍부하나, 전환수단이 부족

'외교력은 국가가 그 영향력을 확대하는 주요 '통로'이다. 주로 외교정책, 외교활동, 국제사무를 처리하는 태도, 국제사회에 대한 공헌력 등을 포함한다.'[14] 외교능력은 국력과 밀접하게 관계된다. 외교는 국력을 국제권력으로 바꾸는 탑재체로, 국력이 없는 외교는 유약하고 무력할 수밖에 없다. 중국 외교는 튼튼한 기초가 있는데, 중국의 풍부한 종합국력이 그 역량의 원천이다.

---

13) 인민해군이 주요 역할로 참여한 대외 충돌은 1974년 시사(西沙)해전과 1988년 난사(南沙)해전이었다(중국 타이완 지구의 충돌 제외).

14) 杨毅：《国家安全战略理论》，北京：时事出版社，2008年，第36页。

전환기제 역시 전략능력의 중요한 구성요소이다. 그것은 국가가 보유한 전략실력을 현실 전략능력으로 바꾸는 일련의 기구, 제도와 운영과정의 총화이다. 따라서, 외교는 자신의 능동성을 가지며, 외교전략과 외교정책 및 외교집행의 상황 역시 외교력에 영향을 미치는 또 다른 중요한 요소이다. 중국은 오랫동안 독립자주의 평화 외교정책을 고수했고, 국제사회에서 중요한 영향력이 있으며, 국제사무에서 중요한 역할을 하고 있다. 냉전 종식 후, 중국의 외교는 끊임없이 피동에서 주동으로, 주변에서 세계로, 단변에서 다변으로 향하고 있다. 중국의 외교자원은 더 풍부해지고, 외교수단은 다양해지며, 외교기교는 현저히 증강했다.

하지만 중국의 주요 국제기구에서의 지위, 중국과 세계 각국의 관계와 중국 국제사회에서의 영향력은 여전히 작지 않은 어려움 또는 도전을 맞고 있다. 대외 경제협력 활성화, 번영, 안보협력의 길은 고독하다.

중국은 주요 국제기구에서 지위가 낮고, 영향이 부족

정치에서, 중국은 국제제도체계 가운데 여전히 배우고, 실천하는 단계로, 우리는 여전히 국제제도 원칙과 기구의 숙련된 제정자와 이용자가 못 되며, 국제제도구조에서 초보자의 위치에 있다. 중국은 정치, 안보 영역의 역할과 영향을 주로 유엔과 그 예하 조직에서 발휘한다. 중국은 유엔기구에서 일거수일투족이 큰 영향을 미치는 지위이지만, 냉전 후 몇 차례의 충돌을 겪으면서, 중국은 유엔의 한계를 깨달았고, 중국의 급성장에 따라, 유엔 외교는 중국 전체 전략에서 지위가 낮아졌다. 다른 국가와 비교하면, 중국 외교통로는 너무 단일하게 드러나, 대국 협조, 동맹 및 지역조직 등 다른 기구의 협조 역할이 부족하다. 중국은 국제경제체계에서 폭넓은 참여를 강화했지만, 중국의 세계무역기구(WTO: World Trade Organization), 국제통화기금(IMF: International Monetary Fund)과 세계은행에서의 지위는 여전히 중국 국력에 부적절하다. 중국 시장경제 국가의 신분은 주요 서방 선진국으로부터 인정받지 못하고, 중국은 반덤핑 신고를 가장 많이 당한 국가이다. 중국인이 세계 주요 경제조직에서 임직한 비율은 여전히 낮고, 영향은 제한적이다. 예로 WTO의 판결 가운데, 매우 오랫동안, 중국이 의제와 절차를 통제하는 능력은 인도만 못 했다. 미국이 구축한 동맹체계를 기초로 한 안보질서에서, 중국은 완전히 밖으로 배제되었다.

중국과 세계 주요 대국의 관계는 보통

냉전 종식 이래, 중국은 미국, 러시아, 영국, 프랑스, 독일, 미국 등 대국과의 관계에서 큰 발전을 거두었으며, 각기 전략적 협력동반자 관계를 구축하였다. 중국과 이들 국가의 교류도 날로 밀접해지고, 정부, 학자, 기업, 개인 등 각양각색으로 참여 중이며, 정치, 안보, 경제, 사회 등 분야에 영향을 미치고 있다. 매체에서는 '중·미 관계가 역사적으로 가장 좋은 시기에 있다', '중·러가 연합하여 미국에 맞선다', 심지어 '중국식이 이긴다'라고 평하고 있다. 하지만, 사실 중국과 세계 주요 대국의 관계는 융합과 거리가 멀다. 옌쉐통 등의 정량적 연구에 따르면, 1994년에서 2005년까지 오랜 고찰을 통해, 중·러 관계만 우호(6~9점)를 유지하고, 중·프, 중·영, 중·독 관계는 대부분 시간에서 양호한 태세(3~6점)를 유지하였으며, 중·미 관계와 중·일 관계는 오랫동안 불화(-3~0점)와 보통(0~3점) 사이에서 오갔다. 이 연구도 기본적으로는 우리의 정성적 판단에 맞으며, 그 예로 중·미는 적도 친구도 아니다.[15] 십여 년이 지난 지금, 중국과 세계 주요 대국의 관계엔 큰 변화가 없지만, 미국이 다시 대국 지정학의 다툼을 일으키고, 중국을 가장 큰 전략경쟁의 상대로 봄에 따라, 중·미 관계에 난기류가 흐르고, 경쟁의 측면이 협력의 측면을 넘어서는 것 같다. 그 밖에도, 중국과 세계 주요 대국과의 관계에 다음과 같은 치명적 결함들이 있다는 것을 분명히 알고, 냉정하게 대하여야 한다.

첫째, 중국과 이들 국가 간에는 보편적으로 이념과 문화의 친근함이 없다. 이들 국가와 중국의 우호협력 관계는 기본적으로 실질적인 이익에 따른 것으로, 그들과 중국은 정치제도, 의식형태, 문화전통이 매우 다르며, 많은 국가는 중국을 전략적으로 믿지 않는다.

둘째, 경제관계가 이러한 양자관계를 유지하는데 차지하고 있는 비중이 너무 크다. 중·러 전략적 협력동반자 관계 외, 다른 몇몇 양자관계는 경제이익의 색채가 너무 짙고, 경제관계의 발전정도가 정치·안보 관계보다 훨씬 높다. 경제관계의 발전은 빠른데, 정치·안보 영역의 발전은 더디다. 중·일 관계에서 오랫동안 '정치는 차갑고, 경제는 뜨거웠다.' 냉전의 종식 이래, 중·미는 타이완, 지역안보, 인권 등

15) 참고. 阎学通, 等：《中外关系鉴览(1950—2005年)——中国与大国关系定量衡量》, 北京：高等教育出版社, 2010年, 第1、27、389页。

문제에서 충돌이 끊이지 않았고, 경제·무역 협력이 오랫동안 중·미 관계에서 '균형추' 구실을 해왔다. 영국, 프랑스 등 국가 역시 한편으로는 중국과의 경제협력을 강화하면서, 다른 한편으로는 인권과 티베트 문제에서 항상 중국을 비판해왔다. 이러한 양자관계의 긍정적인 발전을 위해, 중국은 늘 '대량주문' 외교를 통해 이들 국가의 정치적 인가와 관계 안정을 얻어야 했다. 중국의 경제규모가 커지고, 산업구조가 개선됨에 따라, 경제경쟁력이 높아졌으며, 이렇게 경제협력에 의존하는 양자관계는 계속해 나가기 어려울 것이다. 2008년 전 세계의 금융위기 이후, 서방국가가 위안화, 무역적자 등의 문제를 둘러싸고 끊임없이 중국을 압박한 것이 확실한 증거이다, 원래는 공공이익의 기초가 되었던 경제·무역 협력이 이제는 끊임없이 새로운 분쟁을 끌어내고 있다.

이러한 형세에서, 중국이 대국 간에 정치·외교적으로 수완을 부리는 폭은 상대적으로 작다. 중국은 상대적으로 평화로운 대국관계를 유지하여, 이들 국가와의 충돌 가능성이 크게 낮아지기를 바라고 있다. 하지만 이들 대국이 안보의제에서 중국의 주장을 크게 지지하기를 바라는 것은 상당히 비현실적이다. 중국 해양력 발전의 문제에서, 이들 대국은 일반적으로 의심하고 시기하는 태도를 보일 것이며, 대비하거나 심지어 직접 배척하는 책략을 취할 가능성이 가장 크다.

중국 선린우호 외교의 성과는 명확하나, 잠재도전은 심각

냉전 종식 이후, '공평, 공정, 상호 이익, 협력'의 새로운 안보관을 따라, 중국은 선린우호 외교를 강하게 발전시키고, 풍성한 성과를 거두었으며, 주변국과의 관계에서 중국 역사에서 가장 좋은 시기였다. '10년에 가까운 시간 동안, 주변지역의 경제는 일본 주도에서 중국 주도의 지역 경제협력과 경제성장으로 바뀌었다.'[16] 그 밖에도, 정치적 상호 신뢰를 쌓은 분야에서, 중국의 선린외교 역시 큰 진전을 이루었다.

북방에서는, 중국을 여러 해 동안 괴롭혀 오던 북부 변방의 국경문제를 해결했다. 키르기스스탄, 타지키스탄, 카자흐스탄과 러시아와 영구적인 국경을 연이어 획정했다. 상호 신뢰, 호혜, 상호 이익을 바탕으로, 중국과 러시아의 전략적 협력은 점입가경을 이루었다. 중·러 양국의 전략적 협력동반자 관계는 군사안보, 정치, 경제 등

16) 钟飞腾：《政经合一与中国周边外交的拓展》，载《南亚研究》，2010年第3期，第14页。

여러 분야를 포함하고, 중·러 군사공업 영역의 협력은 중국 해·공군의 현대화를 촉진하는 중요한 수단이며, 중·러의 국제구도, 국제질서 등 중대한 국제문제에서의 비슷한 입장 역시, 러시아가 중국의 전략적 동반자가 되게 하였다. 최근 몇 년간, 정치적 상호 신뢰가 크게 개선되고, 중국과 카자흐스탄 등 중앙아시아 국가의 경제협력도 중요한 성취를 얻었으며, 에너지, 광산 등 영역의 협력은 특히 사람들의 시선을 끌었다. 중국석유중앙아시아파이프유한공사는 중앙아시아 A·B·C선, 중국-카자흐스탄선 등 4개의 천연가스관과 2개의 원유관을 관리운영하고 있으며, 중앙아시아 D선 천연가스관 건설을 계획하고 있다. 총 길이는 약 1만km로, 횡으로 중앙아시아 5개 국가를 지나며, 2017년 3월까지 국내에 공급한 오일가스는 2.3억t이다.[17] 중국 기업은 중앙아시아 국가의 지상, 카스피해, 아랄해 등 지역의 오일가스 개발 프로젝트에 적극적으로 참여하고 있다. 러시아와 중앙아시아 국가는 중국 '비단길 경제벨트' 협력의 중요한 동반자로, 중국의 '일대일로' 구상 추진 이래, 중국과 이들 국가와의 관계는 전면적으로 심화발전의 새로운 단계로 접어들었다.

러시아 및 중앙아시아 주변국과의 양자관계가 왕성하게 발전하는 동시에, 중국은 새로운 안보관의 영향으로, 러시아와 함께 주도적으로 '상하이협력기구'를 세우고, '삼고세력(三股勢力: 극단적 종교집단 세력, 민족 분열 세력, 국제 테러 세력)'을 타격했다. 상하이협력기구는 처음으로 중국이 발기하고 주도한 지역 국제조직으로, 중국과 이들 회원국과의 관계 발전을 촉진하였으며, 중국 서북부 국경의 안보를 안정시키는 데 매우 중요한 의의가 있었다.

'목린(睦隣, 이웃과 화목해야 한다), 안린(安隣, 이웃을 평안하게 한다), 부린(富隣, 이웃을 부유하게 한다)'의 원칙에 따라, 중국은 동남아 국가와의 신뢰 구축과 경제협력을 가속했다. 지금까지, 정치 분야에서 중국은 아세안의 모든 안보대화와 안보협력에 전면적으로 참여하고, 아세안 지역 포럼에서 적극적으로 활동했다. '10+1'과 '10+3' 등 기구 협력에서 큰 영향력을 발휘하고, 지역 외 대국으로서 「동남아 평화 우호조약」 체결에 최선을 다하였다. 경제협력 분야에서, 중국은 가장 먼저 아세안과 양자 자유무역지구를 체결하고, 메콩강 유역에서 경제협력을 적극적으로 전개하였으며, 아세안과 경제영역에서의 상호의존도는 끊임없이 증가했다. 동남아 각국은 중국의 이웃으

17) 中国石油新闻中心,《中哈塬油管道累计输油一亿吨》, http://www.cnpc.com.cn/cnpc/mtjj/201704/7f7057d24d3643a4a0256c03df41984e.shtml.

로, 중국이 동남쪽으로 대양에 나아가는 길을 지키고 있다. 냉전 종식 이래, 아세안은 대내 통합을 강화하였으며, 대외적으로는 조건이 좋으면 일하기 쉽듯이, 지역 안보대화와 경제협력을 적극적으로 추진함으로써, 동아시아 지역에서 중요한 역량이 되었다. 따라서, 정치, 안보, 경제 등 각 분야 할 것 없이, 아세안은 중국 해양력 발전에 큰 영향을 미치고 있다. 중국과 아세안의 우호협력, 아세안 각국과의 점진적인 관계 발전은, 중국 해양력 발전의 주변환경을 크게 개선하였다.

하지만, 중국의 동아시아 선린외교도 갈수록 큰 도전을 맞이하고 있다. 첫째, 냉전 이후 동아시아의 정치 공백기가 끝나고, 중국의 선린외교는 미국, 일본, 인도 등 국가의 경쟁과 제약을 직면하고 있다. 미국은 오랫동안 동맹과 양자관계를 중심으로 견지하였으며, 동아시아 다자안보협력과 지역 일체화에 대한 열의는 없다. 일본은 미국의 전략에 제약을 받아, 동아시아 전략에서 몸을 사리는 것처럼 보이며, 성과를 기대하기 어렵다. 러시아는 두 머리 독수리의 유라시아 전략을 추진해왔으나, 결국은 역부족이었으며, 동아시아 사무에 더 많은 역할을 담당하고 있다. 인도와 호주는 아세안이 중요한 역할을 하는 것에 찬성은 하지만, 그 외교력이 부족하다. 이러한 배경에서, 중국은 아세안이 지역 일체화와 동아시아 안보협력에서 주도적인 역할을 할 것을 적극적으로 지지하며, 동남아 국가와의 관계를 빨리 좁혀, 정치, 경제, 안보 등 협력을 활발히 추진하였다. 그렇지만, 2005년 제1차 동아시아 정상회담이 시작되고, 경제적 이익, 중국의 급성장 등 여러 분야의 원인으로 미국, 일본, 인도 등 국가는 아세안 주도의 지역협력에서 소극적인 태도를 바꾸어, 정치, 경제, 군사 등 각 영역에서 아세안을 끌어들이는 힘을 강화하였다. 미국, 일본, 인도 등 나라가 날로 중국을 상대로 여김에 따라, 그 동아시아 외교전략에서 중국과 경쟁하는 의미가 더욱 짙어졌다. 아세안의 전통적인 목표는 어느 지역 외 대국도 그 지역을 지배하는 지위를 차지하지 못하게 하는 것인데, 현실에서 아세안 국가는 미국과 중국 사이에서 선택하지 않고, '이중구속(Double－binding)'의 책략을 취하고 있다. 한편으로는 기제의 구속과 다른 대국의 규제로 중국의 무력사용의 비용을 높이고, 다른 한편으로는 이 지역에서 미국이 중국을 억제하는 정책을 장려하지 않는 것이다. 앞으로 아세안 국가는 미국, 일본, 인도 등 지역 외 대국이 동아시아에 미치는 영향력을 강화하고자 하는 간절한 심리를 이용하고, 그들의 도움을 받아, 그 대외전략에서 중국을 대비하는 색채는 더욱 짙어질 수 있다. 둘째, 치열한 해양분쟁은 중국의 선린외교에 심각한 영향을 미친다. 2009

년 이래, 세계 제2차 해상 인클로저(enclosure: 공동이용이 가능한 토지에 경계선을 쳐서 남의 이용을 막고 사유지로 하는 일)의 전개에 따라, 중국 동중국해, 남중국해의 분쟁이 격화되었다. 민감한 해양분쟁에 다양한 매체의 방대한 조작이 더해져, 중국은 몇몇 국가와의 관계에서 어려움에 빠졌다. 셋째, 중국과 주변국의 경제 등 실무협력은 가치관과 정치이념의 동질감에서 점차 멀어졌다. 이 분야는 국가 간 관계 발전의 법칙에 의해 결정되는 경제협력과 경제적 유대의 증대는 반드시 정치적 결과를 초래할 것이며, 정치·군사적 관계 개선이 촉진될 수 있고, 그 반대도 있을 수 있다. 관건은 양측이 문제를 해결하고 관계를 계속 격상할 수 있는 통로나 길을 찾을 수 있느냐다. 분명히 중국은 주변국과의 관계에서 경제협력의 발전으로 정치, 안보관계를 어떻게 구축할 것인지, 나아가 가치관의 친근 또는 동질을 이룰 것인지 하는 난관에 부딪혔다. 다른 한편, 중국의 급성장, 특히 군사력의 발전은 주변국을 압박하고, 그들은 중국의 권력지위와 미래 발전방향에서 곤혹을 느낀다. 안보이념과 가치관 측면에서 볼 때, 현재 중국은 이러한 자신의 변화가 형성한 긴장감을 성숙하게 풀 수 있는 실현 가능한 지역전략이 없다.

중국과 개발도상국의 관계에는 좋은 바탕과 전망이 있지만, 중국은 이들 국가와 신분 공동체 의식 및 외교자원 통합 등 분야에서 갈수록 장애가 커진다.

개발도상국은 '제3세계' 국가라고도 불리며, 일반적으로 아시아, 아프리카, 라틴아메리카에 있는 국가를 가리킨다. 이들은 식민지와 반식민지를 경험하고, 제2차 세계대전 이후에 정치적 독립을 이루었으며, 경제적으로 뒤떨어진 남방국가이다. 개발도상국과의 외교는 대국외교, 선린우호 외교와 함께 중국 외교의 3대 핵심이다.

중국은 개발도상국과 많은 점이 비슷한 처지로, 역사적으로 식민주의와 제국주의의 침략, 착취와 압박을 당했다. 민족독립 후, 주권 수호와 현대화 발전의 이중 임무를 맡고 있으며, 오늘날 세계의 경제체계와 국제 분업에서, 모두 불리한 처지에 놓여 있다…. 이러한 공통점은 중국이 많은 개발도상국과 서로 쉽게 이해하고 지지할 수 있게 한다.

중화인민공화국은 건국 이래, 개발도상국과의 관계 확장을 매우 중시했고, 상당히 견고한 기초를 형성했다. 오랫동안, 중국은 개발도상국의 이익을 지키는 것을 자신의 국제의무로 여기고, 그들의 민족독립 수호를 강력히 지지했다. 경제적으로, 중국은 수많은 개발도상국에 조건 없는 원조를 제공하였으며, 개혁개방 이후, '평등호리(平等互利), 강구실효(講求實效), 형식다양(形式多樣), 공동발전(共同發展)'의 4개 원칙에 따라, 그들과의 경제협력을 강력히 강화하고, 개발도상국이 추구하는 국제경제 구질서의 변화를 지지하며, 새로운 질서의 건립을 주장했다.

위에 언급한 기초에 따라, 현재 중국과 개발도상국의 관계는 전면적 협력의 새로운 시기에 접어들었다. 먼저, 상호 신뢰가 한층 증강되고, 협력의 분위기는 더욱 짙어졌다. 2000년 이래, '중국－아프리카 협력포럼'은 중국과 아프리카 간 정치대화 및 경제협력의 주요 플랫폼을 형성했다, 중국의 지도자와 아프리카 48개 국가의 국가원수 및 정치지도자들은 베이징에 모여, 중국－아프리카 협력의 새로운 고조를 이끌었다. 중국은 대다수 아랍국가와 외교협상 기제를 세우고, 2004년 1월 '중국－아랍 협력포럼'을 정식으로 성립했다. 라틴 아메리카와의 정치협상 역시 한층 제도화되었다. 중국은 20여 개 라틴 아메리카의 국가와 양국 외교부 간 정치협상 및 대화 기제를 세웠다. 2009~2010년, 중국은 러시아, 브라질, 인도 등 남아시아 국가와 브릭스 국가기제를 공동발기하고, 신흥 경제체제 대화협력의 새로운 막을 열었다. 2012년 중국－중동부 유럽 지도자 최초 회담 이래, 중국－중동부 유럽 협력기제는 날로 발전하였고, 양자협력은 비약적으로 발전하였으며, 중국은 중동부 유럽 16개국과 관계에서 크나큰 발전을 이루었다.

중국은 개발도상국이 스스로 능력을 갖출 때까지 경제기술 원조를 계속했다. 유엔이 새천년개발목표(Millennium Development Goals)를 채택한 이후, 통계에 따르면, 중국은 이미 백여 개 국가와 지역조직에 2,000여 개의 프로젝트를 제공하였으며, 가장 발전하지 못한 44개의 국가에 200억 위안이 넘는 채무를 감면해주었다. 경제협력 분야에서, 개발도상국은 중국이 '해외진출' 발전전략을 추진하는데 중요한 협력대상으로, 중국과 이들 국가 간 경제협력의 성취는 우수했다. '일대일로' 구상 추진을 가속하면서, 중국과 수많은 개발도상국 간 경제협력은 전방위 발전단계에 접어들 것이다.

그러나 중국과 개발도상국의 관계에도 몇 가지 보편적인 문제와 장애가 있으며, 이것은 양자관계의 깊이에 심각한 영향을 주고 있다.

첫째, 중국 국력의 급속한 성장에 따라, 중국과 이들 국가 간의 공동체 인식이 위기를 맞고 있다. 중국은 거대한 개발도상국으로 자신의 이익과 개발도상국은 발전 권익, 국제정치경제의 새로운 질서 등 잘 어울리는 면이 있지만, 동시에 충돌하는 면도 있다. 예를 들면 중국의 대국 영향력, 국제책임과 의무 등은 항상 어떤 개발도상국의 이익과 일치하지 않는다. 개발도상국의 입장에서, 중국 경제 전체규모의 급성장, 국제지위와 영향력의 대폭적인 상승과 해외에서의 대규모 투자 등은 모두 그들에게 중국과 그들이 같은 신분과 같은 이익을 가진다는 것을 받아들이기 어렵게 한다. 주의해야 할 것은, 중국의 급속한 발전과 이익이 날로 다원화됨에 따라, 이러한 공동체 의식의 위기는 점차 커질 추세라는 것이다.

둘째, 중국은 이들 국가와 외교자원을 통합하는 분야에서 선천적 장애가 있다. 중국 외교는 내정불간섭의 원칙을 고수하고, 타국 정부의 행위를 늘 충분히 이해하고 존중하지만, 중국계 회사들은 흔히 관습적으로 또는 부득이하게 상위 경로를 택하며, 이들 국가의 사회와 일반 대중에는 별로 관심이 없다. 사회교류 측면에서는, 중국의 언어, 종교와 문화 등 할 것 없이 우세한 것이 아시아, 아프리카, 라틴 아프리카의 수많은 국가로 전해졌다. 개혁개방 이래, 중국과 이들 국가의 정부 간 관계는 무섭게 발전했지만, 일부 국가와 지역에서 중국은 그들의 대중, 이념 등 사회기반과 점차 멀어졌다. 이들 국가의 정권이 교체되면, 중국은 정치 변천과정에 영향을 미칠 유력한 수단과 충분한 자원이 또 다시 부족해지고, 중국이 자신의 이익을 수호하기 위해, 전 정부에 투자했던 효과와 이익은 큰 문제가 되었다. 2011년 서아시아와 북아프리카의 격변 시, 세계의 대국은 모두 충분히 준비되지 않았는데, 격변 시작 후, 미국, 서유럽 국가 심지어 러시아 등의 대국은 모두 빠르게 자원을 통합하여, 상대국 정치안정에 큰 영향을 발휘하였으나, 중국은 충분한 수단이 없었다. 이것은 국제자원을 통합하는 측면에서, 제3세계에서도 중국은 정치, 경제, 외교 또는 군사수단 분야 할 것 없이 모두 미국, 영국, 프랑스, 러시아 등 대국과 큰 차이가 있다는 것을 보여준다.

해양력을 살펴보면, 중국 외교의 가장 큰 단점은 해외 동맹국이 없다는 것이다. 영국, 미국이 유지하는 해상 주도 지위의 매우 중요한 요소 가운데 하나는 많은 해외 동맹이다, 이는 매우 중요한 것으로, 해양국이 세계로 가기 위해서는 반드시 동맹을 맺어야 한다는 것을 의미한다. 왜냐하면, 자신의 자원과 지리적 조건만 의지한다면, 해외에서 대규모 행동과 역량체계 구축을 지원하기 부족하기 때문이다.

Ⅲ. 경제력 - 중국의 경제력은 강대하지만, 수준 향상이 시급

만약 단순히 거시 수치만 참고하면, 중국 경제력의 강대함은 의심의 여지가 없다. 중국은 세계 제2대 주권 경제체제이며, 세계 최대의 외환 보유국이다.

하지만, 중국의 풍부한 경제력은 중국이 강한 경제적 수단을 지녔다는 것을 의미하지 않는다. 중국이 타국과의 경제관계를 타국과의 외교정책과 군사업무에 미치는 영향으로 바꾸기 위해서는 많은 어려움이 있을 것이다. 먼저, 중국의 경제는 불평등성과 취약성의 특징을 갖고 있다. 발전이 너무 단순하고, 과학기술 수준이 낮아, 형태 전환의 큰 압박을 받고 있다. 세계 경제분업 측면에서, 중국의 많은 산업은 중하위에 머무르고 있으며, 핵심경쟁력이 부족하다. 중국과 서방 주요 국가의 무역마찰은 갈수록 심각해지는 추세이며, WTO 반덤핑 사례의 3분의 1 이상이 모두 중국을 향한 것이다. 다음으로, 앞에서 언급한 바와 같이, 현재 세계 경제게임의 법칙 제정과 발전에서, 중국은 배우고 익히는 역할에 속하며, 그 경제규모에 적합한 발언권이 없어, 국제경제 질서에서 여전히 불리한 지위에 있다. 미국, EU 및 일본과 같은 대형 경제체제와의 마찰과 상대에서, 중국은 별로 우위를 차지하지 못하고 있어, 중국은 경제자원을 경제적 수단으로 바꾸는 장기적인 노력이 필요하다.

중국 해양경제의 발전은 매우 빠르지만, 단지 값싼 노동력과 처음의 과도한 개발에 의한 것일 뿐, 과학기술의 수준이 높지 않고, 각 산업은 핵심경쟁력이 거의 없다. 중국의 어업 생산량은 세계 제일이지만, 다수가 자영업자와 소기업주로, 주로 전통적인 작업방식에 의존하며, 국제 경쟁력 있는 현대 기업 주체는 부족하다. 중국은 심해 오일가스 산업, 해양생물 과학기술, 해양 화학공업, 해양광업 등 해양 신흥산업에서 나은 점도 많지만, 전체적으로는 여전히 세계의 전통 해양강국에 뒤처진다.

Ⅳ. 국제여론 가운데 영향력 - 중국 '목소리'의 영향이 적다.

국제여론은 국제사무에서 추진기나 윤활제와 같이 중요한 역할을 맡고 있다. 정보기술의 빠른 변화에 따라, 다양한 소통수단의 보급, 시민사회의 왕성한 발전, 국제여론의 작용은 갈수록 커지고, 국제 대형매체의 보도 경향과 소재 취향은 국제사무의 발전과정을 좌우하기도 한다.

현재 유럽과 미국은 국제여론 구조에서 주도적인 지위를 차지하고, 중국의 국제여론 가운데 영향력은 그 국력에 대비하면 매우 부적합하며, 전체적으로 뒤처지는 지위를 차지하고 있다. 유럽과 미국의 매체가 국제정보의 내용을 거의 독점하였고, 서방의 3대 통신사(AP 통신, 로이터 통신, AFP), 5대 텔레비전 네트워크(ABC, NBC, CBS, CNN, FOX)와 6대 신문사(「타임스」, 「뉴스위크」, 「이코노미스트」, 「뉴욕타임스」, 「워싱턴포스트」, 「월스트리트저널」)이 세계 국제뉴스의 주요 공급상을 구성하며, 중국 국제보도의 출처는 약 80%가 미국에서 온다. 인터넷 등 신흥매체 분야에서도, 중국은 열세의 위치를 차지하고 있는데, 먼저 인터넷의 물리구조에서 중국은 절대적인 약세이다. 현재 전 세계에 루트 서버가 13대 밖에 없는데, 10대는 미국, 3대는 각각 일본, 영국, 노르웨이에 있다. 국제 인터넷의 근간인 최상위 도메인 해독과 IP 주소 할당을 위해서는 그들의 제약을 받을 수밖에 없다. 또한, 인터넷 내용 제공 분야에서, 중국의 신흥매체는 창의적인 생각이 부족하고, 국제화 정도가 낮으며, 일부 플랫폼이나 상품에는 국제사용자가 많기도 하지만, 구글, 페이스북, 트위터 등 인터넷 거물처럼 큰 국제 영향력을 갖추는 것은 여전히 어렵다.

제3절 중국 지상력 우위에 따른 감소원칙

인류사회는 거리의 장애를 극복하고자 끊임없이 노력해왔으며, 큰 발전을 이루었지만, 현재 그리고 장래의 과학기술도 거리의 영향을 완전히 뛰어넘을 수는 없을 것이다. 군사효율은 통상 군사행동과 본토의 거리에 반비례하는데, 본토와 멀수록 군사력 투사의 어려움은 배로 증가하며, 효율은 배로 떨어진다.

따라서, 국가는 세력 확장을 추진할 때, 반드시 거리의 영향을 고려해야 한다. 국가의 영향력은 거리가 멀어질수록 약해진다. 본토에서 멀수록 영향력이 약해지고, 역량이 확장될수록 강도가 약해지며, 거리의 마찰소모가 실력의 강도를 침식한다. 이것이 바로 '힘의 손실 경사도(loss of strength gradient)' 현상이다.[18]

---

18) Kenneth Boulding, *Conflict and Defense*, New York and London: Harper & Row,

이러한 힘의 손실을 보상하고, 세계에서 영향력을 발휘하기 위해, 대국은 해외 군사기지를 세우고, 해외에 군대를 주둔시키거나, 군사동맹을 발전시키며, 자신의 장거리 투사능력을 크게 발전시킨다. 그러나 미국이 이러한 패권국으로, 세계에 약 30만 명의 해외 주둔군, 수백 개의 해외 군사기지, 막강한 원양해군과 전략공군을 보유하고 있지만, 그 영향력도 거리 감쇠(distance decay) 규칙을 완전히 벗어날 수 없다. 이에 미어샤이머는 거리의 영향으로 모든 패권은 지역 패권이며, 세계 패권은 존재하지 않는다고 잘라 말했다.[19)]

중국 해양력의 발전은 거리 감쇠 규칙의 작용을 더욱 중시해야 하는데, 중국은 미국처럼 막강한 해외 투사능력이 없으며, 세계에 기지와 동맹국의 지지가 퍼져있지 않아, 거리 감쇠 규칙의 영향을 더 쉽게 받는다. 중국 해양력의 발전은 반드시 지상력에 의지하고, 해상 영향력은 중국 본토와 멀수록 약해지기 때문에, 중국 해양력이 대양 깊숙이 발전함에 따라, 마주하는 저항은 미국과 일본 등 해상역량의 중심에 가까울수록 커진다. 권세가 작아질수록, 저항이 커지는 것은 중국 해양력이 해양 깊이 발전하는 기본 태세이다. 물론, 중국은 아시아의 중심으로, 여러 방향으로 지리적인 복사 능력이 있어, 권세 하락 법칙의 영향을 줄일 수 있다. 예를 들어, 중국은 서태평양의 도련으로 봉쇄된 것처럼 인도양으로 직접 나아갈 수 없지만, 지상력을 통해 이러한 해역에서 큰 영향을 발휘할 수 있다. 그래서 중국의 강대한 지상력은 중국 해양력 발전의 든든한 후원이자, 중국이 해양력을 발전하는 큰 힘 가운데 하나이다. 그러나 이 힘은 거리에 따라 강해지거나 약해질 수 있으며, 이것이 중국 해양력 발전목표의 가능성과 한도를 크게 결정한다. 강대한 지상력을 유지하고, 강대한 해양력을 발전시키는 것은, '심장지역'에 튼튼한 기반을 쌓고, '주변지역'에 튼튼한 성을 쌓는 것이, 중국이 지정학 권력을 추구하는 데 필수이다.[20)]

일찍이 2,000년 전, 중국은 이미 지상력 대국이었고, 이러한 권세는 청나라 말기까지 이어져 왔다. 근대 이래, 정치의 부패와 낙후로, 중국은 가난과 허약을 쌓았고, 한꺼번에 이 지상력 대국의 우위를 잃었다. 중화인민공화국 건국 후, 중국 공산당은

1963, p.262.

19) [美] 约翰·米尔斯海默(John J. Mearsheimer)：《大国政治的悲剧(The Tragedy of Great Power Politics)》, 王义桅, 唐小松译, 上海：上海人民出版社, 2008年。

20) 李义虎：《地缘政治学：二分论及其超越》, 北京：北京大学出版社, 2007年, 第261页。

적극적인 진취정신과 탁월한 지도력으로, 중국의 행정체계는 대륙의 구석구석을 처음으로 유효하게 통제할 수 있게 되었으며, 지상력은 다시 강대해졌다. 6·25전쟁, 청불 전쟁, 베트남 전쟁, 대인도 자위반격, 대베트남 자위 반격전의 뚜렷한 승리는 중국 공산당 지도 아래의 강대한 지상력 우위를 연이어 설득력 있게 증명했다. 냉전의 종식과 소련의 해체는 중국의 해양력 우위를 더욱 뚜렷하게 만들었다. 한때는 정말 동아시아 지역에서, 어떠한 지상 권력도 중국에 필적할 수 없었다. 지상과 해양 주변의 대국으로, 지상과 해양을 모두 다루기 어려운 열세에도, 지상과 해양이 서로 우위를 촉진했고, 지상력의 도움으로 해양력이 발전했다.

중국이 상대하는 미국과 일본의 지리적 우위지역은, 대체로 중국의 대륙붕과 겹치며, 제1도련선 안 대부분 구역을 차지하고 있다. 중국 대륙의 경제, 정치와 군사력 성장에 발맞추어, 지상력이 미치는 영향력이 한층 강화되었지만, 그 우위는 결국 제1도련선 근처에서 멈추었다. 왜냐하면 지리적 공간에서 보면, 제1도련선의 연장이 전통적인 해양력 국가의 지리적 우위지역에 이르기 때문이다. 도서기지, 원양함대, 해양경제를 구성하는 강대한 해양력은 지상력을 대신하여 주도적 역량이 될 것이다.

서로 다른 방향에서, 지리적 환경의 차이에 따라, 줄어드는 속도와 영향의 강약은 모두 비교적 큰 변화가 있다. 중국 동북의 한반도와 남부의 인도차이나반도에서, 중국 대륙의 지리적 종심과 기반은 미국, 일본 등의 국가를 훨씬 넘어서며, 중국의 지상력은 미국과 일본의 해양력보다 훨씬 우세하다. 역사에서도 이 점은 여러 번 증명되었는데, 제2차 세계대전 이후, 미국은 서태평양 지역의 제해권을 확실히 통제해왔으며, 많은 동맹국의 협조 아래, 막강한 국력을 떨쳤지만, 한반도의 38선과 월남에서는 멈추고 말았다. 하지만 대륙붕 가장자리 도서 근처에 이르러, 중국 대륙의 권세는 약해지기 시작하였으며, 중국은 미국, 일본 등 강국과 계속 이 구역에서 일정한 세력균형을 이루었다. 예를 들면, 타이완 해협에서 중·미는 1950년대 이후 일정한 세력균형을 유지했다. 대륙은 타이완을 공격하여 빼앗을 수 없었고, 타이완 역시 대륙을 크게 위협하지 못했다. 중·미가 여러 차례 힘을 겨루고, 양자 간 서로 타협으로 마무리함으로써, 현황은 바뀌지 않았다.

제4절 평화발전에 부합한 총노선

해양력은 수단이지, 목적이 아니다. 결국 중화민족의 위대한 중흥과 두 개의 '백년' 목표를 위한 것이다. 중국은 이미 여러 차례 중국이 평화발전의 길을 갈 것을 대외에 선언하였다. 즉 '세계 평화 수호를 통해 자국을 발전시키고, 또 자국 발전을 통해 세계 평화를 지키는 것; 자국의 힘과 개혁과 혁신으로 발전을 실현하는 것을 강조하는 동시에, 대외개방을 견지하고, 다른 국가의 장점을 배우는 것; 경제 세계화 발전 조류에 순응하고, 각국이 서로 이롭고, 함께 이기며, 공동의 발전을 추구하는 것; 국제사회와 함께 노력하고, 지속 가능한 평화와 공동번영의 조화로운 세계 건설을 추진하는 것이다'.[21] 중국 발전과 세계 발전의 관계에 대하여, '중국의 방안은 인류 운명공동체를 이루고, 함께 이기며 함께 누리는 것을 실현하는 것'이다.[22]

요약하면, 중국 발전의 목표는 평화적이고, 방법도 평화적이며, 수단 역시 평화적이다. 이것은 중국이 군대를 발전시키지 않거나, 싸우지 않겠다는 것이 아니라, 폭력적 수단을 주로 써 자신의 전략목표를 실현하지 않겠다는 것이다. 주목해야 할 것은, 평화발전은 중국이 스스로 선택한 것으로, '평화발전의 길을 가는 것은 중국 정부와 인민이 계승해야 할 중화문화의 우수한 전통이자, 시대발전의 조류와 중국의 근본적인 이익이 만든 전략적 선택이며, 중국 발전의 내재수요'라는 것이다.[23]

해양력 발전 분야에서, 중국의 목표와 수단은 모두 평화발전 대전략에 적합해야 한다.

Ⅰ. 패권주의 억제와 강권정치의 충동

중국은 매우 강대하고 위대한 국가가 되겠지만, 미국을 따라 해서는 안 된다. 미

21) 《中国的和平发展》白皮书, http://www.gov.cn/zhengce/2011-09/06/content_2615782.htm. 중국발전과 세계발전의 관계를 어떻게 처리하는가에 대하여, '중국의 방안은 인류 운명공동체를 이루고, 함께 이기며 함께 누리는 것을 실현하는 것'
22) 시진핑, '인류 운명공동체를 함께 이루자. 유엔 제네바사무국에서 한 연설 중, http://politics.people.com.cn/n1/2017/0119/c1001-29033860.html
23) 178)과 같음.

국이 세운 해상 주도의 지위는 특정 역사적 시기와 배경에 기반을 둔 것이며, 미국 해양의 타고난 자질도 세상 다른 국가가 비교할 수 없는 것이다. 하지만, 미국의 막강한 해양력도 결국은 역사 속으로 사라질 것이며, 앞서 밝힌 바와 같이, 국제 해양정치는 갈수록 다극화될 것이다. 미국의 세계 최강 문화적-물리적 해양력은 세계 모든 국가가 선망하지만, 그 길은 결코 따라갈 수 없는 것이다.

최근 몇 년, 중국은 빠르게 미국과의 종합국력 차이를 줄여나갔다. 그러나 차이가 오랫동안 존재할 것임을 인정하지 않을 수 없다. 중국의 경제규모는 이미 세계 2위를 차지했지만, 경제수준은 미국 선두의 서방 선진국에 여전히 비교가 안 된다. 국제분업의 측면에서 보면, 중국은 여전히 중하류이고, 서방국가가 설계와 공예를 장악하고 있으며, 중국은 세계 공장의 역할을 맡고 있다. 최근 몇 년, 중국은 산업조정의 가속을 외치고 있지만, 이 발전형태는 상당히 오랫동안 바꾸기 어렵다. 과학기술 혁신과 산업 경쟁력 면에서, 중국은 선진국과의 차이가 오랫동안 존재할 것이며, 오히려 더 커질 수도 있다. 중국의 경제규모가 세계 제일을 이루더라도, 이러한 국면은 빨리 변화하기 매우 어렵다.

군사에서, 서방 선진국, 특히 미국과 비교하면, 차이는 더욱 뚜렷해진다. 중국은 군사대국이지만, 통제와 영향의 범위가 중국의 영토 경계를 아주 조금 넘거나, 심지어 영토 범위 내 일부 도서와 해역도 통제하지 못한다. 현재 세계는, 국지 충돌과 세계 위기를 해결하는 가운데, 군 규모의 의의가 크게 떨어지고, 장거리 투사능력과 군 정보화 수준, 합동작전능력 등 지표의 중요성이 빠르게 상승하고 있으며, 이러한 지표는 하필 중국군의 약점이다. 따라서 실력으로 보면, '미국과 동맹국들이 자국의 경제, 기술, 군사적 성장을 중단해야만 세계를 지배할 수 있을 것이다.'[24] 최근 2년, 미국 국내 정치와 사회에서 모두 심각한 문제가 나타나긴 했지만, 우리는 미국 제도의 교정능력을 낮게 평가해서는 안 된다.

이밖에도, 미국이 주도하는 세계질서는 힘을 기반으로 하는 기제 패권으로, 설령 미국의 힘이 상대적으로 약해진다고 해도, 그가 주도하는 세계질서는 여전히 쉽게 흔들리지 않을 것이다. '중국이 마주한 국제질서와 역사에서 굴기국이 마주한 국제질서는 근본적으로 다르다.' '중국은 미국뿐 아니라, 서방 중심의 국제체제를 상대하는 것

24) Andrew J Nathan, "The Truth about China", *The National Interest*, No105, January/February 2010, p.80.

이며, 이렇게 개방적·통일적인 기제와 규범화된 체제는 세계에서 넓고 두터운 정치 기반를 보유하고 있으며, 핵시대 역시 중국의 선택을 제한한다.'[25]

'현재 서방의 국제질서는 도전받기 매우 어렵지만, 들어가 참여하기는 비교적 쉽다.' 개혁개방 이래의 중국이 경험한 것은, 국제질서에 적극적으로 참여하는 가운데, 자신의 변화를 통해, 세계를 바꾸는 것이다. 중국은 자신의 경험과 형식을 다른 국가에 강제하지 않으며, 그렇게 할 동기나 능력도 없다.

더욱이, 국제질서의 후발 주자로, 규칙과 발언권을 장악하지 못한 채, 패권주의와 강권정치를 추구한다면 그 대가는 매우 높다. 중국의 종합국력, 마주한 지리적 환경과 시대, 기술 등을 조건으로, 미국식의 세계 해상패권을 이루기는 어려울 것이다.

Ⅱ. 중국 대전략에 적합한 수단 요구

전략수단 가운데, 평화발전, 어떤 이는 평화경쟁과 비폭력이 중국 굴기의 주요 형식이라 한다. 중국은 수많은 강대 이웃과 고정된 국경(settled areas)에 포위되어, 확장 공간이 전혀 없으며, 이 점은 앞으로도 바뀌지 않을 것이다. 중국의 굴기는 사실상 그 경쟁상대의 번영에 따르며, 16세기 포르투갈을 대신한 스페인, 16~17세기 스페인을 대신한 네덜란드, 19세기 프랑스를 대신한 영국의 방식과는 달리, 상대의 쇠락이 반드시 중국에 도움이 되지 않으며, 중국과 경쟁상대는 커다란 공동의 이익이 있다. 개혁개방 정책의 시행은 중국과 국제체계의 관계를 바꾸었으며, 중국과 국제체계의 공동이익을 확장하였다. '일단 국가가 국제사회와 상호작용을 맺고 있으면, 국익은 다시는 스스로 설정한 전략수요가 아니며, 그것은 반드시 다른 국가의 이익과 국제 공공이익을 고려해야 한다.'[26] 먼저, 국제체계의 안정은 중국과 평화발전의 기초이다. 중국은 세계체계 밖에 떨어져 있다가, 국제체계 안으로 들어가, 국제체계의 제도, 규칙과 규범을 받아들여, 국제체계 자원의 도움으로 자신을 발전시켰다. 30여 년 동안, 중국과 국제체계의 관계는 이미 근본적으로 변하였으며, 중국은 국제체계의 중요한

25) G. John Ikenberry, "The rise of China and the Future of the West: Can the Liberal System Survive?", *Foreign Affairs*, Vol.87, No.7, 2008, p.24.

26) 郭树勇：《大国成长的逻辑——西方大国崛起的国际政治社会学分析》, 北京：北京大学出版社, 2006年, 第13、15页。

구성원이자, 그 체계의 수혜자가 되었다. 국제체계와의 상호작용에서, 중국의 몇몇 주장과 외교원칙도 받아들여졌고, 중국은 명실상부 체계 수호자가 되었다. 사실, 중국은 현재 국제체계가 구성한 외부환경에 대단히 크게 의존하며, 앞으로도 중국의 발전은 기본적으로 외부환경에 의존할 것이다. 중국이 외부환경에 크게 의존한다는 것은, 중국이 평화를 바라며 안보 경쟁이 역량을 분산하는 것을 막는 것만 말하는 것이 아니라, 더 중요한 것은 여전히 국외 시장, 천연자원, 자금과 기술지식이 필요하고, 계속 수출을 추진하여 경제성장을 이끄는 전략 추진이 필요하다는 것이다. 중국 정부는 이 같은 의존이 가져올 부정적 효과에 주목해 수출 유도를 계속 추구하면서도, 경제성장 방식 전환, 국내소비 촉진 등 국내 구동수단에 초점을 맞추고 있지만, 언제나 수출 유도, 해외무역은 적어도 중국 경제성장의 주요 발동기 가운데 하나이다. 다음으로, 경제관계와 경제협력은 이미 중국과 미국, 일본 등 서방국과의 공동이익이 되었다. 어느 한쪽도 이러한 관계를 끊는 것이 가져올 결과를 감당할 수 없다. 끝으로, 현재 세계 테러, 에너지 안보, 환경악화, 금융불안, 위생위기와 자연재해 등 비전통 안보문제는 나날이 심각해지고 있으며, 이러한 도전 역시 각국의 상호의존을 증진하며, 그것들은 국가가 권력정치와 편협한 이익관념을 넘어, 어려움과 위기를 함께 맞서나가길 요구한다. 중국 개혁개방 이래의 발전과 자취는 현재의 국제체계와 뗄 수 없으며, 미국, 일본 등 국가와의 경제협력은 매우 밀접한 관계를 맺고 있어, 상대를 멸하는 것은 자신을 멸하는 것을 의미한다. 최근 몇 년, 중국은 실제 행동으로, 중국이 경제 세계화와 세계 무역체계의 굳건한 옹호자이자, 현황을 수호하는 국가이며, 수정주의자가 아니라는 것을 보여주었다.

경제 세계화와 상호의존의 발전은 무력의 급성장이 더는 유일하거나 유효한 수단이 되지 못 하게 하였다. 중국은 과거 제국주의처럼 식민수단으로 해외자원을 구하지 못하고, 배타적으로 세력범위를 구축하지 못할 것이며, 근본적으로 확장할 공간도 없다. 정복과 패권은 모두 선택사항이 아니고, 중국은 세계 최대의 경제체제가 되어도 여전히 그럴 것이며, 중국은 주로 평화적 수단으로 자신의 목적을 달성할 것이다.

해양력 발전의 과정에서, 중국은 반드시 다른 국가의 이익을 충분히 보호하고, 이들 국가의 핵심이익에 대한 도전과 이익손실을 최소화해야 하며, 다른 국가와의 빈번한 상호작용 가운데, 양자의 공동이익을 확장하고, 확대해야 한다. 간단히 말하면, 중국은 자국의 이익을 실현할 때, 다른 국가의 이익에 대해 충분히 고려하고 관심을 가져야 하며, 20세기 전반의 독일과 일본이 급성장할 때처럼, 자신의 이익을 좇기 위해 다른 국가의 합법적 권익을 침해해서는 안 된다. 또한, 대전략은 중국이 이익을 추구하는 목표, 수단과 방식 그리고 현재의 국제질서에 부합해야 하며, 중국이 해양력을 추구하는 과정에서, 전쟁과 같은 방식으로 현재의 해양질서를 뒤엎어서는 안 된다.

물론, 해양력의 발전과정 가운데, 중국의 해양이익과 다른 국가, 특히 일본과 미국과의 관계에는 반드시 큰 갈등이 있을 것이다. 중국의 국력이 끊임없이 강하고 커짐에 따라, 중·일, 중·미 간 세력 경쟁과 전이 그리고 구조적 갈등은 피할 수 없으며, 중국이 설정한 해양강국의 목표는 일본, 미국의 목표와 모두 격렬하게 충돌할 것이다. 기본적으로 조화는 불가능하며, 충돌이 정상이다. 하지만, 여기서 우리가 분명히 알아야 할 것은, 중국 해양력 발전의 목적이, 미국의 아시아 진출을 배제하거나, 일본을 약하게 하는 것이 되어서는 안 되며, 한국, 동남아 등 국가의 이익을 고려하지 않고 지역 패권을 추구하는 것은 더욱더 안 된다.

중국 해양력 발전의 가장 큰 외부요인은 의심할 여지 없이 미국과 일본의 영향이고, 앞서 밝힌 바와 같이, 중국 자신의 조건, 국제환경의 상황 그리고 해상력의 비교는 중국이 제로섬 게임을 통해 현재의 패권국인 미국에 도전할 수 없으며, 무력으로 일본을 압박할 수도 없다는 것을 결정했다. 게다가, 미국과 일본은 국제체제에서 두 개의 중요 국가로, 중·미, 중·일의 상호의존도는 이미 상당한 수준이며, 서로의 이익은 깊이 맞물려 있어, '네가 있어야 내가 있고, 내가 있어야 네가 있다'라는 분위기가 되었다. 중국이 해양력을 추구하는 과정에서, 만약 배타적인 제로섬을 주요 원칙으로 사용하면, 목적을 달성할 수 없을 것이며, 민족중흥의 역사적 위업도 실현할 수 없을 것이다.

제3장

향후 30년 중국 해양력의 목표

중화인민공화국의 건국에서 현재까지, 특히 개혁개방 이래 40년, 중국은 차츰 지상력 대국 또는 해양약국에서 지상과 해양을 고루 갖춘 해양력 국가로 변하고 있다. 향후 2049년까지 '두 개의 백 년' 목표를 실현할 즈음, 중국은 세계의 해양력 대국에서 세계의 해양력 강국을 바라볼 수 있을 것이다. 중국이 마주한 안팎의 조건을 바탕으로, 해양력의 각 대요소와 중국 발전의 잠재력을 고려하여, 중국은 '근해통제, 지역존재와 전 세계 영향'의 전 세계 강대 해양력을 추구할 것이다. 근해통제란, 인접한 동아시아 근해에서 일정한 수준의 전략우위 또는 해상통제를 도모하여, 타이완 통일 추진, 한반도에 적대정권 출현의 방지, 댜오위다오와 난사군도의 주권 수호, 중국 대양 진출 교통로의 안전을 확보하는 것을 말한다. 지역존재란, 이익이 관련한 서태평양 및 북인도양에서 유효한 군사존재를 유지하는 것으로, 주로 적대국 또는 집단이 외선(外線)에서 중국 사무 개입과 관여 또는 중국의 중대 국익에 위해를 가하는 것을 억제, 견제 및 대비하는 것이다. 전 세계 영향은, 임시적 군사배치, 군사연습, 군함 상호방문 등을 통해, 전 세계 해역에서 정치외교 영향을 추구하는 것이다. 미국이 추구하는 '전 세계 존재, 전 세계 공방'의 무한 해양력과 달리, 상술한 것처럼 중국 해양력의 목표는 여전히 유한한 것이다.

제1절 근해통제

해양통제는 달성해야 할 목표와 현실이 아니라, 능력인 경우가 많다. 좁은 의미의 해양통제는 해상교통로 통제에 지나지 않으며, 넓은 의미의 해양통제는 전시에 특정 해역과 그 상공을 군사 및 비군사적 목적으로 사용할 수 있는 능력을 말한다. 실제로 평시에는 해군이 해양통제를 하지 않고, 그 대신 어느 정도의 해군력만 행사한다. 두 해상 강자의 대결에서 자신의 사용을 위해 해양을 완전히 통제하거나 상대의 사용을 완전히 거부하는 것은 불가능하거나 드문 일이다.[1]

근해통제는, 근해우위를 가리키기도 한다. 이러한 해양통제는 주로 전시에 전쟁에서 이기거나 충돌을 억제하는 능력을 가리키며, 평시 그 해역의 지배와 관할을 의미하지 않는다. 해양통제의 전제는 전략우위로, 이러한 전략우위는 역량을 포함하므로, 중국은 일정한 상대 역량 우위를 추구해야 한다. 동시에 지위와 질서도 포함하므로, 중국은 지역의 중요한 해양사무에서 큰 발언권이 있어야, 자신에게 유리한 지역 해양질서를 형성할 수 있다.

중국의 근해통제 추구는, 미국을 동아시아 또는 서태평양 지역에서 몰아내는 것을 의미하지 않으며, 무력으로 타이완 문제와 홍콩 반환의 분쟁을 해결하는 것도 아니다. 무력으로 그 지역에서 패권을 건립하는 것은 더욱 아니며, 자신에게 유리한 전략태세를 추구하는 것이다. 해양통제권은 모든 해양에 대한 상시 통제를 의미하는 것이 아니다. 오히려 다른 목표달성을 가능하게 하도록 언제, 어디에서라도 국지적인 해양통제를 달성하고 목표달성에 필요한 만큼 이를 지속하는 능력과 역량을 의미한다.[2] 필자는, 근해통제의 구체적인 속뜻을 일정한 역량 우위와 규칙체계를 세우는 것으로 생각한다. 그것은 일종의 문화적 통제로, 대륙을 통제하는 것과는 다르며, 특정 해역에 대한 통제로, 미국이 추구하는 전 세계 해양통제와는 큰 차이가 있다.

근해의 범위를 정하는 것에 대하여, 중국은 공식적으로 두 가지의 해설이 있다.

---

1) Milan Vego, "Getting Sea Control Right", *U.S. Naval Institute Proceedings*, Vol.139, No.11, November 2013.

2) Naval Surface Force Command, *Surface Force Strategy: Return to Sea Control*, January 9, 2017, p.20.

류화칭 제독은 일찍이, 중국 근해공간의 주요 범위가 "황해, 동중국해, 남중국해, 난사군도와 타이완 해협, 오키나와 도련 안팎의 해역 및 태평양 북부해역을 포함한다"라고 하였다.[3] 1997년 판 「중국인민해방군 군어」는 "중화인민공화국의 근해는 보하이, 황해, 동중국해, 남중국해와 타이완섬 동쪽의 부분해역을 포함한다"라고 하였다.[4] 이 두 해석에 따르면, 중국의 근해는 네 대륙의 연해와 태평양 북부의 일부 해역을 덮는데, 이것은 배타적경제수역과 같이 법률적 개념이 아닌, 지리적 개념이며, 범위는 중국이 「유엔 해양법 협약」(이하 「협약」)에 따라 주장하는 300만㎢의 해역보다 크다. 물론, 과학기술의 발전에 따라, 근해의 지리적 범위는 반드시 끊임없이 확대될 것이며, 근해는 변하지 않는 개념이 아니다. 그러나, 중국이 말하는 근해에는, 지리상의 분야 외에도, 정치상의 의의가 있으며, 상술한 근해공간은 중국의 영토보전, 국가통일과 중대 안보 및 경제이익과 관련이 있다. 이는 일종의 방어적 개념으로 한계를 정한 것으로, 중국은 기술과 능력의 발전에 따라 근해를 무제한으로 확장할 수는 없다.

모든 세계 대국은 모두 먼저 지역성 대국이고, 미주의 미국이나 독립국가연합의 러시아와 같이 그 주변이 천연의 전략우위 범위이기도 하다. 근해의 전략태세가 중국의 주권과 영토보전, 전략안보와 발전안보, 주요 해양 주권권익과 관계한다는 것은, 지도를 대충 보거나 상식으로도 알 수 있다. 「중국의 중요한 해양이익」 장에서, 필자는 이미 자세하게 중국의 중요 해양이익을 서술하였는데, 중국 절대다수의 핵심 및 중대 해양이익은 모두 근해구역에 집중되어, 중국에 있어 동아시아 근해의 중요성은 말하지 않아도 뻔하다.

근대 이래, 중국이 동아시아 근해에 대한 통제권과 발언권을 잃은 것은, 타이완의 현황, 댜오위다오 분쟁 그리고 남중국해 문제와 관련이 크다. 현재, 미국과 그 동맹체계는 여전히 지구에서 가장 강대한 해상세력이고, 동아시아 국가군이 해양으로 나아가는 추세는 상당히 명확하며, 중국 역시 그들의 해양의식, 이익과 관념을 가벼이 여길 수 없다.

중국이 추구하는 근해통제는 여전히 미국의 세계 해상우위 배경 아래 있어, 적지 않은 사람들이 중국의 지역우위 가능성을 크지 않게 본다. 해군의 전략목표와 전

3) 참고. 刘华清：《刘华清回忆录》，北京：解放军出版社，2004年，第434页。
4) 참고. 中国军事科学院：《中国人民解放军军语》，北京：军事科学出版社，1997年，第440页。

략임무의 각도에서 보면, '세계 1위'의 해군과 힘겨루기할 때, '세계 2위'의 해군과 '세계 20위', '50위'의 해군은 최종결과에서 본질에서 차이가 없다.[5] 제2차 세계대전 이전의 경험은 바다의 연결성 때문에 전시에 상대와 맞먹는 해상역량을 보유하지 않고는 문제를 해결할 수 없고, 절대적 제해권을 가지려면 세계 최고가 되어야 한다는 것을 보여주었다. '적이나 상대가 충분히 우세한 함대를 갖게 되면, 국지 제해권이 가져오는 이점은 일시적일 수밖에 없는데, 이론상으로는 이 역량이 자기 측의 특정 해역에 대한 통제를 무너뜨릴 능력이 있기 때문이다.'[6] 역사상, 프랑스와 독일제국은 연이어 '세계 2위'의 해군을 보유했으나, 세계 제일의 해군강국인 영국이 전쟁을 시작하자, 실패의 운명을 피할 수 없었다. 또한, 설사 중국의 해양력 순위를 정하는 것이 지역 해양력이더라도, 중점은 동아시아 근해에서 전략우위를 차지하는 데 있으며, 그 성공 가능성은 크지 않은데, 대가는 크다. 따라서 '아·태 지역의 중·미 이원 구조가 날로 분명해지는 상황에서, 중국의 지역 해양력 추구는 효과적인 책임 전가 대상이 부족하다."[7]

하지만, 우리가 군사기술, 지리, 군사체계의 신뢰성 세 가지로 중·미가 서태평양 전략태세를 결정하는 요소를 종합분석해보면, 이 가능성이 존재한다는 것을 어렵지 않게 발견할 수 있다.

제1도련선 안과 부근 해역에서, 기술진보는 대륙국을 더 유리하게 했다. 오랫동안, 지상력 강국과 해양력 강국의 대립 가운데, 공격과 방어를 떠나, 지상력 강국은 모두 명확하게 열세였다. 해양력 강국은 해상역량의 기동성을 충분히 이용하고, 빠르게 병력을 모아, 지상력 국가의 어느 한점으로 결정적인 타격을 했다. 반면, 지상역량은 빠르게 모으기 어렵고, 강한 주먹을 형성하더라도, 바다에 가로막혀 바다를 바라보며 한숨만 쉴 것이며, 공격의 효율성이 떨어진다. 마치 청나라 말기 영·프 등 제국주의와의 힘겨루기에서, 영·프 군대의 전체 인원수는 매우 적었으나, 해군의 막강한 기동성을 이용하여, 만km가 넘는 해안선에서 가는 데마다 전기를 잡고, 국지에서 중국군을 상대로 병력과 화력의 우위를 형성한 것과 같다. 청나라 말기 정부의 유명무

5) 徐弃郁：《海权的误区与反思》，载《战略与管理》，2003年第5期。
6) Julian S Corbett, *Some Principles of Maritime Strategy*, Brassey's Defence Publishers, 1988, p.103.
7) 姜鹏：《海陆复合型地缘政治大国崛起的"威廉困境"与战略选择》，载《当代亚太》，2016年第5期。

실하고 방대한 군대는, 제시간에 집결할 수 없었으며, 가는 곳마다 피동적이었다. 이 같은 해양력의 공격과 방어의 강점은 네덜란드, 스페인, 영국, 미국 등 해상강권이 세계를 나누고, 세계를 제패할 수 있는 중요한 이유이며, 머핸이 '바다를 지배하는 자, 세계를 지배한다'라는 기술 기반이었다.

하지만 제2차 세계대전 종식 이래, 유도탄 기술, 우주기술과 정보기술의 빠른 발전에 따라, 형세가 변하기 시작했고, 대륙강권은 해상표적에 대하여 강한 위치추적 및 공격 수단을 가지게 되었다. 표적 위치추적 분야에서, 대륙국은 위성, 조기경보기, 무인기 및 초수평선 레이더 등 정찰수단으로 해상목표에 대하여 위치측정을 진행할 수 있다. 정찰위성은 전 세계 해역에서 대형 수상함정의 동향성 정보를 획득할 수 있고, 단파 방위측정과 초수평선 레이더는 해안에서 멀리 떨어진 표적의 동태정보를 제공할 수 있으며, 정확한 표적정보를 제공하지 못하더라도, 조기경보의 역할은 할 수 있다. 조기경보기는 해안에서 수백km 떨어진 해상표적을 실시간으로 획득할 수 있는데, 예로 미국의 E－2C 조기경보기는 360km 밖의 함선을 발견할 수 있다. 「Kanwa Asian Defence」와 「Jane's Defence Weekly」의 분석에 따르면, 중국의 콩징(空警)－2000도 비슷한 성능을 보유하고 있다.

공격수단 분야에 있어, 대륙 기술은 더 큰 발전을 이룩하였으며, 지상기반 전투기와 유도탄 역량으로 수천km 떨어진 해상역량과 육상종심을 타격할 수 있다. 중국군의 둥펑－21D 유도탄과 스텔스 잠수함, 대규모 현대화 수상함, 해상타격 항공기가 배치되면서, 서태평양에서 미군은 갈수록 다차원적인 '마지막 1,000해리' 군사력 투사 장벽에 직면하고 있다. 특히 유도탄 공격과 유도탄 방어의 균형에서, 기술상 선천적으로 공격하는 측에 유리하다. 방산 전문가들은 미국과 그 동맹이 이미 배치한 요격장치(주로 지상기반 패트리엇 계열 및 해상기반 SM 계열 요격 유도탄)의 중국 첨단 유도탄 체계에 대한 공격은 성공 가능성이 크지 않고, 이러한 장치는 매우 비싸 대규모로 갖추는 것이 불가능하여 방패 역할이 제한된다고 입을 모은다.[8)]

이러한 상황에서, 대형함정 특히 수상함 편대의 동향은 매우 쉽게 위치가 추적되고, 지상기반의 수많은 공격수단의 위협 아래, 특히 대륙에 인접한 해역에서 해상

---

8) Ian Easton, *China's Military Strategy in the Asia Pacific: Implications of Regional Stability*, the Project 2049 Institute, 2013, p.16, https://project2049.net/wp－content/uploads/2018/06/China_Military_Strategy_Easton.pdf.

역량의 생존확률과 유효성은 약해진다. 이렇게 특정구역 안에서 대륙강권은 해상강권에 비해 일정한 천연의 전략우위를 형성한다. 정찰기술의 발전은 여전히 유도탄 사거리에는 못 미치는데, 특히 초저공 및 수상 표적에 대하여 지구곡률의 영향으로 해안기지 레이더와 함재 레이더의 탐측능력 발전은 더디고, 유효탐지거리는 오랫동안 20km에서 100km, 심지어 가시거리에 머무르고 있다.[9] 그러나 조기경보기를 통한 중국의 '반접근' 군사체계는 적어도 해안에서 400~600km 이상 해상의 이동표적에 효과적이며, 고정표적에 대한 정찰 및 타격능력은 수천만km에 달한다.[10] 물론, 일본, 베트남 등 국가 역시 중국과 유사한 책략을 취하여 중국의 '반접근' 역량 건설에 맞설 수 있겠지만, 섬나라 또는 반도국으로서 그 전략종심과 규모는 아마 중국과 같은 대륙국에 비교할 수 없을 것이다. 또한, 중국과 이들의 근해구역은 매우 가까워, 일본, 베트남 등 국가의 '반접근' 역량은 중국이 미국에 대하여 발휘하는 그러한 전략의 효과를 달성하기 어렵다.

지리적으로 보아도, 중국은 그 지역에서 우위를 차지하고 있다. 근해에서 중국 해양력은 지상력의 보호를 받고 있다. 지상력의 강대함과 지리적 복사효과는 중국이 대양진지에서 위협에 대응할 무장역량이 필요하지 않게 한다. 만약 타이완과 동중국해에서 충돌이 일어나면, 중국은 지리적 우위를 갖춘 육상표적 추적감시체계, 세계 최대의 일체화 방공체계와 우수한 갱도체계 등을 이용하여, 유도탄, 무인기 등 발사장치로 안전하게 적을 공격할 수 있다. 또한, 서태평양에서 미국의 아·태 사무에 관여할 수 있는 군사자산은 제1도련선, 주로 일본 오키나와에 많이 집중되고, 대다수 기지와 보조시설은 몇 개의 독립된 섬에 분포되어 있어, 전시에 상대에 의해 정밀타격이나 제거를 쉽게 당할 수 있다. 미국은 최근 몇 년 자산분산과 네트워크화를 위해 배치를 조정하였으며, 괌 등 대륙과 비교적 먼 후방에 배치하였는데, 이렇게 하는 것은 안전을 높이지만, 효율은 떨어뜨리게 된다. 만약 전시에 미군이 괌이나 더 먼 지역에서 중국 근해로 군사력을 투사한다면, 중국에 대하여 포화공격을 실행하기는 더 불가능할 것이다. 또 항공모함 등 해상역량은 중국의 '반접근/지역거부' 위협에 겁먹고,

---

9) 刘卓明, 姜志军, 等：《海军装备》, 北京：中国大百科全书出版社, 2007年, 第523－537页。

10) Stephen Biddle and Ivan Oelrich, "Future Warfare in the Western Pacific: Chinese Anti access/Area Denial, U.S. AirSea Battle, and Command of the Commons in East Asia", *International Security*, Vol.41, No.1, 2016, pp.24－28.

중국의 유도탄 반경 밖에서만 활동할 것이다. 중·미 쌍방은 제1도련선 안에서 여전히 투사거리의 상당한 비대칭이 존재한다. 미군은 수천km 밖에서 필요한 물자를 수송하여, 작전행동을 지켜야 하는데, 중국은 '앞마당' 작전을 펼칠 수 있다. 미군으로서 괌과 하와이 기지의 해군만으로는 동아시아 근해의 전략적 영향을 보증하기 부족하며, 지역 동맹과 동반자의 큰 지지가 필요하다. 미국 동맹이 중국과의 논쟁에 보이는 모호한 태도와 이들 국가의 국내정치 장애 등 불확실한 요소를 고려하면, 미군이 당면한 상황은 더 복잡해질 것이다.

이 밖에도 그 지역에서 충돌이 발생하면, 중국의 작전체계는 더 높은 신뢰성을 가진다. 현대전은 체계의 대결로, 작전체계는 많은 지휘, 무기, 네트워크 등 체계로 구성된다. 복잡한 물건일수록 허점도 당연히 많아지고, 불확실성 역시 많이 증가한다, 이것은 반 강적(強敵) 개입과 '공해전투' 모두 마주할 도전과 어려움이지만, 대륙에 가까운 근해공간에서, 중국군의 작전체계는 미군보다 간단하고 신뢰성이 더 높다. 중국은 주로 해안기지 레이더, 조기경보기와 정찰위성 등으로 구성된 ISR 체계로 표적을 추적하고, 동태정보를 지휘체계에 제공하며, 자세한 관련자료를 무기체계에 전송한다. 지휘체계는 필요한 ISR 체계와 무기체계에 각종 지령을 내리며, 모든 과정에서 생산된 대부분 수치의 전송과 교환은 지상의 신뢰성 있는 유선 네트워크나 체계를 통해 완성된다. 미군은 대량의 우주기반 위성과 해상기반 플랫폼으로 정찰과 조기경보를 진행할 수밖에 없으며, 대부분 우주기반 통신위성으로 자료를 중계한다. 근래 몇 차례의 전쟁에서, 미군이 실현한 100%의 정밀유도와 90% 이상의 통신은 모두 위성에서 이용한 것이다.[11] 그런데 우주기반 위성의 대역폭 자원은 일반적으로 상당히 유한하고, 전시에 매우 급박하며, 자료량이 급격히 늘어나, 쉽게 통신채널에 장애가 생기고, C4ISR 체계가 쉽게 붕괴한다. 이러한 상황을 피하려고, 미군은 이라크전과 아프간전에서 국제전기통신연합(ITU)의 통신위성을 대량으로 빌려 사용해야만 했다. 만약 미군이 아·태 지역에서 대국과의 충돌에 개입한다면, 미군의 대역폭 지원 부족 현상은 반드시 더욱 심각해질 것이고, 상대가 자료를 주입하거나 네트워크 간섭을 일으킨다면, 결과는 더욱 엉망이 될 것이다. 상대는 대위성 무기로 미국의 통신위성을 공격하지 않아도, 미군의 C4ISR 체계를 마비시킬 수 있다.

---

11) 中国人民解放军军事科学院军事战略研究部：《战略学》, 北京：军事科学出版社, 2013年, 第96页。

가장 조심스러운 전망에 기초하더라도, 중국 역시 동아시아 근해수역에서 미국과 그 동맹의 역량 간 대략적인 균형이 형성될 전망이다. 각자 '반접근'과 '지역거부' 역량의 작용 아래, 이 수역은 전쟁과 충돌 가운데 'No man's sea(어느 한쪽에 속하지 않는 바다)'가 될 것이며, 중·미 해군함정 모두 이 구역에서 자유롭게 군사력 전개와 투사를 하지 못할 것이다.[12] 하지만 만약 중국의 책략과 역량이 적절하다면, 중국은 일정한 전체 전략우위를 형성할 수 있다. 이른바 '반접근' 역량 외에도, 중국 대양해군의 발전이 갈수록 중요해지고, 미국 다음으로 제2의 원양함대가 되고 있기 때문이다. 서태평양 지역으로 구체화하면 중·미 해상역량의 대립은 갈수록 균형 잡혀간다.

중국이 동아시아 근해의 우위를 추구면서, 제1차 세계대전 이전 독일처럼 '빌헬름 딜레마', 즉 해·육 복합형 지정학적 굴기국이 양대 지리적 공간에서 동시에 우위를 추구하여, 체계 내 잠재적 권력균형 기제를 활성화함으로써, 다른 구성원 연합에 의해 균형을 잡히는 주 대상이 되고,[13] 나아가 미국과 '투키디데스의 함정'에 빠지는 것이 아니냐는 우려의 목소리가 높다. 이것은 사실 가명제로, 오늘날 중국은 확실히 당시 독일과 비슷한 상황을 겪고 있지만, 그렇게 간단히 비교할 수는 없다.

우선, 중국은 국토 면적이 넓고, 육·해 전략종심 모두 당시 독일과 비교할 수 없이 깊으며, 견제를 받아도 피할 수 있는 공간이 넓다. 다음으로, 독일제국은 주로 육상세력의 상호 제어를 마주하였는데,[14] 오늘날 중국이 당면한 것은 주로 해상세력의 견제와 상호 제어로, 지상력은 강성이지만, 해양력은 통상 탄성이 있고 개방적이다. 중국이 근해에서 전략우위를 차지하는 것은, 성을 공격하여 그 땅을 빼앗을 필요가 없고, 아·태 지역의 안보현황에 큰 변화도 필요 없다. 역량을 적극적으로 발전하는 동시에, 중국은 주로 자유의 공간을 굳히거나 넓히면서 적절한 권력을 추구하면 된다. 근해공간에서 중국은 유소작위할 수 있는 두 점이 있는데, 첫째는 남중국해 섬과 암초의 거점 역할을 강화하는 것이고, 둘째는 타이완 통일이다. 2013년 연말부터 섬

---

12) Stephen G Brooks, William C Wohlforth, "The Rise and Fall of the Great Powers in the Twenty first Century: China's Rise and the Fate of America's Global Position", *International Security*, Vol.40, No.3, 2015, p.51.

13) 姜鹏：《海陆复合型地缘政治大国崛起的"威廉困境"与战略选择》，载《当代亚太》，2016年第5期，第67页。

14) 독일의 대양함대에 비하면, 당시 영국 정부는 유럽의 육상 세력 균형, 벨기에와 네덜란드 등 저지대 국가의 안위에 관심이 많았다.

과 암초의 확장건설을 통해 중국은 남중국해에서 지리적으로 불리한 것을 부분적으로 개선하였으며, 장차 타이완과 대륙 통일 이후 중국 근해의 해양 지리적 조건은 더욱 나아질 것이다. 따라서, 중국이 필요한 만큼 자제하고 신중한다면, 중국 해상권력의 적절한 성장이 반드시 강력한 연합 견제를 일으키지는 않을 것이다.

중·미 해상대결의 성질은 당시 독·영 해양력 경쟁이나 소·미 패권다툼과 비교할 수 없다. 현재와 미래의 상당히 오랜 시간 동안, 군사기술은 여전히 지정학적 거리를 완전히 바꿀 수 없을 것이며, 태평양은 여전히 충분히 커, 중·미 간에는 거대한 완충공간이 있다. 중국의 해상역량이 어떻게 발전하든, 중·미의 힘겨루기는 여전히 전형적인 지상력과 해양력 대결의 뚜렷한 특징을 가지고 있을 것이다. 중국은 지역 해상강국으로, 동아시아 해역에 가장 중요한 해양이익이 집중되어 있다. 하지만 미국의 전 세계 해양패권에서 동아시아 해역은 중요한 국지일 뿐이다. 따라서 이 해역에서 중·미 양자의 이익 중점은 크게 다르며, 동아시아 해역의 권세 변화가 중·미의 세계 권력지위에 근본적인 영향을 줄 수 없다. 중국은 점잖게 이길 방법이 있고, 미국도 체면을 유지할 방법이 분명 있을 것이다. 이 점은 19세기 말, 20세기 초 독일이 영국과의 해양력을 경쟁했던 형세와 비교할 수 없다. '투키디데스의 함정'은 개연성이지 필연성의 명제가 아니다. 중국의 해상 지리적 경쟁은 분명히 매우 격렬하겠지만, 핵 위협, 경제와 사회의 매우 높은 상호의존과 전 세계 범위의 기능성 협력 요구에 따라 통제될 것이며, 중·미의 어느 정도 평화적인 세력전이는 완전히 가능한 것이다.

제2절 지역존재

제1도련선 밖 서태평양과 서부 인도양의 고리형 수역에서, 중국이 추구하는 것은 유효존재다. 유효존재는 중국이 결코 가볍게 보거나 쉽게 격파되면 안 되는 역량을 갖추어야 한다는 것을 말하며, 일정한 수의 해외기지 지원과 2~3개의 항모강습단으로 이루어진 원양함대를 포함한다. 그 목적은 주로 미국을 포함한 역내 다른 국가나 집단이 외부에서 중국 사무에 개입과 간섭 또는 중국의 중대 국익에 위해를 가하는 것을 위협, 억제 및 대비하는 것이다.

이 수역은 중국의 국가안보와 경제발전에 상당히 중요하다. 중국 해상교통로의 집결지역이고, 21세기 해상 비단길의 주선(主線)이며, 중국 해상역량의 기본 외선이다. 2017년, 미국, 일본, 호주와 인도 4개국은 이 구역에서 인·태 전략을 만들고, 중국의 역량존재와 영향에 맞서, 중국을 '근해에 가두었다.'

자신에게 유리한 국제환경을 만들 수 있는지는 한 국가가 세계 대국이 되는 지표이다. 세계 대국의 안보는 본토가 직접적으로 위협받지 않는 데만 있는 것이 아니라, 완충지대와 예방 수단을 갖추고 경계 밖에서 위협을 제거할 수 있는 억제력과, 안보를 위협할 때 필요한 반격을 가할 수 있는 능력, 나아가 갈수록 높아지는 권력지위를 국제사회에 이해시키는 데 있다.

오늘날 북인도양과 서태평양의 전략태세에 따라, 미국과 인도가 전략적 착오를 범하지만 않는다면, 국력이 심각하게 쇠퇴하지 않을 것이고, 중국은 서태평양과 북인도양 지역에서 해양력 우위를 추구하기 어려울 것이다. 앞으로 30년 안에 중국은 미국과 함께 제1도련선과 제2도련선 사이에서 새로운 전략균형을 형성할 것으로 전망되지만, 전체 서태평양에서 중국 해군은 여전히 미국 해군과 그 동맹체계에 맞서기에 부족하며, 서부 인도양에서도 중국은 미국이 서태평양 또는 동아시아 해역에서 겪는 '반접근'과 같은 어려움과 거리상 열세에 처할 것이다. 따라서, 이 고리형 수역에서, 미국과 인도, 특히 미국과 비교해 중국은 일종의 '약세 해양력' 또는 '현존 함대(Fleet in Being)'를 추구할 수밖에 없다.

현존 함대는, 통상 약세에 처하거나, 잠시 약세에 처한 해군이 모든 수단으로 우세한 해군이 절대적 제해권을 얻는 것을 막고, 모든 가능한 상황에서 공격성과 방어성 행동을 종합운용하여 반격하는 해상 적극방어 전략을 말한다. 역사상 머핸으로 대표되는 전형적인 해양력 이론가들은 '절대 제해권'과 '해상공격'을 많이 강조했고, '현존 함대' 책략은 많은 비판을 받았으며, 사람들에게 그저 힘을 아끼고, 소극적으로 전쟁을 피하는 부정적인 인상을 주었다. 이러한 현상을 조성하는 심층적인 원인은, 영·미가 오랫동안 지켜온 전 세계의 해상주도 지위, 발언권 우위 그리고 그들이 신봉한 '넬슨'의 해상공세 전통이다. 다른 약세한 해군으로서 '현존 함대'는 어쩔 수 없이 취해야 하는 현명한 전략이다. 사실상 '제해권이 다툼 가운데 있다는 점을 인정해야만, 열세에 처한 해군은 적극적 행동으로 유리한 조건을 얻거나, 최소한 우세한 해군이 제해권을 충분히 활용하지 못하도록 막을 수 있다'라는 이유에서다.[15] '현존 함대'는 전략상 방어적일 뿐, 전술상 완전히 방어는 아니고, 모든 가능한 공격성 행동을 수행하는 것이다.

서태평양과 북인도양의 지정학은 복잡하여, 지키기에는 부적합하나, 배치하기에는 적합하다. 미국을 포함한 역내 모든 역량은 이 두 지역을 완전히 통제할 수 없고, 중국이 여기서 역량존재를 실현하는 데에는 근본적인 정치·외교적 장벽이 없다. 현재 미국을 비롯한 동맹체계가 제1도련선에서 중국에 엄청난 압박을 가하는 것은 사실이며, 중국 해군이 제1도련선에서 실제로 빠져나오기는 어려울 것이다. 그러나 중국도 기회가 없는 것은 아니다. 사실 바시 해협과 루손 해협도 중국 해군이 제1도련선에 진출하는 전략적 교통로가 될 수도 있다. 인도양에는 대양 전략거점이 적어 전방위 해역통제가 어렵고, 현재 상황에서는 어느 대국도 대부분 전략요점을 전면적으로 장악하기 어려우며, 인도양을 전방위적으로 통제하기는 더욱 어렵지만, 해협 대부분은 자연조건이 좋아 해상병력이 기동하기에 적합하므로 전략적 포석에 적합하다.[16]

중국은 이 두 지역에 각각 1개 정도의 항모전단과 약간의 정찰 및 조기경보 진지 확보 노력을 통해 효율적인 전력의 존재를 확실히 할 수 있다. 서태평양 지역의 외선 지점은 타이완과 남중국해 섬과 암초로, 타이완이 대륙과 통일하기 전에 중국은 남중국해 섬과 암초의 원양해군에 대한 지지와 협동 역할을 해야 한다. 인도양에서 중국에 가치 있는 지점은 북인도양에 집중되어 있으므로, 지부티에 이어 파키스탄, 미얀마, 방글라데시, 인도네시아 등과도 이러한 협력이 가능한지 중점적으로 검토해야 한다. 또 본토의 유도탄, 장거리 폭격기, 해안기지 장거리 레이더와 정찰위성을 통해 이 넓은 지역에 거부력을 구축해 상대 해상역량에 억제와 견제를 할 수 있도록 지상력 우위를 발휘할 필요가 있다.

중국은 유라시아 대륙과 태평양이 만나는 지역에 자리 잡아, 동북아, 동남아, 남아시아, 중앙아시아와 인접하고 북한은 등지고 있어, 스파이크만이 말한 주변지역에 해당하며, 육·해 복합형의 특징이 뚜렷해, '육지대국와 해양대국 모두의 경쟁상대'이

15) 刘晋：《回到朱利安·科贝特：存在舰队战略再阐释》，载《太平洋学报》，2017年第2期，第56页。
16) 伍其荣：《印度洋地区军事地理状况及其对海上军事行动的影响》，载《军事学术》，2010年第8期，第76－77页。

다.[17] '지정학적 속성상 중국은 지상력 대국과 중요한 해양력 국가의 이중성을 갖추고 있어, '심장지역'과 '주변지역'을 잇는 유일한 대국'이다.[18] 전략적 위치가 중요하다. 중국은 천연으로 아시아 중앙에 위치하여, 동북아, 동남아, 남아시아, 중앙아시아 모두와 지리, 경제, 인문으로 연결되며, 아시아에서 중요한 영향력을 발휘하기 쉽다. 이러한 영향은 적어도 서태평양과 인도양에서 중국의 해양력 확장에 매우 긍정적인 의미를 부여한다. 인접 지역 국가들과의 지리, 경제, 정치와 군사 연계를 강화함으로써, 대양에서 간접적으로 역할을 하는 것이다. 중국이 동남아, 남아시아 국가들과의 우호협력을 통하여 페르시아만－인도양－믈라카를 잇는 해상교통로의 안전을 지킬 수 있다면 일부 국가의 지원을 등에 업고 인도양에서 장기적 군사존재가 가능해진다.

제3절 전 세계 영향

전 세계 영향은, 일시적 군사배치, 군사훈련, 군함 상호방문 등의 행동과 국제 해양정치 대결을 통해, 해양군사, 외교, 경제 등 국제 공공상품을 적극적으로 제공하고, 전 세계 해역에서 정치·외교적 영향을 추구하는 데 있어 독특한 정치·외교적 구실을 하는 것이다.

전 세계 구도에서 중국은 떠오르고 있는 잠재적 초강대국이라고 할 수밖에 없는데, 종합실력은 러시아, 영국, 프랑스와 인도 등 대국을 훨씬 넘어서지만, 미국과 비교하면 여전히 아직 멀었다. 앞으로 세계는 '일초다강(1+X)'에서 '일초+중국+다강(1+1+X)'이 될 가능성이 크고, 미국은 여전히 오랫동안 전 세계의 초강대국 지위를 유지할 것이며, 중국은 굴기하는 잠재적 초강대국이다.[19]

중국의 경제, 사회, 문화가 세계에서 자주 상호작용하는 과정에서 각종 갈등과 충돌을 피하기 어렵다. 중국의 해외이익은 일부 정세가 불안한 국가나 지역에서 정권

---

17) 沈伟烈：《地缘政治学概论》，北京：国防大学出版社，2005年，第468页。
18) 李义虎：《地缘政治学：二分论及其超越》，北京：北京大学出版社，2007年，第251页。
19) Stephen G Brooks and William C Wohlforth, "The Rise and Fall of the Great Powers in the Twenty－first Century：China's Rise and the Fate of America's Global Position", *International Security*, Vol.40, No.3, 2015. p.53.

교체와 충돌, 전쟁 같은 전통적 안보문제 그리고 테러와 집단범죄 등 비전통적 안보 위협에 노출되기 쉽다. 이러한 상황에서 중국은 해외 경제이익과 공민의 권익을 지킬 수 있는 유력한 수단이 절실히 필요하다. 해양은 이러한 이익과 중국 대륙을 연결하는 주요 연결고리인 만큼 해상권력을 이용해 중국 회사와 각종 조직의 이익 그리고 직원의 안전을 어떻게 보호할 것인지 중국 정책결정자들이 고민해야 할 대목이다.

또 세계에서 군사적 영향을 유지하는 것은 국제책임과 대국 의무의 요구를 이행하는 것이기도 하다. 중국의 국제책임은 세계로 뻗어나가고, 오늘날 해양체계는 무질서하게 되어, 질서를 반드시 다시 세워야 한다. 그러기 위해서는 대국이 국제책임을 지고, 국제 공공재에 이바지하여야 한다. 세계 해양의 공공성과 개방성 유지, 해적 퇴치와 억제, 해양질서의 유지 등이 모두 해상 공공재에 속하며, 국제사회는 해상 공공재의 제공자가 필요하다.

앞으로 30여 년, 즉 2049년, 나아가 10~20년 후를 내다본다면 중국은 미국에 이어 세계에서 두 번째로 큰 해상역량이 될 것으로 기대해야 한다. 미국은 전 세계 배치, 전 세계 공방, 중국은 방어를 중점적으로 한다는 점이 차이점이다.

오늘날 해양강국의 부흥은 해양질서를 세우는 것이 뒤따라야 한다. 주도적으로 질서를 세우지 않았던 해양강국은 나타났다가 사라지곤 했다. 역사상 독일, 일본 등이 해상에서 실패한 것도 어느 정도 그것이 원인이었다. 해양질서는 해상패권의 부산물이자, 세계 지도자들이 오랜 기간 지도적 지위와 강력한 기반을 유지할 수 있었던 요인 가운데 하나이다.[20] 강한 해상력은 해양질서를 만들고 유지하는 기반이자 보증이며, 해양질서의 존속은 반드시 만든 사람의 이익과 관념을 구현하고, 실력의 운용과 역량의 전개에 이바지한다. 해양력 국가는 해양질서를 만들고, 그 해양활동을 지키는 말의 체계, 즉 해양 서사(敍事)를 생산하며, 시대마다 국제체계에는 '해양과 해양 소유권'에 관한 규칙이 있다.[21]

해양 기제와 질서에 참여하는 차원에서 해양정치의 다극화는 이미 대세의 흐름이며, 중국은 그 가운데 중요한 하나의 극이 되겠다는 의지를 갖춰야 한다. 사실 해양

---

20) 宋德星， 程芳：《世界领导者与海洋秩序——基于长周期理论的分析》， 载《世界经济与政治论坛》，2007年第5期，第99页。

21) 牟文富：《海洋元叙事；海权对海洋法律秩序的塑造》，载《世界经济与政治》，2014年第5期，第66－67页。

정치 구도는 외교와 정치 측면에서 보면 다극화된 지 오래고 「협약」의 체결과 실천이 이를 증명한다. 중국은 해상정치 구도의 다강 가운데 하나가 돼야 한다. 현대 해양질서는 완성됐지만, 아직 완성단계에 있으며, 최근 '남중국해 중재안'의 운영과 판정은 「협약」의 문제를 여실히 보여준다. 이러한 상황에서 중국은 대국으로서 외교 및 국제법적으로 능력을 강화하고 다극의 하나가 되어 세계의 새로운 해양질서 확립에 걸맞게 이바지해야 한다. 더욱이 남중국해, 동중국해 문제의 궁극적 해결을 포함한 해결방식과 중국의 이익은 중국이 세계 해양정치에서 얼마나 발언권을 갖느냐에 크게 달렸다.

평화롭고 우호적인 지역환경은 중국이 해양강국이 되는 토대이며, 필요한 국제정치적 지지와 국제적 지위를 얻는 것도 중국의 해양력 발전이 추구해야 할 목표 가운데 하나다. 중국이 해양력 강국이 될 수 있느냐의 여부는 해군력이나 어느 정도의 억제력을 갖출 수 있느냐에 달렸을 뿐만 아니라, 이 역내 대국으로서 경제, 외교 등을 통해 중국의 성공을 인정하고 중국의 해양력 발전의 목표와 굴기를 받아들일 수 있는 충분한 정치적 영향력이나 발언권을 얻을 수 있느냐에 달려 있다. 또 세계로 뻗어나가는 대국으로서 중국의 역할과 이바지를 세계 대다수 해양국들이 마음에 들어 할 수 있도록, 국제 해양질서에서 중국의 위상을 인정받을 수 있는지도 해양강국 성공 여부를 결정짓는 지표다.

이 같은 전략목표의 설계와 예측의 전제는 중국이 경제정치 개혁에 박차를 가하고 굴기하는 추세를 지속하고, 큰 잘못을 저지르지 않는 것이다. 해양력의 발전은 길고 힘든 과정이며, 그 과정에서 엄청난 대가를 치르게 될 수도 있고, 전례 없는 좌절을 겪게 될 수도 있다는 각오를 해야 한다.

제3부

수단과 방법

제1장

중국의 해상역량

해상역량은 해상 군사력과 해상 민사력을 포함해 해군, 경비력, 법 집행역량, 상선대 등을 포괄하는 매우 광범위한 개념이다. 그 가운데에서도 해군과 경비의 법 집행역량이 가장 중요한 두 가지 부분을 차지한다. 미국의 해상력은 해군, 해병대와 해안경비대를 포함하고, 일본의 해상력은 일본 해상자위대와 해상보안청을 포함한다. 중국의 해상력은 해군 등 군사력뿐 아니라 해상법 집행역량과 상선대 등 민사역량을 포함하며, 중국 해군과 해경은 가장 중요하고 주목받는 해상역량이다.

또 지상, 공중기반 및 우주력의 발전으로 항공기, 지상기반 유도탄, 정찰 및 통신위성 등의 장비가 등장한 것은 해상에 직접 위치하지 않으면서도 특정 해역에 작용하는 군사력이 해상력 일부로 변하는 것을 의미하였다.[1)] 현재 각 군종 간 합동작전과 상호 통합은 육·해·공·우주·사이버 등의 플랫폼이 상호운용과 전면적 합동을 할 수 있을 정도로 상당히 높은 수준에 도달하여 있다. 따라서 넓은 의미에서 우리가 말하는 해상역량은 해상에서 영향을 줄 수 있는 모든 군사력의 집합이다.

1) 赫德利·布尔(Hedley Bull)：《海上力量与政治影响(Sea power and political influence)》, 见美国国防大学：《海军战略》. 雷湘平, 等译。北京：海军出版社, 1990年, 第19页。

제1절 날로 복잡해지는 임무

두루뭉술하게 말해서, 해상역량이나 해군은 이 체계에서 경제적 번영과 군사적 권세의 궁극적 원천인 해상 자산이나 부를 보호하는 기능을 한다.[2] 구체적으로 해상역량은 군사, 외교, 법 집행(경찰)이 삼위일체를 이루는 통합적 임무를 띠고 있어,[3] 육상과 공중 등 다른 역량과 큰 차이가 있다는 게 전통적인 해양력 이론이다. 해상역량, 특히 '해군은 국가의 통일, 해양 영토주권의 보전, 국가 해양자원의 안전, 해상교통로의 원활한 유지, 전략적 억제, 전략적 반격 등 여러 가지 전략적 임무를 수행하고 있다'라는 것이다.[4] 세계의 상호의존이 고도로 발달하고 전 지구적 해양문제가 두드러지고 있는 지금, 해상역량의 3대 기본임무는 크게 바뀌지 않았지만, 관심의 중심은 이미 근본적으로 이동하고 있다. 평시 군사력의 운용 빈도가 전쟁과 충돌에서 운용되는 것보다 훨씬 높고, 세계 해상각국들이 해상역량의 비전쟁 운용을 갈수록 중시하고 있다는 점이다. 현대 해군의 평시 임무는 억제, 외교, 법 집행과 인도적 지원 등이다.

해적, 밀수, 다국적 범죄, 국제 테러, 불법 이민, 무기 확산, 자연재해 등 전 세계적 해양문제가 해양력과 해상역량에 새로운 사명을 부여하면서 해양력의 운용방식을 어느 정도 바꾼 것은 사실이다. 큰 해양국들은 다른 나라에 대해 어떻게 막강한 전략우위를 누릴 수 있지를 따져보면서, 동시에 이 상대들의 협력으로 자신의 이익을 보호해야 한다. 미국이 '해양 공동부분을 관할하는 데는 충분한 능력이 필요하며, 이러한 능력은 미국이나 어느 한 나라가 단독으로 제공할 수 있는 것이 아니다. 이는 해당 국가와 국제 및 민간기업이 연합해야 필요한 플랫폼과 인적, 협약을 제공해 해상안전을 확보하고 다국적 위협에 대응할 수 있다.'[5]

중국 해상역량의 임무 범위를 정하는 것은 해양력의 전통과 현재의 발전추세를

---

2) Geoffrey Till. *Seapower: A Guide for the 21st Century*, Taylor & Francis Group. 2009, p.34.
3) Eric Grove, *The Future of Sea Power*, London: Roudedge, 1990, p.234.
4) 王予亦：《未来海上作战若干问题探讨》, 裁《海军军事学术》, 2010年第1期。
5) 查尔斯·马尔托里奥海军少将(Rear Admiral Charles W. Martoglio, USN)：《千舰海军：全球海上网络(The 1,000 Ship Navy: Global Maritime Network)》, 載《美国海军学会会报(Proceedings)》, 2005年第11期, 摘自《海军译文》, 2006年第2期。

충분히 생각해야 하며, 일정한 권세를 추구하고 주권과 주권권익을 수호하며 국제 공공재에 이바지하는 세 가지 내용을 담고 있다. 기능적 위치로 볼 때 중국은 세계 다른 해양강국의 해상역량과 일치하는 부분이 많다. 2015년 미국이 발표한 「21세기 해양력을 위한 협력전략」에는 억제, 해양통제, 군사력 투사, 해양안보, '전 영역 접근(all domain access)' 등 새 시대 미국 해양력의 5대 기능이 명시돼 있다. 이 가운데, '전 영역 접근'은 해·육·공·우주·2.공간, 전자기 등 6개 영역에서 미군의 행동자유를 확보하고, 잠재적 적이 미군의 그 영해 및 내륙 진입을 막기 위해 시행하는 '반접근/지역거부' 전략을 무력화하기 위해 새로 추가되었다.[6] 미국이 정한 5대 기능이나 능력, 중국의 해상역량도 서로 다른 정도로 영향을 미친다.

구체적으로는 중국 해상역량의 임무구간을 공간적 범위와 이익적 성격에 따라 다음 3단계로 구분할 수 있다.

Ⅰ. 근해

2015년 「중국의 군사전략」에 따르면 근해에서 중국군의 주요 임무는 '각종 비상사태와 군사위협에 대응하여 국가 영토와 영공·영해의 주권과 안보를 효과적으로 수호하고, 조국 통일을 결연히 수호'하는 것을 포함한다.[7] 앞에서 이미 밝혔듯이 제1도련선에서 중국 연해의 넓은 구역까지 대부분 중국의 근해에 위치하며, 중국의 핵심이익은 대부분 그곳에 집중되어 있다. '해군의 작전해역은 앞으로 오랫동안 주로 제1도련선과 이 도련선에 연한 외연해구 그리고 도련선 안의 황해, 동중국해, 남중국해 해역이 될 것이다.'[8] 따라서 중국의 해상 국익 분포에 따라 중국은 제1도련선 안에서 전략우위를 얻고, 지상력이 제공하는 편익(지상기반 유도탄, 지상기반 항공병 등)에 따라 중국 해군은 언제, 어떠한 상대도 억제하거나 물리칠 수 있는 능력을 갖추어야 한다. 주요 임무는 다음과 같다.

---

6) U.S. Marine Corps. U.S. Navy, U.S. Coast Guard, *A Cooperative Strategy for 21st Century Seapower*, March 2015.

7) 《中国的军事战略》(白皮书), http://www.mod.gov.cn/affair/2015-05/26/content_4588132.htm.

8) 刘华清：《刘华清回忆录》, 北京：解放军出版杜, 2004年, 第437页。

1. 반분열

1995~1996년 타이완 해협 위기 이후 타이완 독립과 외적 개입에 대비하는 것은 중국군 현대화의 가장 중요한 동력이 되어 왔다. 2005년 3월 14일 전국인민대표대회는 「반국가분열법」을 통과시켜 군사수단을 취하는 세 가지 상황을 뚜렷하게 규정하였다. '타이완 독립' 분열세력이 어떠한 명분과 형태로 타이완을 중국에서 분열시키려는 사실, 혹은 중국에서 타이완의 분열을 일으킬 가능성이 있는 중대 사태, 또는 평화통일의 가능성이 완전히 소멸하면, 국가는 비평화적인 수단과 기타 필요한 조처를 해 국가주권과 영토보전을 지켜야 한다.[9] 이 법은 타이완 문제에 대한 중국군의 임무를 법적으로 설명하고 있으며, 극단적일 때 군사적 조치의 합법성을 부여하고 있다.

10여 년에 걸친 치열한 힘겨루기와 투쟁 끝에, 2007년을 전후로 중국 대륙과 미국, 타이완 당국 간에, 타이완은 독립을 도모하지 않고, 대륙은 무력을 행사하지 않으며, 미국은 타이완의 독립을 용인하지 않고, 대륙이 일방적 무력으로 현황을 바꾸는 것을 반대하는 전략적 틀이 마련되었다. 이런 틀은 마잉주(馬英九) 정권이 집권한 8년 동안 비교적 잘 검증되었고, 양안관계가 한때 완화되는 등 정치·경제적 연계가 크게 향상되었다.

그러나 차이잉원 정부의 등장으로 타이완 해협 정세의 변수가 커졌다. 차이잉원은 '타이완 독립' 적극분자로, 지금도 '92공식'을 인정하지 않는다. 그는 현재 타이완 해협 평화와 안정의 큰 틀에 도전하는 뜻을 밝히지는 않지만, '독립하지 않겠다'라는 어떤 약속도 원하지 않으며, 차츰 '타이완 독립' 노선의 추세를 명확히 하고 있다. 일단 정권교체의 과도기를 지나고, 도내 정국이 안정되면, 그가 '타이완 독립' 활동을 키울 가능성이 있으며, 그것은 이른바 일본-타이완 우호와 '신남방' 정책, 즉 타이완 해협 평화에 도전하는 조짐과 의도이다. 장기적 관점에서 주목해야 할 것은 국민당 당내 분쟁이 끊이지 않고, 통합을 위해 힘쓰지 않으며, 도내에서 민진당의 '타이완 독립'을 제약하는 정치역량이 점차 약해져, 평화통일의 가능성이 줄어들고 있다는 것이다.

최근 몇 년간 미국의 타이완에 대한 정책이 비교적 안정적이었던 것은 타이완

---

9) 《反分裂国家法》, http://www.gov.cn/gongbao/content/2005/content_63187.htm.

해협 역량 대비의 변화 덕이 크다. 타이완 해협 역량 대비는 역전이 발생하여, 중국 대륙의 군사력은 날로 우위를 차지하고, 미국 전략계에서는 끊임없이 '타이완 포기'의 목소리가 나오고 있는데, 미국은 타이완 해협에서 중국과 치열하게 전략 대결을 벌일 여력이 부족하기 때문이다. 게다가 타이완 해협에서 중·미 양자의 최저 조건은 매우 분명하여 '타이완 패'에 지나치게 많이 건다면 비수가 드러나기 쉬울 정도로 매우 위험하다. '타이완 패'는 미국으로서 수익이 크지만, 위험도 커 중·미 간 전략적 경쟁이 통제 가능한 상황에서 쉽게 '타이완 패'를 꺼낼 수 없어, 최근 몇 년간 중국을 견제하기 위해 타이완 해협을 옆날개로 삼아 왔다. '아시아-태평양 재균형' 전략 이후 미국이 타이완 문제에서 군사적 움직임을 보이지 않는 이유다.

다만 여기서 말하는 것은 군사적인 측면뿐으로, 미 정부는 정치, 외교, 여론 상의 움직임이 격상될 가능성이 있으며, 도널드 트럼프 미 대통령이 취임하자마자 차이잉원과 통화한 것을 보면 알 수 있다. 일단 중·미 전력경쟁이 심해져 통제 불능이 되면, 미국은 반드시 다시 '타이완 패'를 꺼내려 할 것이다. 이해득실에 따르겠지만, 2009년부터 미국 내에서 '타이완 포기' 주장이 꾸준히 제기됐지만 치열한 힘겨루기 없이 타이완을 내줄 가능성은 크지 않다. 또한, 미국 정책이 큰 조정 없이 현 상황을 유지하면서 타이완과의 군정 연계를 유지하더라도, 굴기한 중국은 이러한 행보에 대해 인내심이 낮아지고 있다.

2. 도서주권과 주권이익 수호

앞서 밝힌 바와 같이, 중국은 거의 모든 해상 주변국과 해양권익 분쟁을 겪고 있다. 시간이 지날수록 분쟁 당사국들의 분쟁지역 관리가 강화되고 동질감이 강화돼 논쟁은 갈수록 민감해지고 해결도 어려워진다.[10] 중국은 이러한 문제를 계속 자제하고 있다. 하지만 '나무는 고요하게 있고 싶어 하나 바람이 그치지 않는다(樹欲靜而風不止)'라는 말처럼, 시간이 중국 편이라는 우려 때문에 일부 국가가 분쟁지역에서의 움직임을 계속 확대하면서 위기가 계속되고 있다. 이 같은 상황은 중국의 힘이 세지면서 오히려 악화하는 추세로, 동중국해와 남중국해에서 두드러지게 나타나고 있다. 최근 몇 년, 일본은 댜오위다오 문제와 동중국해 오일가스전 문제에서 강경한 태도를 보이고

10) Ron E Hassner, "The Path to Intractability: Time and the Entrenchment of Territorial Disputes", *International Security*, Vol.31. No.3. 2006. p.113.

있으며, 동남아 관련국들의 남중국해에 미국 등의 개입을 끌어들이려는 시도는 분쟁 지역에서의 충돌 가능성을 높이고 있다.

중국의 해상굴기 추세가 처음인 만큼, 미국은 동중국해, 남중국해 문제 등에서 소극적인 태도를 보이면서 노골적인 편 가름은 물론, 전면에 나서 군사, 정치, 외교, 국제법, 여론 등을 동원해 중국을 직접 압박하고 중국의 해상권리 유지 움직임을 견제하고 있다. 미국의 관심은 근해에서 증가하는 중국의 권세를 어떻게 억제할 것인가에 쏠려 있고, 섬의 소유와 해역 경계에는 입장이 없다고 하지만, 중국의 권력을 견제하는 차원에서 미국은 중국이 암초나 해역의 통제를 원하지 않을 것이고, 중국의 권력 유지를 좌시하지도 않을 것이다. 더구나 아·태 지역에서 미국의 안보 공약은 갈수록 넓고 깊어져, 미국이 이러한 분쟁에 개입하는 것을 원하지 않더라도, 일본, 필리핀 등 미국 동맹국의 움직임 역시 미국을 그 예상치 못한 충돌에 끌어들일 수 있을 것이다. 호주, 인도 등도 중국의 해상행위에 외교, 여론, 군사층까지 신경을 곤두세우고 있다. 이런 비분쟁국의 움직임은 중국의 해상권력 유지에 국제환경을 심각하게 악화시킨다.

이러한 분쟁문제에서, 분쟁 당사국은 더 큰 이익을 차지하고, 비분쟁국은 트집을 잡으려는 움직임이 오랫동안 계속될 것이며, 더욱 심화할 가능성이 크다. 이것은 중국의 해양역량이 효과적으로 대응해야 하는 '정상 상태'가 될 것이다.

3. 강권 억제

중국의 발전은 평화를 원하고, 중국 국민은 평화를 갈망하지만, 평화 그 자체가 결코 중국 대외교류의 최고 목표가 되어서는 안 된다. 어느 나라나 대외행위의 주요 목표가 국익인 만큼, 중국은 무조건 충돌이나 전쟁을 피하려고 현실적 이익을 외면하고, 평화를 궁극적인 목적으로 삼아서는 안 된다. 중국도 안보 차원에서 발전을 추구할 필요가 있으며, 대국으로서 자신의 앞날을 다른 국가에 대한 희망에 맡길 수는 없다.

역사적으로 중화민족은 자원과 근면한 노동으로 수천 년간 이어진 화하문명을 창조하고 많은 부를 축적했다. 중화민족은 평화발전을 숭상하지만, 중국의 평화발전 과정은 외부로부터 강압적인 폭력에 시달렸다. 고대 동아시아, 중원왕조의 정치, 경제, 문화는 오랫동안 큰 우위를 차지했지만, 또 오랫동안 유목민족의 정권 약탈 대상이 되기도 하였다. 청나라 말기 평화경쟁(정상무역)에서 이익을 차지하지 못한 영국인은 아편, 전쟁과 같은 비평화적 방식으로 중국을 다루었으며, 이를 서방 열강이 다들 따라 했다. 1930년대, 중국도 발전의 황금기를 맞아 매우 빠른 속도로 발전하였으나, 일본 제국주의의 침략으로 중국은 현대화 과정을 다시 멈추었다. 중국이 폭력경쟁에서 뛰어나지 못하지만 필요한 자위수단이 없다면 쌓아둔 재산이 행복은 커녕 재앙을 초래할 수 있다는 것이 역사적 교훈이다.

오늘날 세계는 조화와 거리가 멀다. 패권주의와 강권정치는 새로운 표현형식을 나타내고 있고, 공개적 폭력은 차츰 위협과 협박의 방식으로 대체되고 있으며, 패권국은 군사적 위협으로 외교담판에서 조건을 높이곤 한다. 강권정치의 주요 목적도 영토, 세력범위의 분쟁에서 게임의 법칙을 정하는 것으로, 강권에 의존한 주요 수단도 전쟁에서 외교로 바뀌고 있다. 한 국가가 만약 실력 면에서 상대와 큰 차이를 보인다면, 외교적으로 피동적으로 될 것이다. 냉전 후의 경험에서 볼 수 있듯이, 위기와 충돌, 국지전 발발을 이용하거나 만들고, 어부지리를 취하는 것이 오늘날 패권주의와 강권정치의 주요 방식이다. 중국이 강대한 해상역량을 가지는 것은 국제교류에서 강권의 협박과 강탈을 피하기 위함이다.

중국은 육지에서 일어났지만, 해상역량이 약해 항상 패권국 해군의 위협과 협박을 당해왔으며, 갖가지 쓴 열매를 삼켜야 했다. 미 7함대의 개입으로 중국 대륙과 타이완의 분열이 장기화하였고, 중·미 해상역량의 큰 차이는 중국이 정한 목표의 결심을 완성하는 데 여러 차례 영향을 미쳤다. 중국 해상력의 낙후는 중국이 해상교통로의 안전을 매우 걱정하게 하였고, 전략설계 분야에서 망설이게 하였으며, 국가로서 대외목표를 설정하는 것에 영향을 미쳤고, 다른 나라와 담판 석상에서의 지위에 영향을 미쳤다. 오늘날 세계에서 어떠한 국가도 중국을 상대로 쉽사리 전쟁을 일으키기 어렵겠지만, 이러한 위협과 협박의 수단은 중국에 강요가 되곤 한다.

어떤 국가들은 강대한 해상역량을 바탕으로 중국의 해양이익을 끊임없이 위협하고, 중국의 발전을 저해하며, 중국의 굴기를 저지한다. 미국은 중국 근해 주변에 밀집하여 감청하고 정찰하며, 타이완 문제에서 노골적으로 간섭하고 위협한다. 댜오위다오, 동중국해와 남중국해 문제에서는 중국 등의 움직임을 위협하고 자극하며, 중국 해상역량의 약소함을 이용했다. 일본 역시 중국 해상역량의 한계를 이용하여 댜오위다오 문제에서 끊임없이 도발하고, 동중국해 경계획정 담판에서 터무니없이 높은 조건을 부르고 있다. 냉전 종식 이래, 중국은 평화를 지켜왔지만, 이는 타협의 대가로 기득권에도 불구하고 오랫동안 다른 나라의 무력 위협에 시달려 왔다. 이대로 계속 간다면 다른 나라는 싸우지도 않고 공갈과 협박으로 목적을 이룰 수 있을 것이다. 이러한 의미에서 말하면, 중국 해군의 주요 역할은 전쟁에서 싸워 이기는 것에 있는 것이 아니라, 일정한 실력을 갖추어 중국이 빈번하게 부딪히는 다른 나라의 해상 군사 위협을 피하고, 중국의 외교에서 필요한 힘을 주는 것이다.

4. 돌발사건 대응

중국의 근해는 세계에서 가장 분주한 해역이며, 군사역량의 밀도와 활동주기가 가장 높은 해역으로, 매일 같이 상호 시위, 정찰과 반(反)정찰, 연습과 반연습 등 민감한 행동이 끊이지 않는다. 미국, 일본 등 국가와 중국의 군함과 항공기가 빈번하게 이상 접근사건이 발생한다. 예를 들어 2015년 남중국해에서 미국 군함의 총 활동일수는 700일을 넘었다.[11] 2014년 미국의 중국 해역 저고도 근접정찰은 1,200회가 넘었다. 이러한 행동에 만일 조작실수나 오판이 발생한다면, 국지적 위기 심지어 전쟁으로 번질 수 있다.

이 분야의 가장 큰 위험은 미국에 있다. 미국은 다른 나라의 배타적경제수역에서 군사활동은 원칙상 완전히 자유라고 계속해서 주장하고 있으며, 연안국의 관할을 인정하지 않는다. 실제로 미군을 운용하는 데 연안국를 안보를 전혀 신경 쓰지 않는다. 미국은「유엔 해양법 협약」일련 규정의 모호성을 이용하여 과학측량을 명분으로 중국의 배타적경제수역에서 오랫동안 군사측량 또는 정찰을 진행하였으며, 계속해서 정찰기와 간첩선을 깊숙이 보내 중국 근해에 대한 정찰과 감시를 진행하고 있다. 이러한 상황에서, 당연히 중국은 가만히 내버려 두면 안 되고 몰아내야 한다. 이렇게 중·미 간의 해상마찰 역시 피할 수 없으며, 주로 함정, 군용 항공기의 의도적·비의도적 조우, 군함 추적, 상호 접근, 물대포, 대공방송, 해상 또는 공중 대치 등의 행위로 나타난다. 이러한 상황은 셀 수 없는데, 2001년 4월 1일 미국 EP-3 항공기가 중국의 배타적경제수역에서 불법 도청을 하여, 중국 해군항공병 J-8 전격기가 감시하다가,

---

11) Bonnie Glaser, *Testimony, Subcommittee on Seapower and Projection Forces*, http://docs.house.gov/meetings/AS/AS28/20160921/105309/HHRG-114-AS28-Wstate-GlaserB-20160921.pdf, p.5.

'항공기 충돌' 사건도 발생했다. 미국이 중국 군사역량에 대한 관심을 가질수록, 이러한 저고도 근접정찰도 더 자주 할 것이며, 형태도 더 다양해질 것이다. 미국은 여전히 자신이 다른 국가의 '지나친 해양주장'에 도전할 권리가 있다고 여기며, 동중국해, 남중국해 등 해역에서 이른바 '항행의 자유 작전(Freedom of Navigation Operation)'을 지속해, 중·미 양군의 근거리 접촉이나 마찰의 위험이 증가했다. 2015년 이래, 미군은 남중국해의 '항행의 자유 작전' 빈도를 더 높여, 현재는 월 1회를 유지하면서 강도는 더 높였으며, 기존 무해통항의 원칙을 더는 지키지 않아, 중·미의 새로운 충돌 가능성이 되었다.

중국 해군, 중국 해경과 중국 공군은, 돌발사건에 대응하고 처리하는 가장 중요한 역량이다. 이러한 마찰, 대치 등 대립사건의 발전 변화는 해상역량의 현장 응대에 크게 달려 있다. 일단 일상적인 저강도 대립이 위기 사태나 중강도의 충돌이 되면, 신속하고 효과적으로 사태가 번지는 것을 통제할 수 있도록, 주권과 주권이익을 지키고, 중국 해상역량의 실력, 경험과 지혜를 최대한 검증해야 한다. 만약 돌발사건이 충돌과 전쟁으로 발전하면 해상역량은 앞장서서 국가안보와 이익을 지키는 주요 전략적 도구가 될 것이다.

Ⅱ. 가까운 원양

앞서 밝힌 바와 같이, 중국 육·해 복합형의 지정학적 특징은 해양국에 대하여 선천적으로 전략적 열세를 만들었다. 방어와 공격 모두 어렵다.

세계 군사개혁의 끊임없는 변화에 따라, 장거리 비접촉식 타격은 점차 주요 작전형태가 되었다. 냉전 이후 미국이 발동한 네 차례의 전쟁은, 순항유도탄과 항모전투단이 육지에서 멀리 떨어진 해역(순항유도탄의 사거리는 일반적으로 1,000~2,000km이며, 현대 항공모함의 작전범위는 통상 약 1,000km이다.)에서 목표에 대하여 포화식 공격을 할 수 있다는 것을 보여주었다. 우선, 지상기반 레이더는 이러한 해상표적을 탐색하는 것이 매우 어렵다. 다음으로, 설령 이러한 해상표적을 실시간 추적한다고 해도, 해상 플랫폼의 기동성 때문에, 지상기반 전투기와 순항유도탄의 효능 역시 해상 플랫폼에 크게 못 미친다. 영해와 연안의 안전을 지키기 위해, 해상으로부터의 위협을 대비해야 하며, 대국은 근해의 피동방어에 만족해서는 안 되고, 원해로 나아가 적극방어를 진행해야 한다. 따라서 오늘날 세계 각 대국은 모두 해상변경 또는 안전거리와 같은 목표와 계획을 세웠다고 발표했으며, 그 해양방어의 전략적 범위는 모두 연안에서 1,000km 바깥 또는 더 먼 거리로 설정하였다. 미 해군은 전 세계적 패권 역량으로, 그 해상변경은 거의 무한하다. 러시아가 정의한 원해작전의 범위는 1,500~2,000해리이다. 일본은 냉전 시기에 이미 종심이 1,000해리에 달하는 '봉쇄 선박호송' 전략을 세웠으며, 냉전 종식 후 선박호송 종심을 2,000해리까지 확장하여, 믈라카 해협을 돌파하고 인도양에 들어섰다. 인도 해군은 '인도양 통제전략'을 강하게 추진하여, 인도양을 '완전통제구'(해안선 밖 500km), '중등통제구'(완전통제구 밖 500~2,000km)와 '소프트 통제구'(중등통제구 밖) 세 개의 전략구역으로 나누었다. 제1도련선 밖의 광대한 원해와 원양에서 중국도 이처럼 중요한 이익을 지켜야 한다.

1. 주요 해상교통로 보장

근해를 벗어나면, 해상교통로의 안전이 중국에서 가장 중요한 국익이라고 할 수 있다. 적지 않은 사람들이 해상교통로 안전문제는 하나의 우스갯소리나 거짓명제로 본다, 왜냐하면 해상교통로의 안전은 국제 공공재로, 제2차 세계대전 종식 이래 대규모 봉쇄와 간섭은 거의 없었기 때문이다. 하지만 군사수단의 역할은 원래 만일의 상황을 고려한 것으로, 정상적인 상황에서는, 너 좋고 나 좋고 모두 좋으면 아무 문제가 없다. 하지만 일단 중국과 다른 국가의 대립, 나아가 충돌이 발생하면, 해상교통로의 통항이 불가능한 것이 당연한 결과가 될 수 있다. 우선, 중국과 어느 국가가 충돌 또는 대립 시, 이러한 국가 또는 세력은 중국 해상교통로의 취약함을 이용하여, 중국 상선의 해상안전을 함부로 침범 또는 습격할 수 있고, 중국을 위협하여 중국이 다른 문제에서 통제에 따르도록 강요할 수 있다. 다음으로, 세계 해상교통로에는 날로 해적과 국제 테러의 위협이 늘어나고 있다. 소말리아 해적은 아덴만 부근 수역의 항행 안전을 심각하게 위협하고, 나토, 러시아, 인도, 중국, 일본, 한국 등 많은 해상역량의 선박호송과 위협에도 해적사건은 여전히 끊이지 않고 있다. 앞서 어떤 학자가 밝혔듯이, 중국은 타이완 해협, 남중국해, 믈라카 해협, 인도양 해협, 아라비아해 등 매우 중요한 해상 생명선과 바스 해협, 롬복 해협, 순다 해협과 필리핀 군도 사이의 모든 해협을 전시에 통제할 수 있는 능력을 갖추어야 하며, 해상교통과 병력 기동을 순조롭게 보장해야 한다.[12] 이것은 매우 멋진 바램이지만, 중국 해상역량의 한계를 넘으며,

중국 해양력 발전의 기본전략을 위배한다. 사실상, 중국은 전 세계 범위에서 군사수단으로 해상교통로를 지킬 능력과 자원이 부족하고, 외교가 해상교통로 안전을 보장할 주요 수단이다. 하지만 중국도 확실히 강력 수단이 필요하며, 핵심 해상교통로 부근에서 유소작위할 수 있어야 한다. 서태평양의 지정학적 환경은 복잡하고, 중국이 동쪽으로 가는 교통로와 이어진 중요한 해역이므로, 중국은 일정한 위협 및 경비 역량을 갖추어야 한다. 북인도양 해역에는 중국의 주요 해상교통로가 집중되어 있고 중국 경제발전의 핵심이 있다. 따라서 중국 해군은 반드시 일정한 존재와 영향을 보유해야 한다.

2. 필요한 전략외선 구축

중국은 세계 다른 대국과 같이, 해안방어 능력은 물론 공해 근처, 특히 서태평양 북부와 '제2도련선' 서쪽 해역에서 일정한 방위능력을 보유해야 한다.[13] 전략태세에서 보면, 미국과 일본은 앞으로 중국 해양권익에 대해 가장 중대한 도전과 위협이 될 가능성이 크며, 제1도련선 밖 서태평양 해역은 위협이 다가올 주요 방향이다. 따라서 우리가 여기서 군사존재를 강화하면, 외선에서 미국과 일본에 대하여 어느 정도 견제하는 데 유리하다. 중국은 이 해역에서 미국과 일본에 대하여 우위를 추구할 필요는 없지만, 독립작전을 할 수 있는 원양함대가 확실히 필요하며, 미국과 일본의 막강한 실력에 대하여 일정한 균형을 이루고, 중국의 해상 방어종심을 확대해야 한다.

중국 해군이 서태평양과 인도양에서 주요 역할을 강화하는 것은, 외해에서 폭력수단으로 중국 해양력과 평화발전을 파괴하려는 외부역량을 효과적으로 위협하는 것이며, 중국에 대한 적대세력의 경제봉쇄와 전쟁의 대가를 증대시키고, 무력으로 중국의 평화발전을 제압하려는 것을 포기시켜, 중국의 핵심지역 발전과 해외경제 발전에 더 안전한 환경을 제공하는 것이다. 이러한 존재는 제해권 쟁취나 배타적인 해상교통로 통제, 타국을 위협할 목적으로 하지 않는다.

12) 石家铸：《海权与中国》, 上海：上海叁联书店, 2008年, 第140－141页。
13) 中国现代国际关系研究院海上通道安全课题组：《海上通道安全与国际合作》, 北京：时事出版社, 2005年, 第360－361页。

Ⅲ. 전 세계 기타 해역

중국의 이익과 책임의 발전을 위해서는, 중국이 전 세계 해역에 군사력을 투사할 수 있는 능력이 있어야 한다. 이것은 우선 국가 해외이익을 보호하기 위한 것으로, 중국의 해외이익이 세계화되었기 때문이다.

앞서 밝힌 바와 같이, 중국 해외이익의 규모는 엄청나게 크고 빠르게 성장하고 있다. 중국의 경제, 사회, 문화가 세계에서 자주 상호작용하는 과정에서 각종 갈등과 충돌을 피하기 어렵다. 중국의 해외이익은 일부 정세가 불안한 국가나 지역에서 정권교체와 충돌, 전쟁 같은 전통적 안보문제 그리고 테러와 집단범죄 등 비전통적 안보위협에 노출되기 쉽다. 이러한 상황에서 중국은 해외 경제이익과 공민의 권익을 지킬 수 있는 유력한 수단이 절실히 필요하다. 해양은 이런 이익과 중국 대륙을 연결하는 주요 연결고리인 만큼 해상권력을 이용해 중국 회사와 각종 조직의 이익 그리고 직원의 안전을 어떻게 보호할 것인지 중국 정책결정자들이 고민해야 할 대목이다.

또 세계에서 군사적 영향을 유지하는 것은 국제책임과 대국 의무의 요구를 이행하는 것이기도 하다. 중국의 국제책임은 세계로 뻗어나가고, 오늘날 해양체계는 무질서하게 되어, 질서를 반드시 다시 세워야 한다. 그러기 위해서는 대국이 국제책임을 지고, 국제 공공재에 이바지하여야 한다.

미국은 해상 공공재의 주요 제공자를 맡아왔지만, 경제력이 상대적으로 약해지고, 오늘날 해양안보 위협이 날로 다원화, 복잡화됨에 따라, 점차 세계를 이끌어가는 것에 대한 대가를 감당하기 어렵게 되었다. 해상 항행의 자유, 해양안보 등 국제 공공재의 공급은 갈수록 문제가 되고, 그것은 다른 해양강국에게 더 많은 책임과 의무를 지우게 한다. 중국 해상역량의 강대해짐에 따라, 중국은 갈수록 책임을 전가하지 못할 것이다. '중국 해양력이 세계질서를 형성하는 주요 역량이 되어야, 중국 해양력 발전의 최종가치가 굳건히 서게 될 것이다'.[14)]

해외이익과 국제책임 이행의 추진 아래, 해상역량의 주요 기능은 군사외교 또는 억제, 비전통적 안보위협 대응과 소규모 무장충돌 처리이다.

14) 师小芹：《论海权与中美关系》，北京：军事科学出版社，2013年，第291页。

1. 군사력 투사와 군사외교

먼저, 군사외교는 국가 간 정치관계 발전정도의 '온도계'로, '천천히 가열되고 빠르게 식는' 특수성을 갖고 있다. 다음으로, 군사외교는 국제 안보이익에 직접 관계하여, 고도의 전략성을 갖고 있다. 끝으로, 군사외교는 군사역량의 특수운용으로, 매우 강한 민감성을 갖고 있다.[15]

일종의 역량존재로서, '해군존재'는 독립성이 강하고, 도달범위가 넓으며, 적응성이 강하고, 통제 가능성이 좋으며, 전략 기동성이 강한 특징 등이 있어, 해군은 처음부터 외교의 중요 수단이나 플랫폼이었다. '해군의 기동성과 융통성은 그것을 독특하게 만들며, 매우 유용한 외교정책 수단이다.'[16] 해군의 외교운용은 해군의 3대 주요 역할 가운데 하나이다. 이른바 해군 외교운용은 해군이 외교영역에서 운용되는 것을 말한다. 국가 외교정책의 지도로 시행하는 일련의 계획, 지향성의 해군활동은, 해군구조, 해군함정방문, 해상 군사연습, 해군지도자 상호방문, 기타 해군 인적교류 등을 포함하여, 모두 해군 외교운용의 중요 내용이다.[17]

해군외교는 주권국의 강제적 외교의 주요 형식이다. 해군이 보유한 강대한 전략기동 성능과 해양의 연결성은 해군을 보유한 어느 한 국가가 해군을 통하여 본국의 영향과 의지를 세계 각 구석구석까지 전할 수 있게 한다.[18] 해군의 각 함정은 모두 한 국가의 과학, 기술과 공업발전 수준과 그 국가의 실제 군사위력을 나타내는 표지이다.[19] 이러한 특징과 능력은 지상과 공중역량이 가지지 못한 능력이다.

따라서, 근대에 해군은 서방 열강의 강제적 외교 －군함외교－ 에 중요 도구였고, 그들은 자국 해군을 대상국의 항구에 보내 무력을 과시하였으며, 상대방이 굴욕적인 조약에 서명하도록 강요함으로써, 해군은 열강 식민외교의 역량 기둥이 되었다.

---

15) 马晓天：《积极适应大变革大调整的国际形势，全方位多层次宽领域推进军事外交》，载《学习时报》，2010年1月18日。

16) Geoffrey Till, "Sir Julian Corbett and the Twenty－First Century: Ten Maritime Commandments", Andrew Dorman, Mike Lawrence Smith and Mattew R.H.Uttley edit, *The Changing Face of Maritime Power*, New York: St. Martin's Press, Inc., 1999, p.23.

17) 刘继贤，徐锡康：《海洋战略环境与对策研究》，北京：解放军出版社，1996年，第307页。

18) 刘继贤，徐锡康：《海洋战略环境与对策研究》，北京：解放军出版社，1996年，第313页。

19) [苏] 戈尔什科夫(고르시코프)：《国家的海上威力(국가의 해양력)》，济司二部译，上海：三联书店，1977年，第404页。

오늘날 세계에서 군함외교는 비열하다는 소리를 들으며, 외교사전에서 이미 사라졌지만, 일종의 외교형식으로서는 여전히 매우 유행하고, 형식은 더욱 다양해졌다. 군함외교는 적어도 상대에게 타협을 강요, 평화유지 또는 전쟁규모 제한, 전자정찰과 정보수집, 봉쇄 집행, 분쟁해역에서 주권 현시 등 상황에서 여전히 유용하다.[20] 하지만 통상 해외에서 위기가 발생할 때, 미국 대통령은 우선 항모강습단이 어디에 있는지 생각하며, 항모강습단은 오랫동안 미국이 해외에서 강제적 외교를 집행하는 가장 중요한 도구였다. 중국의 해외이익을 지키는 데 있어 해상역량은 외교의 뒷받침이나 도구로 더 많이 여겨졌다. 중국 해외이익의 특징과 당면한 객관적 조건은, 중국은 미국 등 국가처럼 '이익이 있는 곳에, 군함이 가야 한다'라는 것이 필요하지도, 가능하지도 않다는 것을 의미한다.[21] 그러나 중국 해군이 언제 어디에서 자신의 역량을 현시하면, 잠재적 상대에게 심리적 충격과 공포를 줄 수 있어, 외교를 효과적으로 지원할 수 있다.

해군은 국가외교의 친선대사이자, 국가역량의 상징이며, 우호국 교류와 이해 증진의 매개체이다. 특히 국가가 개혁개방 시기에 해군함정의 해외순방과 국제교류 증진 역할을 하는 것은 더 뚜렷한 시대적 특징과 현실적 의미를 지닌다. 해군은 외교사절로서 다른 국가를 우호 방문하여 양국의 협력을 촉진하고 우의를 증진할 수 있다. 해군도 군사협력의 주요 플랫폼으로, 오늘날 해상 연합 군사연습을 주요 형태로 하는 군사협력이 세계 주류를 이루고 있어 해상 연합연습은 잠재적 상대에 대한 억제력과 함께, 신뢰를 구축하여 의구심을 해소하고, 외교관계를 증진하는 역할을 할 것으로 보인다.

2. 비전쟁 군사행동

전쟁의 위험이 멀리 사라지기도 전에 비전통 안보문제가 각 주권국과 국제사회를 어려움에 빠뜨리고 있다. 지진, 해일 등 자연재해로 인한 재난, 공공위생 위기, 지역 불안으로 인한 인도적 위기, 테러 등은 전통적 전쟁이 세계에 끼친 영향 이상으로

---

20) Malcolm H Murfett, "Gunboat Diplomacy: Outmoded or Back in Vbgue", Andrew Dorman, Mike Lawrence Smith and Mattew R.H.Uttley edit. *The Changing Face of Maritime Power*, New York: St. Martin's Press, Inc., 1999. pp.85－87.

21) 张文木：《经济全球化与中国海权》. 载《战略与管理》, 2003年第1期。

심각하다. 위기가 닥칠 때마다 각국 해군은 다른 역량에 비해 가장 먼저 재난구조와 구호, 교민 철수를 감행한다. 중국 재외공관의 존엄과 안위, 해외 교민의 신변 안전과 중대한 투자 권익 등은 해상역량이 늘 챙겨야 할 문제다.

해군은 중국이 국제의무를 이행하고, 국제책임과 국가 간 군사협력을 추진하는 중요한 수단이 될 것이다. 테러와 대량살상무기 확산, 마약 밀매, 해적, 해양환경, 자연재해 등의 문제가 불거지면서, 군사역량은 전통적인 안보위협뿐 아니라 전 세계적 차원의 비전통적 안보문제에도 대비해야 하며, 군사역량의 비전쟁 응용은 각국 무장부대의 주요 기능 가운데 하나가 되고 있다. 특히 해군의 비전쟁 응용이 가장 눈에 띈다. 제인스 디펜스(Jane's Defence)는 오늘날 해군의 5대 기능으로 충돌 방지, 해양통제와 항행의 자유 유지, 해양질서 유지, 병력 해외투입 및 필요한 국제협력을 열거하였으며, 주요 목표는 해양 중심의 세계 무역체계를 직간접적으로 보호하고, 세계적 위기 대응과 국가 간 충돌 대응처럼, 앞으로 국가 해상방어의 주요 임무가 될 것이라고 밝혔다.[22] 해군은 중국이 국제책임을 이행하고 국제적 영향력을 행사하는 데 있어 중요한 매개체로서 최소한 다음과 같은 역할을 할 수 있다.

국제구호: 해일, 지진 등 대규모 지질재해와 해난 등 중대한 해상사고의 구호에는 국제협력이 필요한 만큼 해군 편대가 국가를 대신하여 가장 먼저 재난현장을 찾아 대체 불가의 어려운 역할을 한다. 해군은 전쟁이나 충돌 지역에서 국제사회가 인도적 위기에 대처해 식량, 의료구호와 철수, 인원 분산 등을 할 수 있는 중요한 플랫폼이다.

해상 항행의 자유 및 공해 안전보장: 국제 테러와 해적 등 비전통적 안보문제는 점차 세계 해상 교통안전을 곤란하게 하는 주요 문제가 되었고, 상선 호송도 각국 해군의 주요 임무 가운데 하나로 다시 떠오르고 있다. 2008년부터 시작된 중국 해군의 아덴만 호송은 앞으로 이런 임무를 정상화할 가능성이 있다. 또 중요 전략 교통로와 공해의 안전을 지키고 특정 국의 국제수로 봉쇄나 국제 해양 공공재 약탈을 방지하는 것도 중국 해군의 중요한 임무 가운데 하나가 될 수 있다.

국제평화 유지: 중국의 국제평화 유지와 행동에서 이바지는 도구 투사의 제한으로 인해 인력 위주이다. 중국 해군의 활동공간 확대는 중국이 장거리 군사력 투사 분야의 결함을 보완해 국제평화 유지와 행동에 더 중요한 역할을 할 수 있다.

---

22) Geoffrey Till, *Making waves－Naval power evolves for the 21st century*, http://www.janes.com/news/security/terrorism/jir/jir09l117_1_n.shtml.

3. 소규모 지역 충돌 대응

중국의 이익과 역량, 영향이 차츰 세계로 뻗어감에 따라, 어느 지역의 충돌이 중국의 중대한 이익에 영향을 미칠 수 있고, 때로는 중국을 겨냥해 조직적인 도발행동이 나타날 수도 있다. 따라서 중국은 적시에 유력한 대응이 필요하며, 이것은 중국이 세계 모든 해역에서 모두 어느 정도의 투사와 전투를 할 수 있는 능력이 있어야 한다.

이를 위해 빠르게 적시에 도달 및 배치하는 해·육·공 역량이 있어야 하며, 최소한 약 2척의 군함으로 이루어진 원양 전투편대, 영(營)/단(團)급의 육상작전 병력 그리고 중대 규모의 공중 억제 및 지원 역량이 필요하다.

이러한 역량의 임시배치와 응용은, 유엔 안보리와 관련 주권국의 권한은 최대한 추구하고, 가능한 한 지역 국제기구와 다른 역량의 지지 및 협조를 얻어, 세계평화와 정의를 수호하는 데 주력하는 국가들과 연합하여 개입할 것이다. 앞으로 중국은 미국과 같이 전 세계에 기지를 배치할 수 없고, 세계 대부분 해역에서 강력한 행동을 단독으로 취할 능력이 부족하며, 특히 가까운 두 대양 이외의 소규모 지역에서 충돌에 대응하는 과정에서, 반드시 국제협력에 의지해야 한다.

표 7 중국 해상역량의 전 세계 세 구역에서의 주임무와 구체적인 수단

공간범위	주임무	기능과 작용
중국 근해	효과적 통제	군사투쟁, 법 집행 및 관리통제, 비군사 응용
가까운 원양	전략위협	전방존재, 해양안보, 비군사 응용
전 세계 기타 해역	정치영향	군사력 투사, 소규모 군사행동, 비군사 응용

제2절 역량 건설 구상

‘십 년 육군, 백 년 해군’이라는 말이 있다. 해상역량 건설은 전략문제로, 마주한 임무와 자신의 객관적 실제를 충분히 고려해야 하며, 자신에게 가장 적합한 형태와

경로를 만들어야 한다. 동시에 그것은 체계공학 또는 관리학의 문제로, 어떻게 하면 자원을 최대한 이용하고, 이렇게 많은 상관요소를 어떻게 관리하고 협조할 것인지에 따라, 효과적이고 경제적으로 역할을 할 것이다. 해상역량의 건설과 운용은, 좋은 전략가와 지휘관을 필요로 하며, 좋은 CEO를 필요로 한다. 역사상, 많은 실패가 전략설계의 문제에서 비롯하였으며, 해상역량의 '복잡성'과 군을 이루는 '장기성'을 제대로 이끌지 못했기 때문인 경우도 많다.

Ⅰ. 기본원칙

1. 도약적 발전

오늘날 국방, 특히 해군력은 국민경제 전체 실력의 영향을 받을 뿐 아니라, 경제구조의 제약을 받으며, 제조업, 운수와 통신, 교육과 기술수준 및 연구수준과 발전잠재력이 해군발전에 미치는 영향은 모두 매우 크다. 중국 경제총량은 이미 매우 성장했지만, 경제질량, 과학연구 수준 등은 선진국과의 차이가 여전히 엄청나다. 게다가 짧은 시간 안에 이런 상황에서 큰 변화는 매우 어려울 것이다. 따라서 중국 해상역량은 전면적으로 세계 일류해군을 따라잡지 못할 것이므로, 중국은 핵심과 핵심영역에 집중하여 돌파하도록 해야 한다. 서방국가와 전통적 해군발전의 길을 따라서는 안 된다.

20세기 말 이래, 중국군은 불완전한 기계화에서 기계화와 정보화 방향으로 도약적 발전을 해왔다. 오늘날 빅데이터, 인공지능, 사물인터넷 등 기술을 핵심으로 하는 4차 과학기술 혁명의 빠른 발전에 따라, 미래전의 형태는 정보화에서 지능화의 방향으로 변화하고 있다. 하지만 중국군의 정보화 임무는 아직 완성되지 않았다. 중국군, 특히 해상역량은 불완전한 정보화에서 정보화와 지능화 방향으로 다시 도약적 발전을 해야 한다.

군사기술의 일취월장에 따라, 오늘날 해군 지휘와 작전의 방식은 모두 이미 크게 변화하였으며, 전통적 의미에서의 함선 수량과 무기성능 등은 이미 해군력의 전부라고 할 수 없다. 세계 일류해군은 무기장비 발전에 주목하는 동시에, 지휘체계의 개선과 보완을 더욱 중시하고 있다. 우주자원(위성이나 다른 공간체계)을 효과적으로 이용하여 항해유도, 항해감시, 위치측정과 통신을 할 수 있고, 첨단 컴퓨터 체계를 효과적으로 응용하여 지휘, 통제, 통신과 정보수집 및 처리(C4ISR)할 수 있으며, 잘 훈련되고 양호한 상태의 장병은 함대를 통제하고 작전을 지휘하며 효과적으로 군수지원할 수 있다. 이러한 지표는 함선의 수, 이론상의 화력 강약보다 훨씬 설득력이 있다. 정보화가 이루어지면 정보가 많아져, 지휘체계의 가장 주요한 임무와 관심은 이제는 어떻게 정보를 획득하냐가 아니라, 어떻게 더 빠르고 더 효율적으로 많은 양의 자료를 처리하느냐이다. 정보화하면서 동시에 지능화해야 한다. 중국은 서방국가들과 함선, 유도탄, 조기경보체계 등 장비 격차를 줄이는 동시에, 지휘체계 특히 연합작전 지휘체계를 개선하는 데 초점을 맞춰야 한다. 전체 장비가 적수를 넘어설 수 없다는 전제 아래, 정보화와 체계화에 따라 세계 일류의 지휘중추를 확보하고, 정보화·체계화·지능화를 통해 배치를 최적화함으로써 기존 장비의 통합과 운용률을 획기적으로 높여야 한다.

2. 비대칭 위협

중국의 종합국력과 특수한 국가상황은 중국이 미국과 같이 발전하여 전 세계 공방의 해상역량이 될 수 없게 하였다. 우선, 앞으로 상당히 오랫동안, 중국은 안정 유지와 경제 발전의 압박이 심해, 국방예산을 대폭 늘이는 것이 불가능하고, 중국 해·육 복합형의 지정학 형세는 중국 해군이 획득할 수 있는 발전자원을 제한하여, 중국은 넓고 복잡한 육상 국경을 여전히 거대한 지상역량으로 지켜야 한다. 이러한 점은 미국, 일본 등 해양국의 상황과는 거리가 멀다. 다음으로, 상대적으로 뒤떨어진 과학 연구 현황과 공정 수준으로는 중국이 모든 영역에서 찬란한 결과를 기대할 수 없으며, 어느 정도 가성비 높은 영역에 자원을 집중하여, 부분적으로나 성공할 수 있을 것이다. 마지막으로, 해상역량이 전투력을 형성하고 전투경험을 쌓는 과정은 매우 길고, 전면적으로 강한 해군을 건설하기 위해서는 수십 년에서 백 년 이상 걸리는데, 중국은 그럴만한 시간과 공간적 여유가 부족하다. 따라서 중국은 전면적, 대칭적 억제를 추구할 수 없고, 중국 주변 해역을 제외한 세계의 다른 지역에서는 비대칭 전략으로 상대방과 겨루어야 한다.

하지만, 체계가 복잡하고 뛰어날수록 약점도 많아진다. 미국과 같이 강대한 해군도, 군수지원, 기지 방호, 통신 지원 등 분야에서 여전히 작지 않은 문제가 있다. 자신의 실력이 상대방에 훨씬 못 미치는 상황에서, 중국은 이러한 문제나 약점을 적절히 이용하여, 대양에서 상대방과 직접적인 함대결전을 피해야 한다. 작전형식에서는 정보전, 통신전, 파괴전 등을 중시해야 하고, 수단 건설에서는 전자교란, 정밀유도무기, 심해 무인체계 등 역량의 발전을 강화해야 한다.

전 세계에서 가장 크고, 가장 선진화된 군으로서, 미군은 구조, 지휘체계, 장비 연구개발과 전통적 경험 등 분야에서 세계 다른 군 학습의 본보기임은 의심할 여지가 없지만, 모든 국가의 상황과 마주한 국제환경이 달라, 모든 군의 전략 임무와 특징을 비교하면 반드시 큰 차이가 있다. 미군을 배우는 것은 당연히 필요하지만, 맹목적으로 답습하는 것은 노력에 비해 성과가 적다. 비대칭 위협은 자신의 국가상황과 군사상황을 결합하고, 상대의 열세를 겨냥하며, 자신의 전략우세를 충분히 발휘해야 하며, 단순히 모방과 따라잡기를 추구해서는 안 된다.

3. 체계화 건설

냉전 후 몇 차례의 전쟁결과에 따르면, 현대전의 대결은 왕왕 국가 간 전체 무기체계와 지휘체계 간의 대결이며, 하나의 무기나 플랫폼의 우열이 전쟁의 정세에 큰 영향을 미치지 않으며, 각 군종, 각 무기체계의 긴밀한 협동으로 큰 전쟁우세를 발휘할 수 있다. 걸프전, 이라크전, 코소보전에서 벌어진 전쟁의 과정과 결말에 국내의 많은 저명한 평론가들과 군사전문가들은 눈이 휘둥그레졌다. 미국 등 서방의 강대한 군사우세에 대해 이라크와 남연맹의 패배는 불가피한 상황이지만, 그렇게 빨리, 그렇게 처참하게 패배할 수 있었는지는 아무도 예상하지 못했다. 이들 평론가와 군사가들이 상황을 오판한 것은 그들의 사고방식이 전차 대 전차, 항공기 대 항공기, 함대 대 함대의 전통적인 전쟁양식에 머물러 있었기 때문이다. 그들은, 미군과 동맹군의 각종 무기체계와 군대의 훈련 수준이 이라크, 남연맹보다 훨씬 강하더라도, 이라크군과 남연맹군이 최소한 어느 정도 피해를 줄 수 있어, 미군과 그 동맹국들이 쉽게 이기지 못할 줄 알았다. 예를 들면, 이라크 육군의 T-72 전차는 미군의 M1 전차와, 남연맹의 MIG-29 전투기는 미군의 F-16 전투기와 비교해 작지 않은 차이가 있지만, 그들은 최소한 비교할 만하다. 하지만 실제상황은, T-72 전차는 아파치 무장헬기에 의해 대량으로 소멸하였고, MIG-29는 공중에서 적기를 발견하지도 못하고 격추되었다. 미군의 강력한 우세는 지휘, 정보, 조기경보, 무기 등 각 분야의 우세와 강하게 결합한 것이다. 한 국가의 무기체계의 정보화와 일체화 수준은 어느 한 강력한 무기의 역할과 함께 논할 수 없다. 전쟁은 체계와 체계의 대결로, 합리적인 조합은 전체적인 작전효율을 극대화할 수 있고, 그렇지 못한 조합은 전체적인 효율을 완전히 떨어뜨릴 수 있다.[23)]

우리가 분명하게 알아야 할 것은, 앞으로의 합동작전은 절대 각 군의 단순한 '탑 쌓기'식 모임이 아니라는 것이다. 그렇게 임시로 모은 '합동군'은, 역량의 사용순서에서, 각종 병력과 병기의 단순한 조합과 화력의 중첩만 가져올 것이다. 오늘날 필요한 '합동작전'은, 반드시 각 군 간, 각 무기체계 간 진정으로 '빈틈없는 합동'이자, 육·해·공·우주·전자·사이버가 고도로 일체화된 합동작전이어야 한다. 각 무기 플랫폼과 작전단위는 전체 작전체계에서 각각의 노드에 불과하며, 군종의 한계는 날로 모호해진다.

20여 년의 발전 노력을 거쳐, 중국 군사 현대화는 이미 작지 않은 성적을 거두었다. 중국은 각 영역에서 모두 작지 않은 진전을 이루었고, 각 무기체계와 세계 일류 수준의 차이는 날로 줄어들고 있으며, 어떤 영역에서는 치명적인 무기를 갖추기도 했다. 하지만 이러한 무기 간 통합과 협동 수준은 아직 높지 않고, 실전 경험이 부족해, 전체 무기체계는 여전히 세계 강국과 맞서기 어렵다. 앞으로 각종 치명적 무기와 첨단 무기체계 건설을 강화하는 동시에, 각 체계 간 수평적 통합을 강화해야 한다.

Ⅱ. 역량편성

해상역량은 원래 군함, 상선, 항구, 기지의 복합체였고, 현대 해상역량은 군함, 관공선, 항공기, 위성, 네트워크, 해안기지 등 다차원 입체역량을 포함한다. 세분화하면 중국 해상역량의 종류는 더욱 복잡한데, 언론과 연구문헌에는 주로 해군, 해경, 어선, 해상민병, 상선 등이 있다. 성격에 따라 나누면, 해상역량은 군사역량, 준군사역량과 민사역량으로 구분할 수 있다. 지역적으로는 근해작전 집단과 원양 군사역량으로 나뉜다. 중국은 적극방어를 위한 국방전략과 지역 중점 배치의 군사전략을 수행하기 때문에, 해상 배치는 지역적 차원성이 강하고, 근해와 원양의 역량 구성은 차이가 날 수밖에 없다. 필자는, 중국 해양력에 가장 큰 영향을 미치는 것이 근해작전 집단, 원

23) 张昆：《未来之路：中国航母发展战略》，载《舰载武器》，2005年第12期，第20－25页。

양해군, 중국 해경과 해운역량이라고 생각한다.

1. 근해작전 집단

중국의 근해작전 집단은 적어도 지상기반, 해상기반, 공중기반의 정찰타격 역량을 포함하며, 공중역량, 해상역량, 우주역량, 사이버역량 등을 조합한 전 요소, 전 군종의 집합이다. 플랫폼의 유형(지상기반, 해상기반, 공중기반)과 임무(정찰, 타격)로 구분하면 대략 여섯 가지의 조합이 가능하다.

표 8 작전역량 조합

플랫폼 유형	조기경보 및 정찰역량	타격 및 전투역량
지상기반	레이더, 단파측정소, 위성수신소	대함 순항유도탄, 대함 탄도유도탄, 각종 작전 항공기, 방공진지, 무인기, 지향성 및 운동 에너지 무기
해상기반	함재 레이더, 음탐기, 잠수정, 해저 감청장비	해군함정 및 함재 타격무기, 함재 헬기, 함재 무인기, UUV, AUV
공중(우주)기반	정찰기, 조기경보기, 정찰위성	우주선, 지향성 및 운동 에너지 무기, 무인기

군사 과학기술이 끊임없이 발전하고 융합됨에 따라, '정찰-타격 일체'의 개념이 날로 발전하게 되고, 많은 플랫폼이 정찰과 타격의 두 가지 기능을 고루 갖추게 되면서, 점점 더 많은 능력이 하나의 플랫폼으로 모이기 시작했다. 예를 들면, 신형 구축함은 레이더, 무선통신기, 음탐기 등 각종 정찰장비와 함께 함포, 유도탄, 어뢰 등 타격무기가 탑재되어 있어, 대함, 대공, 대잠, 대네트워크, 대우주 등 모든 공간에 대한 공격임무를 수행할 수 있다.

이와 동시에, 분포식 건설과 체계적 작전은 오늘날 군사역량 건설과 운용에 있어서 가장 뚜렷한 특징이다. 정보기술의 급격한 발전, C4ISR 체계의 보편화, 입체화와 체계화의 발전으로, 단일 단위, 플랫폼과 센서의 확장성과 체계 효율이 대폭 강화되었다. 현실의 대결과 전투에서 이러한 플랫폼과 센서의 군종 속성이나 경계가 모호해져, 항공기 탑재 레이더는 함재 유도탄이 더 원거리에 있는 목표물에 대해 공격하도록 유도할 수 있으며, 함재 음탐체계는 대잠항공기가 적 잠수함을 공격할 수 있도록 위치를 산출할 수 있다. 수상함, 작전 항공기, 잠수함, 지상기반 유도탄 진지 등 작전단위는 모두 작전 네트워크의 한 노드에 불과하며, 서로 다른 대결과 작전환경에서 각 단위의 잠재력과 전체 체계의 작전능력을 최대한 발휘하기 위한 역할을 담당하게 된다.

단점이 있으면, 장점도 있다. 예를 들어, 함재 레이더는 지구 곡률의 영향으로 탐지거리가 크게 제한되는 반면, 항공기 탑재 레이더는 고도가 높아 멀리 바라볼 수 있다. 반면, 작전 항공기는 정찰 및 조기경보 등 강점이 있지만, 적재량의 제한으로 포화력과 살상력은 일반 군함보다 현저히 떨어진다. 현대의 군사대결은 체계의 대결로, 항공모함과 같이 더 강대한 단일 플랫폼도 세계를 석권할 수 없는 만큼, 근해의 다양한 작전역량이 자원과 능력을 통합해 최대의 능력을 발휘해야 한다.

중국은 이미 근해에서 강력한 타격능력을 갖추고, 초보적인 군사체계를 구축하였으며, 잠수함, 각종 유도탄, 공중타격 등 능력은 상대보다 우세하다. 플랫폼의 유형과 수적 규모 면에서 동아시아 근해에서 중국을 뛰어넘는 국가는 없다. 하지만 이처럼 다양한 유형, 다양한 소속의 플랫폼과 체계를 통합하기는 절대 쉽지 않으며, 근해 작전역량 건설의 관건이 합동과 융합이라는 점도 중국의 이번 군사개혁의 중요 임무다.

융합발전 말고도, 중국의 근해역량에는 뚜렷한 단점이 있다. 가장 뚜렷한 것은 정찰능력이 타격능력을 따라가지 못하는 것이다. 이것은 비단 중국만의 문제는 아니며, 전 세계 군이 직면한 보편적인 문제는, 군사기술 발전의 불균형에 따른 것으로, 타격이나 투사 능력의 발전이 정찰수단의 범위와 표준을 훨씬 뛰어넘고 있기 때문이다. 중국은 지구상의 어떠한 목표도 타격할 수 있는 능력을 갖추고 있지만, 근해라고 해도 해·공역에 대한 전적인 실시간 장악은 불가능하다. 특히 정찰체계는 해상항공 정찰분야에서 현재 중국의 주요 정찰기는 훙(轟)-6, 윈(運)-8/9와 투(圖)-154를 개조한 것이 많은데, 중국은 출격률, 작전반경, 지속 감시능력 분야에서 모두, 미국·일본 등 잠재적 상대보다 확실히 뒤떨어진다.

또 중국은 대잠과 수중전에서 엄청난 어려움과 능력의 결함을 갖고 있다. 중국 근해, 특히 남중국해와 동중국해 일부 해역은 수심이 깊고 해상상태와 해저지형 조건이 복잡해 잠수함 작전에 적합하다. 미국, 러시아, 일본, 한국, 호주, 베트남 등 국가는 모두 매우 다양한 선진 잠수함을 보유하고 있고, 서태평양 해역은 세계에서 잠수함 활동이 가장 활발한 해역으로 불린다. 문제는, 중국의 대잠능력이 계속 뒤처졌다가, 지금에야 소량으로 대잠항공기를 갖추기 시작했는데, 미국, 일본, 호주 등 국가는 이미 수십 년의 대잠항공기 운용 경험이 있다는 것이다. 미 해군은 2013년 12월 세계 최고의 P-8A 대잠초계기를 대량으로 갖추기 시작했고, 2016년 말 미군은 80대의 P-3C, 30대의 P-8A를 보유하였다. 117대의 P-8A를 구매하여, P-3C를 모두 대체할 계획을 하고 있으며, 남은 훈련기와 예비 재고를 제외하고, 전비부대에 100대 이상을 배치할 계획이다. 미 해군의 내부평가에 따르면, P-8의 종합 대잠작전 능력은 P-3C의 5배이다. 일본 해상자위대는 현재 약 73대의 P-3C를 보유하며, 더 우수한 P-1으로 대체할 계획을 추진하여, 현재 7대를 보유하고 있다.

서방 국방평론가의 일반적인 표현에 따르면 중국은 미·일 대잠초계기의 기술과 적어도 1세대 이상 차이가 나며, 해저 탐측설비, 음탐기, 부표 등 대잠능력체계 구축 분야에서, 중국은 미국, 일본 등 국가와 비교해 큰 차이가 있다.

중국 해군은 근해에서 일체화 행동능력을 빠르게 제고하고 있다. 중국의 3대 함대인 북해함대, 동해함대와 남해함대의 전체 규모는 이미 비교적 크지만, 많은 함선의 설비가 낡고 정보화 수준이 낮아, 새로운 시대의 작전임무를 감당하기 어렵다. 3대 함대에서 원양작전에 부적합한 중소형함정은 근해작전의 주요 역량이 될 것이다. 전구(戰區)와 전구 해군의 성립에 따라, 3대 함대의 조직은 해체될 가능성이 크고 해군의 독립성은 다소 낮아질 것이다. 근해방어 역량의 주요 발전방향은 바로 정보화 수준을 크게 향상하는 것으로, 해군은 공군, 로켓군과 육군 등 다른 군과의 통합을 강화해야 하며, 지휘작전체계를 일체화하고 이를 바탕으로 근해방어 작전체계를 세워야 한다. '그때가 되면 기지 지원과 전방 전개를 결합하고, 점차 대륙, 섬과 암초, 역량에 의한 전개를 뒷받침하는 대지역 해상작전체계 구축하여, 대륙에서 장거리 타격능력, 근해 주전력, 도서 전방역량과 원해 기동역량으로 구성된 합성, 다기능, 효율적 해상작전역량체계를 구축할 것이다.'[24]

2. 원양해군

미국, 일본, 영국, 프랑스, 러시아 등 해양강국에게, 원양전략은 그 해군이 생존

---

24) 《超越海岸线的变革：海军陆战队的使命任务与改革发展》, 载《舰船知识》, 2017年第5期, 第28页。

할 수 있는 기반으로, 그들의 해군은 항상 대양해군을 향했다. 하지만, 근대 이래 중국의 낙후한 상황, 반제국과 반패권, 경제발전에 대한 오랜 바람으로, 중국 해군의 주요 임무는 내수 주권과 12해리 영해를 지키는 것이었다. 근대 이래의 중국 해군은 대양해군이었던 적이 없다. 오늘날에 이르러 원양해군은 국민의 꿈이 되었지만, 중국 해군의 원양전략에도 많은 분쟁이 있었다. 중국 해군의 저변과 지정학적 조건이 열악해 원양해군의 실현 가능성이 작다는 점, 중국은 해양력 강국이 될 수 없다는 점 등이 첫 번째 지적이었다. 두 번째는 원양해군을 발전시키는 데 돈이 많이 들고, 비용 대비 효과가 낮다는 것이다. 다른 수단에 비해 원양해군은 중국의 안보 유지와 해외 이익 보호에 도움이 안 되고, 중국의 원양해군은 빠른 속도로 발전해도 미 해군에 필적할 수 없다. 중국의 험악한 지역환경 때문에 필리핀, 베트남 등 상대적으로 약한 주변국을 상대해도 중국 원양해군의 역할이 미미할 수밖에 없다. 따라서 중국의 원양해군 발전은 '체면' 문제와 국내 민족주의를 달랠 뿐이다.[25] 세 번째 관점은, 중국의 원양해군 발전전략은 반드시 일본, 미국 등 국가의 안보 딜레마를 심화할 것이며, 중국과 평화발전의 주변 안보환경을 한층 악화시킬 것이므로, '도광양회'를 계속해야 한다고 주장한다.

위 세 가지 관점에 대하여, 우리는 해군역량 응용의 기본원칙과 기본정신을 반드시 정확하게 인식해야 한다. 해군은 줄곧 외선작전[26]을 해왔으며, 공격은 해군의 기본전략이다. 범선해군, 증기해군, 핵 추진 해군을 따질 것 없이, 승리를 얻기 위한 관건은 망망대해에서 적의 해상역량을 때려 부수고 섬멸하는 것에 있지, 고정된 해역에서 진지를 고수하는 것이 아니다. 평시에 원양해군은 중요한 전략적 위협역량이다. '핵무기의 파괴성은 너무 커서, 핵 대치 조건에서 재래식 위협은 중요한 위치까지 상승한다. 해군함선이 보유한 광활한 해양에서의 기동성은 위협적인 임무를 집행하기 더욱 적합하다.'[27] 원양에 존재하는 해군은 잠재적 적을 위협하는 역량이 될 수 있고, 정보를 수집할 수 있으며, 원거리 조기경보의 역할을 할 수 있다. 이것은 충돌과 전쟁

25) Robert S Ross, "Correspondence: Debating China's Naval Nationalism", *International Security*,Vol.35 No.2, pp.174－175.

26) 외부에서 내부로 전투력을 지향하며 포위, 협공 등의 형태로 여러 방향에 걸쳐 동시에 실시하는 작전으로, 적의 외부에 작전선을 구성하여 광범위한 포위로 공세를 취할 수 있음(역주, 해군·해병대군사용어사전, 해군본부·해병대사령부, 2017.).

27) 刘继贤, 徐锡康：《海洋战略环境与对策研究》, 北京：解放军出版社, 1996年, 第340页。

에서 이기기 위해 매우 중요한 것이다. '해군의 목적은 상대 해군과 싸우는 것뿐만이 아니며, 해군은 군사력 투사, 대지 화력지원 등 다른 임무를 수행하는 데도 사용된다.'[28] 원양전략은 대국해군이라면 모두에게 필요한 것이자, 유용한 것이라는 것은 분명하다.

중국 해군으로서는 외선전략이 없다면, 그 존재의 필요성은 큰 물음표가 될 것이다. 서태평양에서 중국의 불리한 지정학 조건이, 만약 중국 해군이 제1도련선 안의 근해활동으로 제한되고, 근해에서 방어선을 세우고 국가안보를 지키는 것을 의미한다면, 그것은 여전히 육군전략의 연장으로, 해군의 역할과 특징을 전혀 발휘하지 못할 것이다. '중국은 경제를 중심으로, 자위와 방어의 원칙과 한계를 가지고 군사역량을 꾸준히 건설해야 한다.'[29] 이러한 판단은 크게 틀리지 않았다, 중국 화평굴기의 대전략에 부합한다. 하지만 오늘날, 외부 위협의 원천과 방식에는 모두 큰 변화가 있었다, 해군 건설은 절대 육군의 건설사고를 이어갈 수 없고, 연안방어와 근해경비에 의지해서는 오늘날 마주한 국면을 상대할 수 없게 되었다. 우리는 지상전 중심의 사고에서 벗어나, 해군의 기동 우세를 발휘하여, 대양에서 종심 깊이 위험의 근원을 파괴하고 상대를 위협하여, 최종적으로 중국 근해에서 바다에 연한 대륙까지 안보를 구현해야 한다. 중국에 미국과 같은 세계 해군은 필요 없지만, 중국 해군도 적절한 전 세계 작전능력이 필요하며, 전체적으로 지역 해군의 위치를 지켜야 한다.[30]

오늘날 세계는 미 해군이 전 세계를 향해 포진하여 여전히 전 세계형 공격성 해군을 유지하고 있는 것을 제외하면, 러시아, 영국, 프랑스, 인도 등 국가를 대표하는 해군역량은, 모두 특정 주변해역을 전략중심으로 삼아, 지역 해상역량이라고 밖에 할 수 없다. 하지만, 그들 역시 제3세계 국가의 근해형 해군과는 달리, 일부 기동성이 강한 중장거리 해상작전 플랫폼을 보유하고, 중장거리 타격능력을 갖춘 해상 무기장비를 갖추고 있으며, 일정한 원양작전 능력을 갖추어, 그 유효통제와 활동범위 역시 근해를 훨씬 넘어서, 원양과 대양에 이른다.

---

28) Tim Benhow, "Maritime Power in the 1990—1991 Gulf War and the Conflict in the Former Yugoslavia", Andrew Dorman, Mike Lawrence Smith and Mattew R.H.Uttley edit, *The Changing Face of Maritime Power*, New York: St. Martin's Press, Inc., 1999, p.107.

29) 李少军：《国际战略报告》，北京：中国社会科学出版社，2005年，第665页。

30) 刘中民：《中国海权发展战略的若干思考》，载《外交学院学报》，2005年第2期。

따라서 중국 원양해군은 중국 근해역량에 비하면 여전히 미 해군보다 역량과 능력이 매우 제한적이다. 앞으로 중국 원양해군의 주요 활동구역으로, 첫째는 제1도련선 밖의 서태평양 지역이고, 둘째는 중동, 동아프리카 연안에서 믈라카 해협의 인도양 지역이다. 중국은 이 지역에서 유효한 군사존재를 실현하기 위해 두 함대 －태평양함대와 남중국해 원양함대 배치를 고려할 수 있다. 그 가운데 태평양함대의 주요 역할은 인민해군이 태평양 제1도련선 밖 해역에 존재하여, 균형을 잃은 남태평양의 역학구도를 바로잡고, 외선에서 미국, 일본의 해·공 역량에 대하여 억제와 위협을 가하는 것이다. 전시에는 적 함대와 기지에 대한 기습 교란작전으로 중국 근해 침공을 늦추거나 지연시킴으로써 내선에서 적에게 대응할 수 있도록 효과적인 경보와 준비시간을 제공한다. 이러한 역량이 있어야만 류화칭 제독의 “적이 공격하면, 나도 공격한다”라는 적극방어 작전사상을 구현할 수 있다.

남중국해 원양함대 또는 인도양함대는 남중국해 중점도서를 기지로, 북인도양을 주요 활동구역으로 한다. 주요 사명은 인도, 미국 등 국가의 해군과 연합하여, 해적과 해상테러를 퇴치하고, 해상교통로를 보호하는 것이다. 적이 중국 해상교통로를 파괴, 봉쇄, 폐쇄하는 수법으로 중국의 작전의지를 무력화시키고자 할 때, 인도양에서 일정한 역량을 유지함으로써 이 같은 행위에 대해 두려워 떨게 만든다. 또 외적이 인도양을 거쳐 중국 내륙의 중심에 간섭이나 타격을 가하는 것을 막는 중요한 역량이기도 하다.

태평양함대와 남중국해 원양함대는 중국의 진정한 의미의 대양해군으로, 그들의 기능은 기본적으로 같다. 제1도련선 밖에서 외선 활동을 통해 중국의 전략적 안보를 강화하고 중국의 전략적 이익을 보호하는 것이다. 그들이 존재하는 목적은 해양력 강국을 이루기 위함이 아니고, 특히 미국과 대양에서 함대결전을 하여, 제해권을 차지하는 것이 아니며, 상대에게 감당할 수 없는 대가를 조성하는 능력을 보유하여, 상대가 중국의 국익에 위해를 가하는 행위를 포기하게 하는 것이다. 충돌을 피할 수 없으면, 전쟁의 불길을 가능한 대양으로 유인해, 중국 핵심지역인 제1도련선 안의 근해와 연해지구의 번영과 안정을 지키는 것이다. 미국과 비교해 이 두 함대의 역량은 여전히 비대칭적이고 전략적으로 방어적이다.

오랫동안, 일부 잠수함을 제외하면 중국 해군은 기본적으로 원양작전 능력이 부족했다. 왜냐하면 지상기반 항공병과 지상기반 조기경보 지휘체계가 근본적으로 원양공격, 방공과 대잠의 수요를 만족시킬 수 없었기 때문이다. 이것은 중국 해군의 방공, 대잠과 원거리 조기경보 등 능력을 매우 약화했다.

하지만 이 두 함대는 중국 본토에서 멀리 떨어져 행동하더라도, 반드시 위 부족한 능력을 갖춰야 한다. 그렇지 않으면 전략목표 실현을 도울 방법이 없어, 헛수고만 할 뿐이다.

따라서, 중국은 아래 문제를 심각하게 고려해야 한다.

우선, 중국은 항공모함을 개발해야 한다. 항모를 언급하면 중국 언론과 학계, 심지어 일부 관리들도 중국과 관련된 해양분쟁과 연계해, 항모 발전의 주요 임무는 해양권익을 지키는 일이라는 태도다.

사실 주변국과의 해양분쟁 해결은 중국이 항모를 발전시키는 주된 동기가 아니다. 중국은 평화적인 분쟁해결의 정책을 시행하며, 중국 정책결정자가 무력이나 강제적 수단을 써 일본과 일부 동남아 국가와의 해양분쟁을 해결하고자 하여도, 항모는 주요 작전 플랫폼이 아니다.

첫째, 중국 군사 현대화의 전면적 추진에 따라, 중국 정책의 선택사항은 갈수록 많아진다. 현재, 중국 공군과 해군항공병이 보유한 주력 항공기는 젠(殲)−10, 젠−11, Su−27, Su−30 등으로 구성된 3세대 전투기군(群)으로, 작전반경이 모두 약 1,500km에서 그 이상에 달한다. 단거리의 젠−6과 젠−7의 시대는 이미 갔다. 댜오위다오나 난사군도 모두 중국 지상기반 전투기의 효과적인 반경 안에 있다. 앞으로 젠−20 등 4세대 전투기의 대량 전력화에 따라, 동중국해와 남중국해에서 우세한 제공권을 유지하게 될 것은 두말하면 잔소리이다. 유도탄 분야에서 중국은 주변국에 압도적 우세를 보이고 있고, 중국 해안기지 순항유도탄, 중·단거리 탄도유도탄은 특정해역에 대한 포화공격을 통해 상대를 위협하여 저지할 수 있다. 또한 중국 근해는 수중음향 상황이 복잡하고 해양지리가 특수하여, 중국 킬로(Kilo)급, 위안(元)급, 송(宋)급 등 스텔스 잠수함이 활동하기에 이상적인 곳이며, 중국은 이러한 잠수함을 이용하여 상대의 수상함을 견제할 수 있다. 또 중국 수상함의 전력과 가용성도 갈수록 강해져, 052B, 052C 등 자체 개발한 구축함과 러시아에서 도입한 센다이(現代)급 구축함 4척은 방공, 대잠, 대함 등 종합작전 능력이 뛰어나며 근해에서 해상 대결, 봉쇄, 화력지원 등 작전수행이 가능하다. 대량생산이 시작된 052D형 구축함은, 해상종합작전 능력이 뛰어나며 특히 구역방공체계는 중국판 '이지스'로 불린다. 중국 무기고에 이렇게 많은 선택사항이 있는데 항모를 귀찮게 할 필요가 있는가?

둘째, 근해작전에선 비(非)항모가 유리하고, 근해 해양분쟁에서 항모는 가성비가 떨어진다. 항모는 원양작전에서나 주요 플랫폼이자 유리한 무기이지, 동중국해, 남중국해와 같은 근해에서는 공간의 제약을 받아 높은 작전효율을 발휘하기 어렵다. 게다가, 중국과 상대의 거대한 규모의 지상기반 전투기군에 비하면 항모에 탑재된 수십대의 함재기가 발휘할 수 있는 역할은 매우 작다. 또한, 항모는 근해에서 작전하기에 매우 위험하다. 항모는 동중국해, 남중국해와 같이 육지에 가까운 해역에서, 해안기지 레이더, 전자감청소와 정찰기 등의 감시와 추적에 쉽게 노출되며, 지상기반 전투기, 순항유도탄, 잠수함 등 반접근 역량의 타격에 쉽게 당할 수 있다. 전시에 항모는 근해에서 크고 다양한 역할을 발휘하지 못할 뿐 아니라, '인질'이 되기 쉽다.

타이완 문제 해결에서도 항모는 주요 작전역량이 아니다. 만약 타이완을 무력으로 통일해야 하는 상황이 발생한다면, 중국의 항모강습단은 타이완 동쪽 태평양 해역에서 외선 전장을 열어, 타이완군이 동서를 모두 대응하게 만들어, 대륙군의 정면 압박을 풀고, 미국·일본 등 국가의 개입할 수 있는 역량을 견제하며, 내선작전과 배합할 수 있다. 항모는 타이완 문제 해결에 유용하지만 '조연'급에 불과하다.

원양해군 발전의 근본적인 동인은 중국의 이익과 구도가 이제는 동아시아에 국한되지 않고 세계에 퍼져있기 때문이다. 해군발전의 법칙은 원양해군을 건설하면 항공모함을 개발할 수밖에 없다는 사실을 말해주고 있으며, 중국처럼 원양기지가 부족한 해군으로서는 더욱 그렇다. 대양에 있는 함대는 자력으로 제공권을 획득해 구역방공에 나서야 하는데 항모는 이동 비행장으로서 해상에서 제공권을 차지하는데 유리한 무기이기 때문이다. 미국, 영국 등의 경험은 많은 해외기지와 동맹국을 두고도 미군의 해외 행동이 항모의 함재기가 제공하는 공중타격, 전술엄호와 통제지원에 크게 의존하고 있음을 보여준다. 예컨대 2001년 12월의 '항구적 자유' 작전에서 항모가 75%의 공중돌격 임무를 맡았다.[31]

아울러 항모전단은 해상의 종합작전 플랫폼으로 정보수집, 병력 투사, 화력지원, 방공, 지휘 등 기능을 통합한다. 1966년, 영국 「방위백서」는 "항공모함은 함대의 가

31) [美] 特里·克拉福特海军(Rear Admiral Terry B. Kraft, U.S. Navy)：《海军航空和多样化飞行需要航母(It Takes A Carrier: Naval Aviation and the Hybrid Fight)》, 韩鹏, 万志强, 孙学冠译, 载《海军译文》, 2010年第2期, 第21页。

장 중요한 구성요소로서 해상이나 연안에서 적의 침공을 타격하는 데 매우 효과적이며 우리의 해상역량을 방어하는 데 도움이 된다"라고 밝혔다. 제공권을 획득하거나 지상역량의 공격성을 보장하는 데도 중요한 역할을 한다. 사실 1982년 '헤르메스(Hermes)'함과 '인빈서블(Invincible)'함이라는 두 척의 항모가 없었다면 영국은 어쨌든 포클랜드 군도를 탈환할 수 없었을 것이다.[32]

현대 공중급유기와 신형 타격무기가 갈수록 정교해지면서 항모의 작전반경이 한층 넓어졌다. 일반적으로 대형 항공모함 전단의 함재 공격기는 수상과 연안의 목표에 대한 공격 반경이 1,000해리에 달하며, 방어시 대공방어 종심은 300해리, 대잠방어 종심은 200해리 이상에 달한다.[33]

수많은 군사화 기능 외에도 현대 항모는 갈수록 다양한 임무를 맡고 있으며, 비전통적 안보분야에서 갈수록 중요한 구실을 하고 있다. 항모는 재난구호, 의료지원, 기타 인도적 지원을 위한 중요한 도구이다. 2004년 말 인도네시아 해일로 도로와 공항에서 각종 교통이 마비된 가운데 미 항모 '링컨(Lincoln)'함의 강력한 수직공수 능력은 재난구호에 큰 역할을 했다. 항모는 위기 상황에서의 인원 이송을 위한 유력한 수단이기도 하다. 2006년의 이스라엘－레바논 전쟁에서 영국은 항모 '일러스트리어스(Illustrious)'를 비롯한 여러 척의 함선을 파견해 교민 철수를 단행했다.

따라서 항공모함은 원양함대의 핵심이기 때문에 항공모함이 없는 원양해군은 진정한 전투력을 형성하기 어렵다. 선진 항모 플랫폼을 발전시켜 강대한 항모전투단을 보유하는 것은 현재 세계 각 대해군의 동일한 건군사상이다.

항모전단은 미국 해상패권의 표지로, 미군이 각종 해외 임무를 수행하는 데 중요한 버팀목이다. 미군은 현재 세계 최첨단의 핵 추진 항모 10척을 보유하고 있고, 더 선진화된 차세대 '포드(Ford)'급 항모를 개발하고 있으며, 1번함은 이미 진수하고 2021년부터 전투임무에 돌입한다. 미국측의 발표로 볼 때 '포드'급 전력은 현재의 '니미츠'급보다 훨씬 강화될 것으로 보인다. '포드'급은 전자식 사출을 사용하고, 동력이 세지며, 갑판 공간이 넓고, 아일랜드의 실용성과 은밀성이 뛰어나며, 최신 F－35C 4

---

32) [美] 诺曼·波尔马(Norman Polmar)：《航空母舰1946—2006——航空母舰发展史及航空母舰对世界的影响(Aircraft carriers: a history of carrier aviation and its influence on world events. 2: 1946－2006)》, 温华川, 张宜, 等译, 上海：上海科学技术文献出版社, 2009年, 第306页。

33) 中国海军百科全书编审委员会：《中国海军百科全书》, 北京：海潮出版社, 1999年, 第824页。

세대 함재기와 X−47B 같은 무인기를 탑재하고, 레이저포, 레일건 등 신개념 무기들도 배치할 것이다.

오랜 항모 건조와 운용 경험이 있는 러시아는 냉전 종식 후 여러 차례 러시아 해군이 앞으로 북방함대와 태평양함대에 모두 5~6개의 항공모함 전단을 배치할 것이라고 발표했다. 최근 재정상황이 계속 악화하여 러시아가 2030년 전에는 새로운 항모를 취역시키기는 어려울 것으로 전망되지만, 러시아는 여전히 항모와 원양함대를 부활시키겠다는 야망을 버리지 않고 있다.

인도는 오랫동안 항공모함을 인도양을 통제하고 대국의 포부를 실현하는 중견역량으로 여겨왔다. 일찍이 독립 초창기에 인도는 항공모함을 발전시키겠다는 결심과 계획을 확립했다. 인도 해군 전 참모장 차터지 상장은 "인도가 해양력 국가가 되려면, 해양을 통제하려면, 효율적인 공중엄호가 필수적이다. 따라서 인도는 대잠헬기와 수직이착륙 전투기를 실을 수 있는 대형 수상함인 항공모함을 개발해야 한다"라고 말했다. 인도는 1959년 첫 항공모함인 비크란트(Vikrant)함을 획득했으며, 수십 년 동안 개조, 도입, 자체 건조 등 다양한 수단을 통해 자신의 항모 역량을 확고히 추구해왔다. 인도는 앞으로 10년 정도의 기간 안에 3척의 항공모함을 주력으로 하는 원양함대를 만들 계획이다.

규모 면에서 중국의 항모 계획은 미국에 비할 바가 아니다. 왜냐하면 서태평양 지역을 제외하고 중국은 해외에서 대규모 병력 운용의 수요가 없기 때문이다. 중국은 중대형 항모 플랫폼을 바탕으로 효율적인 항모전단 두 개를 구성해 각각 양대 원양함대에 배치할 수 있다. 하지만 중국 해상역량이 맡은 임무의 복잡성과 부담을 생각하면, 중국 항모 수는 영국, 프랑스 등을 훨씬 넘어 5~6척 규모를 유지하는 것이 합리적이다.

항모를 건설하고, 군대를 만들고, 전투력을 형성하는 것은 매우 어렵고, 복잡한 과정으로, 여러 대의 꾸준한 노력이 있어야 한다. 건설과정에서, 중국은 미국, 영국, 프랑스, 러시아 등의 항모 건설 경험과 교훈을 널리 배워야 한다. 중국이 항모 플랫폼을 접하고 운용한 역사가 짧고 경험이 미미한 점을 생각하면 바랴그(Varyag)함, 즉 랴오닝함 항모를 기반으로 한 실험 논증이 필요하다. 중국은 랴오닝함 항모를 통해 기존 계획안에 대한 평가를 할 수 있어 최종 정책결정에 대한 첫 자료와 근거를 제시할 수 있다. 새로 진수된 첫 국산 항모를 보면 스키점프대 식 비행갑판의 각이 12도 이상으로 함재기의 미끄럼 거리를 크게 줄이고, 함재기의 이륙중량을 늘려 함재기가 항공연료와 탄약, 부품 등을 적재할 수 있는 공간을 더 내주는 등 랴오닝함의 설계 경험을 충분히 습득한 것으로 보인다.

중국은 이미 국산 항모가 큰 성과를 거두고 있지만, 국산 2번함이 취역하기 전까지는 항모 발전을 모색하는 단계다. 이 과정에서 중국은 순서에 따라 점진적·안정적으로 추진한다는 원칙을 지켜야 하지만, 반드시 높은 출발점이 있어야 한다. 중국은 소련과 비교해 상대적으로 좋은 국제정치경제 환경, 보다 선진적이고 정교한 기초공업체계, 더욱 풍부한 경제력, 세계 각국의 성공 경험과 실패 교훈을 나눌 기회가 많으며, 컴퓨터 시뮬레이션, 역실험 등을 통해 구체적인 실천과정을 대체할 수 있다. 따라서 중국은 항모 건설에 있어 세계 전선을 겨냥하고, 가정은 대담하게, 증명은 조심스럽게 해야 한다. 랴오닝함, 국산 1, 2번 항모의 개조, 건설, 배치를 통해 중국은 재래식 추진 항모의 건조기술과 운영기능을 곧 확보하게 되며, 다음 단계는 핵 추진 항모를 연구하는 데 중점을 두고 있다.

항모 프로젝트는 여러 분야에 걸쳐 있어, 이 문제에 대한 인식과 의견을 일치하기 어려운 게 보통이다. 소련은 부처 간, 지도자들 간에 의견이 엇갈려 항모가 오락가락하다가 급작스럽게 시작했다가 다시 보수하는 바람에, 소련 해체까지 쿠즈네초프(Kuznetsov)함만 살아남았다. 더 말할 것도 없이, 지도자는 정책을 결정할 때 개인의 호불호에 따라 결정하지 말고 과학과 전문가 의견을 존중해야 한다. 소련이 30여 년 동안 최소 4개 함형, 9척 항모를 만들어 놓고도 제대로 된 전력을 갖추지 못한 것은 지도자의 '주관적인 판단'으로 정책을 결정한 것과도 무관하지 않다.

따라서 계획수립, 방안선택, 기술논증 등의 의사결정에 신중히 처리하되 중국의 국력, 국내외 환경, 작전수요, 기술수준 등을 종합적으로 고려해 조사논증을 거듭한 뒤 상대적으로 과학적이고 장기적이며 안정적인 항모 건설계획을 수립해야 한다.

다음으로, 수중전력과 수중전을 고도로 중시해야 한다. 잠수함은 가성비가 매우 높은 무기 플랫폼으로 알려져 있고, 잠수함은 '강력한 타격력과 고도의 기동성과 은밀성, 적의 중요한 지상표적과 잠수함, 수상함정 등을 파괴하기 위해 전 지구적 규모로 전투행동을 감행할 수 있는 능력'[34]이 있다. 잠수함은 단독작전 능력을 갖추고 있으

34) [苏] 谢·格·戈尔什科夫：《国家海上威力》, 北京：海洋出版社, 1985年, 第315页。

며, 이 점은 일반 수상함과 비교할 수 없는 것이다. 제2차 세계대전에서 수중전력은 상대적으로 매우 약소한 상황에서, 독일의 잠수함부대는 연합국에 중대한 손실을 입혀, 사람들에게 깊은 인상을 주었다. 냉전 시기의 소련 해군은 거대한 수중함대로 자신보다 전체 실력이 훨씬 우수한 미국과 그 동맹국의 해군과 힘을 겨루었다. 수상함과 비교하여, 잠수함 건설은 상대적으로 경제적이고, 가시적인 효과가 빠르며, 발전주기가 짧다. 따라서 실력이 상대적으로 뒤지는 국가의 중시를 받았다.

국방예산과 국가가 마주한 안보임무 간에는 시종 뚜렷한 경계선이 있어, 이상적인 투자는 거의 만족을 얻을 수 없으며, 이 점은 실력이 막강한 미국 역시 마찬가지이다. 앞서 밝힌 바와 같이 잠수함 작전은 효과가 좋아서, 세계 각국의 해군 모두 발전의 중점으로 한다. 잠수함, 특히 핵잠수함은 중국 원양함대 발전의 중점이며, 중국이 비대칭 위협을 시행하는 중요한 도구이다. 사실 잠수함도 중국 해군이 현재 상대적으로 효과적인 전투력이고, 오늘날 중국 해군은 잠수함만이 대양 깊이 나아갈 수 있으며, 상대에게 어느 정도 위협을 줄 수 있다. 하지만 중국의 잠수함부대 역시 불리한 작전조건이 많다. 중국의 주변해역은 대부분 대륙붕에 있는 얕은 바다로, 황해의 평균수심은 40m밖에 안 되어, 잠수함이 숨기에 매우 불리하다. 또한, 중국 연해에서 태평양 심해의 거리는 매우 먼데, 교통로는 하나밖에 없어서, 잠수함 활동의 위험을 더욱 높인다. 그 밖에도, 아·태, 미국, 일본, 러시아 등 국가의 해상역량은 세계에서 가장 강대한 대잠능력을 보유하고 있어, 중국 잠수함부대가 역할을 발휘할 수 있는 공간을 한층 제한한다. 더 중요한 것은, 잠수함부대는 반드시 수상함이 엄호하고 협동해야 하는데, 그렇게 하면 효과적인 전투력을 형성할 수는 있지만, 중국의 수상함정은 통상 원양활동 능력이 부족하여, 중국의 잠수함부대가 깊은 바다로 나아가면, 다른 군사역량의 효과적인 지원을 받기 힘들다.

이런 선천적 부족과 후천적 결함에 대비하기 위해 중국 잠수함부대는 두 가지 분야의 능력을 키우는 데 총력을 기울여야 한다. 하나는, 작전일수와 항속거리 확대, 통신보안 강화, 소음 감소 등 분야의 능력 건설에 중점을 두어, 단독으로 원양에서 임무를 수행할 수 있는 수중역량을 만들어야 한다. 다른 하나는, 수상함정, 정찰위성, 해안기지부대 등 역량과의 협동작전 능력을 향상하여, 잠수함부대의 전투력을 최대로 발휘해야 한다. 중국 원양편대의 건설은, 특히 항모가 점차 전투력을 갖춤에 따라, 수상함의 잠수함 지원 역시 점차 증강해야 한다.

해상기반 핵 억제는 오늘날 핵 억제의 중추로, 중국은 신뢰할 수 있는 해상 핵 억제력을 시급히 구축해야 한다. 미국, 러시아는 갈수록 탄도유도탄 핵잠수함에 대부분 핵탄두를 배치하는 경향이 강해지고 있고, 영국, 프랑스는 거의 모든 핵탄두를 핵잠수함에 배치하는 '올인' 전략을 쓰고 있다. 중국이 세계 해상 군사강국으로 발돋움하기 위해서는, 탄도유도탄 핵잠수함은 항모와 함께 반드시 보완해야 할 '약점'이다. 공개된 보도에 따르면 중국의 1세대 092형, 2세대 094형 탄도유도탄 핵잠수함은 미국, 영국, 러시아 등 강국들의 수중역량과는 비교가 안 될 정도 많은 문제와 부족함이 있는 것으로 알려졌다. 게다가 오랫동안 '유정무탄(有艇無彈: 함정은 있는데, 유도탄이 없음)'(쥐랑(巨浪) 1형 잠수함 발사 탄도유도탄(SLBM)의 사거리는 2,000km 미만)이어서 중국의 핵잠수함은 전략적 억제력을 거의 갖추지 못했다. 하지만 중국의 3세대, 즉 096형 탄도유도탄 핵잠수함의 연구제작과 취역에 따라, 쥐랑 2형 잠수함 발사 대륙간탄도유도탄의 전력화와 쥐랑 3형의 연구제작을 포함하여, 중국은 현재 실질적인 전략적 의미의 해상기반 핵 역량을 구축하고 있다. 그렇더라도 상당 시간 미국과 러시아 보다 여전히 중국의 해상기반 핵 억제력은 큰 차이가 날 것이고, 이러한 차이는 잠수함의 성능, 유도탄의 신뢰성, 운용 경험과 전비 및 경비 범위 등에서 주로 나타날 수 있다는 점을 명심해야 한다.

잠수함이 오늘날 수중전력의 전부가 아니라는 점도 지적해야 한다. 21세기 초, 미 해군은 정식으로 수중 네트워크 중심전[35]의 개념을 제기했고, 그것은 네트워크 중심전의 구체적인 수중 활용으로, 정찰, 경계, 지휘통제, 통신, 유도, 위치측정, 표적 공격 등 종합적인 작전능력을 갖춘 수중 네트워크 체계로, 주로 센서망, 통신망과 작전망으로 구성된다. 2015년 1월 22일, 미국의 두뇌집단 전략예산평가센터가 발표한 「수중전 신기원」 보고는 수중전의 발전추세에 대하여 상세히 설명하고, 미래 수중작전의 복잡성과 새로운 상황에 대비하기 위해 신기술 연구개발의 가속화와 신형 수중전 장비체계 및 작전형태 구축을 제시한다.[36]

수중전의 발전은 심해 감지, 통신과 공학 등의 능력 덕분이다. 최근 몇 년, 무인

35) David S. Alberts, John J. Garstka, Frederick P. Stein, *Network Centric Warfare: Developing and Leveraging Information Superiority*, Command and Control Research Program (CCRP) publication, series 1999.

36) Bryan Clark, *The Emerging Era in Undersea Warfare*, Center for Strategic and Budgetary Assessments, January 2015.

잠수정(UUV: Unmanned Underwater Vehicle) 기술이 날로 성숙하여, 2030년에는 UUV가 기뢰 부설, 감시, 무기와 탄약 운송 등 임무를 수행할 수 있을 것이며, 유인 플랫폼과 협동하여, 대잠전에서 더 많은 센서, 무기용량과 대응수단을 제공할 것으로 전망된다.[37]

UUV가 대규모로 운용되면 수중전 작전의 양상이 확연히 달라질 수 있다. 잠수함의 역할에도 큰 변화가 있을 것이며, 그 임무는 이제 직접 공격이 아니라, 주로 UUV, 무인 센서 및 방어구역 외 무기의 지휘통제 플랫폼이 되어, 그들의 작전을 유도할 것이다. 잠수함을 전술 플랫폼에서 작전 수준(operation level)의 플랫폼으로 전환 운용하는 것은 20세기 중반 전함과 순양함이 해안 표적을 포로 직접 공격하는 것에서, 항모와 상륙강습함이 항공기, 병력, 유도탄을 사용하는 것으로의 전환과 유사하다.[38]

미국, 러시아 등 국가는 수중통신, 광통신, 무선통신 등 전통적인 수중통신 분야의 전송속도와 네트워크 능력 향상, 새롭게 떠오르는 자기감응통신 분야의 전송속도와 안전성 향상으로 미래 수중 무인 작전역량 건설의 중요한 기술적 토대를 마련하였다. 오늘날 수중 네트워크 구성은 이미 기본 기술조건을 갖추고 있어, 앞으로 해결해야 할 것은 전송속도, 통신 항간섭 능력과 은밀성 문제이다.[39]

2016년 8월, 미 해군은 잠수함 발사 무인기와 UUV를 이용해 유인잠수함과 UUV 군집을 연결하는 데 성공함으로써, 무인체계를 통해 재래식 잠수함의 수중 및 수상 표적 탐지 및 감지 능력의 한계를 극복했다.

수중전이 낳은 변혁과 기회는 세계 주요 해양강국들의 높은 관심을 불러일으켰다. 미국은 잠수함, 해저 감시체계, 대잠능력 등 많은 분야에서 세계 선두이며, 현재 국방전략은 수중에서의 우세에 크게 의존하고 있다. 일찍이 냉전 초기, 미국은 고정식 수중음향감시체계(SOSUS: Sound Surveillance System) 구축을 시작하여, 북대서양과 북태평양을 덮으며, 지속 감시와 신속한 응급 대잠능력을 갖추었다. 냉전 이후, 특히

---

37) CNO, Undersea Warfare Directorate, *Report to Congress: Autonomous Undersea Vehicle Operations in 2025*, Washington, DC: Department of the Navy, 2016, pp.4－7.

38) Bryan Clark, Peter Haynes, Jesse Sloman, Timothy Walton, “Restoring American Seapower: A New Fleet Architecture for the United States Navy”, Center for Strategic and Budgetary Assessments, February 9, 2017, pp. 30-31.

39) 王汉刚, 刘智, 等：《水下作战的发展分析与启示》, 载《舰船科学技术》, 2015年第4期, 第244页。

최근 몇 년간 중·러 수상함, 공중역량, 유도탄 등 정밀타격 등 분야 능력의 빠른 발전으로, 미국의 전통적인 해상우세는 크고 작은 도전을 맞게 되었다. 이러한 배경에서, 수중전은 미 전략계가 중·러 등 전략 경쟁상대와의 실력차를 유지하거나 확대하고자 하는 가장 중요한 분야로 여긴다. 이를 위해 미국은 전략적인 사고와 정책 설계, 장비 연구개발까지 모두 적극적으로 수중전에 대비하고 있다. 2011년 미 해군이 발표한 「수중전 설계(Design for Undersea Warfare)」는 다른 무인체계가 일부 잠수함이 수행하는 수중전 임무를 대체할 것을 명시하였으며, 2014년 미 국방성은 '제3차 상쇄전략'을 추진하여 수중전을 획기적인 기술과 능력을 생산할 수 있는 5대 영역 가운데 하나로 확정했다. 2015년 발표된 「21세기 해양력을 위한 협력전략」은 해양통제와 군사력 투사를 실현하기 위하여, 미국은 수중기술을 더욱 모색하여 수중센서를 지속적으로 개선하여 고고도의 대잠전 역량을 제고하고 무인잠수정을 개발할 것을 제시하였다.[40]

미군은 UUV를 주체로 자율주행 수중전 장비를 대폭 발전시켜 잠수함, 잠수함 발사 무인기, 분포식 대잠체계, 심해기지 등 장비와 체계를 포함한 입체 수중작전체계를 구축할 계획이다. 오늘날 미군의 수중전 체계는 이미 초보적인 규모와 능력을 갖춘 것으로 보인다. 미 해군은 2000년부터 여러 차례 UUV 주계획을 발표해 UUV의 사명과 임무, 해군이 요구하는 무인잠수정의 능력을 정의하고, 건설 및 개발 중인 모든 수상함과 잠수함에 무인잠수정 배치를 계획하고 있다.[41]

미국은 현재 블루핀(Bluefin)－21, RUMUS 계열, 슬로컴 글라이더(Slocum Glider) 등 각종 배수량과 동력방식의 다양한 무인잠수정을 연구하고 전력화하여, 수문조사, 정찰 및 대기뢰, 수중공격 등 임무를 폭넓게 수행하고 있으며, 앞으로 대규모로 배치될 예정이다. 이 가운데 대형 무인잠수정(LDUUV: Large Displacement UUV)은 이미 주력함정으로 여겨져 미래 해군 함대를 구성하는 중요한 역량이다.

러시아는 잠수함과 수중전을 미국과의 해상 비대칭 군사균형을 유지하는 중요한

---

40) United States Navy, Marine Corps, and Coast Guard, *A Cooperative Strategy for 21st Century Seapower: Forward, Engaged, Ready*, March 13, 2015, p.35.

41) 2000년 미 해군은 초판 「무인잠수정 주계획(Unmmaned Undersea Vehicle(UUV) Master Plan)」을 발표했고, 2004년 11월 이 계획을 바탕으로 「무인잠수정 주계획」을 수립한 이후 적어도 2011년 전후에 한 차례 갱신이 있었지만, 갱신내용은 공개되지 않았다. 참고. http://auvac.org/newsitems/view/1196.

수단으로 꼽아왔다. 미국과 나토의 수상함, 공중역량 등 분야에서 전면적으로 경쟁할 능력이 없다는 것은 아니지만, 수중역량 건설을 최우선 과제로 삼았다. 현재 러시아는 여전히 수중에서의 작전우위를 끌어올리는 데 주력하면서 새로운 잠수함, 수중 추진기술, 탐지기 기술, 무인잠수정을 계속 발전시켜 나갈 것이다.[42]

영국, 프랑스, 일본 등도 계속해서 신형 UUV를 발전시키고, 수중탐측과 통신기술을 적극적으로 탐구하며, 대잠영역에서 경험을 쌓아, 해양장비 건조 분야에서 일류 기술을 갖춘, 그들의 수중전 능력을 가벼이 보아선 안 된다.

센서 기술의 발전과 수중체계의 설치, 수중작전 네트워크의 구축으로, 해상 군사 대결과 전략경쟁이 전통적 수상이나 국지적 수중공간에서 전 해역 입체 종심으로 진척되고 있다고 예상할 수 있다. 미래의 수중공방은 수중, 공중, 수상과 해안기지 등 역량의 체계적인 대결으로, 군사강국들은 심해 수중감지와 행동의 '단점'을 적극적으로 보완해, 심해의 군사적 잠재력과 전략적 가치를 파고들 것이다. 심해 감시체계, 다목적 무인잠수정, 다목적 무인정의 대규모 및 대범위 배치, 해저기지, 심해무기 투사 플랫폼 등은 크게 발전할 것이며, 광범위한 심해 군사위협과 공격은 현실이 될 것이다.

심해 전략태세는 미래의 해상전력 구도를 크게 좌우할 것이며, 심해를 다스리는 것은 중국이 해상으로 우회하여 추월할 수 있는 핵심분야이다. 안보를 고려하든, 전략을 고려하든 중국은 심해역량의 건설발전을 반드시 강화해야 한다.

다음으로, 해외 군사 보급기지 건설 문제를 진지하게 고려해야 한다. 강대한 원양해군은, 일부는 그 작전능력에 달려 있고, 일부는 해외 보급 및 지원기지의 능력에 달려 있다. 미 해군의 강세는 바로 강대한 함대와 전 세계에 퍼져있는 해외기지에서 비롯한다. 만약 해외지원이 없다면, 원양해군의 앞날은 암울했을 것이다. 중국 호송편대는 이미 멀리 아덴만에서 9년 넘게 호송임무를 수행하면서, 신중국 해군 해외 전투임무의 효시가 되었다. 그러나 정작 인도양에서 존재하려면, 인도양에 보급점과 정보기지를 두는 문제를 고민하지 않을 수 없다. 지부티와 과다르(Gwadar)항 사업의 추진은, 해외 군사 보급기지 건립에 중국은 이미 정책적 장벽이 없다는 것을 보여주었다. 앞으로의 중점은 얼마나 짓는가, 어떻게 짓느냐는 문제이다.

---

42) Kathleen H Hicks, Andrew Metrick, Lisa Sawyer Samp, *Undersea Warfare in Northern Europe*, Washington, D.C: Center for Strategic and International Studies, July 2016, p.14.

중국은 원양해군의 위치와 대외정책의 원칙, 국제환경을 종합해, 해외 보급방안을 만들어 현실화하는 노력이 필요하다. 중국이 해외에 기지를 두는 목적은 중국 원양해군 활동에 필요한 군수와 통신, 정보지원을 하기 위한 것으로, 미국이 전 세계에서 해상 주도적 지위를 유지하려는 의도와는 거리가 멀다. 또 평화적인 조건에서 중국 역시 미국과 같은 해외기지 규모를 추구할 수도 없고, 십여 개 정도가 중국에 적합하다.

중국 군사역량의 '해외진출' 방식과 경로 역시 미국, 영국, 프랑스 등과 달리, 중국은 주로 우호협력과 외교담판 협상을 통해, 전쟁이나 군사집단 건립의 힘을 빌리기보다는 평등호혜의 방식으로 '해외진출'을 할 것이다.

이 과정에서 실용적이고, 자신감 있으며, 진정성 있는 태도로 외부와 소통해야 하며, 외부의 이해와 지지를 충분히 구하지 않더라도, 이 문제에 대한 중국의 태도와 원칙에는 분명한 인식과 안정적 전망이 있어야 한다.

마지막으로, 해군 전통과 상무정신(尚武精神)을 길러야 한다. 우리는 절대 정신적 측면의 작용을 가벼이 보아선 안 되며, 강대한 정신력은 해군에겐 더욱 그러하다. 부대에 '중요한 정신력은 최고 지휘관의 재능, 군대의 상무정신, 군대의 민족정신이다.'

클라우제비츠에 따르면, 상무정신은 전쟁에서 제일 중요한 정신력 중의 하나로, 일련의 전쟁과 전쟁에서 얻는 승리, 때로 최고의 수준까지 노력하는 군대의 활동 두 가지 원천을 통해서 배양해야 한다.[43]

중국 해군은 중국인민해방군의 빛나는 전통과 어려움을 이겨내는 정신을 계승 발전시켰지만, 중국 해군의 전통 축적과 작전경험은 여전히 심각하게 부족하다.

중화민족은 오랫동안 육지문화가 주도해 온 민족으로, 중국 역사에는 전장에서 말달리고, 타국에서 공을 세우던 호기와 '상무정신'은 부족하지 않지만, 많은 배들이 앞을 다투어 나아가, 누구와 싸우는 장렬한 행동과 해상 개척의 전통은 드물다. 국가적으로 해양은 달과 다름없는 웅장한 경관일 뿐이고, 해상무역은 완전히 있으나 마나 하였으며, 해군(수군)은 전례에서 알 수 있듯이, 결정적 역할을 거의 하지 못했다. 명나라 중기부터, 이런 육지문화의 보수성과 내향성은 극에 달해, 중국이 육지의 방어와 발전에 몰두하면서, 해양의 역할과 영향은 오랫동안 외면당해 왔다. 정신적으로나

43) [德] 克劳塞维茨(클라우제비츠)：《战争论(전쟁론)》, 张蕾芳译, 江苏：译林出版社, 2010年, 第139页。

경험적으로 보면, 정화 이후 600년 가까이, 중국에는 진정한 해군이 없었다. 최근 몇 년 동안 인민해군의 인원 자질, 장비가 과거와는 다르지만, 전투경험과 지식축적 방면에서는 여전히 매우 미숙하다. 인민해군은 대형해전의 세례를 겪어보지 못했고, 오랫동안 국토방어의 보조수단으로 여겨져, 해군의 역할과 정수를 제대로 발휘하지 못했으며, 전략전역 설계, 전술지휘 등의 축적에도 한계가 있었다. 인민해군은 정화 시기의 영광을 되찾지는 못하겠지만, 정화함대가 쌓아온 진취적 정신을 되찾아야 한다. 평화와 발전의 큰 배경에서, 짧은 기간에 해군 전통과 전투경험의 부족을 어떻게 보완하느냐가 중국 해군에게 닥친 가장 큰 장애물일지 모른다.

따라서, 우리는 해군 현대화의 과정에서 '장비 만능, 기술이 모든 것을 결정한다'라는 그릇된 관점을 극복해야 하며, 중국 해군은 모든 기회를 놓치지 말고 자신을 향상하도록 모든 노력을 다해야 한다. 해외에서 선박호송, 재난구조, 평화유지 등의 임무 수행으로 함대 통신, 지휘협동 등 능력을 향상하고, 우방국과의 연합훈련으로 그 국가의 경험을 겸허히 배우며, 전쟁연습으로 작전수준을 향상하여야 한다….

3. 중국 해경

200해리 배타적경제수역과 넓은 대륙붕 제도의 시행으로, 바다에 관한 관심이 높아지고, 연안국들의 해양개발 활동이 급증했고, 해양경계를 둘러싼 갈등도 커지고 있다. 이런 배경에서 각국은 해상법 집행과 권리보호에 대한 압박이 매우 커, 해양법 집행역량 건설을 계속 강화하였다. 근현대에는 경찰과 같이 법을 집행하는 기능이 해군의 3대 전통적 기능 가운데 하나로, 각국에 따로 법을 집행하는 조직이 없었으나, 현대에는 각국이 해상법 집행역량 건설을 강화하고 있으며, 특히 해양대국은 해군으로부터 법 집행 기능을 거의 떼어냈다. 이런 추세는 오늘날 해양정치의 성숙과 법 집행의 날로 뚜렷해지는 전문성을 잘 보여주고 있다.

전문성 외에도 갈수록 복잡해지는 '회색지대(Gray Zone)'에 대한 대응은 각국의 해상법 집행역량에 중요한 임무로 떠오르고 있다. '회색지대'는 전쟁과 평화 사이의 경쟁과 충돌을 가리키며, 이는 국가 내, 국가 간 그리고 국가와 비국가 행위체 사이에 발생할 수 있다. 이를 회색이라고 하는 것은 충돌 성질의 모호함, 참여 행위체의 불투명, 관련 정책과 법률구조의 불확실성 등 세 가지 특징이 있기 때문이다.[44] '회색지대'가 많이 거론된 것은 복잡한 해양전략의 현주소를 반영한다. 핵 억제력과 경제적 상호의존의 역할로 인해 대규모 해상전쟁은 갈수록 희박해지는 반면, 전쟁과 평화 사이의 투쟁 대결은 갈수록 격렬해지고, 형식은 갈수록 다양해진다.

이런 회색지대의 행동환경에서 법 집행력은 군사력에 비해 독특한 장점이 있다. 우선 준군사력이나 민사력으로서 주변국의 긴장을 쉽게 고조시키지 않고, 역할도 완화할 수 있으며, 해군보다 유연성이 뛰어나다. 다음으로, 근해의 관리와 이용은 민사기능이 많고, 저강도 마찰 대응은 법 집행이 유리하기 때문에 해군이 집행하는 것은 불편하고 경제적이지 않다. 이 때문에 서방 선진국에는 배타적경제수역과 대륙붕의 방어와 관리를 통합하여 국가해양사무관리와 같은 법 집행기구가 총체적으로 대처하고 있다. 실제로 많은 국가에서 해양법 집행은 물론 근해방위까지 일본 해상보안청, 미국 해안경비대, 한국의 해양경찰청 등과 같은 비군사역량이나 준군사역량이 주로 맡으며, 그 방어 및 순찰범위는 모두 배타적경제수역인 200해리를 넘는다. 일부 서방 선진국의 해상 준군사력은 장비가 우수하고 훈련이 잘되어 있으며, 활동범위가 매우 넓어 웬만한 해군력 못지않게 자주 국외에 나가 임무를 수행한다. 이라크전 기간에 미 해안경비대는 1,250명의 법 집행인원을 이라크로 파견해 마약 밀수와 불법 밀입국을 막고 해상석유 플랫폼 보호, 해상금수, 운항호송 및 항구안전 등 임무를 수행했다. 일본 해상보안청은 해외협력을 중시하여, 2004년부터 일본은 매년 함정을 파견하여 말레이시아, 싱가포르, 인도네시아 등의 해상 법 집행역량과 대해적 훈련을 집행하고 있다. 최근 몇 년 사이 미국 등 국가의 해경은 분쟁이 격렬한 해역에 적극적으로 개입하고 있으며, 미국은 남중국해, 아덴만의 복잡해지는 '회색지대' 전략에 맞춰 해군과 해안경비대를 합동 편조할 계획이다. 앞으로 각국 해군과 법 집행역량의 협력은 더욱 긴밀해질 것으로 예상된다.

역사적 이유로 중국의 해상방위와 관리는 특이하다. 중화인민공화국 건국 이후 제국주의 국가와 적대세력들의 끊임없는 영해, 영공 침범으로 군사투쟁이 격렬해졌다. 이 때문에 중국 해군은 근해방어와 어로 보호, 선박호송 등의 임무를 맡고 있어, 중국의 해상안전을 지키는 핵심역량이 되었다. 이런 임무를 위해 해군의 인력, 물자, 예산은 상당 부분 배타적경제수역 내 근해, 심지어 해안선 근처에 갇혀 있다. 예컨대 중국 해군의 함정 수는 세계 1위지만 21세기에도 원양임무를 수행할 수 있는 수상함

44) U.S. Special Operations Command, *White Paper: The Gray Zone*, September 2015.

정은 여전히 손에 꼽힐 정도이다. 왜냐하면 대부분 해안선을 지키기 위해 건조한 소형함선이기 때문이다. 실제로 해안방어, 근해방위는 갈수록 해군발전의 부담이 되어 해군의 빠른 발전에 영향을 주고 있다. 현재 미국, 일본 등 세력은 여전히 중국의 배타적경제수역에서 감시 정찰 등 비우호적 활동을 하고 있지만, 중국의 해상 전통적 안보의 총체적 형세는 이미 크게 호전됐다. 아울러 해군의 작전범위와 임무도 크게 바뀌어 중국은 해상전략 방어범위를 배타적경제수역 밖, 중국의 발전이익과 안전이익이 걸린 근해, 나아가 원해 해역으로까지 넓힐 필요가 있다.

따라서 임무와 책략과 법 집행의 효율성 등을 고려해 해군은 일정 부분 임무를 해안경찰 같은 준군사력에 맡기는 것이 시급하다. 2013년 7월 중국 공산당 제18차 전국인민대표대회 회의 정신에 따라 새로운 '대부제(大部制)' 개혁안과 「국무원 기구 개혁과 기능 전환방안」에 따라, 국가해양국의 중국해감총대, 농업부의 여러 해양 어정국, 공안부의 변방해경, 세관 본서의 해상밀수 단속역량 등을 통합해 중화인민공화국 해경국을 창설했다. 해경국 출범으로 중국 역사에서 '오룡치해(五龍治海, 다섯 마리의 용이 바다를 다스림)'의 혼란은 종식됐다. 물론 서로 전혀 예속되지 않고, 편제가 복잡하며(현역경찰, 공무원, 사업편제 등이 있다.), 문화가 다른 4개 조직을 하나로 묶는 게 쉬운 일은 아니며, 해경국 개혁은 여전히 갈 길이 멀다. 해경국은 2018년 3월 새로운 중앙기관과 국무원 기구 개혁안에 따라 무장경찰로 분류돼 중앙군사위가 지휘하게 되었다.

제도건설 강화 외에도 중국의 법 집행역량의 수량과 규모는 최근 몇 년 새 많이 늘어났다. 중국 해경은 함정 수, 대형함정 수, 총톤수 규모에서 이미 미국 해안경비대와 일본 해상보안청을 제치고 세계 제일의 준군사 법 집행역량이 되었다. 그러나 공중역량 분야에서는 중국 해경과 세계 선두의 차이가 크다. 9대의 윈-12와 몇 안 되는 헬기뿐으로 시급히 보완해야 할 '단점'이다.

중국이 해양지리가 상대적으로 불리한 국가라는 것, 서로 이웃하거나 마주하는 주변국 대부분과 수위가 다른 영유권 분쟁이 있다는 것, 거의 모든 해상 주변국과 해양 경계획정 분쟁이 있다는 것을 고려하면, 중국 해경의 규모는 매우 필요하다고 이해할 수 있다. 앞으로도 중국은 해경국의 제도와 능력, 특히 항공 순항 및 경계 역량을 대폭 보강해야 한다.

중국 해경국은 출범 때부터 비상한 관심을 모았다. 외부의 관찰과 논평은 주로 중국 해경국의 운용에 집중하여, 해상 대치와 분쟁 가운데 중국이 제1선에서는 백색함대(즉, 해경)로 일본과 필리핀, 베트남에 대응하고, 회색함대(즉, 해군)는 예비 또는 위협역량으로 제2선에 있는다고 흔히들 얘기하였다.[45] 미 해군도 남중국해 등 해역에서 미군이 자주 만나는 것이 해군이 아닌 해경이어서, 미군 군사행동의 복잡성이 커지고, 중국 해경과 미국 해군 간 소통경로가 미숙해 마찰과 충돌 가능성을 높일 수 있다고 불만을 토로하는 경우가 많다.

비록 미국 등 국가의 발언권이 강하고, 목소리가 크며, 관점이 널리 퍼지지만, 중국 해경의 이러한 운용은 모든 해양강국이 통용하고 있는 수법으로, 미국과 일본도 마찬가지다. 중국은 해경의 운용을 비교적 중시하며, 동시에 상황을 통제하고 과도한 마찰의 확대를 원하지 않는 중국의 평화적인 의도를 잘 보여준다. 중국 해경이 중국 관할해역에 진입한 미국 군함을 단속하는 것은 더욱 문제 없다.

따라서 중국 해경은 자신을 '평시 권익 보호의 주역, 전시 든든한 후원'으로 만들어, 정부 법 집행역량의 특성을 유지하면서 군사역량과의 융합도 강화해야 한다. 전자는 해경의 법 집행에 명확한 근거를 제공할 수 있도록 관련 법규를 강화해야 하며. 후자는 해군과의 실시간 정보 공유 및 임무 연동을 서둘러야 한다. 앞으로의 해상충돌, 특히 도서 귀속과 해양 경계획정을 둘러싼 충돌에는 해상경찰 등 준군사역량이 가장 앞장설 것이다. 해군은 해상법 집행역량의 든든한 버팀목으로서, 해상법 집행역량에 대한 정보와 군수지원, 작전지원까지 수시로 제공하고 필요하면 합동 응급센터 또는 작전센터를 만들어 지휘를 통합해야 한다.

또 중국이 직면한 해양정치 형세는 중국 해경이 빨리 국제화 수준으로 오르기를 요구하는데, 중국 해경의 국제화 정도는 상대적으로 낮아 격차가 크다. 전 세계 해양자원과 환경을 보호하고 재난구조 능력을 강화하기 위해, 전 세계 해경 또는 해양경비대 간 협력이 나날이 늘고 있으며, 미국, 일본 등 각 해양대국의 해상경찰이나 준군사역량은 모두 적극적으로 해외로 나가고 있다. 해군보다 평시 해경의 임무는 훨씬 다양하다. 해경은 군사적으로나 민사적으로나 법 집행의 교류와 협력 강화가 필요하

45) Office of Naval Intelligence, "The PLA Navy: New Capabilities and Missions for the 21st Century", Washington, D.C., April 2015, https://www.oni.navy.mil/Portals/12/Intel%20agencies/China_Media/2015_PLA_NAVY_PUB_Interactive.pdf, p.46; Department of Defense, *Military and Security Developments involving the Peoples Republic of China for 2015*. April 2015.

다. 세계적 이익과 세계적 책임을 지닌 해양대국이자, 세계에서 법 집행과 권익보호가 가장 복잡하고 어려운 연안국으로서, 중국이 마주한 상황은 중국 해경의 '해외진출' 전략연구와 시행 강화를 요구한다.

4. 군사 해운역량과 선단

군의 해외 행동은 강대한 해운역량과 뗄 수 없다. 서양의 해양강국은 모두 군사 해운역량의 건설을 매우 중시한다. 예컨대 미 해군은 주력함정보다 훨씬 많은 400만t의 운송능력을 해상수송사령부와 해사국이 직접 통제하고 있다. 물론 대규모 군사행동이 벌어지면, 이 400만t의 운송능력도 턱없이 부족하여 정부와 계약한 상선과 VISA(Voluntary Intermodal Sealift Agreement) 지원선, 동맹국 상선까지 동원해야 한다.

전시와 평시를 막론하고 군민 융합방식은 해운문제 해결의 주요 형식이다. 상선대는 여러 나라에서 중요한 경제도구로 인식되고 있을 뿐 아니라 해군이 전시에 필요로 하는 중요한 예비역량이다. 전시에 이런 잠재력을 활용하기 위해 미국과 소련은 평시 상선대에 일정한 군사보조금을 주었다. 설계·건조 때부터 군사장비를 갖춘 상선도 있다. 실전에서 거의 모든 중대 군사행동은 상선대의 협조가 필요하며, 상선대는 병력투입, 군수지원 등에서 대체 불가한 구실을 한다. 제2차 세계대전에서 연합군은 노르망디 상륙작전에 5,000여 척의 상선을 수송선단으로 동원했고, 영국군의 말비나스 군도 원정에는 영국 상선 43척이 기동함대를 위해 복무하거나, 보급, 연료물자 등을 공급하는 컨테이너선과 유조선이 영국에서 남대서양을 오가는 8,000해리의 군수선을 형성했다.

개방경제 환경과 대규모 전쟁이 일어날 확률이 낮은 상황에서, 군사부문의 방대한 해운역량의 건설을 기대하는 것은 비현실적이고 비경제적이다. 이것은 냉전 종식 이후 미군이 일부 수송선과 보조함정을 현역이 아닌 것으로 빠르게 전환한 중요한 이유이기도 하다.

평시에는 함정의 사회화 보장이 대세여서 작전임무 외에 군수지원, 해사측량 등 다른 보조임무를 상선에 맡기는 경우가 많았다. 중국의 상선 규모는 매우 크고, 이용할 수 있는 중요한 역량이다. 중국군의 편제체제 개혁이 가속화되고 군민 융합전략의 빠른 속도로 추진됨에 따라 영국, 미국 등과 같이 중국군도 일부 보조선박의 기업 이관과 정부 조달 사회화 보장의 수준을 높일 필요가 있다. 위급한 상황에서 평-전시

전환은 국방동원 제도가 제대로 갖춰지면 큰 문제가 없다. 이 분야에서 미국의 단계별 해운, 단계적 동원 방식도 중국이 참고할 만하다.

제3절 전략, 책략과 집행

해상역량의 운용은 해양국이 군사역량을 동원해 자신의 안보를 지키고 자신의 이익을 실현하는 전략전술과 운용기술에 관한 것이다. 해상역량 운용은 육상역량보다 진취적이고 개방적이며 복잡다단하며 외부의 관심과 적의를 자극하기 쉽다. 정책결정자는 해상역량의 강점과 특징을 잘 살려야 할 뿐만 아니라, 역량이 사용되는 국제환경과 외부 반응에 대해서도 높은 관심을 기울여야 한다.

전통적으로 함대 간의 대결과 '함대결전'은 제해권을 차지하고 서열을 정하는 주요 방식이었다. 하지만 오늘날의 전략적 환경은 엄청난 변화를 겪고 있다. 각국 군은 여전히 다양한 최악의 계산과 전쟁 가정을 적극적으로 하고 있지만, '함대결전'의 가능성과 타당성이 낮아지면서 해양강국 간의 해양력 경쟁은 전략적 대치나 전략적 소모, 즉 장기적인 비결전식 대결로 차츰 승부가 갈릴 가능성이 크다. 여기에는 해상존재 밀도의 경쟁, 해상마찰과 대결, 억제력 압박, 소규모 갈등 등이 포함된다. 예를 들어 미국 전략계의 당면 과제는 어떻게 하면 대규모 전쟁 없이 중국의 해상굴기를 억제할 수 있느냐는 것으로, '함대결전'은 마지막 불가피한 수단이다. 전략적 대치와 소모의 진행에서 승리는 대개 느리고 불완전하며 불철저하다. 중국 군함과 다른 군사 플랫폼의 수가 상대를 훨씬 웃돌고, 특히 동아시아 근해에서 전략적 대치와 전략적 소모의 이점이 있어서 중국이 해양력을 확장하는 것은 '함대결전'이 아닌 상대 우위가 될 수 있다. 기본적으로 중국은 인내심을 갖고 해상존재 확대, 전략적 억제력 강화, 전술처치 능력 향상 등을 통해 상대를 물러서게 해야 한다.

Ⅰ. 해상 적극방어란 무엇인가?

근대 이래로 중국은 기본적으로 해안방어가 있을 뿐 해양력이 없었다. 중국은 일정한 제해권을 차지할 해상역량이 없었던 것이 아니라, 해안방어를 중시하고 해양력을 가벼이 하였기 때문에 소극방어의 관념이 큰 이유다. 청나라 말기 양무운동 때 세운 북양수사, 남양수사의 힘은 막강했지만, 평시와 전시를 막론하고 청나라 조정으로부터 부여된 주요 임무는 모두 해안방어이지 제해권을 쟁탈하는 것이 아니었다.

오랜 혁명전쟁을 수행하면서 인민군은 완전하게 체계를 갖춘 일련의 적극방어 전략사상을 완성하였다. 즉, 전략적 방어와 전역전투상 공격의 조화를 견지하고, 방어와 자위, 후발제인(後發制人: 적을 상대할 때 한 걸음 양보하여 그 우열을 살핀 뒤에 약점을 공격함으로써 단번에 적을 제압하는 전략)의 원칙을 유지하며, '남이 나를 범하지 않으면 나도 남을 범하지 않으며, 남이 나를 범한다면, 나도 반드시 남을 범한다(人不犯我, 我不犯人; 人若犯我, 我必犯人)'라는 원칙을 지켜오고 있다. 중화인민공화국 건국 후, 계속 적극방어의 국방전략을 견지했다. 이 전략은 중국의 평화발전 이념에 부합되므로 중국이 평화롭고 안정된 국제환경을 유지하는 데 유리하다.

하지만 이 전략은 실행과정에서 큰 문제를 안고 있다. 예를 들어 '방어'를 너무 강조하거나, 선제공격하지 않는 것을 지나치게 강조하면, 교조적으로 소극적이거나, 실제로는 방어에 수동적인 경우가 있다. 구체적으로는 전쟁과 평화 문제에 대한 중국의 의도와 결과는 크게 괴리되어 있으며, 주관적으로 서로 양보하는 평화적인 행동은 종종 정세의 통제 불능을 조장하거나 심지어 충돌과 전쟁으로까지 이어진다.

중국의 영토분쟁 처리 주장은 '논쟁 보류'로, 담판과 비무력으로 문제를 해결하는 것이다. 중국은 분쟁지역에서도 방어에 충실하면서 선제공격은 하지 않겠다고 버텼고, 다른 국가가 현황을 깨뜨리지 않는 한 행동하지 않는 게 보통이다. 분쟁지역에서 타국의 움직임에 대해 외교적 항의를 위주로 하여, 실질적인 행동은 거의 없지만, 중국도 참다 못하면 강력한 보복 조처를 할 것이다.

이 역시 전형적인 피동방어를 위한 안보정책으로, 그 핵심은 자신의 발전에 불리한 형세가 출현하는 것을 방지하는 경향이지, 우세를 이용해 자신의 전략적 입지를 강화하는 것이 아니다. 테일러 프래블의 표현대로 주변국과의 영토, 도서 영유권 분쟁 23건 가운데 중화인민공화국은 17건의 분쟁에서 모두 협상을 통해 중대한 양보를 했고 6건의 분쟁에서만 무력을 사용했다.[46]

---

46) M. Taylor Fravel, "Regime Insecurity and International Cooperation: Explaining China's Compromises in Territorial Disputes", *International Security*, Vol.30, No.2, 2005, pp.

전통적 현실주의 이론과는 달리 중국은 분쟁지역에서 권세와 영향력이 상승세일 때 군사적 이점을 이용해 큰 이익을 얻으려 하지 않고, 분쟁지역에서 현재 위치가 도전받거나 정세가 악화할 때 무력으로 분쟁지역에서 자신의 지위를 지킬 것이다. 중국이 이러한 이견을 전쟁수단으로 해결한 것은 분쟁지역이 자신에게 불리하게 변할 것을 우려했기 때문이다. 탐욕보다는 불안감이 영토분쟁에서 중국의 태도를 결정짓는다는 것이다.[47]

크리스턴슨도 중국은 자신이 정한 전략적 이익을 잃을 것을 깨달을 때 무력을 사용한다는 점에 주목했고, 강적에 직면했을 때도 역시 마찬가지였다.[48]

중국의 이런 방어적 전략은 국제관계의 실천에 있어 점점 더 많은 어려움과 도전에 직면해 있다. 중국은 평화주의 외교정책을 펴면서 평화공존 5개 원칙,[49] 국제정치경제의 새로운 질서, 조화세계 등 협상을 통한 문제해결을 위한 평화구상을 국제사회에 널리 알렸다. 중국은 중국의 주권, 안보와 관련된 구체적 사안에서도 분쟁충돌의 평화적 해결 의지를 확실히 밝혔고, 다른 국가와의 영토주권 분쟁에 대해서는 '분쟁보류, 우호협상' 등의 제안과 함께 평화협상을 통해 미얀마, 북한 등과의 영토분쟁을 서로 양해하고 양보하는 형식으로 해결했다. 그러나 다른 한편으로 중화인민공화국 건국 이래 중국이 주변 여러 국가와 충돌하거나 전쟁을 치른 적이 있는데, 이러한 충돌과 전쟁은 중국이 내세우는 평화주의 형상과는 다소 어울리지 않는다. 중국의 방어적 전략은 크게 아래 두 가지 이유로 모순이 있다.

첫째는 전략의도와 수단, 행위의 불균형으로, 좋은 전략의도에 걸맞은 전략적 수단이 부족하다는 점이다. 중국은 종종 어느 지역에서 주권을 보유하고 있다고 주장하지만, 실제 행동으로 이러한 주장을 보여주지 않는다. 중국은 타국이 국익을 침해하는 것을 종종 항의하지만, 상대에 대하여 적절하게 처리하지 않는다. 중국은 늘 말로

46-83.

47) M. Taylor Fravel, "Power Shifts and Escalation: Explaining China's Use of Force in Territorial Disputes", *International Security*, Vol.32, No.3, 2008, pp.47-48.

48) Thomas Christensen, "Windows and War: Trend Analysis and Beijing's Use of Force", edited Alastair lain Johnston and Roberts, *New Directions In the Study of China's Foreign Policy*, Pola Alto: Stanford University Press, 2006.

49) 互相尊重主权和领土完整、互不侵犯、互不干涉内政、平等互利、和平共处等原则: 주권과 영토의 완전함을 서로 존중하고, 상호 불가침하며, 서로의 내정을 간섭하지 않으며, 평등하게 서로 이익을 취하고, 평화가 공존하다(역주).

는 행동을 취하겠다고 선포하지만, 그 조치를 하는 것은 매우 적다. 중국은 오랫동안 갈등을 피하고 협상 분위기를 조성하기 위해 주권 선포와 항의는 외교적 수단에 국한돼 왔고, 설명과 항의를 위주로 하고, 위협하지 않았으며, 똑같은 반응과 '이에는 이'와 같은 반응을 보이지 않았다. 서구 현실주의 정치에서 '전수'받은 일부 주변국은 역량존재와 실효적 통제를 중시해 중국과 말싸움은 물론, 분쟁지역의 점령면적과 통제력 확대에 더 많은 공을 들이고 있다. 그들은 점진적인 전략을 취하며, 중국이 실제 행동을 취하지 않는 한, 이런 정책을 계속하면서 자신의 우세를 넓히는 데 모든 기회를 이용할 것이다. 1950년대 인도가 중-인 국경 지역에서 취한 '전진정책'이 그러하며, 중-일 수교 이래 일본이 점차 댜오위다오에 대한 통제를 강화하고 있는 것 역시 그러하다. 이렇게 중국이 양자관계에서 대국과 지역 평화를 위해 중국이 취한 자제와 인내는 '중국은 주권을 현시하겠다는 결의가 부족하거나, 무력하거나, 충돌을 두려워한다'라는 착각을 심어줬다. 이 때문에 이들 국가는 기회만 있으면, 중국에 대하여 공격태세로 나서고 있다. 하지만 참는 것도 한계가 있다. 중국이 손실을 피하고자 견딜 수 없을 때는 갑자기 매우 강경하게 변하여 때로는 과감하게 전쟁수단에 의존할 것이다. 이런 결과는 중국의 방어적 안전전략과는 정반대로 충돌의 격상을 대비하기는 커녕 오히려 비극을 가속하고 있다. 이것은 중국에 매우 불리하고, 평화발전의 환경이 없어지며, 세계에도 무력을 남용하여 전쟁을 일삼는 인상을 남길 것이다.

둘째는 중국의 국가주권 수호 행위가 수동적이고 자극에 반응하는 형태로 예측성과 예견성이 부족하다는 점이다. 충돌, 위기 폭발 이전에는 예방적 조치가 서투르고, 충돌, 위기 폭발 이후에는 더 이상의 피해를 피하고자 과잉반응을 보이는 과격한 행동이 호전적·확장적으로 읽힌다. 근본적인 문제는 방어적 전략이 구체적인 정책수단과 세부적인 행동방안이 뒷받침돼야 하는데, 적극방어를 얘기만 하고, 반응하는 방식은 위기에 처하면 결과는 피동방어뿐이다.

적극방어는 물론 중국 해상역량의 전략적 원칙이며, 중국 해군의 '근해방어, 원해호위'는 해상 적극방어의 또 다른 표현이다. 국가발전 양식, 지정학적 특성과 자체여건의 한계 등으로 인해 중국은 방어적인 해군 발전전략을 수행해야 함은 두말할 필요가 없다. 중국 해상역량 건설의 목표는 제한적이고 운용도 신중해야 한다.

'권력을 보다 효율적으로 사용하기 위해서는 해군이 제한적으로 사용되어야 하는데, 한 국가의 강력한 해상우세는 전 세계적으로 질투와 우려를 불러일으켜 다른

국가의 공동억제 대상이 될 수 있기 때문이다.'[50]

따라서 전략적으로 중국이 추구하는 목표와 사용하는 수단은 상대적으로 보수적이다. 그러나 전략적 방어가 중국이 전술적 차원에서 적극적인 자세로 이익을 쟁취하는 것을 방해하는 것은 아니다.

우선 이것은 해상역량의 작전특성에 따라 결정된다. 지상전과 달리 해전에는 고정된 방어진지가 없어 전후방의 개념이 상대적으로 모호하다. '해군 병력의 특징은 기동성이고, 소극방어의 특징은 고정성이다.'[51]

엄밀히 말해 해군에는 전략적 방어만 있을 뿐 전술적 방어는 없다. 지상전과 달리 해전에서는 전역의 성격이 공격적이든 방어적이든 상관없이 함대는 전역의 목적을 달성하기 위해 공격행동을 한다. '해군 병력은 방어전선을 형성하지 않고 활동적이며, 그 행동은 어떤 지역을 진격, 탈취 또는 지키는 것과 관계없다.'[52]

해양을 전장으로 삼아 방어공사를 건설하는 데 사용할 수 있는 자연조건은 기본적으로 없으며, 공격작전이나 방어작전(방어적 기뢰 부설 제외)이 모두 공격수단으로 이뤄짐으로써 해상 국지전의 기본 양식이 공격임을 분명히 한 것이다.[53]

해상 만리장성은 사실상 존재할 수 없으며, 미국을 포함한 모든 국가는 해상에 견고한 방어선을 구축할 수 없다. 청일전쟁은 피의 역사교육으로 국민에게 해전과 지상전의 매우 큰 차이를 깨우쳐 주었으며, 신식 함선과 무기로 무장한 북양함대는 여전히 뼛속 깊이 육군이었으며, 지상전의 사고를 연장하여 함대를 항구 안에 숨어서 나오지 않도록 하고 이동 포대로 사용하였는데, 싸우기도 전에 지고 말았다.

다음으로, 중국은 해안선 근처에 확고한 방어선을 구축할 수 있는 지정학적 조건이 없다. 육·해역량의 힘겨루기에서 중국은 외국 해상역량 기동성의 쓴맛을 보았다. 제1차 아편전쟁 때 보잘 것 없는 4천여 명으로 구성된 영국 함대는 중국의 수만 km에 달하는 해안방어선을 와르르 무너뜨렸다. 이후 열강은 잇달아 해상역량의 기동

---

50) Geoffrey Till, "Sir Julian Corbett and the Twenty-First Century: Ten Maritime Commandments", Andrew Dorman, Mike Lawrence Smith and Mattew R.H.Uttley edit, *The Changing Face of Maritime Power*, New York: St Martin's Press, Inc., 1999. pp.24-25.

51) [美] 马汉：《海军战略》，北京：商务印书馆，1994年，第144页。

52) [苏] 谢·格·戈尔什科夫：《国家海上威力》，房方译，北京：海洋出版社，1985年，第374页。

53) 刘继贤，徐锡康：《海洋战略环境与对策研究》，北京：解放军出版社，1996年，第349页。

성과 융통성을 이용해 중국 연해지역을 무차별 타격해 청나라 조정과 타협을 끌어냈다. 열강은 중국 근해에서 거점 한두 군데만 차지해도 내륙 깊숙이 자리 잡은 통치자에게 강력한 위압감을 줄 수 있었다. 하필이면 중국 근해에는 수많은 섬이 있어 해양국들이 중국에 대하여 선천적 전략우위를 점하고 있었다. 외국의 막강한 해상역량 앞에서 근대 중국은 사실상 철통같은 해상방어를 세울 방법이 없었다. 중화인민공화국 건국 후, 인민해군은 점차 발전하여 중국이 오랫동안 바다를 방어하지 못했던 역사를 철저히 변화시켰다. 그런데도 해양력 국가에 대한 중국의 중대한 전략적 열세를 완전히 메워주지는 못했다. 미 7함대는 오랫동안 대륙을 타이완과 떨어뜨렸으며, 20세기 말까지만 해도 수십만 명의 중국 해군 장병은 미 해군이 타이완 해협에 간섭하는 것을 막지 못했다. 이처럼 중국이 처한 지정학적 특성은 중국 역량이 육지나 근해에서만 고착되면 미국 등 해양력 국가와 맞설 수 없다는 것을 결정한다. 중국 해군은 기동 대 기동, 공격 대 공격을 해야 전략태세로 전환할 수 있다.

이를 위해 중국 해상의 적극방어전략은 두 가지 방향에서 다듬어져야 한다. 한편으로는 사상을 해방하여 피동방어의 관성 형식을 바꾸고, 적극방어의 전략내용과 조작규정을 심화시키며, 전략적 배치와 억제를 강화하여, 위협과 위기사태의 씨를 말리거나 발아를 억제해야 한다. 다른 한편으로는 해상투쟁과 해상방어의 특성을 직시하고, 적극적인 전술 공격과 다원적 해상운용으로 '적극방어'의 해상적 함의를 풍부하게 해야 한다. 해상방어는 해양력의 중요한 부분이지만 그것이 해양력의 전부가 되어서는 안 된다. 강대한 해양력이 있으면 해상방어는 철옹성처럼 견고해지기 마련이지만, 반대로 해양력이 없으면 아무리 강대한 해양방어도 일격에 무너질 수 있다.

Ⅱ. 해상책략과 전술

최근 몇 년 사이에 이른바 '반접근'과 '지역거부'는 미국에 중국이 근해에서 미군에 맞서는 가장 위협적인 전술로 인식됐다. 둥펑-21과 둥펑-26 대함유도탄의 개발은 중국이 '반접근' 전략을 펴고 있다는 외부의 인식을 더욱 강화하였다. 그러나 중국의 해양 지정학적 조건은 매우 복잡하고, 중국군 각 분야의 능력 발전도 균형 있게 진행되고 있어, 합동작전체계에서 '반접근'으로 중국 군사역량을 근해에서 운용한다고 두루뭉술하게 말하는 것은 너무 일방적이다. 또 중국 해군의 원양능력이 보강되고 강화됨에 따라 중국 해군의 운용은 더욱 '해군' 같을 수밖에 없다. 중국은 육·해 양쪽의 장점을 모두 갖추고, 지리적 위치와 상대적 실력 등을 고려하여, '이륙제해', '이해제륙', '이륙제륙' 그리고 '이해제해'의 네 가지 역량 운용방식을 종합적으로 사용해야 한다.

1. '이륙제해'(以陆制海: 지상으로 해상을 통제)

육지에 의존해 상대적으로 약한 해군이 지상 정찰 및 타격 역량과 협동으로 특정 해역에 대한 통제를 획득하거나 상대가 이 해역의 통제권을 획득하는 것을 막는 방식이다.

이 전술은 제2차 세계대전 종전 이후 우주와 정보, 유도탄과 장거리 전투기 등 기술이나 장비 발전의 영향을 많이 받았다. 이처럼 지상기반의 다양한 공격수단 위협으로 해상역량의 생존과 유효성은 취약해졌으며, 특히 대륙과 인접한 해역에서는 더욱 그러하였다.

의심할 여지 없이, 미국과의 대결에서 '이륙제해'는 중국에 없어서는 안 될 대전술이었다. 아·태 지역에서 미국의 광범위한 군사안보 공약에 비춰볼 때 중국은 주권을 수호하고 전략적 공간을 확보하려면 미국의 개입에 대비하지 않을 수 없다. 최근 20년간 중국군은 군사 현대화 추진을 가속하여, 유도탄, 스텔스 잠수함, 스텔스 전투기 등 '비장의 무기'를 중점적으로 만들고, 정보기술을 활용한 센서와 지휘 네트워크를 발전시켜, 함재기 플랫폼과 유도무기를 최적화해 유도탄, 전투기, 수상 작전함정, 잠수함과 2. 무기의 목표 추적과 타격 능력을 획기적으로 높였다. 이 가운데 대표적인 '비장의 무기'는 둥펑-21D 대함 탄도유도탄이다. 중국이 발사체중심 전략(Projectile-Centric Strategy)의 군사력 투사방식으로 유도탄, 무인기 등 역량을 크게 발전시킨 것은 미국과 그 동맹국의 강력한 투사능력을 따라가는 데 별다른 선택이 없었기 때문이다. 미군과 비교해 중국군의 해상과 공중 플랫폼 기술격차는 여전히 크다.

현재 중국 젠-10, 젠-11, Su-27, Su-30, 젠훙(殲轟)-7 등 주력 전투기의 작전반경은 1,500km 이상으로 연안공항에서 이륙하지 않고도 남중국해 중남부를 제외한 모든 관할해역을 장악할 수 있다. 앞으로 젠-20 등 5세대 전투기의 전력화에 따라 중국 지상기반 공중역량은 제1도련선 안과 인근 해역을 장애 없이 장악하게 된다. 지상기반 탄도유도탄의 복사범위는 더 넓어, 둥펑-21D와 둥펑-26의 사거리는

2,000~4,000km에 이른다. 더구나 중국은 국토가 넓고 해안선이 길며 군사력 투사기지의 선택지가 많다. 이처럼 '이륙제해'라는 분명한 반접근 플랫폼과 기술이 있어 중국은 서태평양에서 미국과의 힘겨루기에서 의미가 크다. 중국은 해상력이 여전히 미국에 못 미친다는 전제 아래, 서태평양에서 미국과 힘의 균형을 이루고 동아시아 해역에서 일정한 우위를 이루려면 '반접근' 전략의 잠재력을 크게 발굴해야 한다.

그러나 어떤 전술도 능사가 아니며 '이륙제해'도 문제가 없는 것은 아니다.

우선, '이륙제해'의 선천적 결함이 있다. '이륙제해'의 관건은 감시정찰 능력인데, 그 발전이 타격능력의 발전속도를 따라가지 못한다. 표적 추적 분야에서 대륙국은 위성, 조기경보기, 무인기, 초수평선 레이더 등 정찰수단을 통해 해상표적의 위치를 찾을 수 있다. 정찰위성은 전 세계 해역에서 대형 수상함정의 동향정보를 수집하고, 단파측정 및 초수평선 레이더는 해안에서 멀리 떨어진 표적에 대한 동태정보를 제공해 정확한 표적정보를 제공하지는 못하지만, 조기경보 기능을 한다. 그러나 초저공 및 수상 표적들은 지구곡률의 영향으로 해안기지 레이더와 함재 레이더의 탐색능력 발전이 더뎌, 유효탐지거리는 오랫동안 수십km에서 백km 안팎, 심지어 가시거리에 머무르고 있다. 작전기준을 맞추려면 대부분의 무기 플랫폼이 표적에 대한 실시간 정보를 요구하는 만큼 공중정찰 조기경보 능력이 주효할 것으로 보인다. 따라서, 더 먼 구역의 제공권을 장악하지 않는다면, 지구곡률의 영향과 항공기 탑재 레이더의 조사범위 한계로, 중국이나 미국 또는 다른 모든 국가도 '반접근'의 유효 작전반경을 우호적 해안으로부터 400~600km 이상으로 확장하는 것은 어려울 것이다.[54]

다음으로, '반접근'은 엄밀히 말해 일종의 저지 기술로, 상대가 해양을 통제하는 것을 제한, 저지하는 것이지만, 그 자체로는 해양을 통제할 수 없고, 강한 해군 없이는 목적을 달성하기 어려우며, 평시에는 저지하는 효과도 미미하다는 것이다. 상대적으로 해군의 역할은 다원적이고 유연해야 하며, '군사행동 개시 전, 해군 병력은 쌍방이 충돌한 해역 부근에서 역량을 현시해, 잠재적 적을 위협할 수 있는 효과적인 수단이다. 군사행동 종료 단계에서 일부 해군 병력은 충돌수역(지역)에 남아 지역을 안정화하고 협상을 통해 분쟁을 해결해야 한다.'[55]

이 같이 신속하고 유연하며 효과적인 억제력은 육군과 공군, 로켓군 부대가 제

---

54) "Future Warfare in the Western Pacific", p.13.

55) [俄] 戈拉德绍夫：《现代海战概论》，北京：军事谊文出版社，2002年，第220－221页。

공하지 못하는 것이다. '국가주권을 침해할 필요 없이 해상역량의 우위가 정치적 목표를 지지하고 대치하지 않도록 할 수 있다. 해상역량은 적절한 '깃발 흔들기' 방식으로 외교적 노력을 강화해 다가올 충돌을 막을 수 있을지도 모른다.'[56]

마지막으로, 일부 '반접근' 수단은 섣불리 손댈 수 있는 수단이 아니다. 현재로서는 제공권을 장악하지 않은 상태에서 '반접근'의 가장 핵심적인 능력은 대함유도탄 특히 대함 탄도유도탄이다. 문제는 이 '필살기'를 한바탕 크게 싸울 때만 사용할 수 있어, 평시에서 기껏해야 위협적인 역할밖에 못 한다는 것이다. 또 탄도유도탄의 사용은 상대의 오판을 부를 수 있는데, 왜냐하면 불통의 상황에서 상대는 탄두의 성질을 알기 어렵기 때문이다. 상대가 최악의 시나리오를 염두에 두고 핵탄두를 탑재할 수 있다고 생각한다면 더 큰 대립은 물론 핵전쟁으로 이어질 수 있다.

2. '이해제륙'(以海制陸: 해상으로 지상을 통제)

상대적으로 강한 해군이 해·공역량으로 상대의 지상기반 정찰 및 타격 역량을 제압하고, 상대의 '이륙제해'를 방지하며, 해상에서 다른 국가에 군사, 정치, 외교 등 영향을 미치는 것이다. '이해제륙'은 전통적으로 해양력을 발휘하는 주요 방법이자, 해양력의 최종 목표이다.

코르벳(Corbett)은 해상전략의 중점이 육상사무에 영향을 주는 것이라고 진단했다. 제2차 세계대전 종전 이래 서방 해군강국의 양대 전략은 머핸 전통과 코르벳 전통의 두 갈래로 나뉜다. 전자는 중점해역에 대한 해상통제 확보를 요구하며, On the Sea라 불린다. 후자는 원양 군사력 투사능력과 전방 군사존재, 육상사무에 영향을 미치는 능력을 중시하며, From the Sea라 불린다. 서양의 제해권이 오랫동안 도전받지 않은 상황에서 코르벳 전통이 사실 더 주목받는다. 중국이 해외사무에 미치는 영향을 강화하려면 군사력 투사분야의 격차를 확실하게 높이 이해제륙의 능력을 강화해야 한다.

'반접근' 기술은 중국으로 말하면, 양날의 검과 같다. 한편으로는, 미군의 중국 근해 활동과 행동을 어렵게 하지만, 다른 한편으로는 중국의 제1도련선 돌파를 어렵게 한다. '반접근과 지역거부'는 결코 중국의 전유물이 아니며, 상대적으로 약한 세계

56) "Sea Power", http://www.globalsecurity.org/military/ops/sea.htm.

해양국이 모두 적극적으로 시도하고 있다. 중국의 주변을 둘러싼 일본, 베트남, 인도네시아, 한국 등 국가는 모두 자신의 '반접근' 역량을 건설하고 있다. 미야코 해협을 더 잘 감시하고 통제하기 위해 일본은 최근 몇 년 요나구니섬, 이시가키섬에 병력을 대폭 증가하고, 레이더, 전투기 등 장비를 배치하였으며, 미야코섬에 지대함 유도탄 배치를 준비하고 있다. 베트남은 Su-30, 킬로급 잠수함 등 첨단장비를 지속해서 사들여 남중국해에서 지리적으로 가까운 자신의 우위를 발휘하려 하고 있다.

중국의 급속한 군사력 증강에 대해 중국의 주변국은 물론 미국 스스로 '반접근' 역량을 강화할 것을 촉구하는 전문가들도 적지 않다. 요시하라 토시는 2014년 일본판 '반접근과 지역거부' 전략을 제시한 바 있다. 그는 일본이 중국보다 해양지리 분야에서 우세하며, 규슈에서 타이완까지 많은 도서로 형성된 도서련(島嶼鏈)을, 중국의 수상함, 잠수함, 항공기가 광활한 대양으로 가는 것을 막는 천연 장애물로 삼아, 일본은 류큐 제도를 중심으로 잠수함, 대함 및 방공 유도탄, 기뢰 등의 역량을 사용하여 중국에 대해 반접근을 시행할 수 있다고 하였다.[57]

미국 워싱턴대학교의 스테판 비들(Stephen Biddle)과 아이반 오엘리치(Ivan Oelrich)는 중국의 '반접근과 지역거부'에 대응하는 제일 나은 방법은 '공해전투'가 아니라며, 미국의 '반접근' 능력을 강화해 중국의 '반접근' 전술의 영향을 상쇄하고 그 범위를 줄여야 한다고 주장했다.[58]

테런스 켈리 등은 랜드 연구소의 보고「서태평양에서의 지상배치 대함유도탄 운용」에서, 미국과 동맹국 및 동반국은 믈라카, 순다, 미야코, 바시, 대한 등 해협이나 수로 주변에 장거리 대함유도탄의 배치를 늘려 중국의 해상교통로에 대한 저지능력을 갖출 것을 권고했다.[59]

미국 일본 등 국가가 조작한 의미상의 중국 '반접근' 위협과 달리, 중국이 마주한 '반접근' 위협은 이미 현실에 존재하며, 매우 심각하다. 하나의 뚜렷한 예로, 중국이 대양으로 진출하는 거의 모든 해상교통로는 미국, 일본 또는 미국 동맹국의 통제를

---

57) Toshi Yoshihara, "Going Anti-access at Sea: How Japan Can Turn the Tables on China", Washington, D.C.: Center for a New American Security, 2014.

58) "Future Warfare in the Western Pacific", p.45-47.

59) Terrence Kelly et al., "Employing Land-Based Anti-Ship Missiles in the Western Pacific", Santa Monica, Calif.: RAND Corporation, 2013, http://www.rand.org/pubs/technical_reports/TR1321.html.

받으며, 특히 동중국해에서 동쪽으로 태평양으로 가는 교통로는 미국의 위성, 해안감시 레이더, 연안기반 정찰기와 유도탄 등 전력에 의해 빈틈없이 통제받고 있다.

이런 상황에서 중국은 해군함정, 특히 수상함정의 대지타격 능력을 직시해야 한다. 중국은 그동안 남이 쳐들어오는 것을 방어하는 문제를 주로 고려하고, 상대 함선과 항공기를 공격하는 것을 강조하였으나, 대지타격 능력의 발전은 소홀히 해왔다. 최근 몇 년 사이 중국 해군의 대연안 타격능력은 어느 정도 향상됐지만, 임무에 비하면 여전히 큰 차이가 있는데, 주로 대연안 공격수단이 많지 않고, 순항유도탄을 발사할 수 있는 함정과 항공기, 잠수함이 적으며, 단함이 갖추고 있는 대지타격 역량이 미약하고, 원해 및 원양 정보획득 능력이 낮으며, 화력 투사의 지속력이 약하다는 점 등이다.

3. ‘이륙제륙’(以陸制陸: 지상으로 지상을 통제한다)

상대적으로 막강한 지상력, 즉 지상기반 정찰 및 타격 역량에 의존해, 상대가 지상기지 역량으로 특정 해역을 통제 또는 봉쇄하는 것을 막는 것으로, 상대의 ‘반접근’ 능력을 제압하는 것이라고 할 수 있다.

군사기술의 발전에 따라 군사력 투사거리가 끊임없이 뻗어나가면서 전통적인 몇십km, 몇백km에서 수천만km에 이르는 군사력 투사방식이 날이 갈수록 원활해지고 있으며, 차량, 화포, 철도, 군함, 항공기 외에 유도탄, 우주선 등의 신속한 투사방식 유행하고 있다. 이것은 해양에 의해 나뉘고, 인접하지 않은 국가 간에 해상역량을 사용하지 않고도 상호 영향과 위협을 주고받을 수 있다는 것이다.

앞서 설명한 바와 같이 중국은 대륙국이며, 또한 천연으로 아시아의 중앙에 위치하며, 지연복사 능력이 매우 강하고, 전략적 종심은 매우 크다. 이에 비해 주변 해상 주변국은 대부분 섬나라이거나 반도에 위치하여 영토의 면적과 종심이 상대적으로 제한돼 있다. 서태평양에서, 미국과 일본은 아·태 사무에 개입하기 위해 군사자산의 대부분을 제1도련선, 주로 일본에 집중시켰는데, 대다수 기지와 보조시설을 몇 개의 독립된 섬에 분포했지만, 중국의 군사자산 분포는 이보다 훨씬 폭넓다. 둘을 비교하면 중국의 우세는 말할 필요도 없다.

현재 유효한 지상기반 장거리 투사 플랫폼은 폭격기, 유도탄, 우주선, 우주역량 등을 포함하며, 이륙제륙의 중점은 상대의 중요 기지나 중대 군사자산을 억제, 타격하는 데 중점을 두고 있으며, 목적은 다른 국가가 중국이 시행하는 '반접근'에 대한 방지 또는 제압이다.

4. '이해제해'(以海制海: 해상으로 해상을 통제)

상대적으로 강한 해군, 즉 해상 플랫폼에 기초한 해·공역량으로 상대의 해군을 저지 또는 격파하여, 특정 해역의 제해권을 획득하고 해상 항행의 자유와 안전을 지키는 것이다.

대규모 해상전쟁이 일어날 확률은 낮지만, 군대는 항상 최악의 시나리오를 상정해야 하며, 중국 해군은 여전히 특정 해역의 제해권을 쟁취하기 위한 모든 싸움에 적극적으로 대비해야 한다. '반접근'은 다른 국가의 제해능력을 멈출 뿐, 자신의 제해권을 대폭 강화하지는 못한다. 따라서 다양한 다른 플랫폼과 전략으로 뒷받침하고 협조해 제해권을 탈취하고 제해권을 운용하더라도 여전히 전통적인 해상역량으로 시행을 책임져야 할 것이다.

전체 규모와 질적으로, 예측 가능한 미래에 중국 해군은 미 해군에 뒤질 것이다. 그러나 서태평양 지역, 특히 동아시아 해역에서 양측의 격차는 전체적으로 크지 않으리라고 보며, 그 격차는 빠르게 좁혀지고 있다. 미 해군정보국은 2020년이면 태평양에서 중·미 주요 군함(항공모함, 순양함, 구축함, 잠수함 등) 수가 100척 안팎으로 비슷하게 유지할 것이라고 평가했다.[60] 중·미 간에는 분명 엄청난 질량과 능력의 차이가 존재하지만, 중·미 간 작전범위의 비대칭성으로 인해 중국 해군은 의심의 여지 없이 동아시아 근해에서 양적 우위를 얻을 것이며, 이것은 어느 정도 질의 차이를 메워줄 것이다.

따라서 중국 해군은 자주 강조하는 비대칭 균형 외에 동아시아 일부 해역에서 미 해군과 정면, 대칭적으로 경쟁할 수 있는 태세를 갖추어, 미국과 일부 해역의 제해권을 놓고 미국과 경쟁해야 한다. 중국의 군함과 함재 항공역량이 급성장하면서 정찰능력, 화력부문 등에서 중국은 핵심 해협 또는 수로 등 국지해역에서 주변국의 연안기지 역량에 대한 우위를 구성할 수 있으므로, 극단적인 상황에서 중요 교통로의 제

---

60) Ronald O'Rourke, *China Naval Modernization: Implications for U. S. Navy Capabilities Background and Issues for Congress*, September 2013, p.42, http://www.fas.org/sgp/crs/row/RL33153.pdf.

해권을 차지하는 방안에 대해 진지하게 고려해야 한다.

미국 이외의 다른 국가와 비교하면, 중국은 규모 면에서는 월등히 앞섰고 질적으로도 어느 정도 우위를 차지할 수 있어, 원해 대양에서 주요 해상 플랫폼으로 경쟁해 승리할 것이다. 해경과 해군은 일상의 마찰과 대치에서 상대와 겨루는 주요 역량으로, 중국의 종합국력과 전체 군사력이 아무리 강하고 전략우위가 아무리 분명해도, 이런 강함과 우위는 모두 해군과 해경이 구체적인 상황에서 실현해야 한다.

또 틸의 말대로 오늘날 세계의 대국해군은 반드시 현대 이후의 역할을 고려해야 하고, 중국 해군도 해상 항행의 자유와 해상안전 등의 공공재를 더 많이 제공하여, 평화와 안정이라는 해양질서를 지키는 데 더 큰 역할을 할 필요가 있다.

Ⅲ. '벌교(伐交: 적의 외교를 제거)'와 대외소통

코르벳은 일찍이 해양력은 국가전략의 구성부분으로서, 유한충돌에서 독특한 역할을 할 수 있다는 것이 큰 장점이라고 지적하였다. 제해권을 가진 국가는 분쟁에 참여하거나 개입하는 정도를 자유롭게 선택할 수 있고, 상황이 자신에게 불리하면 전쟁 범위와 규모를 쉽게 제한할 수 있다.[61] 오늘날과 같은 전략 환경에서는 다른 역량에 비해 해상역량이 국가전략의 구성요소라는 독특한 장점이 평시에 폭넓은 역할을 할 수 있다는 점도 고려되었다고 볼 수 있다. 해상역량이 충돌에 동원되는 모습은 점차 뜸해지지만, 평시 억제, 외교, 재난구호, 법 집행 등 다양한 활용은 빈번해진다. 해상역량은 '전투' 외에 평시에 어떻게 자신의 위상을 높일 수 있을 것인가에 대해서도 고민해야 한다.

이미지는 경영이, 정보는 소통이 필요하다. 중국의 해상역량은 도대체 인의지사(仁義之師)인가, 아니면 해상의 강권인가? 이는 중국 자신의 행동과 외부의 시각에 달려 있으므로 대외소통과 이미지 홍보능력이 중요하다.

오늘날 세계에서 군사역량의 사용은 도의적 문제나 '합법성' 문제를 충분히 고려해야 한다. 중국 해상역량의 발전은 실력의 성장만 시급히 요구하는 것이 아니라, 국제사회에서 군사역량 발전과 사용의 '합법성' 문제를 해결하는 것이 더 필요하다. '합

61) Julian S Corbett, *Some Principles of Maritime Strategy*, MD: Naval Institute Press, 1988, pp.53－58. First Published in London by Longmans, Green and Co., 1911.

법성'은 정치학과 정치실천에서 매우 중요한 의제이다. 정치적 의미의 합법성은 어떠한 제도나 권위에 대한 대중의 수용 정도이다. 이 권위의 행위가 실정법 판결에 부합하든 그렇지 않든, 단순히 법의 원칙만을 의미하는 것이 아니라 권위에 대한 대중의 인정과 존중을 담고 있다. 정치학자들은 정치적 합법성을 하나의 도구로 삼아 통치비용을 줄이고 통치를 유지하는 데 더 효과적이라고 입을 모은다.[62]

국제사회는 중앙 권위가 부족하고, 국제 청중은 다른 국가에 대한 충분한 인식과 이해가 부족하므로 합법성 문제는 더욱 중요하다. 합법성은 '국제정치적 측면에서 최소 네 가지 분야의 원칙에 관련한다. 첫째, 유엔 법령에 따라야 한다는 점, 둘째, 정의에 부합해야 한다는 점, 셋째, 권력사용이 적당해야 한다는 점, 넷째, 국제의지의 새로운 변화를 적시에 반영해야 한다는 점이다.'[63] 합법성은 정의성과 달리 국제사법재판소가 부여하는 것이 아니라 동적이며 스스로 쟁취해야 한다. '전쟁의 합법성 자원을 많이 장악하는 자가 국제사회의 많은 지지를 얻을 수 있다.'[64]

아프가니스탄과 보스니아에서 작전했던 제임스 해먼드 중령은 아프가니스탄과 이라크에서 미국 군사행동의 교훈을 되새기며, 합법성이 미군의 해외 군사 성공에 큰 역할을 했다고 강조했다. 그는 합법성이 군사행동에 다섯 가지 분야의 큰 영향이 있다고 하였다. 합법성의 유래인 법률이나 헌법의 부여, 전통이나 관습의 부여, 지도자의 개인적 매력이 군사행동에 영향을 미친다. 합법성은 복종을 의미한다. 사람들은 자신이 합법적이라고 생각하는 정부가 내린 결정이 아주 만족스럽지 않더라도 인정하지만, 불법권력으로부터의 가장 작은 강요에도 저항할 것이다. 강권과 폭력은 결코 합법성을 가져오지 않을 것이므로, 군사역량의 운용은 반드시 진중해야 하고, 특히 그 합법성이 매우 약한 지역, 즉 국내 대중과 국제 대중이 전쟁과 충돌을 보는 시각도 합법성에 영향을 미친다. 합법성은 충돌하는 양측의 경쟁 속에 있고, 군사행동의 성공은 역량의 겨루기와 합법성 겨루기의 두 전선에서 모두 승리해야 한다.

서구 선진국들의 오랜 국제 발언권 독점으로 중국의 굴기, 특히 군사적 굴기는 국제사회에서 오랫동안 합법성의 위기를 맞고 있다. 이미 1990년대부터 각종 '중국

---

62) 杨塬，孙学峰：《崛起国合法化策略与制衡规避》，载《国际政治科学》，2010年第3期，第7页。

63) 郭树勇：《战争合法性，多边战争与中国统一》，载郭树勇：《战略演讲录》，北京：北京大学出版社，2006年，第254页。

64) Lieutenant Colonel James W. Hammond, Canadian Forces, "Legitimacy and Military Operations", *Military Review*, September 2010, pp.69－71.

위협론'이 난무했다. 오늘날 중국의 주변 외교와 대국 외교가 큰 성과를 거두고, 중국의 발전을 국제사회가 어느 정도 깊이 이해하며, 중국의 핵심 국익이 어느 정도 존중되고 있지만 이러한 인식의 변화는 정치, 경제, 외교적 측면에서만 이뤄지고 있다. 지정학적, 권력 경쟁, 영토주권과 해양이익 등 다방면에 걸친 중국 군사역량의 굴기는 여전히 매우 환영받지 못하고 있다.

갤럽은 2010년 미국, 중국, 인도의 아시아 지도력에 대한 설문조사를 했다. 그 결과 중국의 주변 국가 또는 지역은 아시아에서 미국이 지도적 역할을 발휘하기를 원하며, 안보·정치적으로 미국에 더 의존하고 있는 것으로 나타났다. 중국의 굴기에 대한 주변국들의 마음은 매우 모순적이다. 그들은 한편으로는 경제 측면에서 중국은 없어서는 안 될 추진기로 여기며, 중국은 기회를 대표하며, 중국과의 경제협력을 강화하는 것은 이들 국가 경제발전의 주요 발전전략이다. 다른 한편으로는 안보 측면에서 그들은 중국을 동아시아의 가장 불확실한 요소로 보아, 중국을 시기하고 경계한다. 이른바 '경제는 중국에, 안보는 미국에 의존한다'라는 것이다.

2015년 세계 지도력 순위 보고서에서 갤럽이 세계 135개국을 설문조사한 결과 중국의 세계 지도력은 여전히 세계 주요 역량 가운데 가장 잘 알려지지 않아, 미국, 유럽연합, 독일, 러시아에 뒤처지고, 무응답이 32%, 지지가 29%, 반대는 28%로 각각 나타났다.[65]

20년 가까이 중국의 국방 현대화에 많은 진전이 있었지만, 중국 군사 현대화에 대한 의문의 목소리는 더 빠르고 맹렬하게 따라왔다. 각종 '중국군 위협론'은 끊이지 않았고, 위성무기 위협, 잠수함 위협, 해군 위협, 항모 위협과 항모 킬러 등 여러 과격한 말이 미국, 일본, 인도 등 국가 정계요인의 담화와 서방 주류매체에 자주 등장했다. 외부는 중국의 능력을 과장할 뿐 아니라, 중국의 의도를 억측으로 꾸며내고, 예컨대 이른바 중국 인도양의 '진주 목걸이' 전략과, 중국이 터무니없게 미국 대신 해양을 제패하려는 과장된 논점 등 불확실한 괴담을 만들었다. 2010년부터 미국, 일본 등 국가는 국가안보전략, 해양전략, 군사전략과 국방계획에서, 모두 이른바 '중국의 해상확장'을 극단적으로 과장하였으며, 중국의 해상굴기를 그들에게 가장 중요한 안보위협

65) Rating World Leaders: "What People Worldwide Think of the U.S., China, Russia, the EU and Germany", http://www.gallup.com/services/182771/rating-world-leaders-report-download.aspx, p.9.

으로 간주하고 있다.[66] 실제로 이 문제를 깊이 연구하고 있는 서방측 전문가들도 미국군은 여전히 지구상에서 가장 전투력 있는 부대이며, 중국의 현재 군사력은 태평양에서의 미국의 지위에 도전할 수 없다는 데 의견을 같이하고 있다. 냉전 이후 아시아 거의 모든 국가가 국방 현대화에 박차를 가하고 있으며, 해상역량의 건설과 활용이 특히 주목을 받고 있다. 인도는 3척의 항모 건조를 계획하고, 보스만에서 믈라카 해협에 이르는 큰 해역을 통제하겠다고 공개적으로 선언하였다. 일본은 미국의 지역 유도탄 방어체계에 가입하였으며, 해상자위대는 미국의 해외 군사행동을 지원한다는 명목으로 평화헌법의 제약을 돌파하고 세계를 향해 적극적으로 나아가고 있다. 하지만 인도 위협, 일본 위협은 거의 들어본 적 없는데, 중국은 국방 현대화에서 진전이 있으면, 세계와 지역의 '위협'이 되기 쉽다.

중국 국방 현대화가 국제 여론에서 이 같은 부당한 대우를 받게 된 데는 세 가지 이유가 작용했다. 첫째는 권력구조에서 비롯된 안보 딜레마다. 중국은 불행히 미국이 가장 잠재력 있는 도전자로 확정하여, 중국 군사력의 어떠한 진전도 반드시 미국의 의심을 부른다. 중국의 굴기도 아시아 지역 역량구조의 변화를 초래하여, 인도, 일본은 많든지 적든지 간에 모두 중국을 주요 권력 경쟁자로 보며, 자연히 중국 해상역량의 강대함을 낙관하지 않는다. 둘째는 역사적 이유로, 중국은 주변국과 영토, 도서 귀속 또는 해양경계로 분쟁을 겪고 있어, 이들 주변국이 자연히 중국의 역량 향상에 대하여 걱정한다는 점이다. 셋째는 중국의 군사 현대화가 불행히 다른 국가 국내 정치의 제물이 되었다는 점이다. 일부 국가의 정부가 중국의 군사위협을 조장하는 목적은, 사실 그 국내 국방예산 증가나 새로운 안보전략의 지지를 얻고자 함이며, 중국의 군사 현대화는 이 화제에서 이미 그들이 선거상황을 조작하고 정치동원을 진행하는 하나의 큰 도구이다. 이것들은 모두 중국 위협론이 일으킨 객관적인 현실로, 그것들은 중국이 군사역량을 발전시키고 운용하는데 다른 대국들에 비해 선천적으로 매우 불리한 여론환경에 직면해 있다는 것을 의미한다.

다른 국가와 비교하면, 중국의 군사 현대화는 더 큰 국제적인 '합법성'의 위기를

66) Robert D. Kaplan, "The Geography of Chinese Power: How Far Can Beijing Reach on Land and at Sea?", *Foreign Affairs*, May/June 2010, Raul Pedrozo, "Beijing's Coastal Real Estate: A History of Chinese Naval Aggression", http://www.foreignaffairs.com/articles/67007/raul-pedrozo/beijings-coastal-real-estate?page=show.

맞고 있다. 국제사회는 강력한 중국 해군을 받아들일 준비가 되어 있지 않고, 중국의 핵심 해양이익의 범위와 최소한의 안전경계, 나아가 중국의 기본적인 해양경제 권익도 존중하지 않고 있다. 중국의 군사 현대화와 해양권익 수호행동은 일부 국가가 국제무대에서 중국을 공격하는 빌미가 되곤 한다. 국제적 '합법성' 위기문제는 중국 해양력 발전이 넘어야 할 장애물이다.

이러한 상황에서 다른 국제 구성원과의 소통을 강화하고, 현행 국제규범과 규칙을 이용해 중국의 목표가 가진 정당성과 합법성을 입증하며, 다른 국가가 중국의 기본적인 요구를 지지하고 이해하도록 드러내는 것이 매우 중요하다. 일반적으로 굴기국의 합법화 책략의 상호 제어 회피는 두 가지 경로에 의존한다. 첫 번째는 굴기국이 목표국, 특히 오늘날 패권국의 핵심 안보이익을 위협하지 않는 것이고, 두 번째는 굴기국의 행동이 근거로 하는 규범과 규칙이 잠재 제어국의 국내 정책결정자들을 뒷받침하는 정치적 역량에 부합하는 것이다. 세력전이는 현실적으로 피할 수 없으며, 목표국의 이익을 전혀 해치지 않는 것도 불가능하다. 이러한 상황에서 중국이 회피와 영합에만 매달리면 객관적으로 목표국의 핵심이익에 대한 인정과 특정 국제규범에 대한 인정도 강화돼 장기적으로 중국의 굴기에 더 큰 걸림돌이 될 수 있다. 중국은 외부에서 만들어낸 논리에 빠져, 단순히 외부를 향해 '이건 내가 정말 없다', '우리는 평화를 사랑한다'라는 고백만 할 게 아니라 '이건 내가 왜 가질 수 있느냐'는 논리를 강화해야 한다. 따라서 이익충돌을 피하기 어려운 상황에서, 두 번째 길은 더 중요하며, 중국은 타국의 국내 정치역량이 인정하는 규범과 규칙을 자신의 목표에 어떻게 적용할 것인지 고려해야 한다. 더구나 목표국의 핵심 안보이익은 물론, 그 인정한 규범과 규칙이 어느 정도 안전성을 갖고 동적으로 발전하고 있다. 따라서 합법화 전략은 상호작용과 소통을 강화해 이들 국가의 이익이 중국의 이익과 충돌하지 않고 협력하는 방향으로 발전하는 것과, 규범을 새롭게 만들거나 기존 규범을 개선하여 중국 측의 이익에 더욱 부합하게 하는 것을 포함한다.

동시에, 중국은 전통적 무력의 사용을 삼가고 국제사회에 공공재를 적극적으로 공헌할 필요가 있다. 선린우호 정책을 계속 시행하고, 무력으로 위협하지 않으며, 무력을 중국과 주변국 간 영토주권 문제와 해양 경계획정 분쟁을 해결하는 주요 방식으로 활용하지 않으며, 위기가 닥쳐 어쩔 수 없이 사용할 때 무력사용을 제한해야 한다. 중국은 국제 안보 공공재에 대한 이바지를 늘리고 이를 군사역량 활용의 중요한 분야

가운데 하나로 삼아야 한다. 앞서 밝힌 바와 같이 군사역량의 비전쟁적 응용은 갈수록 각국의 중시를 받고 있으며, 각국의 군사역량은 자신의 안전을 유지하고 강화하면서 국제 중대 안보문제 해결에 참여하는 것도 그들의 주요 책무의 하나가 되고 있다. 중국의 발전환경과 발전경로 선택은 제약을 받아, 군사역량이 전통적 안보인 섬과 암초 점거, 해역통제, 타국의 역량 약화 등에서 대규모로 폭넓게 활용된다는 것은 상상하기 어렵다. 그러나 중국의 해상 군사역량은 해적 퇴치, 국제 테러 대응, 확산 방지, 공해의 안전 수호와 해상 재난구조 등 비전통적인 안보영역에서 매우 큰 역할을 할 수 있다. 중국이 전통적 안보영역에서 억제하고, 국제 공공안보문제에서 적극적으로 참여하는 것은 국제사회의 중국 군사역량에 대한 부정적인 인지를 개선하는 데 도움이 될 것이다.

어떻게 다른 국제 구성원들과의 소통을 개선하고, 중국 군사역량의 발전목적과 사용의도를 밝힐 것인가는 국제 합법성 건설을 강화하는 또 다른 큰 화제이며, '중국에 무엇이 있는가, 중국이 무엇을 할 것인가, 중국이 어떻게 할 것인가'가 중요한 게 아니다. 중국의 군사역량의 강세와 사용권력에 대해 국제적으로 공감하지 않는 이유는 복잡한데, 여기에는 서방국가들이 권력경쟁 차원에서 중국을 도덕적으로, 언론으로 압박하는 성분도 있고 소통 장애로 인한 오해도 있다. 우리는 전자에 대해서는 단호하게 맞서야 하지만 후자에 대해서는 확실히 우리의 군사외교를 되돌아보고 개선해야 한다. 우선 중국의 정당한 이익을 단도직입적으로 밝히는 허심탄회함이 필요하다. 중국은 더 적극적으로 국제무대에서 자신의 안전, 국방에 관한 주장을 표명해야 하며, 실질적인 안보문제를 언급할 때마다 너무 꺼려서는 안 된다. 이는 자신의 핵심이익을 수호하는 데도 도움이 되지 않고, 국제사회에서 사실에 대한 바른 이해를 확실히 하는 데 불리하며, 도리어 엉큼한 세력들에게 좋은 기회가 된다.

다음으로 군사외교를 합법성 문제와 연계해 외교투쟁의 내용을 풍부하게 해야 한다. 그렇다면 국제무대에서 기본적인 주장의 선언에 안주할 것이 아니라 구체적인 사안에 대한 의견교환을 강화해야 한다. 자신의 외교적 수사가 헛되지 않도록 구체적인 의제에 관한 토론과 처리를 통해 신뢰를 쌓아야 한다. 중국은 동아시아정상회의와 G20, 유엔 등 주요 국제체제에서 자신의 주장을 펼치는 것 외에, 남중국해와 같은 중대사안에 대해 더 분명하고 구체적인 정책 발표와 표현을 통해 다른 나라의 자신에 대한 전략적 전망을 안정시킬 필요가 있다. 중국은 몇몇 국가와 쌓인 원한과 상호 의심이 있어, 그들의 중국 군사역량 의도에 대한 의심과 의구심은 피할 수 없다. 이럴 때는 정상회담을 통해 한순간에 문제를 풀기를 바랄 게 아니라 민감하지 않은 사안부터 차근차근 소통과 협력을 통해 문제해결과 신뢰를 쌓는 데 힘을 쏟아야 한다.

마지막으로 중국은 합법성 포장 능력을 높여야 한다. 오늘날 사회에서 어느 국가도 노골적으로 국익을 좇지 않으며 미국도 예외가 아니다. 어떠한 외교행동, 특히 군사행동도 국제여론을 의식하지 않을 수 없다. 국제법과 국제규칙은 유연성이 크고 성공적인 홍보전략으로 자신이 추구하는 국익과 국제적 관심이 결합해 새로운 추세, 새로운 흐름을 잘 반영한다는 점을 지적해야 한다. 예를 들어 미국이 아프가니스탄 전쟁에서 세계 테러 대항과 중앙아시아 침공 군사전략을 잘 결합하여 세계의 거의 모든 구성원의 지지를 얻어낸 것은 성공적인 합법성 포장이다. 같은 미국이 2003년 이라크 전쟁에서 대량살상무기 대응과 이라크 점령 및 통제를 연계시킨 것은 그다지 성공하지 못한 합법성 포장이다. 미국은 일부 국가의 지지와 출병을 끌어냈지만, 프랑스, 독일, 중국, 러시아 등 강대국들의 반대가 컸다. 국제사회가 사담 정권의 대량살상무기 보유를 믿지 않고 미국의 전쟁 발동을 패권 추구로 보았기 때문이다. 제2차 이라크전에서 미국의 합법성 위기는 미국의 패권에 대한 세계의 인식까지 흔들었고, 한때 미국이 자랑하는 문화적 영향력에도 심각한 영향을 미쳤다.

중국은 미국의 견제와 경계 아래, 수많은 지역 안보문제에 시달리고 있고, 세계질서를 주도하는 서방과의 정치관계에는 거리를 두고 있으며, 군사행동의 합법성을 좇는 데는 한계가 있을 수밖에 없다. 따라서 중국의 군사행동은 국제 합법성의 포장을 더욱 중시해야 한다. 평시에는 의도적으로 합법성을 수집, 축적, 창의할 수 있는 자원을 수집하고, 각국의 외교정책과 군사전략뿐 아니라 각국의 국내정치, 사회형태 및 사조와 종교상황 등에 대한 인식과 연구를 강화해야 한다. 행동할 때 각종 자원을 신속하게 통합하고, 홍보 및 의사소통 방식을 최적화, 개선하며, 군사외교의 강도를 높이고, 의사소통 형식을 개선하며, 국제언론 홍보, 대중(大衆)외교, 민간외교 등 갈수록 중요해지는 다른 의사소통 방식을 대폭 강화하고, 내용과 형식 면에서 국제 대중의 심리와 느낌을 더욱 고려하여 조직과 응용에서 총체적인 목표를 둘러싼 조율을 중시해야 한다.

제2장
해양경제력

역사적 경험에 따르면 지리적 요인을 상대적으로 바꾸기 어려운 상황에서, 한 나라의 경제구조, 특히 바다와 관련된 산업능력은 해양력 발전의 잠재력을 기본적으로 결정짓는다. 대개 큰 외향형 경제체제는 모두 강력한 해양력을 갖고 있지만, 폐쇄적 경제의 제국은 그에 상응하는 지상력을 발전시킨다.

해양경제는 해양력 발전의 동력과 목적인데, 한 국가 또는 민족이 해외의 경제이익을 활발하게 하지 않고서는 오랫동안 해양력을 발전시킬 충분한 동기가 없다. 농업문명이 지배한 동양에서는 자급자족하는 경제형태로 인해 국력이 왕성하더라도 바다로 나아갈 동력이 부족했다. 고대 중국이 그 전형적인 예로, 중국은 송과 명, 심지어 전국시대에도 세계에서 가장 강력한 수사나 해군을 세웠지만, 대부분 우담발라처럼 지고, 결국 경제 수요는 없었던 경우가 많았다.

해양경제도 해양력의 주요 내용 또는 형식이다. 지구상 생명의 기원은 해양으로, 인류문명이 시작하던 날부터, 해양은 인류의 운명과 쉼 없이 관계하여, 해양은 예로부터 '어염지리, 주집지편'이 있었다. 하지만 인지 수준과 개발 능력의 한계로, 상당히 오랫동안 인류의 해양경제 활동에서 해양력과 가장 밀접한 것은 해외무역이었다. '함대와 무역의 관계는 매우 긴밀하고 상호 영향을 주고받아, 그들을 나눌 수 없다. 무역은 선원을 기르고, 선원은 함대의 생명이며, 함대는 무역의 안전과 보호를 제공했다. 이 두 가지가 결합한 것이 바로 대영제국의 부, 힘, 안전과 영광이다.'[1] 해양경제와 해양산업은 해양력 발전의 양 날개로, 어선단과 상선대는 오랫동안 해상역량의 중요한 구성요소로 인식됐다. 육지자원의 고갈과 해양 첨단기술의 급속한 발전에 따라, 세계 각국의 해양개발은 끊임없이 더 깊이 넓은 방향으로 발전하고 있다. 해양경제는 연안국에서 독립된 경제체제로 급부상했고, 세계 경제발전에도 중요한 역할을 하고 있다. 2) 오늘날의 해양경제는 매우 복잡해졌고, 그것이 해양력에 가지는 의의는 해외무역이 다가 아니다.

해양경제는 해양력을 넓히는 중요한 수단이기도 하다. 한 나라의 해양산업 수준은 그 나라 군함의 질과 경쟁력을 결정짓는 만큼 강력한 해양산업이 없이는 막강한 해양력도 없다. 경제활동이나 경제적 존재는, 말로만 주권을 외치는 것보다 주권수호에 효과적이고, 무력이나 전쟁수단보단 덜 강압적이다. 따라서 외교가 막혀 군사적 수단사용이 제한될 때 경제를 핵심으로 하는 사회적 수단이 실제 관리하고 통제하는 주요 방식이 된다. 시대적 여건, 과학기술 수준의 변화, 중국 자체의 지정학적 특성 등에 따라 해양경제는 중국 해양력 발전의 과정에서 더 중요한 의미가 있다. 따라서 해양경제를 획기적으로 발전시키는 것은 중국 평화발전의 내재적 수요이자 주권을 수호하고 해양의 권익을 공고히 하는 현실적 필요이기도 하다. 중국의 해양력은 세계 해양에 대한 광범위한 통제를 추구하지 않고, 주로 경제적 수단에 의존하여 국익을 신장하고, 해양권익을 보호하며, 세계의 영향력을 갖는다.

해양력 발전의 경제적 수단은 해양의 경제적 이용을 위한 것으로, 과학적인 고찰과 측량, 해양연구, 해양자원의 경제개발과 해상운송 등이 있다. 주요 목적은 해양에 대한 인식을 강화해 해양 개발과 활용의 깊이와 폭을 넓히고, 해양에서의 경제활동을 통해 경제적 이익과 영향력을 얻는 것이다. 지금도 해상 군비경쟁은 여전히 치열하지만, 진짜 총칼로 해양이익과 해양통제권을 겨루는 경우는 적다. 반면 각국의 해양경제, 해양산업 경쟁은 이미 치열하다. 한편으로 경제발전을 위해 각국이 해양을 자국의 전략적 강토, 나아가 국가 성립의 근본으로 여기고 있다. 계속해서 해양 발전 전략을 세우고 우위 산업을 육성해 해양자원 개발과 활용에 박차를 가하고 있다. 다

1) [英] 布赖恩·莱弗里(Brian Lavery)：《海洋帝国：英国海军如何改变现代世界(Empire of the Seas: The Remarkable Story of How the Navy Forged the Modern World)》, 施诚, 张珞译, 北京：中信出版社, 2016年。

2) 国家海洋局海洋发展战略研究所课题组：《中国海洋发展报告(2010)》, 北京：海洋出版社, 第187页。

른 한편으로 해양주권을 지키고 해양공간을 넓히기 위해 각국은 계속해서 분쟁해역에서의 경제활동을 확대하고, 경제적 존재를 통해 외교투쟁의 근거와 저변을 넓히려는 해양권익 대결의 각축은 탐사측량 개발 등 경제적 수단의 경쟁으로 확대되고 있다. '법과 명목상의 재산권(주권)이 문제가 아니라 실질적인 재산권(주권) 시행 능력이 더 중요하다'라는 사실이 입증되었다.[3]

제1절 3대 해양공간

1982년에 채택된 「유엔 해양법 협약」(이하 「협약」)은 오늘날 국제 해양질서의 국제법적 토대이며 현재 155개 국가가 이를 승인하거나 가입했다. 중국이 1996년 5월 15일 「협약」을 비준한 것도 해양공간을 모색하는 법적 근거가 됐다. 「협약」에 따르면 중국의 해양경제를 지탱하는 지리적 공간 분포는 다음과 같다.

Ⅰ. 주권 범위 내의 해양 지리적 공간

1. 내수, 영해 및 접속수역

내수는 한 국가의 영해기선의 육지쪽 해역을 가리키며, 내해, 만, 해협 등 해역을 포함한다. '연안국의 주권은 영토와 내수 밖의 영해라고 하는 인접해역, 군도국가의 경우에는 군도수역 밖의 영해라고 하는 인접해역에까지 미친다.'[4]

영해의 폭은 협약에 따라 결정된 기선으로부터 12해리를 넘지 아니하는 범위이다. 영해의 주권 범위는 영해의 상공·해저 및 하층토를 포함한다. 중국 영해면적은 약 38만㎢이다.

접속수역은 영해와 연결되고 영해 밖으로 일정한 폭을 가진 해역을 가리킨다. 연안국은 영해 밖에 구역을 설정하여 통제함으로써, 권리를 보호하고자 한다. 주권국은 접속수역에서 세관, 재정, 이민과 위생 등 네 분야의 관할권을 갖는다.

---

3) 孔志国：《海权、竞争产权与海策》, 北京：社会科学文献出版社, 2011年, 第187页。
4) 「유엔 해양법 협약」 제8조.

2. 배타적경제수역

배타적경제수역은 영해기선으로부터 200해리를 넘을 수 없다.「협약」제56조는, 배타적경제수역에서의 연안국의 경제적 권리는 주로 '해저의 상부구역, 해저 및 그 하층토의 생물이나 무생물등 천연자원의 탐사, 개발, 보존 및 관리를 목적으로 하는 주권적 권리와, 해수·해류 및 해풍을 이용한 에너지생산과 같은 이 수역의 경제적 개발과 탐사를 위한 그 밖의 활동에 관한 주권적 권리'라고 규정한다. '인공섬, 시설 및 구조물의 설치와 사용, 해양과학조사, 해양환경의 보호와 보전 등 사항에 관한 관할권'도 포함한다.[5)]

연안국별 배타적경제수역의 면적은 측량방법 차이, 해양분쟁 등의 영향으로, 세계적으로 권위 있는 자료가 한 건도 없다. 일본 해양산업연구회의 통계에 따르면, 세계에서 200해리 배타적경제수역 제도를 시행하는 국가 가운데, 해양면적이 200만㎢를 넘는 국가는 10개국이다.[6)] 캐나다의 두뇌집단 Sea Around Us는 각국의 배타적경제수역 면적에 대해 상대적으로 완전한 체계를 갖춘 데이터베이스를 구축했다.

「협약」의 규정과 중국의 일관된 주장에 따라, 중국은 300만㎢에 가까운 주장 관할해역을 보유하고 있지만, 중국과 해상 주변국의 경계획정 분쟁으로, 현재 중국이 실효 지배하고 있는 해역은 150여 만㎢에 불과하다. 중국이 자원 주권을 누리는 해역의 일인당 점유면적은 3,000㎡ 미만으로, 세계 평균의 1/10, 일본 평균의 8%이며, 세계에서 122위이다.

가장 낙관적으로 전망하여, 중국이 주장하는 관할해역을 모두 점유한다고 하여도 해양면적은 300만㎢에 불과하다. 세계의 다른 해양대국과 비해 중국이 보유할 수 있는 해역은 매우 작다. 미국과 호주의 해양 국토면적은 모두 1,000만㎢ 이상을 자랑하며, 일본, 캐나다, 영국 등 국가는 모두 400만㎢ 이상의 해역을 보유하고 있다고 주장한다. 만약 중국의 방대한 인구를 고려한다면, 중국이 이용할 수 있는 해양면적은 더없이 넓을 것이다.

---

5)「유엔 해양법 협약」제56조.
6) 다음을 인용. 辛仁臣等：《海洋资源》，北京：化学工业出版社，2013年，第13页。

표 9 Sea Around Us 통계의 일부 국가 배타적경제수역 면적과 영토면적 비교표

순위	국가	배타적경제수역(만㎢)	영토면적(㎢)
1	미국	1215.9	983.2
2	프랑스	958.5	54.9
3	오스트리아	909.7	774.1
4	러시아	788.3	1709.8
5	영국	693	24.4
6	인도네시아	602.4	191.1
7	캐나다	529.8	998.5
8	뉴질랜드	473.7	26.8
9	일본	446.5	37.8
10	칠레	364.9	75.6
11	브라질	364.6	851.6
12	키리바시	343.7	0.08
13	중국	338.7 (중국 대륙 + 홍콩 + 타이완)	956.3
14	모스크	327.4	196.4
15	인도	228.9	328.7

출처: 배타적경제수역 면적 참고: http://www.seaaroundus.org. 2017.10.16. 검색.
영토면적 참고: http://data.worldbank.org/. 2017.10.19. 검색.

3. 대륙붕

'20세기에 들어, 특히 제2차 세계대전 종전 이후, 해저를 둘러싼 각국의 정치투쟁은 날로 격렬해지고 있으며, 그 핵심과 관건은 해저의 귀속과 그에 따른 이익 배분에 있다.'[7] 그 가운데에서도 대륙붕 쟁탈전이 가장 주목받는다. '연안국의 대륙붕은 영해 밖으로 영토의 자연적 연장에 따라 대륙변계의 바깥끝 까지, 또는 대륙변계의

7) 刘中民：《世界海洋政治与中国海洋发展战略》，北京：时事出版社，2009年，第99页。

바깥끝이 200해리에 미치지 아니하는 경우, 영해기선으로부터 200해리까지의 해저지역의 해저와 하층토로 이루어진다. … 350해리를 넘거나 2500m 수심을 연결하는 선인 2500m 등심선으로부터 100해리를 넘을 수 없다.'[8]

그 가운데, 200해리 안을 내대륙붕, 200해리 밖을 외대륙붕으로 부른다. 내대륙붕은 각국이 「협약」에 따라 자연획정(분쟁 제외)하고, 외대륙붕은 연안국이 대륙붕한계위원회에 제출하면 위원회가 권고하고, 이를 기초로 연안국이 대륙붕을 획정한다. 대륙붕 제도는 연안국에 대륙붕 탐사와 천연자원 개발 권리를 부여한다. 그 밖에 '규정한 천연자원은 해저와 하층토의 광물, 그 밖의 무생물자원 및 정착성어종에 속하는 생물체, 즉 수확가능단계에서 해저표면 또는 그 아래에서 움직이지 아니하거나 또는 해저나 하층토에 항상 밀착하지 아니하고는 움직일 수 없는 생물체로 구성된다.'[9]

200해리 이내의 대륙붕 권익은 항상 배타적경제수역의 권익과 겹치며, 배타적경제수역의 일부이다. 연안국은 배타적경제수역에 대한 법적 근거가 부족하면, 대륙붕 상부수역과 수역 상공의 법적 지위를 누리지 못한다. 배타적경제수역은 최대 200해리여서 연안국은 외대륙붕의 상부수역과 수역 상공에 대한 권리를 갖지 못한다. 주권국은 외대륙붕을 개발할 때 일정 비용을 관리국에 내야 한다(정식생산 후 6년째부터 매년 광구 생산액 또는 생산량의 1%씩 내고, 이후 이 비율은 매년 1%씩 증가하며, 12년째부터는 7%로 유지해야 한다).

실제로 배타적경제수역의 해저와 하층토는 200해리 범위의 대륙붕이다. 황해 곳곳과 동중국해 대부분 폭은 400해리가 넘지 않아, 중국은 동중국해 동부에만 제한적인 '외대륙붕' 지역이 있고, 남중국해 북부 지역에도 작은 범위의 '외대륙붕'이 있다. 또 이들 지역은 다른 나라와 중복 신청이 많아 개발과 이용 전망이 불투명하다.

결국, 중국이 가진 해양공간은 상대적으로 협소하고 발전압박이 높다. 더욱이 해양공간과 해양자원을 계산할 때 실제 관할범위와 활용효율을 고려해야 하는데, 중국에 속한 해역의 관할 이용효율은 전반적으로 낮은 편이다. 2005년 국토자원부와 국가발전개혁위원회 협력조직의 제3차 석유자원 평가 잠정결과에 따르면, 현재 중국의 해양석유 자원량은 246억t으로, 전국 석유자원 매장량의 약 22.9%이며, 해양 천연가스 자원량은 15.79조㎥로, 이미 확인된 천연가스 총자원량의 약 29%를 차지하고 있다.

8) 「유엔 해양법 협약」 제76조.
9) 「유엔 해양법 협약」 제77조.

해역 개념도(필자 편집)

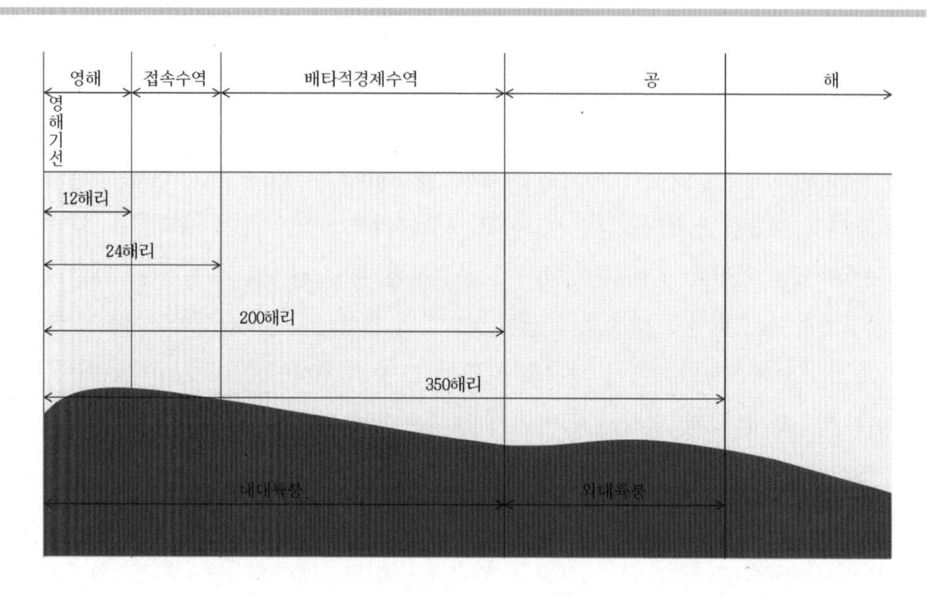

※ 그림에 보이는 공간범위는 모두 이상적인 상황의 최댓값이며, 각 연안국의 현실에서 해양공간의 크기는 서로 이웃 또는 마주한 국가의 해양공간 상황도 고려해야 한다. 이 가운데 외대륙붕 외연의 경계획정은 해저의 각종 지질 상황도 고려해야 하고, 그것은 200해리에서 350해리 사이인데, 350해리는 가능한 최댓값일 뿐이다. 200해리 내 대륙붕의 권익은 기본적으로 200해리 배타적경제수역의 해저 권익과 겹치기 때문에, 개념적으로 실제 연장을 고려하지 않으면, 배타적경제수역의 해저는 대륙붕 범위에 속한다고 볼 수 있다.

하지만 이들 자원은 대부분 분쟁지역에 있고, 다른 국가들이 앞다투어 선점하고 있다. 베트남, 필리핀, 인도네시아와 브루나이는 이미 남중국해 분쟁지역에서 석유를 채굴해 왔는데, 중국은 지금까지 난사군도 인근해역에 유관 하나 꼽지도 못했다. 중국은 풍부한 어족자원과 수많은 유명 어장을 보유하고 있지만, 중국 근해의 환경오염과 남획으로 어장자원이 고갈되고 있다. 게다가 중국 내 배타적경제수역의 절반 가까이가 다른 나라와의 분쟁으로, 어민들은 전통적인 어업구역을 많이 잃었으며, 어업 생산능력은 너무 과잉되었다. 또 일방적으로 경제성을 추구해 일부 해양자원을 과잉 이용하여 자원이 고갈되면서, 중국 해양경제의 지속 가능한 발전을 위한 물질적 기반이 훼손되는 등 일부 자원의 사정은 예전 같지 않다. 어업의 경우, 중국의 해양 어족자원이 크게 쇠퇴하고, 근해 어획량이 급격히 감소하였으며, 전통적으로 경제적 가치가 높은 어류 수가 줄어들고, 어떤 것은 이미 쇠약해진 상태이며, 경제적 가치가 낮은 어류, 새우와 게가 주요 어획종으로 부상했다.

Ⅱ. 공해와 '심해저'

1. 공해

공해는 어느 한 국가의 배타적경제수역·영해·내수 또는 군도국가의 군도수역에 속하지 아니하는 바다의 모든 부분을 가리키며, 전 세계 해역 총면적의 약 64%를 차지한다. 각국은 공해에서 어로와 기타 경제개발, 과학연구 등의 자유를 누린다. 공해 어족자원은 주로 대서양, 인도양과 태평양의 어장에 집중돼 있다. 현재 중국의 공해에 대한 경제이용은 주로 어업에 집중돼 있고, 중국의 공해상 어족자원 점유율은 6%에 이른다.[10)]

과학기술의 발달로, 해양생물 유전자, 온도차 에너지 등 자원이 점차 개발될 것이며, 공해의 자원과 공간적 잠재력은 막대하다. 중국은 인구대국인데, 해양자원은 상대적으로 부족한 국가로, 1인당 해양자원 보유량은 적은 편이다. 따라서 「협약」에 따라 공해 자원을 적극적으로 활용하는 것이 중요하다.

2. 심해저

「협약」은 각 연안국의 배타적 대륙붕 밖의 해저 부분을 '심해저'라 부르며, 해저에 남아있는 일부는 각 연안국 200해리 밖의 외대륙붕이므로, '심해저'의 면적은 공해보다 조금 작다. '심해저'는 주로 해저 부분을 가리키며, 그 '자원'은 인류가 함께 계승해야 할 자산이다. '자원'이라 함은 복합금속단괴를 비롯하여, '심해저'의 해저나 해저 아래에 있는 자연상태의 모든 고체성, 액체성 또는 기체성 광물자원을 말한다.[11)]

세계 각 대양 4,000~6,000m 깊이의 해저 깊은 곳에는 망간, 구리, 코발트, 니켈, 철 등 70여 가지 원소의 대양 복합금속단괴가 널리 퍼져 있으며, 망간각 자원, 열수황화물 자원, 천연가스 수합물과 심해생물 등 자원이 풍부해, 과학연구와 상업 응용 전망이 좋다. 심해는 21세기 다양한 천연자원의 전략적 개발기지로, 심해 채광업, 심

10) 国家海洋局海洋发展战略研究所课题组：《中国海洋发展报告(2010)》, 北京：海洋出版社, 第372页。
11) 「유엔 해양법 협약」 제133조.

해생물 기술업, 심해 기술장비 제조업 등 산업분야를 망라한 심해 산업군을 형성할 것으로 보인다.[12)]

「협약」에 따르면 '심해저'는 각국이 「협약」에 따른 국제법적 틀 안에서 탐사·개발하며, 국제해저기구에 의하여 인류전체를 위하여 '심해저'와 그 자원을 관리한다. '심해저' 내 자원의 탐사·개발은 해저기구와 제휴한 당사국 또는 당사국이 보증하는 경우 당사국의 국적을 가지거나 당사국이나 그 국민에 의하여 실효적으로 지배되는 국영기업·자연인·법인 또는 해저기구의 심해저공사가 해저기구와 협력하여 수행한다.[13)]

'심해저' 자원의 개발 형태는 주로 세 종류가 있다. 첫째는 해저기구 산하 심해저공사가 인류전체를 대표해 직접 개발하는 것이다. 둘째는 조건에 맞는 주체가 먼저 해저기구에 '심해저' 활동에 대한 각종 규정을 준수하겠다는 서면약속을 제출하고, 해저기구가 동의하면 신청자가 탐광을 시작하는 것이다. 이후 신청자는 '심해저' 내 활동에 대한 사업계획을 해저기구에 제출할 수 있으며, 해저기구의 승인을 거쳐 신청자는 해저기구와 계약을 체결해야 한다. 셋째는 주권국이나 그 부속의 주체가 해저기구 산하의 심해저공사와 직접 협력하여 공동개발하는 것이다. 심해저공사를 제외한 다른 신청자와 개발자는 모두 일정한 수수료(신청당 미화 50만달러)와 연간고정수수료(계약발효일로부터 연간 미화 100만달러)를 납부해야 한다. 상업생산이 본격적으로 시작된 후 개발자는 해저기구에 일정한 기부금을 제공해야 하며 생산부과금만 납부하거나 생산부과금과 순수익의 일부를 함께 납부할 수 있다. 중국이 중점적으로 개발에 참여해야 할 '심해저'는 태평양, 인도양, 남북극지 등 인근 해역의 해저에 집중되어 있다.

태평양의 심해저에는 망간단괴 광산과 니켈, 코발트, 백금, 동 등 금속광산이 다량 매장돼 있다. 태평양 북위 6~20도, 서경 110~180도, 500만㎢ 면적의 심해대양저에는 광구가 풍부하여, 40억~150억t의 망간단괴 광산이 매장돼 있다. 중국이 클라리온 클리퍼턴 단열대에서 신청한 7만 5,000km의 구간이 이 구역에 있다.

12) 참고. 中国驻国际海底管理局代表处网站, http://china－isa.jm.china－embassy.org/chn/gjhd/hdzy/t218967.htm.

13) 「유엔 해양법 협약」 제153조 참고.

3. 남북극 지역

남북극은 지리적 개념이지 법률적 개념이 아니다. 남북극 지역은 해당 연안국의 전유권과 함께 공공해양 공간도 많이 보유하고 있다.

「남극조약」에 따르면, 남극지역은 남위 60도 이남의 해양과 빙산, 육지를 가리키며, 남극주와 남대양을 합쳐 약 5,200만㎢의 면적을 갖는다. 이 가운데, 남극주는 지구상에 유일하게 원주민도 없고, 국경도 없으며, 개발되지 않은 청정대륙이다. 남극에는 풍부한 광물자원과 에너지, 세계 최대의 철광석 탄전, 풍부한 해양생물과 오일가스 자원, 지구상 72% 이상의 천연 담수자원 그리고 극한 환경에서의 특수한 생물자원 등이 매장되어 있다. 지금까지 영국, 뉴질랜드, 호주, 프랑스, 노르웨이, 칠레, 아르헨티나 7개국이 남극 일부 지역에 영토를 요구하고 미국, 러시아, 브라질 등이 기본권 유지를 선언했다. 현재 세계 각국의 극지활동은 1959년 「남극조약」과 1988년 「남극광물자원활동의 규율에 관한 협약」에 근거하고 있는데, 남극이 전 인류의 공동재산이며, 분쟁 보류, 남극의 평화적 이용, 주권국의 광물자원 활동 50년 금지 등을 주요 내용을 하고 있다. 2016년 10월 「남극해양생물자원보존에 관한 협약」 회원국은 호주 호바트(Hobart)에서 연례회의를 열고 로스해(Ross Sea)에 면적이 155만㎢에 달하는 광대한 보호구역을 설치하기로 합의하고, 이 가운데 112만㎢의 수역에서 35년간 어로를 금지하되, 연구구역 내에서는 크릴새우(krill)와 톱상어(sawfish)를 연구목적으로 잡을 수 있도록 하였다. 중국은 「남극조약」과 「남극광물자원활동의 규율에 관한 협약」 등 일련의 남극 관련 조약의 회원국이다. 남극에서의 중국의 권리는 남극에 대한 중국의 참여와 관리, 남극의 영토주권과 자원의 이용에 관한 합법적 권익, 과학적 연구의 권리로 요약된다.

북극의 대륙과 도서 면적은 약 800만㎢로, 대륙과 도서에 대한 영유권은 캐나다, 덴마크, 핀란드, 아이슬란드, 노르웨이, 러시아, 스웨덴, 미국 등 8개 북극 국가에 있다. 북극해는 아시아, 유럽, 북미주의 북쪽 해안 사이에 있으며, 면적은 1,478만㎢이다. 북극권 내에 있는 수역은 약 1,300만㎢로, 약 700만㎢가 항상 얼음과 눈으로 덮여 있으며, 관련 해양권익은 국제법에 따라 연안국과 각국이 공유하고 있다. 이 가운데 대륙붕의 면적은 584㎢로 북극해 전체 면적의 약 39.6%를 차지한다. 또 수심은 보통 200m를 넘지 않고, 대륙붕 수역의 절반 이상이 50m를 넘지 않는다. 넓은 대륙붕에는 오일가스 등 전략적 자원이 풍부하게 매장되어 있다. 이 가운데 석유 매장량은 약 100억t으로 추정된다. 북극해의 풍부한 전략적 자원은 세계 각국, 특히 북반구 대국들의 시선을 끌고 있다. 1996년 9월 8일 캐나다, 핀란드, 덴마크, 스웨덴, 아이슬란드, 노르웨이, 러시아, 미국 8개국은 북극이사회 기구를 창설하여 협력을 통해 다른 나라의 북극해 자원 개발과 이용을 배제하려 하였다. 중국은 북극에 가까운 국가로 2013년 북극이사회의 옵서버국이 되었다. 중국은 북반구의 대국으로서 북극해를 독점하는 어떠한 국가나 작은 단체도 단호히 반대함으로써, 세계 각국의 공익을 지켜야 한다. 중국은 1925년 발효된 「스피츠베르겐 조약」(또는 「스발바르 조약」)의 당사국 가운데 하나로, 중국 국민은 이 군도에 들어갈 자유를 가지며, 현지법을 준수하는 조건으로 해양, 공업, 광업 및 상업 등 활동에 평등하게 종사할 권리가 있다. 중국은 북극의 지배와 개발에서 중요한 권익으로, 과학적 조사와 환경권익, 자원개발권과 항로 통행의 자유 등을 꼽는다.

중국이 북극해 개발에 참여하는 방식은 두 가지로, 첫째는 북극해 연안의 각국과 협력하여, 관련 해역과 대륙붕 자원개발에 적극적으로 나서는 것이다. 북극해 개발은 초기 투자가 많아 위험이 커 북극이사회 회원국들만으로는 이 임무를 완수할 수 없다. 중국은 자금, 기술, 인력 제공 등을 통해 일부 이익을 나눌 수 있다. 둘째는 북극에 대한 과학적 조사를 확대하고, 북극해 공해해역과 심해저 자원을 적극적으로 개발하며, 양자 또는 다자간 플랫폼을 통해 북극항로 연구와 개발에 적절하게 참여하고, 북극지역에서 무역과 투자, 관광 등의 활동을 활발히 전개하는 것이다.

Ⅲ. 타국의 관할해역

바다는 육지와 달리, 어느 국가나 개인이 한 조각도 완전히 통제할 수 없으며, 연안국은 영해, 접속수역, 배타적경제수역 및 대륙붕에서 어느 정도 전유권을 갖고 있지만, 영해조차도 육지를 지배하는 것처럼 통제할 수는 없다. 영해에서는 다른 국가도 '무해통항'권을 갖고 있고, 영해 해협에서는 다른 나라들이 더 자유롭게 통과할 수 있는 '통과통항'권을 갖고 있다. 매일 수만 척의 배가 세계의 영해 해협을 통과한다. 배타적경제수역 내에서 다른 연안국은 통행, 과학적 조사 등 더 많은 권리를 갖고 있다.

그래서 연안의 해양공간은 다른 국가에도 개방적이다. 중국은 국제법이 부여한 공간적 권리 외에 다른 나라의 해양공간 개발에도 협력할 수 있다. 주로 다른 나라와 협의, 협정을 맺는 방식으로, 호혜호리의 정신으로 배타적경제수역과 대륙붕에서의 해양경제 활동을 말한다. 세계 각국의 해양산업 발전 수준이 불균형한 데다 각국의 해양자원 상황 차이가 커 국제 해양경협 현상이 보편화되었다. 제3세계 국가가 외자와 외국 인적자원, 선진기술을 폭넓게 유치하는 것은 물론, 해양자원이 풍부한 선진국인 미국, 캐나다, 호주 등도 외국 역량을 끌어들여 해양경제 발전에 집중하고 있다. 중국은 경제력이 크고, 인적자원이 풍부하며, 기술 수준이 빠르게 발전하고 있고, 해양 경제협력 분야에서, 특히 원양어업, 해양 오일가스 채굴, 해양관광 등의 산업에서 매우 큰 잠재력을 가지고 있다.

원양어업은 주로 다른 나라의 배타적경제수역이나 공해로 나가 해양 어로산업과 그 밖의 어업활동을 하는 것이다. 이 가운데 일부는 대형 선박으로 공해에서 어로하는 것으로, 시설과 자금이 많이 필요하고, 대부분은 국제협력으로 다른 나라의 배타적경제수역에서 어로하는 것이다. 1985년 중국 최초의 원양어선단이 서아프리카 해안으로 원양어업 협력에 나섰다. 2016년 말 현재 중국 원양어업은 전 세계 어구에 널리 퍼져, 어로 해역은 42개 국가 또는 지역의 배타적경제수역과 태평양·인도양·대서양 공해, 남극해역까지 넓어졌고, 어로 원양어선은 3,000척에 가까우며, 연간 생산액은 100억 달러를 넘는다. 경제외교의 급성장과 중국 원양어업 경영의 규모화로 중국은 원양어업의 국제협력에서 장래가 더욱 밝다.

해양 오일가스 산업은 국제협력의 또 다른 유망 산업이다. 전 세계 해양 오일가스 자원의 60%가 대륙붕에 분포하고 있지만, 세계 대부분 국가는 해양 오일가스 자원을 따로 개발할 과학기술과 자금력을 갖추지 못하고 있다. 중국의 경제력과 심해 탐사기술이 급성장하면서(중국이 건조한 6세대 심해 석유시추선인 해양석유 981은 설계상 시추 깊이가 1만m를 넘는다.) 중국은 해양 오일가스의 국제협력 분야에서 큰 비전과 잠재력이 있다. 2000년대 들어 중국해양석유총공사는 해외 인수 합병을 통해 아프리카, 남미 등지에서 해상 오일가스전 개발권을 따냈다. 2006년 1월에는 나이지리아 남대서양 석유유한공사와 나이지리아 해상석유 채굴 허가증이 가진 사업권 45%를 현금 22.68억 달러에 인수하는 최종협약을 맺어, 세계에서 가장 풍부한 오일가스 매장량의 분지 가운데 하나인 니제르 델타 진입에 성공했다. 2010년 3월 아르헨티나의 Bridas

지분 50%를 31억 달러에 사들였다. 11월에는 양측의 합자회사가 BP가 보유한 팬아메리카에너지 지분 일부를 인수했다. 앞으로 국가, 정부 차원에서 외교적 지원, 경제 협력 등을 통해 중국 석유기업들의 해외진출 편의를 도모할 수 있고, 석유기업 차원에서도 과학연구 투자와 기술혁신을 통해 해상 오일가스 채굴에서 핵심 경쟁력을 형성할 수 있도록 해야 한다.

해양관광산업도 잠재력이 큰 사업이다. 지구 표면의 약 29%를 차지하는 육지 면적 가운데 총 약 10만 개, 면적 약 970여 만km의 크고 작은 섬들이 세계 각지에 흩어져 있으며, 세계 육지 총면적의 약 1/15을 차지한다. 유엔에 따르면 전 세계 소도서 개발도상국은 모두 51개로 대부분 태평양과 카리브 지역에 분포하고 있으며, 지리적 면적은 약 77만㎢, 인구 총합은 약 4,000여 만 명이다. 이들 섬나라나 도서지역은 관광업을 경제발전의 버팀목 산업으로 삼고, 외국인 관광객과 외자 유치를 절실히 원하고 있다.[14] 중국 정부는 이들 섬을 개발할 자본이 있고, 중국 정부와 민간 모두 여유 자금이 많아 선별적으로 투자하거나 합작할 수 있다. 중국은 또 엄청난 소비 능력을 지니고 있고, 인구 기반도 넓어 인민들의 생활수준이 날로 높아지면서 해외여행 수요가 더욱 왕성해질 것이고, 해양관광과 섬관광이 새로운 성장점이 될 것이다.

제2절 번영과 환상

중국은 해양경제의 출발이 늦었지만, 그 활동범위는 이미 4대양 각 바다에 널리 퍼져있으며, 규모 면에서는 이미 여러 항목에서 1위를 차지하고 있다. 중국의 상선대, 어선단은 세계 최대 규모이며, 수산물 총량과 총액은 수년 동안 세계 1위를 차지하고 있다. 중국의 화물 및 컨테이너 물동량은 모두 세계 1위로, 연안항 15개의 연간 물동량은 1억t을 넘었다. 세계에서 가장 큰 컨테이너 항구 10개 가운데 5개가 중국에 있으며, 경제사회 활동이 매우 활발하다. 중국은 해양경제의 산업사슬이 비교적 잘 갖춰져 있고, 경제규모로 보면 엄연한 세계 해양대국이다.

2016년 전국 해양 총생산은 70,507억 위안으로 전년보다 6.8% 증가했고, 국내

14) 吴士存：《世界着名岛屿经济体选论》，北京：世界知识出版社，2006年，前言第1－2页。

총생산의 9.5%를 차지했다. 해양산업은 43,283억 위안, 해양 관련 산업은 27,224억 위안이 각각 증가했다. 해양 1차산업은 3,566억 위안, 2차산업은 28,488억 위안, 3차 산업은 38,453억 위안 증가하였으며, 각 51%, 40.4%, 54.5%의 증가율을 보였다. 2016년 전국 취업자는 3,624만 명으로 추산된다.[15)]

그러나 중국의 해양경제는 여전히 크지만 강하지 않아, 세계 해양경제 강국은 멀었다. 미국, 일본, 호주 등 해양강국에 비해 중국 해양산업의 발전수준, 경제구조와 해양발전 잠재력 면에서 낙후되어 있고 심각한 도전에 직면하고 있다. 일련의 '해양자원 퇴화, 해양환경 악화, 해양권익 심각, 해양 관리체제 문제, 해양 과학기술 문제, 해양산업 입지 등 여섯 가지 큰 문제가 있다.'[16)] 구체적으로는, 중국의 해양경제의 크기는 크지만 강하지 않은 것은 주로 다음 네 가지 측면에서 나타난다.

첫째는 해양산업의 발전수준이 낮고, 자원의 이용률이 높지 않다는 것이다. 우선 중국의 해양경제 규모는 여전히 중국 경제 총량과 맞지 않는다. 지금도 중국 해양개발의 종합지표는 4% 미만으로, 해양경제 선진국의 14~17%는 물론, 세계 평균인 5%에도 못 미치는 수준이고, 중국의 대규모 해양개발과 활용은 세계와 비교해 10여 년 뒤처지고 있다. 중국이 이미 개발한 자원별 해양자원 비율은 오일가스 자원 5%, 관광자원 30%, 사광(沙鑛) 5%, 얕은 바다 갯벌 2%이고, 이 가운데 양식 가능한 갯벌 이용률은 60% 미만, 염전과 갯벌 이용률은 45%에 불과하며, 15m 이내의 얕은 바다 이용률은 2% 미만이고, 바닷물의 직접 이용 규모는 더욱 작다.[17)]

또 중국의 해양 경제활동은 근해에 집중되어 있고, 원양 경제활동은 부족하다. 중국은 해상운송, 해양어업만 원양으로 넘어갔을 뿐 산업 대부분은 여전히 근해에 머물러 있고, 심지어 배타적경제수역도 제대로 개발 및 활용하지 못하고 있다. 중국은 심해 오일가스 개발에 있어 선진국과 적지 않은 격차를 보인다. 분쟁이 없어 자체 탐사·개발이 가능한 해역은 거의 얕은 바다(수심 200m 이하)이어서 심해에서의 탐사경험이 적다.[18)] 최근 몇 년 동안 심해의 자유시추 플랫폼은 비교적 큰 돌파를 했지만, 여전히 긴 시간의 작업경험은 부족하다. 해양어업과 해상운송업은 빠르게 성장했지

15) 《2016年中国海洋经济统计公报》, http://www.soa.gov.cn/zwgk/hygb/zghyjgb/2016njjgb/201703/t20170322_55284.html.
16) 刘明：《影响中国国海洋经济可持续发展的重大问题分析》, 载《产业与科技论坛》, 2010年第1期。
17) 姜旭朝：《海洋资源：中国资源宝库》, 载《中国报道》, 2010年第10期。
18) 张抗：《中国与世界地缘油气》, 北京：地质出版社, 2009年, 第802页。

만, 규모효과는 부족했다. 중국 원양선단과 원양어업 생산량의 전체 규모는 모두 세계 선두이지만, 일본과 같은 나라와 비교하면 경영능력, 규모효과와 현대화 수준 등에서 격차가 크다. 중국은 주요 전략자원의 해운을 대부분 외국 회사에 의존하고 있으며, 중국 선단은 규모가 현저히 작고 운송 점유율이 너무 낮다. 2004~2015년 사이 중국의 선단 규모가 2배로 증가하고, 수량 규모도 세계 선두를 달리고 있지만, 총 톤수는 여전히 그리스와 일본에 뒤진다.

또 중국 해양경제는 전반적으로 방만한 경영과 약탈적 개발로 지속 가능성이 작고, 시작이 늦어 규모가 작고 시장화 수준이 낮으며, 많은 산업이 여전히 저성장 단계에 있다. 오랫동안 중국의 해양개발 행위는 규범에 맞지 않고, 총괄 관리 감독도 부실하여, 환경 부담이 갈수록 가중되고 있다. 현재 근해의 환경 악화 추세는 아직 효과적으로 반전되지 않았으며, 해양방재와 재난대책 상황이 상당히 심각하다. 근해의 해역은 오염이 심각하고 적조가 많이 발생하며, 해양생태 환경의 악화는 점차 해양경제의 지속 가능한 발전을 저해하는 요인으로 작용하고 있다.

둘째는 산업구조가 합리적이지 못하기 때문에 해양경제의 배치를 시급히 최적화해야 한다는 것이다. 최근 몇 년 사이 중국 해양경제의 3대 산업구조를 많이 개선하긴 했지만, 여전히 합리적이지 않고, 미국·일본 등 세계 해양강국에 비해 1차, 2차산업의 비중이 너무 높다. 해양생물 의약업, 해수 이용, 해양전력 등 아직 규모가 형성되지 않은 해양 신흥산업도 있고, 해변 관광업 등 해양 서비스업이 더디게 성장해 평균에 크게 못 미치는 산업도 있다. 중국은 행정구역이 많아 연안의 각 성과 시가 해양자원을 분산 관리하며, 지방의 정치적 업적을 위해 국가 전체의 이익이 아닌 자기 성의 이익을 추구하며 해양경제를 발전시키고 있다. 이러한 상황은 해양자원의 분할과 분산을 초래하기 쉽고, 해양경제의 지속 가능한 발전에 불리하게 작용하기 쉽다. 중국의 해양경제 구역 배치는 중요한 진전에도 불구하고, 지역분업체계와 협조체제가 미흡하며, 무질서하고 경쟁적인 중복 건설 등의 문제가 남아있다. 중국 연안 곳곳의 항만서비스업, 조선업, 해양관광업, 어업 등은 제각각 과도한 경쟁의 문제점을 안고 있다.

셋째는 과학기술 혁신 능력이 비교적 부족하고, 해양경제 발전의 잠재력이 부족하다는 것이다. 2018년 4월 발생한 반도체 사건은 중국의 과학기술 혁신 능력의 단면을 극도로 드러낸 것으로, 해양 과학기술 분야도 예외가 아니다. 해양 과학기술 전반의 수준이 여전히 높지 않고, 창의력이 뛰어나지 못하며, 핵심기술이 많이 장악되지 못했음을 먼저 보여준다. 중국의 해양 과학기술 능력과 해양경제의 발전은 서로 심각하게 맞지 않는다. 해양감시 기술, 대양 금속자원 조사탐사 기술, 해수 개발이용 기술, 해양생물 기술, 해양 오일가스 자원개발 등 해양 첨단기술 분야에서 비약적인 발전을 이루었고, 세계에서도 유인 심해잠수정을 자체 제작할 수 있는 극소수 국가 중 하나가 되었으며, 남극 창청(長城)역, 중산(中山)역, 쿤룬(昆侖)역, 북극 황허(黃河)역과 쇄빙선 '쉐룽(雪龍)'호의 1척 4역의 극지 작업구도를 형성하였다. 하지만, 아직 중국의 해양 핵심기술은 자급률이 비교적 낮고, 발명특허 수가 적으며, 해양 과학기술 성과의 전환율은 20%에 미치지 못하고, 해양 과학기술의 해양경제 기여율이 30% 안팎에 불과한데, 일부 선진국은 70~80%에 이른다. 중국은 현재 주요 해양기기를 여전히 수입에 의존하고 있으며, 유럽 국가들과 미국에 비해 심해 자원탐사와 환경관측에 있어 기술 장비가 여전히 낙후되어 있고, 과학기술 투자가 상대적으로 부족하며, 체제 기제에도 많은 문제가 있다. 해양분야에는 인재 부족, 특히 핵심분야의 지도자 부족이 심각하다.

넷째는 해양경제 발전의 사회적 기반이 여전히 빈약하다는 것이다. 중국 국민의 해양의식은 더 높아져야 하고, 여러모로 해양에 대한 이해도 부족하다. 해양경제에 직접 관여하는 인원이 극히 제한되어, 내륙 중국인의 절대다수는 바다여행과 해산물이 해양의식의 전부일 것이다. 해양의 정치·경제적 의미에 대해 일반 국민은 그 오묘함을 깨닫기 어렵고, 해양경제에 참여할 동력과 경로도 부족하다. 교과서에 실린 중국의 해양강토는 눈에 보이는 황토나 흑토에 비해 다소 비현실적으로 보인다. 국민의 해양의식 부족은 중국의 농업문화 전통과 경제발전 수준과 직결되는 것은 물론, 해양과학보급 업무가 일방적이고, 경직되어 있으며, 내실이 없는 문제와도 밀접하게 관련되어 있다. 실생활에서 중국의 해양공익 서비스 능력이 부족하고, 국민에게 다양하고 폭넓은 공익활동을 제공하지 못하여, 일반 국민이 해양 과학기술, 해양경제 등의 편리함과 변화를 느끼지 못하며, 해양력 발전의 사회적 기반이 튼튼하지 않아, 사회적 효과도 뚜렷하지 않다. 중국의 해양공익 서비스는 능력 건설, 형식 확대, 내용 내실화 등에 엄청난 노력을 기울여야만 지금의 상황을 바꿀 수 있다.

제3절 '대'에서 '강'으로 가는 전략

해양경제가 크지만 강하지 않은 원인에는 여러 가지가 있는데, 요약하면 다음 세 가지이다. 첫째는 낙후된 관리와 체제 기제의 문제이고, 둘째는 창의력이나 과학기술 전환의 효율 부족 문제이며, 셋째는 공간 활용의 불균형 문제이다. 이를 해결하기 위해서는 다음과 같은 노력을 기울여야 한다.

Ⅰ. 해양경제체제 개혁과 제도건설 강화

해양사무가 날로 복잡해지므로, 해양경제 활동에 참여하는 주체가 다양해지며, 해양활동의 영향이 커지고 있는 데다 「협약」의 체결과 실천, 해양활동의 총괄적인 관리와 제도건설 강화는 세계적인 대세의 흐름이다. 20세기 말부터 세계 해양국들은 해양위원회 등 지도조정기구를 설치하고 해양 기본법을 제정하여 「협약」과의 접점을 강화하고 있다. 따라서 중국은 국가, 각 성과 시의 해상관리 범위를 대내외에 명확히 하고, 자연자원부(국가해양부), 외교부, 발전개혁위, 생태환경부, 군 등 해양 관련 각종 행위체의 기능과 권한 범위를 따져 국가와 지역 전체의 해양권익을 보장할 수 있는 해양종합관리체제를 갖추어야 한다.

「협약」 정신에 따라 중국은 「중화인민공화국 영해 및 접속수역법」(1992), 「중화인민공화국 배타적경제수역과 대륙붕법」(1996), 「중화인민공화국 환경보호법」(1999), 「중화인민공화국 해도(海島)보호법」(2009) 등을 잇달아 통과시켜 대륙의 일부 영해기선과 시사군도의 일부 영해기선을 확정하고, 「어업실시 세칙」과 「수생(水生)·야생동물 보호 실시조례」 등 행정법규를 제정했다. 국무원의 각 부서와 지방 각 성시에서도 일련의 법률법규와 정책적인 문서가 제정되었다. 국가해양국 해양발전전략연구소는 2006년 이후 매년 「중국해양발전보고」를 통해 전년도 중국 해양사업 발전의 현황과 추세, 성과와 문제 등을 평가하고 대책과 건의를 하였으며, 2008년 국무원은 「국가해양사업 발전계획요강」을 승인하여 차세대 해양사업 발전의 청사진을 그렸다. 같은 해 12월 국가해양국은 「내수 확대를 위해 안정적이고 빠른 경제발전을 위한 서비스 보장에 관한 통지」를 내려, 10개 정책조치를 제시했다. 이러한 보고, 요강과 정책조치는 전국의 해양경제 발전에 대해 총체적 계획을 세우고 방향을 제시하였다. 그러나 이들 문건은 대부분 잠정적인 방법으로, 법률의 효력이 높지 않고, 전국적이고 종합적인 법률법규는 적은 편이며, 관련 법규의 목적성이 강하지 않아, 여러 가지 해양경제 행위를 잘 총괄, 조정, 관리할 수 없다.

이를 위해 통일된 전국적인 해양 발전전략, 완벽한 해양 종합법규체계, 체계적인 해양 발전전략 계획, 구획, 정책과 지침이 필요하다. 중국 해양 기본법 제정과 해양법 체계를 시급히 정비해야 한다. 기본법은 국가의 해양관과 해양사업 기본방침 및 제도적 규범을 구현해야 한다. 기본법은 해양법률체계에서 해양 단행법보다 우위에서,[19] 해양사무를 대내적으로 통일해서 관리하고, 대외적으로 중국의 해양권익을 보호할 수 있는 법적 근거가 된다.

중국은 오랫동안 농업, 교통, 환경, 에너지, 토지, 외교 등 각 부처와 기관에 대한 부처별, 업종별 분산 관리체제를 운영해 왔다. 이밖에 지방정부와 각 경제주체가 각개약진하고 있다. 국가해양국은 '해양사무에 대한 종합조율' 기능을 부여받았지만, 해양종합관리 기능은 여전히 불명확하고 행정의 수준도 높지 않아 거시조정 기능도 제대로 발휘하지 못하고 있다.[20] 앞으로 어떻게 하면 자연자원부의 틀 안에서 제 역할을 할 수 있을지도 불확실하다. 총괄적인 부처 간 조정과 집행감독 없이는, 아무리 좋은 종합적인 발전전략과 법규체계가 있더라도 중국의 해양경제가 조목조목 나뉘고 흩어져 무질서한 발전상태를 바꾸기는 어렵다. 해양사무와 해양정치의 내실화가 풍부해지고 관련 기관이 많아지면서 해양사무 관리제도의 통합과 효율성 제고가 시급한 것도 국제적 추세이다. 중국은 2012년 이래 중앙해양권익사업영도소조 사무실(약칭 중앙해양력반)[21]과 국가해양위원회를 차례로 만들고, 해경국을 신설하였으며, 국가해양국을 통합 개편했다. 이들 기구는 최근 몇 년간 해양권익 보호와 확장 방면에서 적극적인 역할을 하였으며, 중국이 해양을 경영하는 힘을 크게 높였다. 그러나 이들

---

19) 于宜法, 等：《中国海洋基本法研究》, 青岛；中国海洋大学出版社, 2010年, 第255页。

20) 刘明：《我国海洋经济发展现状与趋势预测研究》, 北京：海洋出版社, 2010年, 第102页。

21) 2018년 3월, 중국 공산당 제19기 중앙위원회 제3차 전체회의에서 통과된 「당과 국가기구 개혁 심화 방안」은 다음과 같이 제정하고 있다. '더 이상 중앙해양권익수호사업영도소조를 설치하지 않고, 관련 업무는 중앙외사공작위원회와 그 사무실이 맡으며, 중앙외사공작위원회 사무실에 해양권익수호사업 사무실을 설치하였다.

지도 및 조정기구의 책임과 위상은 좀더 분명해져야 하고, 관련 입법 등 보완책도 마련되어야 한다. 해양관리체제 조정과 관련해 국제적으로 통용되는 경험은 주로 제도 건설과 입법이라는 두 가지 큰 조치를 통해 총괄적인 지도력을 강화하는 것이다. 해양 종합관리기제 개혁을 계속 추진하기 위해서는, 중국의 정세 특성을 바탕으로, 적어도 중앙 차원에서 미국, 일본과 러시아처럼 내각 차원의 해양종합지도조정기구를 설치하고, 「해양 기본법」과 「국가해양전략」 등 전략 및 정책문서를 조속히 내놓아야 한다.

법률법규체계 및 전략계획을 강화하는 동시에, 제도와 관리체계 건설에 있어서 해양 종합관리 부문의 관리권한을 증강하고, 종합조정 능력을 높이며, 각 관련 관리 주체의 직책과 권한을 명확히 해야 한다. 중앙과 지방의 관리 한계를 정립하고, 중앙 정부는 산업 분포, 법규체계 건설 및 거시 전략계획 등의 측면에서 주도적이어야 하며, 중심 직책은 해양경제 행위를 감독하고, 재판원을 잘 맡도록 하는 것이다. 지방정부는 중앙 거시전략의 선도, 관련 법규의 구속 아래 주관적 능동성을 발휘하여 해양경제 활성화에 적극적으로 나서야 한다. 국내, 국제자원을 최대한 활용할 수 있도록 해양경제체계의 충분한 경쟁도 촉진해야 한다. 해양경제 산업별로는 해양어업과 해양업을 제외한 해양제약업, 해양화공업, 해상운송업, 해양 오일가스업과 심해산업을 대부분 국유기업이 독점하고 있어 불완전한 경쟁상태이다. '해양경제 발전의 자원과 생산요소는 경제학 이론이나 해양경제 선진국 실천 및 중국의 개혁실천 경험에 비추어 볼 때 정부 독점보다는 일반 국민과 민간자본에 많이 개방되어야 한다. 해양자원 개발과 이용, 정비에 더 많은 민간자본을 참여시키는 것이 중국 해양경제의 지속적이고 안정적인 발전을 위한 가장 중요한 보증이다.'[22)]

Ⅱ. 해양 과학기술의 수준을 높여, 과학기술의 발전을 촉진

과학기술은 제1의 생산력으로, 해양 과학기술은 나날이 국가 해양사업 발전의 중요한 내용이 되고 있고, 이미 세계 과학기술 경쟁의 전선이 되었으며, 각국은 잇달아 해양 과학기술 전략을 수립하고 연구투자를 확대하여 과학기술의 '제고점'을 선점하였다. 중국의 방대한 인구, 상대적으로 한정된 해양공간과 과도한 발전압박은, 해양

22) 汪长江, 刘洁：《关于发展中国海洋经济的若干思考与分析》, 载《管理世界》, 2010年第2期。

경제의 급속하고 건전한 발전을 위해 해양 과학기술 능력의 대폭적인 향상에 의존하고, 과학기술의 발전을 통해 자원과 공간 활용도를 높여야 한다는 것을 보여준다. 사실 해양 과학기술 전략은 세계 각 해양국 해양전략의 선도이자 밑거름이다. 미국, 영국, 일본 등 해양강국은 이미 1960년대부터 해양 과학기술 정책의 전국적인 연구와 계획을 시작하고, 여러 차례 해양 과학기술 전략·정책문서를 발표하였는데, 중국은 2006년이 되어서야 처음으로 국가적 차원의 계획문서인 「국가 11.5 해양 과학기술 발전계획 요강」을 발표하였다. 해양연구와 개발의 투자 측면에서 보면, 최근 몇 년간 여러 가지 전문계획이 해양 과학기술을 발전시키려 하고 있지만, 총 투자 규모는 여전히 세계 해양강국에 비해 크게 뒤떨어져 있다. 또 중국은 연구 효율성이 여전히 낮은 편으로, 중국의 해양 과학기술의 수준은 미국, 일본 등 해양강국에 비하면 여전히 큰 차이가 존재하며, 10~15년이 뒤진다.[23] 해양 과학기술의 낙후로 해양조사, 해양환경 감시 및 보호, 해양경제 산업화 등의 역량이 취약해 현실의 해양권익 보호와 해양경제 발전에는 맞지 않게 된 것이다.

따라서 우선 투자를 늘리고 수익성을 중시해야 한다. 한편으로는, 해양과학 연구와 기술 발전이 전체 해양경제 투자에서 적절한 비율을 차지하고 해양경제 발전의 수요에 부응할 수 있도록 정부 재정의 투자를 확대해야 한다. 정부 재정의 투자는 주로 고도로 정밀하지만, 시간이 오래 걸리고 위험이 큰 기초이론 연구와 과제에 집중되어야 한다. 다른 한편으로는, 국가는 정책과 금융 지원 등을 통해 해양 과학기술에 대한 사회자본의 투자를 유도해야 하며, 사회자본은 주로 응용 과학기술 개발과 공정 혁신에 투자해야 한다. 국가 및 각급 정부의 재정 투자도 중요하지만, 경제효율을 중심으로 한 기업의 과학연구 노력이 더 중요하고, 국가는 투자를 늘리는 동시에, 정책과 관리에 있어서도 좋은 과학연구와 경영환경을 조성해야 한다.

다음으로, 해양 과학기술 우위 분야 조성에 역량을 집중해야 한다. 심해탐사, 해양생물, 해양관측, 해양 원격감지 등에 대한 연구 투자를 확대하고 심해잠수정 기술, 해양 천연가스 수합물 종합 탐사기술과 해양 오일가스 플랫폼 기술 등과 같은 심해개발 기술과 장비를 확충하며, 새로운 해양 미지의 공간과 이미 알려진 공간의 새로운 영역을 적극적으로 모색해야 한다. 유인 심해잠수정 '자오룽'호, 해양석유 981과 심해

---

23) 殷克东, 等：《海洋强国指标体系》, 北京：经济科学出版社, 2008年, 第110页。

채광선 등 해양 첨단장비를 앞세워, 중국은 이미 체계 통합, 기술 응용, 공정 시행 방면에서 일정한 우세를 형성하고 있다. 하지만 첨단기술 혁신, 해양산업 종합육성 등에선 여전히 미흡하다.

이전 단계에서 중국의 해양공학 장비와 관련 기술 분야의 성과는 이미 성숙한 기술을 가진 산업에 대한 응용이 컸고, 진정한 의미의 과학기술 혁신은 그 비율이 낮았으며, 창조적 이바지는 더욱 부족했다는 점도 분명히 보아야 한다. 이 단계 역시 서방 해양강국을 보고 따라 한 것으로, 따라가면 상대적으로 위험이 적다. 중국과 서방 해양강국과의 기술격차가 좁혀지고, 기존 기술을 응용할 수 있는 공간이 점점 좁아지는 상황에서 더 큰 발전을 위해 이론과 기술의 독창성에 대한 요구가 강해질 수밖에 없다. 해양 과학기술과 해양공학 장비의 발전은 이미 '추격'에서 '유도' 단계로 접어들었고 응용학습할 것은 모두 한계에 다다르고 있어 새로운 성장점을 찾는 기술혁신이 시급하다. 중국은 규모와 자본, 실천 경험 등의 장점을 살려 해양 과학기술의 수준을 높이고 해양경제의 변형을 촉진하는 기술돌파, 이론적 혁신을 서둘러야 한다.

Ⅲ. 해양발전 공간을 적극적으로 유지하고 확장

전 세계의 해양은 기본적으로 개방적인 체계이고, 중국 해양경제의 허술한 발전은 과학기술 수준이 낮고, 발전과 관리가 허술한 탓도 크지만, 육지적 공간사고의 한계와 구속 탓도 크다. 우리의 해양공간 개발이용은 육지에서 바다로, 가까이에서 멀리로 육지적 점거의 색채가 강하다. 국가해양국과 관련 해양연구기관을 제외하면 중국 해양경제 종사자는 전 세계 해양공간에서 경제와 과학연구를 진행한다는 구조적 개념이 거의 없다. 우리가 전 세계 해양공간 구조에 대한 시야가 있다면 땅을 갈아엎듯이 작은 해양공간마다 '물을 다 빼낸 후에 물고기를 잡듯이(涸澤而漁)' 하지는 않을 것이다. 중국은 해양경제 발전을 위해 최소한 3대 해양공간의 진취성과 활용도를 동시에 강화해야 한다.

1. 자체 해양공간의 개발 효율과 권력 유지력 강화

앞서 밝힌 바와 같이, 중국이 관련 국제법에 따라 관할을 주장하는 약 300만㎢에 달하는 해역은 중국 해양경제 발전의 전략적 기반이다. 중국의 해양공간 개발이 불균형한 만큼 해양공간 배치를 국가 차원에서 총괄하고 산업구조를 최적화함으로써 기존의 대충 빨리 해치우는 식의 허술한 틀을 바꿔야 한다. 또 의식적으로 세금, 금융, 친환경 등의 정책을 통해 산업을 녹색, 지속 가능한 방향으로 유도하고, 1, 2차산업의 낙후된 생산능력을 축소하는 대신 해양 3차산업과 신흥산업의 지원을 강화할 수 있다. 경제활동과 경제적 존재는 이미 오늘날 세계의 해양권익을 보호하는 주요 수단이 되었다. 「협약」이 발효된 이후 해양분쟁을 전쟁으로 해결한 사례는 드물고, 전쟁과 무력방식이 통하지 않고 있다. 해양분쟁의 경우 당사국 간 협상을 통해 해결하는 것이 우선이고, 국제사법재판소, 국제해양법재판소 등에 넘기는 게 그 다음이다. 어떤 방식으로 해결되든 국제법적 근거와 실질적인 사용 통제는 여전히 경계선을 긋는 두 가지 중요한 지침이다. 해양분쟁 당사국들이 분쟁지역에서 기정사실화를 위한 경제적 존재와 사회적 활동을 강화하는 것도 이 때문이다. 해양조사, 해양어업, 해양측량, 오일가스 탐사, 인공섬 건설 등은 배타적경제수역과 대륙붕에서 활동하는 주요 경제형태로 각 나라의 주목을 받고 있다.

중국은 황해, 동중국해, 남중국해에서 다른 나라와 모두 각기 다른 수준의 해양분쟁을 겪고 있으며, 이러한 분쟁은 중국의 거의 모든 해상 주변국과 관련되어 있다. 이런 상황에서 해양분쟁을 무력으로 해결하는 것은 현명한 선택이 아닐 것이다. 더욱이 문제는 군사력 대비가 아니다. 물론 중국 해군의 작전능력에는 제한과 격차가 있지만, 실사구실적으로 말하자면 중국과 이들 국가 간의 격차는 주로 군사적인 측면보다 경제개발과 이용범위에 있다. 이 점에서 남중국해 분쟁의 당사자인 베트남, 필리핀, 인도네시아, 브루나이 등은 이미 남중국해의 분쟁해역에서 오일가스를 채굴하고, 베트남, 브루나이 등은 이를 통해 석유 수입국에서 석유 수출국으로 전환하였다. 베트남 등은 분쟁 섬으로의 이민을 장려하고 분쟁해역에서의 활동을 확대해 분쟁 해역 및 섬에 대한 실효적 지배를 강화하고 있다. 뒤처진 쪽인 중국이 분쟁 해역과 섬에서 경제활동과 사회 존립을 강화하지 않으면 권력 유지의 길은 점점 더 좁아질 것이다. 중국은 과학기술, 자본 등의 이점을 살려 어떤 국가와도 서둘러 협약을 맺지 말고 분쟁지역에서 경제 및 사회활동을 강화해야 한다. 중국은 해양조사 및 측량 강화를 통해 주권을 쟁취할 수 있는 관련 증거와 자료를 계속 축적하고 어업, 오일가스 탐사 및 개발 등 경제활동을 통해 해양공간 자원에 대한 실제 활용, 해양법 집행선 순시를 통한 분쟁지역 해양법 집행과 주권 현시를 강화할 수 있다.

2. 공해, 심해저의 개발과 이용에 적극 참여

공간과 자원 점유율을 보면 중국은 육지대국, 해양소국에 속한다. 그래서 지리적으로 불리한 근해와 지역적 해역으로부터 드넓은 심해와 대양으로 나아가는 것은 중국 해양경제 발전의 시급한 과제이다. 세계에서 가장 인구가 많은 국가로서, 중국은 세계 해양의 관리와 이용, 규칙 개발 등에 대해 더 실효성 있는 목소리를 내고 미래의 세계 해양관리에서 그에 상응하는 지위와 권한을 갖게 해야 한다. 동시에, 남북극지 과학고찰과 대양 과학고찰을 계속 강화하고, 국제 심해저의 전략적 자원 조사와 탐사를 다양한 형태로 시행해, 국제 심해저 자원 신청과 국제협력을 가속하며, 공해와 '심해저'의 전략적 자원의 우선 개발권을 다양한 형태로 획득해 심해자원과 국제해양경쟁에서 유리한 위치를 차지해야 한다.

3. 국제 해양협력 공간을 대대적으로 확대

해양경제의 생산, 판매, 소비 등 국제화의 정도는 너무 높아, 해양경제를 폐쇄적으로 발전시킬 수 있는 국가는 없다.

해양어업의 경우 최근 몇 년간 어류와 어업제품 시장이 갈수록 세계화되면서 세계 어획물의 75% 이상이 이들 어획 국가에서 판매 및 소비되지 않고 있다. 세계 대부분의 대규모 어업과 수산물 무역은 사실상 몇몇 대기업이 장악하고 있다. 더욱이 해저자원 개발, 특히 심해 개발은 인재, 자본, 기술의 다중 생산요소가 밀집된 거대한 사업으로 어느 해양국도 강점과 약점이 있으므로 국제 네트워크에 의지하여 세계적으로 생산요소를 최적화해야 한다.

세계 절대다수의 연안국들이 관할해역을 독자적으로 개발할 기술, 자본, 인력이 부족하다는 점은 중국이 협력을 통해 사실상 다른 국가가 관할하는 해양공간의 이용을 확대할 중요한 기회다. 중국은 인적자원, 자본, 외교자원 등에서 독보적인 비교우위를 보이고 있지만, 해양 과학기술, 해양 공예 등에서는 여전히 뒤처져 있으며, 심해석유장비 연구개발이나 해양인력 비축 등에서 세계 선진국과 큰 격차를 보인다. 하지만 중국은 이미 추월 속도를 내기 시작했고, 머지않은 장래에 일부 분야에서 과학기술의 우위를 점할 수 있을 것이며, 대규모의 산업 및 과학기술 수출도 머지않았다고 믿는다. 중국은 '소유가 아닌, 사용'을 구한다는 생각으로 세계 해양국들과의 협력을 적극적으로 모색하고, 인재, 자본, 기술 등 생산자재의 이점을 활용해 발전공간을 더욱 넓혀야 한다.

다른 나라와 협력해 자원을 개발하되 '외자도입(引進來)'과 '해외진출'이라는 국제협력 발전전략도 병행해야 한다. 현재 중국과 다른 나라와의 협력은 자원 공동개발을 위한 협력, 산업협력의 형태가 대부분이다. 과학기술과 탐사 등 협력은 여전히 국제화가 저조해 대규모, 전방위적 국제협력이 이루어지지 않고 있다. 앞으로 교육, 과학연구, 과학고찰, 공동탐사와 인재 교류 등 모든 분야에서 전면적 협력을 장려해야 한다.

이를 위해서는 국제 해양경협을 국가전략 차원에서 중시하고, 외교, 경제 등을 종합적으로 활용해 중국 해양경제 종사자들이 전 세계에 다양한 생산요소를 배치할 수 있는 여건을 만들어야 한다. 외교는 세계 각국과 해양발전을 위한 협력 가능성을 적극적으로 검토하고, 해양경제 종사자들에게 정보와 자문 등을 제공해 협력의 영역과 공간을 넓히며, 그들에게 편리한 영사 서비스를 제공하고, 이들의 합법적인 해외이익을 적극적으로 보호해야 한다. 경제정책상 국가는 원양경제 및 신흥 해양산업 경영자에 대한 지원을 확대하고 이들을 내부 통합으로 유도해 규모를 키울 수 있다. 지식재산권 보호 강화와 자금 지원 확대 등을 통해 해양 관련 연구소, 기업, 학교 등 과학연구 기관과 국제 동업자의 학술교류와 과학연구 협력을 장려해야 한다. 마지막으로, 가장 중요한 것은 해당 기능부서 및 관리자가 외국 동업자와의 교류를 통해 다른 나라의 선진적인 관리제도와 경험을 습득하고 해양경제 종사자와 참여자들을 위해 더 잘 복무할 수 있도록 노력해야 한다.

제3장

외교혁신과 해양력 발전

중국 해양력 발전에서 외교의 역할을 과소평가해서는 안 된다. 외교는 중국 해상력의 발전에 필요한 국제적 환경과 정치적 여론, 외교적 지원을 제공하는 한편, 외교 자체도 중국의 해양력을 지키고 확장하는 가장 중요한 수단 가운데 하나이다.

외교는 '국가가 평화적으로 국가를 공식적으로 대표하는 행위를 통해 대외사무에서 주권을 행사함으로써 다른 나라와의 관계를 처리하고, 국제사무에 참여함으로써 한 나라가 자국의 이익을 수호하고 대외정책을 실현하는 중요한 수단이다.'[1] 간단히 말해서 외교는 평화적인 수단을 통해 국익을 도모하거나 지키는 수단이다. 전시에 외교는 무장역량을 키울 수 있고, 훌륭한 외교는 국력의 다양한 장점을 발휘할 수 있으며, 평시에는 외교가 국가의 대외목표 달성을 결정지었다. 외교정책은 줄곧 국가전략을 위해 이바지해 왔다. 다리우스는 "대국의 관계도, 자원이 제공할 수 있는 물자의 한도도 고려하지 않는 해군의 모든 계획은 허약하고 불안정한 토대 위에 설 것이다. 외교정책과 전략은 뗄 수 없는 사슬로 단단히 연결되어 있다"라고 했다.[2]

중국 해양력의 발전, 특히 해군이 강해짐에 따라 앞으로 상당 기간 중국의 외압과 안보난이 가중될 것이며, 중국 외교가 필요한 평화적이고 우호적인 국제환경을 유지할 수 있을지가 매우 중요하다. 중국 해양력의 발전, 특히 중국 해상역량의 발전은

1) 钱其琛：《世界外交大辞典》，北京：世界知识出版社，2005年，第2045页。
2) [美] 艾·塞·马汉：《海军战略》，北京：商务印书馆，1994年，第20页。

중국의 외교에 일련의 도전을 가져올 것이다. 예를 들면, 중국의 강력한 해양력은 중·미, 중·일 간 갈등이 존재하는 구조적인 모순을 심화하고, 미국과 일본은 중국의 전략의도에 대한 경계와 시기를 키울 것이며, 중국에 대한 봉쇄와 억제를 강화할 수 있을 것이다. 실효성 있는 다자안보기제가 없는 동아시아에서 해상 주변국, 특히 중국과 해양이익 분쟁국들은 중국의 해양력 발전에 따른 불안감으로 인해 안보정책의 대중(對中) 대응성을 강화하고 역외 대국, 특히 미국과의 안보협력을 강화해 중국을 견제함으로써 중국의 선린우호 정책 추진을 어렵게 할 수 있다. 이런 상황에서 해결책은 둘 뿐이다. 하나는 과거 독일과 일본을 따라 전쟁을 통해 해상권력을 차지하는 것이고, 다른 하나는 외교를 통해 갈등을 완화하고 해소하는 것이다. 시대적 배경과 자신의 여건 그리고 국제환경에 따라 중국은 과거 독일이나 일본과 같은 해양력 굴기의 길을 걷지 못하게 된 이상, 이러한 안보 난국을 외교적으로 개선하고, 중국 해양력 발전의 기회를 만드는 것이 최우선 과제가 될 수 있다.

중국 외교는 해외이익의 보호와 확대라는 중요한 과업도 안고 있다. 패권국과 달리 중국의 해외이익은 독점적 이익이 적고, 일반적으로 전쟁 같은 강력한 수단으로 보호받을 필요가 없다. 중국의 해외 경제협력은 전적으로 자발적, 평등, 상호 이익, 협력의 원칙에 근거하고 있으며, 중국은 상대방이 자신의 조건을 받아들이도록 강요하거나, 자기 군함을 다른 나라로 보내 강요에 의한 조약을 맺게 할 필요가 없다. 중국의 해외이익 보호는 주로 외교를 통해 평화적으로 진행될 것이다.

갈수록 확대되고 심화하는 해외이익은 외교에 새로운 요구와 도전을 제기하였고, 장수광은 해외이익은 위기외교 관리가 필요하며, 체계, 자원, 기능, 기술 등을 아우르는 국가역량이 필요하다고 주장했다. '중국의 외교전략은 제도 배치, 자원 배치, 기제 혁신, 공교육, 기술개발과 이용, 국제협력 등의 분야에서 과학적이고 체계적이며 객관적이고 질서 있게 해외이익 위험을 외교적으로 관리해 나갈 필요가 있다.'[3] 국제체제와 국내여건, 사회주의 정치제도 등 요소는, 중국이 대국 평화발전의 해외이익 수호 형식을 선택하도록 했다. 중국의 해외이익은 국제체계와의 상호작용, 국제제도 건설, 국가 외교력 강화 등을 통해 달성해야 한다.

중국은 종합국력과 풍부한 외교자원을 갖고 있지만, 실력과 자원이 능력으로 충

3) 张曙光：《国家海外利益的风险的外交管理》，载《世界经济与政治》，2009 年第8期。

분히 전환되지 않아 세계 대국의 성숙한 외교와는 거리가 멀다. 앞서 밝힌 바와 같이, 중국은 유엔 상임이사국이고, 세계 2위의 경제대국이며, 중국은 오랜 기간 독자적인 평화외교 정책을 구사하여 세계 여러 국가와 우호적인 외교관계를 맺고 있고, 특히 세계 각국과의 경제협력이 주목된다. 이런 상황에서 협상, 대화 등 외교적 수단을 통해 분쟁을 해결하고 협력을 모색하는 것은 중국 해양력의 현시대를 배경으로 한 주요 형태가 될 것이다. 어떻게 하면 국내, 국제 자원을 잘 통합할 수 있을지, 중국의 해양력을 더 잘 표현하고, 보호하고, 확장할 수 있을지가 중국의 외교 앞에 놓인 가장 시급한 과제이다.

해양력의 발전은 육지에서 벗어나 스스로 해외공간으로 국익을 확장하는 행동이자, 적극적으로 나아가는 전략으로, 적극적인 외교정책과 적응이 필요하며, 해양력의 발전은 외교전략적 혁신을 먼저 요구한다.

제1절 대륙에서 해양으로

역사적 경험이 밝히듯이, 지리적 환경과 생존조건은 인류문명의 성격을 이루는 가장 중요한 요소로, 내륙의 큰 강과 하천은 농업문명 사회를 낳았으며, 바다에 가까운 지역은 어염지리와 상업교환을 하는 민족이 쉽게 모이지만, 몽골고원과 같이 나무와 풀이 풍부한 지역은 유라시아 대륙의 다양한 유목민족이 부흥한 곳이 되었다. 인류사회는 유사 이래 3대 문명으로 농경문명, 해양문명, 초원문명을 형성해 왔다. 고대 이집트, 바빌로니아, 중국과 고대 인도의 4대 문명국은 모두 강을 끼고 발전한 농경문명에 속하며, 대하(大河)문명, 대륙문명이라고 불리기도 한다.

그 가운데 중국은 농경문명의 영향을 가장 많이 받았는데, 중화민족은 서쪽은 고원, 북쪽은 고비사막, 동남쪽은 바다인, 동아시아라는 상대적으로 폐쇄된 지역에서 오랫동안 살았다. 본토의 생산물이 풍부하고 농업이 매우 발달하였으며, 정치가 일찍부터 발달하여, 상업적 교환과 항해가 필요 없었다. 중국은 해안선이 길고, 일찍부터 바다의 존재에 눈을 떴지만, 해양이 주는 이익은 대륙에 비할 바가 못 되는 데다, 태평양은 너무 넓어 해양 정복의 비용도 만만치 않았다. 문인들이 해양을 논할 때조차

신비한 존재로 여겨, 실제 경험은 적지만, 중국인들은 대부분 해양에 대해 알 수 없는 두려움을 갖게 되었다. 특히 오랜 역사 속에서 중농억상(重農抑商)의 원칙이 오랜 기간 지켜져, 역대 지배계급들이 떠받들면서, 농업은 근본으로 여겨져 그 중요성이 더없이 높아졌다. 이렇게 대륙문명과 전통이 끊임없이 수천 년째 이어져 온 관성과 영속적 영향력은 결코 과소평가할 수 없을 것이다.

예로부터 '해상민족'이라 불리었던 페니키아, 그리스, 로마인들은 지중해를 통해 남유럽, 서아시아, 북아프리카를 종횡으로 누비며 지중해 연안을 따라 상업기지와 식민성을 쌓았다. 헤겔은 「역사철학」이라는 책에서 서구 문명이 살아남기 위해 의지하는 바다를 열창하며, 바다를 이용해 육지의 한계를 뛰어넘는 시도가 아시아 여러 나라의 장엄한 건축물에는 없다며, 중국처럼 바다에 잇닿아 있는 나라도 있기는 하지만, 이 나라들에 바다는 육지의 중단에 지나지 않으며, 이 나라들은 바다에 대해 전혀 적극적이지 않다고 지적했다.[4]

고대 그리스는 해양문명의 대표였다. 고대 그리스는 지중해 동부에 자리 잡고 있었고, 그리스 반도를 중심으로 에게해 제도, 소아시아 서부 해안인 이오니아 제도, 이탈리아 남부와 시칠리아섬 등이 있었다. 그 자연의 지리적 조건은 산이 많고 바다가 넓으며, 지세가 울퉁불퉁하여 작은 평야 몇 개 있을 뿐, 산으로부터 가로막힌 것이 많았다. 특수한 지리적 조건은 고대 그리스의 경제, 정치, 문화에 결정적인 영향을 미쳤다. 산이 가로막고 있는 작은 평야가 대표적인 '소국과민(小國寡民: 작은 나라에 적은 백성, 이상사회)의 도시국가'를 만들고, 고대 그리스인들은 상업무역을 통해서만 생존과 발전을 유지할 수 있었는데, 이러한 무역은 해외무역만 가능했고, 이는 공업과 상업 그리고 항해업이 주도하는 고대 그리스인의 민족적 특성을 결정하였다. 7세기에 가까운 역사에서 고대 그리스인들은 철학, 역사, 건축, 과학, 문학, 연극, 조각 등 많은 분야에 조예가 깊었고, 해양문명의 유전자가 확립되었다.

고대 그리스 멸망 이후 고대 로마인들은 이 유전자를 파괴적으로 이어갔고, 고대 그리스 문명은 서구 문명의 정신적 원천이 되었다. 근대 유럽인들은 고대 그리스 문명의 어깨 위에 서서 고대 그리스 시대와 고대 로마 시대의 인문서적을 정리하고 연구함으로써 유럽 근대 역사를 여는 르네상스 운동을 일으켰다. 15세기를 전후해 일

---

4) [德] 黑格尔(헤겔)：《历史哲学(역사철학)》，王造时译，上海：上海人民出版社，2001年，第93页。

어난 대항해시대는 유럽인들의 세계 진출을 촉진하였는데, 물론 유럽인들의 초기 해양활동의 목적은 영예와는 거리가 먼, '지구 항로 탐색, 신대륙 발견, 해외 금은보화 수탈, 식민지 점령'이다.5)

그러나 이 같은 확장이 해양문명의 발전을 자극해 그리스인과 로마인의 경험을 바탕으로 유럽인들이 다양한 해양실천 과정에서 현대 해양문명 체계를 탄생시키고 전 세계로 확산시킨 것은 부인할 수 없는 사실이다. 이에 대해 미 해군 사학자 존 포터는 서양인들은 가장 먼저 지중해에서 넓은 바다를 이용하는 법을 배웠으며, 지중해에서의 경험을 세계에 널리 알렸다고 지적했다. 그는 '세계의 수상 항로는 인간의 능동성을 높이고, 이들의 고된 노동과 기술이 만들어낸 성과에 더 넓은 시장을 제공했을 뿐만 아니라, 인류사상의 발전에 새로운 영역을 제공해 왔다'라고 진단했다.6) 이후 유럽은 물론 서방세계를 주도했던 포르투갈, 스페인, 네덜란드, 영국, 프랑스, 독일, 미국 등 강대국의 흥망성쇠는 예외 없이 해양통제를 이용한 효율성과 밀접하게 연관되어 있다. 현대의 서방세계는 해양문명의 이념에 입각한 것이 틀림없고, 오늘날의 국제관계체계와 국제질서는 서양인의 습관과 경험에 근거한 것이므로 우리가 해양문명체계라고 부르는 것은 대체로 문제가 없다.

농민들은 자연에 순응하고, 인위적인 것과 변화를 싫어하는데, 해양국의 상인들은 언어와 풍속이 모두 다른 민족 사람들을 만날 기회가 많아, 변화에 익숙하며, 새로운 것에 대한 두려움도 없고, 창의력도 강하다.7)

1840년의 아편전쟁은 서양문명을 수동적으로 받아들인 중국의 역사를 시작했고, 특히 1860년 제2차 아편전쟁 패전 이후 중국의 문명적 자신감이 '수천 년 동안 없던 좌절'을 겪으면서 중국인들은 서양인들의 튼튼한 배와 편리한 포에 탄복했을 뿐만 아니라, 서양인들의 과학과 문화, 심지어 제도에도 점차 승복하게 되었다. 중화문명은 서양 문명에 맞서 물질적·정신적 측면까지 무너지면서 서양을 배워야 했고, 그것이 유행하였다. 중화문명이 형성된 이래 이런 열등감과 좌절은 없었다. 역사적으로 중원 왕조가 대외적으로 패전하는 것은 다반사였고, 유목민족과의 대결에서도 항상 열세

---

5) 杨金森：《海洋强国兴衰史略》，北京：海洋出版社，2007年，第9－10页。
6) [美] E. B. 波特(E. B. Potter)：《世界海军史(Sea power: a naval history)》，李杰，等译，北京：解放军出版社，1992年，第1页。
7) 冯友兰：《中国哲学简史》，天津：天津社会科学院出版社，2007年，第25页。

였으며, 중화제국의 뛰어난 사람들도 자신의 무력이 천하무적이라곤 생각하지 않았지만, 정신적인 면에서는 여전히 자신만만해 했고, 흉노제국, 몽골제국과 같은 거센 도전에 맞닥뜨렸을 때도 문명의 우월성을 의심하지는 않았다. 사실 유목민족은 중원 왕조를 정복할 수는 있어도, 중원의 내면을 정복할 수는 없었고, 중원 사람들의 무력을 경멸하다가도 정신적으로는 중화문명에 굴복하는 경우가 많았다. 이들 유목제국이 태평성대를 꿈꾸고 안정된 통치를 하려면 한나라 사람들에게 배우고, 풍습도 한나라 사람들과 가까이하여야 했는데, 나라를 잘 다스리는 재주는 대부분 한나라 사람들에게 있기 때문이었다. 청나라 말기의 부패와 몰락으로 중국인들은 물질에서 정신까지 처음으로 모든 것에 대한 의문을 품었고, 객관적으로 서구 문명을 본받아 자신을 개조해야 했다.

신해혁명 이후 청나라는 무너졌지만, 이러한 학습은 멈추지 않았다. 중화민국 정부는 형식부터 내용까지 영·미를 가까이하고, 미국을 본받았다. 중국 공산당이 이끄는 중국의 신민주주의 혁명은 소련을 따르고, 소련을 본받았으며, 중화인민공화국 건국 후, 한때는 거국적으로 소련에 가서 배워왔다. 1960~70년대 말 중국은 잠시 '새로운 길을 열려고 시도'했지만 성공하지 못했다. 개혁개방 이후 다시 미국이 대표하는 서방세계로 방향을 틀어, 서방을 배우며 서방 주도의 국제체제에 편입했다. 중국은 백 년이 넘도록 서방세계와 전면적으로 접촉해 왔고, 서양의 제도와 문화, 규칙을 거의 배워왔으며, 중국 농경문화의 흔적은 예전만큼 뚜렷하지 않다고 할 수 있다. 하지만 고대 중국의 경험이나 문화가 오늘날 중국의 발전에 여전히 큰 영향을 끼치고 있다는 것은 인정해야 한다. 문화의 변천은 그 나름의 법칙이 있고, 물질문화의 발전이 반드시 무형문화의 변화를 이끄는 것은 아니다.[8]

중국의 물질문화는 서방세계와 거의 같은 궤도를 달리고 있지만, 무형문화의 진전은 상대적으로 뒤처져, 대체로 중국은 여전히 농경문명이 지배하는 국가이며, 특히 해양문명과 비교할 때 이러한 특징이 더욱 두드러진다.

농경문명의 가장 중요한 특징은 보수성과 방어성인 데 반해 해양문명은 개방적이고 공격적이다.

농경민족은 정착의 동물로, 가정은 사회의 가장 기본적인 단위이며, 넓은 집과

8) 梁漱溟：《中国文化的命运》, 北京：中信出版社, 2013年, 第108页。

비옥한 논밭, '편안하게 거주하고 즐겁게 일하는 것', 처자식과 따뜻한 온돌 등의 광경이 대부분 중국인이 추구해온 삶이었다. 이렇게 반복된 농업생활은 외력의 강제적 파괴가 아니라면 큰 변화가 없었을 것이며, 2000년 이상 떨어진 중국 진나라와 청나라 말기의 농촌생활의 차이도 크지 않았을 것이다. 자급자족의 생산방식도 무역과 대외교류가 필요하지 않았으며, 자연스레 폐쇄와 보수로 향했다. 저명한 학자 안드레 군더 프랑크(Andre Gunder Frank)는 「리오리엔트(ReOrient)」라는 대작에서 1500년 이래 거의 300여 년간 중국과 아시아는 세계 경제의 중심이었고, 중국은 백은(白銀)이, 유럽은 중국 상품이 필요하였으며, 중국의 무역흑자가 길어지면서 백은이 중국으로 이동하고 있다는 사실을 밝혀냈다. 다만 중국의 대외무역은 완전히 피동적이었으며, 생필품이 아닌 백은 등의 귀금속을 모으기 위한 것으로 보았다. 보수와 수동, 국방외교에 이르기까지 방어를 지나치게 중시하는 것은 만리장성이 대표적이다. 농경문명의 자급자족과 보수성은 주관적으로 전쟁을 일으키고 확장할 동기가 부족하다. 중국 고대인들의 전쟁과 평화에 대한 견해를 요약하면 '화위귀(和爲貴: 화합을 중히 여김)', '신전(愼戰: 신중히 싸움)', '예전(禮戰: 예를 갖추어 싸움)' 등 크게 세 가지인데, 현대 국제정치로 말하면 평화적 관념이 최고이고, 전쟁수단을 신중하게 사용해야 한다는 것이다.9)

손자 때부터 중국 전략가들은 적극방어를 강조했고, 중국의 역사에도 물론 땅을 넓히려는 전쟁은 있었지만, 외부 충격에 대한 반응이 많았고, 정확히 말하면 고대에는 유목민족의 끊임없는 교란과 침입에 대한 반격이었으며, 근현대에는 독자적 지위를 추구하기 위해 서구 열강과 제국주의, 패권주의에 대한 자위적 반격이었다. '중국의 역사는 한족이 예로부터 과도한 침략성을 갖고 있지 않았음을 보여준다. 중국이 기세등등해질 때는 그들이 외부의 힘에 정복당하고, 외족의 지배나 수모를 당할 때이다.'10)

해양민족은 자급자족하지 못하고 외부와 무역을 해야 하며, 평안한 삶의 바탕은

---

9) 郭树勇：《中华战略文化传统及外交哲学》，载郭树勇：《战略演讲录》，北京：北京大学出版社，2006年，第209页。

10) 스코크로프트와 브레진스키의 대화 참고. [美] 兹比格涅夫·布热津斯基(Zbigniew Brzezinski)，布兰特·斯考克罗夫特(Brent Scowcroft)：《大博弈：全球政治觉醒对美国的挑战(America and the World: Conversations on the Future of American Foreign Policy)》，北京：新华出版社，2009年，第96页。

집이 아닌 강한 해군과 활발한 무역에 달려 있다. 대영제국에 있어서 패권 유지의 비결은 영국 본토가 얼마나 발달하고 부유했느냐가 아니라, 왕립 해군이 세계의 주요 해상교통로를 장악할 수 있느냐, 해외에서 상대를 물리칠 수 있느냐, 영국이 세계 무역 교환의 중심이 될 수 있느냐에 달려 있었다. 농경문명의 부드러운 발전방법과 달리, 근대 해양문명의 굴기는 전란과 피비린내를 피하지 못했고, 대항해시대의 마젤란, 콜럼버스 등 영웅들은 사실상 식민주의의 개척자였으며, 초기 해양국들의 해군 구성원 대부분이 해적 출신이었다는 사실은 서양 각국의 추악한 발전사를 말해준다. 그러나 모든 일에는 또 다른 면이 있어, 오랜 세월 바다에서의 무역과 싸움은 이들 국가의 개방적이고 진취적인 민족성을 단련시켰다.

농경문명의 대외적 가치 추구는 질서(안정)와 존엄성이 가장 크지만, 해양문명은 실익인 권력과 이익에 가장 큰 비중을 두고 있다.

전쟁과 평화를 대하는 태도에서 중국인들은 평화와 질서를 선호한다. 중화문명의 두드러진 점으로, 안정과 질서를 추구하는 중국인들은 '위험회피' 경향이 강하고 난세와 혼란을 두려워한다는 점이다.[11]

농경문명 시대에 전쟁은 문명의 진보와 사회발전의 천적이었다는 것도 이해하기 쉽다. 또 주변지역에 비해 중원지역의 경제는 훨씬 번창하고 발전했다. 그래서 고대의 중원왕조는 일반적으로 대외 무력 확장에 치우치지 않았으며, 중화문명의 발전과 연장은 사회의 안정, 경제의 번영과 문화의 선진에 힘입은 바 크다. 예절과 위계질서를 강조하는 유가들이 역대 통치자들로부터 경쟁적으로 추앙받는 것은 결코 우연이 아니며, 이는 중국인들의 생활환경과 생산방식과 밀접한 관련이 있다. 오늘날까지도 '어지럽혀서는 안 된다(不能亂)', '안정이 모든 것을 압도한다(穩定壓倒一切)'는 중국인들이 생각하는 최고의 가치관 중 하나이다. 중국인들은 존엄과 체면을 중시하고, 솔직히 말하면 체면을 사랑한다. 고대 동아시아 체제에서 주변국은 중국 황제에게 상징적으로 신하의 예를 표하여 황제가 '하늘 아래, 모두 왕의 땅'이라는 허황한 세계에 심취하게 되면, 주변국은 중원왕조의 후한 선물과 상을 받을 수 있었다. 중화인민공화국 건국 후 우리는 소련과 대논전을 벌여서, 자신의 실제 능력을 고려하지 않고, 제3세계 국가의 혁명을 강력히 지원하게 되었고, 많든 적든 체면과 관련하여, 중국은

11) 周方银：《中国的世界秩序与国际责任》，载《国际经济评论》，2011年第3期，第36页。

20세기 말에야 국익을 외교의 주요 목적으로 삼는 원칙을 받아들이기 시작하였다.

반면 영·미로 대표되는 해양국의 경우 권력다툼이 국제관계의 주요 내용이고, 태생적으로 이익을 중시하며, 민족국가가 된 이후 국익은 대외행위의 주요 동력이자 목적이다. 19세기 영국의 총리 팔머스톤(Palmerston)은 "한 나라에 영원한 친구는 없다. 다만 영원한 이익이 있을 뿐이다"라고 명언을 남겼다. 권력과 밀접하게 연결되어 있고, 패권과 주도적 지위를 다투는 근대 유럽 국제체제의 역사도 '권력과 이익'이라는 서양의 국제관계 논리에 기초하고 있다. 국익 지상(至上)은 서양의 전통이고, 어떤 의미에서는 해양문명의 전통이기도 하다. 농업문명의 중농억상과 달리 해양문명은 모두 무역으로 시작하기 때문에 당연히 각종 이익의 계산이 불가피하다. 서양인들도 체면을 중시하지만, 중국인만큼 강렬하지는 않다.

농경문명은 국제질서를 유지하는 데 정치적 협상과 양보가 주된 방식이고, 해양문명은 힘겨루기와 조약의 구속에 의존한다.

솔직히 말해, 실력은 어느 국제질서나 가장 중요한 토대로, 고대 동아시아에서 중국을 비롯한 지역질서는 물론, 근대 서구세계를 비롯한 세계질서도 그렇다. 그러나 국제질서에 따라 국제관계를 조정하는 주요 수단은 크게 다르다. 고대 동아시아에서 국제체계의 각 구성원은 관습적 윤리, 도덕과 관련 유교 규범을 기초로 하여, 성문화되지 않은 정치적 협상을 통해 서로의 관계를 조정하였다. 체계 주도국들은 실력을 기반으로, 정치적 책봉과 경제적 이익의 양도 등을 통해 체제를 유지하였다. 문제는 지도자마다 세계에 대한 인식이 다르고, 자신과 다른 나라의 책임과 의무에 관한 범위를 정하는 데에도 큰 차이가 있다는 것인데, 예를 들어 중국 역사에서 주원장 시기에는 무력을 자제하고 15개의 '부정지국(不征之國: 정복하지 않을 나라)'을 선포하였는데, 건륭제 시기에는 마구 날뛰며 '십전무공(十全武功: 10개의 완벽한 전승)'을 추구하기도 하였다. 중국을 대하는 중원왕조 주변국의 태도도 정권과 지도자 교체에 따라 크게 달라질 수 있다. 이러한 관계는 제도화 정도나 낮아, 어떠한 쌍방의 관계도 때와 사람, 장소에 따라 구체적으로 논의해야 하는 등 규범적이지 않고 임의성이 크다.

해양문명은 상업적 계약과 신뢰를 국제관계로 연결하는 데 성공해, 무엇을 할 수 있는지, 무엇을 할 수 없는지, 각자의 책임과 의무가 무엇인지 조약을 통해 명확히 밝히고 있다. 조약에 불복하거나 바꾸려는 것은 근대에는 전쟁과 외교대결로 조정되는 경우가 많으며, 이는 당연히 실력에 바탕을 둔 것이다. 현재의 국제체계는 사실상 힘의 구도인 조약체계로, 해양문명의 흔적이 깊다. 이런 식의 차이는 오늘날에도 현저히 존재한다. 농경문명의 행동양식에 영향을 받은 중국은 100여 년의 학습과 융합에도 불구하고 지금도 조약체계에 적응하지 못하고 있다. 신중국 건국 이후 소련과의 동맹, 일부 제3세계 국가와의 연합, 미국과 준동맹을 맺다가도 서둘러 갈라선 이유는 조약체계에 따라 양자관계를 유지하는 데 익숙하지 않은 중국이 불필요한 규제를 받지 않으려는 탓이 크다. 조약이 있다고 해도 중국은 규칙이 너무 구체적인 것을 원치 않으며, 포괄적이고 모호한 것을 좋아하며, 필요한 유연성과 여지를 유지하려 한다. 조약에 따르면 북·중은 동맹관계이고, 한·미도 동맹관계이지만 전자는 후자같이 분명치 않아, 북한은 핵실험 문제에 관련해 중국의 말을 듣지 않고 있지만, 한국은 유도탄 사거리를 300km에서 800km로 늘리려면 미국의 허가를 받아야 한다. 북·중은 1961년 군사동맹과 같은 「조·중 우호협력 및 상호원조조약」을 체결하면서 '이 조약은 당사자가 전쟁상태에서 상대방에 대한 군사 및 기타 지원을 전적으로 보장한다'라고 했지만, 구체적으로 어떻게 해석하고 어떻게 이행할 것인지는 서로 다른 지도자들의 북·중 관계에 달려, 허물 없는 사이일 수도 있고, 지나가는 사람처럼 보일 수도 있다.

이렇게 너무 추상적이고 단순한 비교분석으로는 모든 역사적 이야기와 경험을 다 설명할 수 없다. 중국 송·원나라 시대부터 시작된 해상무역은 한때 번성했고, 정화의 원정 이야기도 한때 중국의 해양 유전자를 강하게 드러냈으며, 미국은 건국 후 오랜 기간 '먼로주의'를 신봉해 미주에만 안주하는 등 대륙문화의 전형적인 특징을 보였다. 이런 형식은 지나치게 이상화, 표지화되어 있고, 해양보다는 농경도 상대적이며, 현대 중국은 서양의 많은 관념을 받아들여, 현재는 분명히 농경문명의 이념에 따라 움직이고 있지 않다. 서구에서도 표준 해양국을 보지 못하는 경우가 많은데, 영국을 순수한 해양국이라고 할 수 있는 것을 외에 미국이라고 해도 대륙문화 열등감이 상당히 강하다. 그래도 이러한 비교가 여전히 중요한 현실적 의미를 지니는 것은, 오늘날 중국이 세계를 관찰하고, 세계를 인식하며, 세계를 개조할 때 농경문명 이념이나 대륙문화의 시각과 영향은 여전히 해양문명의 이념보다 훨씬 크고, 영·미 등 서방은 그 반대이기 때문이다. 중국은 아직 대륙문화와 농경문명 의식이 지배하는 나라이고, 영·미 등 서방세계는 해양문명 의식이 지배하는 나라다.

이러한 비교는 농경문화와 해양문명의 우열을 가리기 위해서가 아니라, 나 자신을 더 잘 알고, 남을 이해하며, 세계에 잘 융합하기 위해서이다. 화하문명은 농경문명의 집대성자로서, 갈등에 대한 변증법적 인식, 평화조화 추구 등에 대한 관념과 인식을 잘 정리, 계승, 키우면 서양의 길과 현 국제체계의 부족을 잘 보완할 수 있을 것이다.12)

그러나 화하문명의 부흥이 결코 거만하거나 제자리걸음이라는 것을 의미하지 않으며, 어떠한 기준으로도 중국은 해양의 전통과 문화의 축적, 해양의식 및 해양경험에서 영·미 등 서방국가에 비해 큰 차이가 있으며, 해양실천, 특히 외교실천에서 볼 때 우리는 해양문명과 거리가 멀다. 우리가 오늘날 국제체계로 계속 들어가고, 모든 국제질서를 무너뜨리는 것이 아니라 개혁을 원하며, 해양강국을 만들기로 한 이상, 우리가 해야 할 일은, 육지에서 해양으로 나아가야 할 뿐만 아니라, 관념에서도 농경문명에서 해양문명으로 나아가야 한다는 것이다. 이 과정에서 외교는 영·미 등 서구의 개방, 자신감과 진취성을 본받아야 하며, 갈등을 이성적으로 대처하고, 국익 중심으로 접근해야 하며, 조약제도와 규범적 구속을 잘 구사해 세계 각국과의 관계를 명확히 정의하고 발전시킬 수 있는 계약정신을 배워야 한다.

제2절 '도광양회'를 넘어

'도광양회'는 우선 한 가지 사유이고, 그다음은 정책이다. 사유로서의 '도광양회'는 실력의 크기와 관계없이, 한 나라의 낮은 처세 철학을 반영한다. 정책으로의 '도광양회는 인내와 자제가 반영되어 실력의 크기와 관계가 크다. 해양이익에 대해 중국은 오랜 세월 '도광양회' 사유의 영향으로13) '논쟁은 접어두고'14) 이익을 양보하며 인내

12) 중화문명 또는 화하문명에 대한 정수는 다음을 참고. 叶自成, 龙泉霖：《华夏主义——华夏体系500年的大智若》, 北京：人民出版社, 2013年。

13) 1990년 전후 동유럽의 격변, 소련의 붕괴라는 폭풍전야의 국제정세에 대해, 덩샤오핑은 '냉정관찰, 온주진각, 침착응부, 도광양회, 유소작위'라는 대응방침을 제시하였으며, 중심사상은 중국 스스로 일에 몰두하고, 말을 줄이고 실천을 늘리며, 허풍 떨지말고, 나서지 말며, 대항하지 않는 것이다.

14) 1979년 5월 31일, 덩샤오핑은 중국을 방문한 자민당 하원의원 스즈키 젠코를 회견하여, 영토주권과 무관하면 댜오위다오 부근 자원에 대한 공동개발을 고려할 수 있다고 밝혔다. 같은 해 6월, 중국측은 공식 외교경로를 통해 댜오위다오 부근 자원에 대한 공동개발 구

하는 외교정책이나 전략을 시행하였다.[15] 이러한 방침과 정책은 1980년대 말에서 90년대 초에 확립되었다. 이것은 수동적인 외교 유형으로, 마치 격한 자극에 반응하는 것과 같이, 남들이 우리를 건드리지 않는 한, 우리는 상관하지 않는다. 일반적인 문제에 대해, 중국에 미치는 영향이 크지 않는 한, 중국은 일반적으로 모두 회피하거나 분쟁을 멈추는 태도를 보이며, 핵심 국익이 실질적으로 손상될 때만, 중국은 진지하게 반응한다. 일부 쟁점에 대해 중국은 갈등을 회피하고 모호하게 처리하는 전략으로, 좋은 분위기를 해치지 않으려 한다. 이러한 저자세 외교정책은 점점 더 '소방대'와 같은 존재가 되고 있다. 대부분은 중국은 그에 필요에 맞게 외교를 조정하고, 시간이 흐를수록 구체적인 문제에 대한 반응으로 장기적 대외전략의 추구를 대신하고, 시류에 맞는 총체적인 외교전략이 없다.[16]

여러 흠이 많고 궁여지책에도 불구하고 이런 외교전략은 1990년대 들어 중국의 국익을 비교적 잘 지켰다. 중국은 90년대 내내 소련 붕괴, 동유럽 격변의 영향과 서방세계의 압박에 맞서 국내정세를 안정시키고 발전의 급물살을 타게 된 데는 '도광양회'의 공이 컸다. 중국의 '논쟁은 접어두고 공동개발하자'라는 제의에 대해 주변국의 호응은 크지 않았지만, 중국이 자제를 통해 주변국, 특히 동남아 국가들과의 정치적 신뢰를 개선한 덕분에 냉전 이후 20년 만에 아세안과의 관계가 비약적으로 발전할 수 있었다. 그러나 중국의 국력이 빠르게 상승하면서 이런 수동적이고 모호한 정책은 갈수록 유지되기 어려워졌고 학계의 광범위한 의혹과 일부 정책결정 부서의 자성까지 불러일으켰다.

중국 외교는 여전히 많은 도전에 직면해 있지만, 상황은 1990년대 초와 비교해 볼 때 이미 크게 바뀌었다. '스스로 각성하여 투명성을 높이고 주동적으로 세계인들의 눈앞에 개혁개방의 모습을 전개해 나가야지, 항상 사람들에게 마치 무엇을 숨기고 내놓지 않는 듯한 느낌을 줄 필요는 없다.'[17]

상을 일본측에 정식으로 제시하여, 중국측은 '각치쟁의, 공동개발(搁置争议、共同开发)'의 형식으로 주변국과의 영토 및 해양 권익분쟁을 해결하겠다는 태도를 처음 공개적으로 밝혔다. 이후 동남아 국가들과 남중국해 문제를 다룰 때 중국을 여러 차례 이 주장을 되풀이했다.

15) '도광양회' 정책의 함의는 다음을 참고. 周方银：《韬光养晦与两面下注——中国崛起过程中的中美战略互动》, 载《当代亚太》, 2011年第5期, 第11－12页。

16) 郑永年：《世界体系、中美关系和中国的战略考量》, 载《战略与管理》, 2001年第5期。

17) 叶自成：《中国大战略》, 北京：中国社会科学出版社, 2003年, 第127页。

또 최근 20년 사이 국력과 국제정치에서 중국의 위상은 빠르게 상승하고 있지만 사고 습관은 시대에 뒤떨어져, '오늘날 중국의 신분과 힘은 변했지만, 중국의 사고와 습관은 변하지 않았다'라는 비판도 나오고 있다.[18]

그리고 오늘날 '국제정치의 복잡성, 현시대의 진보적 함의는 중국이 세계 대국으로 나아갈 자각 의식을 점점 강화해 나가라고 요구한다.'[19]

'도광양회' 전략은 중국이 제 일에만 몰두하여, 적게 말하고 많이 일하며, 큰소리치지 않는 것을 의미하는가, 아니면 어떤 국가들의 강력한 압박에 맞서 잠시 날카로운 칼날을 감추고, 때를 기다려 나중에 적을 제압하려는 모략을 의미하는가?[20]

서양인들은 분명 그 개념을 다음과 같은 후자의 의미로 더 많이 파악할 것이다. "biding its time and accumulating the necessary strength before retaliating in kind",[21] hide our capabilities and bide our time,[22] 국익은 국력에 의해 결정되고, 국력의 성장은 필연적으로 권력욕의 상승으로 이어진다는 서방 국제관계의 경험과도 부합한다. 중국에 대한 전략적 의도가 불분명하거나 왜곡된 이해가 서방국가, 특히 미국이 중국에 대해 우려하는 중요한 요인이 되어 왔다. '중국이 외교에서 상대적으로 수동적인 것은 어떤 세계질서를 추진하겠다는 것인지 다른 나라들이 알아내는 데 도움이 되지 않는다.'[23]

'도광양회'를 하나의 방책 혹은 하나의 사상이라고 해도, 전략차원의 계획에는 불리하다. '장기적으로 낮은 자세 '도광양회' 정책을 펼치는 바람에, 중국 외교는 점점 더 '소방대'가 되어 유연해지고 있으나, 안목은 부족하다'라는 학자도 있다.[24]

이러한 전략은 장기적 이익에 대한 확신이 부족하고, 다양한 이익 목표에 대한 포괄적 조율이 부족하며, 전략적 수단에 대한 장래성이 없다. 지나친 강조는 중국이

18) 叶海林：《归咎美国， 不如找自身塬因》《中国周边外交要学会逆境求生》， 载《国际先驱导报》，2010年12月24日。
19) 王逸舟：《面向21世纪的中国外交：叁种需求的寻求及其平衡》，载《战略与管理》，1999年第6期。
20) 叶自成：《中国大战略》，北京：中国社会科学出版社，2003年，第127页。
21) Piers Brendon, "China Also Rises", *The National Interest*, Nov./Dec., 2010, p.13.
22) "Military and Security Developments Involving The People's Republic of China 2010", p.18.
23) [英] 巴里. 布赞(Barry Buzan)：《美国和诸大国：21世纪的世界政治(The United States and the Great Powers: World Politics in the Twenty－First Century)》，刘永涛译，上海：上海人民出版社，2007年，中文版前言VII。
24) 门洪华：《中国崛起及其战略应对》，载《国际观察》，2004年第3期。

국제적으로 제 역할을 하는 데 도움이 되지 않는다. 이러한 반성 위에서 중국 외교전략의 부재에 공감하고, 2000년대 10년 동안 중국 외교전략, 특히 대전략에 관한 연구가 쏟아져 나왔다.[25]

'오늘날 '도광양회'는 더는 국가 상황에 부합하지 않으며, 중국이 조용히, 참견하지 않고자 해도 뜻대로 되지 않을 것이며, 점점 더 많은 사람이 중국의 더 분명한 외교전략을 원하고 있다.'[26]

정책 방면에서 오늘날 '도광양회'의 시행은 갈수록 어려워지고 있다. 첫째, 중국은 미국이 굴기하기 전처럼 '도광양회'와 고립발전에 활용할 수 있는 전략적 환경과 시기가 없다는 점이다. '도광양회' 정책을 계속해 나갈 수 있을지는 중국 스스로가 말할 수 있는 것이 아니다. 중국의 국익이 세계와 뒤엉켜 전 세계적 문제로 드러나고 있는 가운데, 다른 대국들과 국제사회가 중국의 책임에 기대를 걸고 있는 지금, 지정학적, 시대적 조건과 힘의 대비 구조는 중국이 현실에서 점점 더 '도광양회'를 시행하기 어렵게 만들고 있다. 둘째, '도광양회' 전략은 중국의 국익을 제대로 지켜주지 못한다. 중국의 국력이 급격히 상승하면서 중국의 영향과 이익이 점점 더 세계로 확산하는 만큼 외교도 이에 발맞춰 중국의 국익 보호에 적극적으로 나서야 하며, 동시에 중국의 세계 참여의 깊이가 커지고 세계 체계와의 상호의존도가 높아져 더는 남의 일처럼 행동할 수 없게 되었다. 셋째, 외부 정세가 갈수록 복잡해져 무분별한 '도광양회'가 중국의 평화발전을 어렵게 만들 수 있다. '우리 외교철학의 기본적 특징 가운데 하나는 자신만 생각하여 중국의 발전과 변화가 세계에 미치는 충격과 영향을 무시하고, 다른 사람의 느낌과 가능한 반응을 등한시해 왔다는 것이다.' 시급히 대비해야 할 대목은 중국의 빠른 성장세에 대한 외부 반응도 갈수록 격해지고 있다는 점이다. 중국과 영토, 해양권익 분쟁을 벌이고 있는 주변국들이 군사, 외교적으로 공세를 취하고 있다는 것이 두드러진다. 실존과 실효적 지배를 강화하고 국내 입법으로 국내적 폭넓은 지지를 끌어내는 한편 비장의 카드로 '중국 위협론'을 내세워 중국을 견제하고, 역외 세력까지 끌어들여 중국을 견제하고 타협을 끌어낸다. 중국이 진정으로 강대해지

---

25) 그 가운데 비교적 대표적인 것은 다음과 같다. 叶自成：《中国大战略》, 北京：中国社会科学出版社, 2003年, 王逸舟：《全球政治与中国外交》, 北京：世界知识出版社, 2003年, 阎学通, 孙雪峰：《中国起及其战略》, 北京：北京大学出版社, 2005年：门洪华：《构建中国大战略的框架;国家实力、战略观念与国际制度》, 北京：北京大学出版社, 2005年。

26) 蔡子犟：《模糊政治再难解决钓鱼岛问题》, 载《财经》杂志, 总第273期。

지 않을 때 중국과의 분쟁에서 최대한의 이익을 얻어 기정사실로 하고 국제사회에 이해시키기를 기대하고 있다. 이것은 바로 동아시아 지역에서 매우 기이한 현상을 형성하였다. 중국의 국력이 급상승했지만, 중국의 해양법적 권익은 관련국들에 의해 침식당하기 일쑤이다. 이러한 상황에서 타협과 양보만 하는 것은 갈등을 더 자극할 수 있다. 국제관계에서 한쪽의 양보로 생기는 갈등, 즉 양보정책 때문에 빚어지는 갈등도 있기 때문이다. 넷째, 대국이 성장하는 길은 대국이 국제적 책임을 점진적으로 증가시키는 길이다. 국제체계의 중요한 일원으로서 국력이 신장함에 따라 중국도 더 많은 책임과 의무를 지게 될 것이다. 1990년대에는 국제무대에서 중국의 소극적 외교가 도마 위에 올랐고, 국력이 급상승한 중국의 국제적 역할에 대한 외부 세계의 기대치도 높아져 더 많은 국제적 책임과 의무를 요구하게 되었다. '중국 책임론'이 중국을 '흔들고' '치켜세우려는' 의도를 가진 것은 사실이지만, 중국은 너무 기대하지 말고, 경계심을 가질 필요가 있다. 그러나 '이해관계자', '국제책임론', '지도자 역할' 같은 단어들이 던지는 긍정적 의미도 무시할 수 없다.

중국이 이런 정책들이 풀어주는 긍정적 역할과 기회를 무시하고 계속 소극적으로 외면한다면, 중국의 의도에 대한 서방세계의 시기심과 개발도상국의 중국에 대한 실망은 더욱 깊어질 것이다. 자신의 역할 형상화에도, 중국은 국제체계에 이바지해야 한다. '한 나라가 세계를 다스리고 국제질서에서 긍정적인 역할을 하지 못한다면 대국의 위상을 의심할 수 있다'.[27]

이런 상황에서 더는 발전적인 시각으로 '도광양회'를 대하지 않으면, 시행할 수 없을 것이다. '중국은 서방의 '책임의 덫'에 빠지지 않도록 해야 하고, 자신의 이익을 지키는 데서 출발해야 하며, 국제사회의 관심을 돌보고, 필요한 국제적 책임을 맡아할 수 있는 공공재를 제공해야 한다.'[28]

역할의 전환은 사실상 중국 외교를 어느 정도 부활시켰고, '도광양회'는 주류 외교 화법체계에서 멀어졌다. '책임 있는 대국 만들기', '화평굴기', '조화세계(和諧世界)'와 '분발유위(奮發有爲: 떨쳐 일어나 해야할 일을 함)' 같은 새로운 용어도 부분적으로 중

27) 郭树勇：《大国成长的逻辑——西方大国崛起的国际政治社会学分析》, 北京：北京大学出版社, 2006年, 第13, 15页。
28) 潘忠岐：《从"谋势"到"随势"——有关中国进一步和平发展的战略思考》, 载《世界经济与政治》, 2010年第2期, 第17页。

국 외교의 완만한 진척을 보여준다. 중국은 국제문제, 특히 동아시아에서도 적극적이다. 그러나 '도광양회'는 사고방식으로 중국의 외교연구와 실천작업에 남아있다. 구체적인 표현은 다음과 같다.

첫째, 일을 저지를까 봐, 갈등이나 충돌을 두려워하는 마음가짐이 여전하다는 점이다. '중국이 동아시아를 주도하면 중국과 동아시아 국가, 동남아 국가와 미국 간의 충돌을 일으켜 '중국 위협론'을 부추기고 궁극적으로 중국의 국익에 영향을 미칠 수밖에 없다'라는 것이다.[29] '다른 나라와 동맹을 맺고 또 다른 나라를 상대하는 것은 중국의 외교원칙에 부합하지 않으며, 대국관계의 긴장과 대치를 초래할 수 있으므로 중국의 해양안보 전략의 선택이 아니다'.'[30] 일상적인 해양 마찰과 갈등을 다루는 데도 온전한 의식과 관행은 여전히 흔한 일이다.

둘째, 모호한 전략으로 역효과를 줄이거나 여지를 남겨두려는 것이다. 예컨대 '평화굴기'에 대한 부정적 평가가 서구 논설에서 나오자, 우리는 '평화발전'으로 바꿨다.[31]

중국은 책임대국을 자주 거론하지만, 다음과 같은 기본적인 문제를 직시하는 경우는 드물다. 책임대국이 무슨 책임을 져야 하는가? 누구에게 책임질 것인가? 어떻게 책임질 것인가? 거기엔 여유와 상상의 공간이 남아있어 불협화음이 생길 수밖에 없다.[32]

한 나라가 국제사회에서 최고가 되든 안 되든, 동맹을 맺든 말든 결국은 그 나라의 힘과 국익에 의해 결정되는 것이지, 교조적 원칙이 아니며, 이것이 국제정치의 보편적인 법칙인데 중국이 어떻게 모르는 체할 수 있는가? 중국이 평화발전의 길을 걷는 것은 이러한 형식이 중국의 국익에 가장 부합하기 때문이지, 평화가 중국의 궁극적 목표이기 때문이 아니다. 비동맹 원칙, 도광양회 등의 생각을 외교의 목적으로 삼아 근본적 국익을 외면한다면 그것은 구더기 무서워 장 못 담그는 것이며, 본말이 전

---

29) 刘胜湘：《中国实行大国外交战略为时过早》，载《世界经济与政治》，2000年第7期。

30) 胡仕胜：《印度洋与中国海上安全》，见中国现代国际关系研究院海上通道安全课题组：《海上通道安全与国际合作》，北京：时事出版社，2005年，第372页。

31) 중국이 '굴기'라는 표현을 피하는 것은 무언가를 감추는 것 같고, 감추는 것은 국제사회로부터 의심을 사기 쉽다는 외국학자들의 주장이 나왔다. 다음을 참고. 刘建飞：《和平崛起是中国的战略选择》，载《世界经济与政治》，2006年第2期，第37页。

32) 蔡拓：《当代中国国际定位的若干思考》，载《中国社会科学》，2010年第5期，第131页。

도되는 것이다.

셋째, 중국 외교가 여전히 수동적이고 능동성이 부족하다는 점이다. 중국 외교는 여전히 구체적인 문제에 대응하는 데 주력하고 있으며, 대부분의 외교 행보는 여전히 구체적인 사안에 대한 반응이다.

해양력은 지상력보다 개방적이고 공격적인 성격이 강하다. 해군, 특히 원양해군은 대표적인 공격 플랫폼이다. 중국이 이러한 정세에서 해군력 증진과 해양력 강화를 위해서는 보다 적극적인 외교정책이 뒷받침되어야 한다. 우리는 해군을 크게 발전시키면서, 중국이 얼마나 평화를 좋아하는지를 나타낼 수 없고, 어려운 국면의 돌파를 바라면서, 원칙에 얽매여 주저해서는 안 된다. 중국 해양력의 발전은 중국 외교가 보다 적극적인 자세, 더 혁신적인 정신을 갖기를 기대한다. 해군력 발전은 중국 자체의 이익뿐 아니라 국제적 의무와 책임도 이행해야 한다는 점을 단도직입적으로 세계에 과시해야 한다. 중국은 이미 세계 2위의 경제대국이며, 기존 세계질서의 유지에도 책임이 있다. 중국의 군사 현대화, 특히 해군의 현대화도 필요하다. 군사 현대화 없이 지금의 (미국인들이 말하는) '편승'을 계속하는 중국은 자신들의 이익을 보호할 수 없을 뿐더러 국제질서 유지의 책임도 지지 않을 것이다.[33]

1990년대부터 중국의 대외전략적 의도, 특히 군사 현대화 이후 중국의 성장능력을 어떻게 활용할 것인지가 외부의 중국에 대한 주요 관심사로 떠올랐다. 권력구조에 따른 안보 딜레마 외에도 중국이 자신의 외교전략과 정책에 대해 모호한 표현을 쓰는 것도 중요한 원인이다. '중국은 보다 '다극' 세계를 주창한다는 모호한 생각 외에 지역과 전 세계적 차원에서 어떤 국제사회를 바라보고 있으며, 그 일부가 되고 싶은지는 분명치 않다.'[34]

중국의 외교정책 표현이 너무 포괄적이고 단조롭다는 지적도 나온다. '중국 정부가 내건 '평화발전', '조화세계', '평화와 안정의 국제환경 구축' 등의 구호는 결코 만족스럽지 못하였고, 오히려 외부로부터 당혹감과 우려를 샀다. 문제는 이러한 표현들이 중국의 의도를 진실하게 표현하지 못하거나 의도적으로 거짓을 만들어낸다고 오해를 사는 것이 아니라, 중국의 다양한 국익과 대외행위를 설명하기에 부족하기 때문이다.

33) 郑永年：《中国如何实现"大国大外交"》，载《参考消息》，2010年10月27日。
34) 巴里·布赞(Barry Buzan)：《中国崛起过程中的中日关系与中美关系》，刘永涛译，载《世界经济与政治》，2006年第7期，第18页。

중국의 외교 결정권자들은 중국의 대외행위를 부각하는 관념과 동기, 정책의 다층성을 과소평가하기 때문에 이러한 표현들이 중국 외교의 매력을 제대로 포착하지 못하고, 오히려 중국 외교의 진의를 파악하는 데 방해가 된다.' 예컨대 세계 대국이 된다는 것은 중국 정계와 학계 모두 공감하는 목표이지만, 대국이라는 개념이 제대로 정의되지 않아 종합적인 힘을 키우는 것 같고, 강권정치 반대가 중국의 대국 지위 추구의 전부이다.[35)]

중국 해양력의 부흥, 특히 해군의 굴기는 이러한 우려와 의구심을 증폭시킬 것이며, 이를 제대로 대처하지 못하면 중국은 여러 이웃 나라와 동시에 '안보 딜레마'에 빠져 험난한 안보환경에 빠질 수 있다. 이는 중국의 평화발전 대전략의 기본정신에도 어긋나며 우리의 전략목표 달성에 도움이 되지 않는다. 한 국가가 자신의 국익을 추구하는 것은 당연한 일이지만, 관련국의 감정과 국제적 시기를 고려해야 하며, 국익과 입장은 상대적으로 고정돼 있지만, 이를 실현하고 이를 전달하는 경로와 방식은 논의할 수 있다. 다른 나라와 국제사회가 비교적 쉽게 받아들일 수 있는 형식으로 해석해 자신의 국익을 챙기는 일이야말로 외교의 매력이다. 특히 시진핑 동지는 '인류의 운명공동체', '국가종합안보관', '전 세계적 통치'와 올바른 의리관 등 외교사상과 이념을 체계적으로 제시해 대국 외교와 강대국 외교의 특성이 드러나고 있다.

이러한 총체적 모략 아래, 중국의 해양력 발전은 우리의 의도를 국제사회에 진솔하게 설명하고 중국의 해양이익과 그 실현형식을 국제사회가 수용하도록 설득하는 외교적 불신을 조정해야 할 것이다. 중국 해양력의 전략목표가 무엇인지, 경계는 어디에 있는지, 우리가 어떠한 수단을 통해 이를 달성할 것인지, 중국 해군의 정체성이 무엇인지 등 국제사회에 더 분명한 의사를 보내는 외교적 접근이 필요하다. 중국 해양력의 발전은 중국 외교에 의존하여 친구를 폭넓게 사귀고, 필요한 국제정치적 지원도 제공한다. 중국 해양력의 성장은 중국 외교에 의해 해양력을 지키고 확장하는 도구적 역할도 한다. 필요한 때에 적절한 방식으로 억제 태세를 갖추고, 효과적인 방식을 이웃 국가와 국제적 지지를 얻어내는 등 평화적인 방법으로 중국의 해양이익을 도모하는 적극적인 중국 외교가 필요하다. 또 중국 외교혁신은 중국 해양력 발전의 중

35) Evan S Medeiros, *China's International Behavior: Activism, Opportunism, and Diversification*, Santa Monica, Calif: RAND Corporation, FA7014－06－C－0001, 2009, p.2.

요한 부분으로, 중국 외교는 해양규칙 제정에서 중국의 발언권 강화, 다자안보체제에서 중국의 영향력 제고, 세계 해양질서에서 중국의 위상 제고가 절실하다.

요컨대 해양력 발전에 따른 많은 문제와 외교적 도전에 직면하는 것이 급선무인 만큼 중국은 적극적인 자세로 국정과 세계의 새 정세에 맞춰 중국의 국익을 더 잘 표현하고, 확장하며, 실현해야 한다. '도광양회'를 넘어서는 것은 체계적인 공사이자 임무로, 허풍을 떨거나 큰 계획을 세워 해결할 수 있는 것이 아니며, '도광양회'를 넘어서는 것은 지도자가 되려고 경쟁하고 제멋대로 행동하려는 것이 더욱 아니다. 모든 것은 자신의 이익과 실제에 근거하고 국제정세와 조류를 결합하여, 능력을 헤아려 행해야 한다. 실사구시의 기초 위에 최상층 설계도 있어야 하며, 총괄적인 방법과 방안도 있어야 한다.

제3절 주권과 해양력의 균형

주권 원칙은 근현대 국제관계 체계의 핵심개념과 초석으로, 이 원칙은 1648년 「베스트팔렌(Westfalen) 조약」에서 정립된 뒤 유럽과 전 세계로 퍼졌다. 전통적으로 주권은 한 국가가 관할구역에 대해 갖는 지극히 높고 배타적인 정치 권력이며, 국제체계에서 '주권 지상'은 기본 준칙이다. 주권 원칙의 확립은 유럽 대륙의 세력균형 체계에서 비롯되었고, 주권 원칙이 전 세계에 널리 퍼진 것은 제2차 세계대전 이후 형성된 유엔체제 덕택으로, 「유엔 헌장」은 국가가 크든 작든 국제적으로 평등하다고 강조했다.

하지만 바다는 상황이 복잡하다. 해양주권론과 자유해양 원칙이 모두 있다. 해양주권론자 또는 폐쇄해론자라 불리는 이들은 육지 영유권으로 해역 영유권을 유추할 수 있으므로, 연안국이 그 해역에서 배타적인 절대주권을 가질 수 있다고 여긴다. 자유해론자들은 해양이 점유되어서는 안 된다고 지적하고, 해양 영유권과 통치권 또는 사용권을 분리하며, 육지 주권으로 해역 주권을 유추하는 데 반대한다.

15세기 말 지리적 대발견과 대항해시대가 열리면서 해양공간에 대한 인식이 깊어졌다. 초기에는 포르투갈, 스페인, 영국 모두 바다를 사실상 육지처럼 폐쇄된 지역으로 만들려는 충동이 있었다. 1493년, 스페인과 포르투갈의 해외 식민지 쟁탈전을 중재하기 위해 교황 알렉산드르 6세는 대서양 중부 아소르스 제도와 카보베르데 제도에서 서쪽으로 100리거(league, 1리거는 3해리, 약 5.5km) 떨어진 곳에 북극에서 남극까지 경계선을 긋고 교황 자오선을 그었다. 선 서쪽은 스페인, 선 동쪽은 포르투갈의 세력권에 속한다. 이 경계선에 따르면 대체로 미주와 태평양의 각 섬은 서반부, 스페인에 속하고, 아시아와 아프리카는 동반부, 포르투갈에 속한다. 교황 자오선은 주로 영토와 세력권 구분에 관한 것이지만, 사실상 항로 통제도 포함된다. 1604년 영국왕 제임스 1세는 네덜란드가 영국 연안의 가시권에 있는 스페인 선박을 공격한 것에 대응해 '황실 영지'라는 개념을 제시한 바 있다. 이것은 사상 최초로 한 나라의 해양범위의 주권을 명확히 정의한 것으로, 오늘날의 '영해'에 해당하는 것이다. 존 셀든(John Selden)은 「자유해론」에 맞서 1618년 「폐쇄해론」을 내놓아 영국 군주가 영국 3개 섬 주변해역을 점유하고 있다는 권리를 변호하였다.

1609년 네덜란드 학자 휘호 흐로티위스는 「자유해론」을 펴내 '공해의 자유'를 내세우며 "해양은 무궁무진하며, 점령할 수 없으며, 바다는 모든 국가와 모든 국가의 사람들에게 개방해 자유롭게 이용할 수 있어야 한다"라고 주장했다. 이후 바다가 폐쇄냐, 자유냐를 놓고 격론이 한 세기 동안 계속됐다. 그러나 영국이 세계 해상주도 우위를 점하면서, 해양에 대한 영국의 인식이 근본적으로 바뀌었고, 자유해양, 특히 자유무역을 지지하게 되었다. 19세기 말, 20세기 초 미국은 해양으로 나가면서 해양의 자유를 기치로 내걸었다. 제2차 세계대전이 끝날 때까지 자유해양 원칙이 기본적으로 전 세계 해양질서를 주도했고, 연안국은 3해리 영해만 주권적 성격을 띠었다고 해도 과언이 아니다. 그러나 영해라도 통항의 자유가 있어 육상의 주권과는 다르다.

전후 해양질서의 급격한 변화는 주권원칙의 부흥에 집중되었다. 해양의 자원입지로서의 위상과 역할이 드러나면서 해양어업, 해양 오일가스, 심해광산개발 등의 의제가 국내, 국제정치로 넘어가고 있다. 1945년 미국 대통령 H. S. 트루먼은 대통령령 제2667호에서 다음과 같이 공표하였다. '공해 아래 있지만, 미국 해안에 인접한 대륙붕의 하층토와 해저에 존재하는 천연자원은 미국의 관할권과 통제 아래 있다.'[36] 이

36) Harry S Truman, *Proclamation 2667—Policy of the United States With Respect to the Natural Resources of the Subsoil and Sea Bed of the Continental Shelf*, http://www.presidency.ucsb.edu/ws/index.php?pid=12332.

후 많은 나라가 비슷한 내용의 대륙붕 관련 성명을 발표했다. 1958년 제네바 유엔 제1차 해양법회의에서 채택된 「대륙붕 협약」은 대륙붕을 “해안에 인접하고 있지만 영해 외에 있는 해저지역으로 수심이 200m까지인 것 또는 수심이 이 한도를 초과하고 있지만, 그 천연자원을 개발할 수 있게 하는 한도까지인 것의 해저”라고 정의했다.[37]

1982년 「유엔 해양법 협약」(이하 「협약」)은 연안국의 200해리 배타적경제수역을 확립해 전 세계 해역의 약 36%를 주권국의 관할에 두는 해양주권 원칙의 큰 성취이자 자유해양 원칙의 중대한 좌절이었다.

오늘날 해양질서는 주권원칙과 자유원칙 타협의 산물이며, 「협약」은 양자 간 균형을 잘 맞추려 하지만, 주권과 자유 간의 충돌과 대결은 여전히 해결되지 않고 지속된다는 사실이 입증됐다. 미국 등 해양강국은 해양자유를, 대부분의 개발도상국은 해양주권을 강조하는 추세다.

중국 해양강국의 실천은 이러한 갈등을 충분히 드러낸다. 중국은 영·미 등 전통적인 해양강국이 아니어서, 주권 분쟁과 어려움을 거의 해결하여, 큰 부담 없이 원양으로 갈 수 있었다. 보통의 개발도상국도 아니므로, 연안, 근해의 주권수호에 집착할 수 있고, 전 세계 해역에서의 역할도 고려하지 않을 수 있다. 이익 극대화를 위해 중국 근해에서는 주권 우선 원칙을 지켜야 할 것 같은데, 중국과 주변국의 수많은 도서 분쟁과 해양 경계획정 분쟁을 생각하면 더욱 그렇다. 근해 이외의 전 세계 해역에서는 중국의 이익과 힘이 날로 세계로 뻗어나가기 때문에, 중국이 해양력을 넓히려면 자유해양 원칙이 중국에 유리하다.

따라서 중국은 주권과 해양력의 균형을 건설적으로 잘 맞춰야 한다. 중국은 근대에 식민주의와 제국주의의 침략을 받았는데, 특히 어렵게 얻은 국가의 독립을 소중히 여겨, 주권을 매우 중요하게 여겼다. 현실적으로 주권원칙은 침식되고 있지만, 여전히 오늘날 국제관계의 토대가 되고 있고, 근해 도서에서 중국의 주권도 포기할 수 없는 상황이다. 그러나 중국의 해양력 발전은 평화로운 주변환경이 있어야 하며, 주권 다툼으로 인해 해양력의 확대가 저해되거나 영향을 받지 않기를 바라는 내재적 논리도 작용해야 하고, 전 세계 해역의 자유도 중국이 해양력 강국이 될 수 있느냐에 달려 있다.

---

37) 联合国 :《大陆架公约(대륙붕협약)》, http://www.un.org/chinese/law/ilc/contin.htm.

필자는 주권은 마땅히 지켜야 하지만 그 방식은 변할 수 있다고 생각한다. 난사군도, 댜오위다오 등 도서의 주권에 관하여, 역사적 잣대는 매우 뚜렷하고, 중국도 충분한 법적 근거가 있으므로, 원칙적인 입장은 계속 견지해 나가야 한다. 그러나 이들 도서의 현실에 대해서는 비교적 유연하게 대처해야 한다. 중국이 통제하고 있는 도서에 대해서는 주권의 존재와 경영을 강화해야 한다. 주변국에 빼앗긴 섬에 대해서는 긴장이 완화되면, 관련국들이 중국과 협상을 통해 분쟁을 해결하려 할 때, 중국은 계속 '논쟁은 접어두고 공동개발'하는 정책을 펴도 무방하다. 반면 상황이 악화하거나 일부 국가의 도발이 계속되면 중국은 사대를 제압하고 강점 도서를 되찾기까지 과감하게 조처해야 한다.

해당 해역의 주권적 권익에 대해서 주권을 지나치게 부각하거나 육지 영토로 보는 것은 적절하지 않으며, 자기 관할해역에서 다른 국가의 합리적인 자유를 보장해야 한다. 이른바 '해양국토'라는 표현은 해양주권 의식은 강해 보이지만 바다를 잘 모르고 하는 소리다. 해역은 유동적이라, 어떠한 국가도 작은 해역조차 통제하기 어려워, 육지와는 다르다. 해양의 관건은 절대 통제가 아니라 이용 개발이다. 권리는 상대적이고, 자유는 상호적이다. 중국은 굴기하고 있는 해양대국으로서 전 세계 해역의 상황을 고려해야 하는데, 중국이 관할해역에서 주권이나 통제를 지나치게 강조하면 다른 나라의 제압이나 추종을 부를 수밖에 없다. 중국의 사활이 걸린 국제 항로와 수많은 해외이익이 다른 나라의 관할해역에 광범위하게 펴져있기 때문이다.

이익 추구와 규칙의 관계도 잘 파악해야 한다. 실력과 더불어 국제규칙은 국가 간의 관계를 조정하는 또 다른 중요한 수단이나 방법이고, 어떠한 나라도 규칙의 영향을 무시할 수 없으며, 대국이 권력과 이익을 확장할 때 그에 수반되는 것이 바로 규칙의 형성이다. 오늘날 해양강국의 대두는 해양질서를 동반할 수밖에 없고, 주도적으로 질서를 만들지 않았던 해양강국은 반짝하고 사라졌으며, 역사상 독일, 일본 등 나라의 해상 실패도 어느 정도 여기에 원인이 있다. 해양질서는 해상패권의 부산물이자. 세계 지도자들이 오랫동안 지도적 지위와 강대함을 유지할 수 있었던 토대 가운데 하나이다.[38] 강한 해상력은 해양질서를 만들고 유지하는 기반이자 보증이며, 해양질서의 존속은 필연적으로 제작자의 이익과 관념을 구현하고, 실력의 운용과 힘의 전

38) 宋德星， 程芳：《世界领导者与海洋秩序——基于长周期理论的分析》， 载《世界经济与政治论坛》，2007年第5期，第99页。

개에 이바지한다. 더욱이 국제체제에서 유리한 위치에 있어, 본래 국가의 중요한 이익이며, 규칙 강화는 중국이 국제 해양정치 대국으로 발돋움하기 위한 관건이다.

한편으로는 국제규범을 만드는 것이 국익에 도움이 된다. 1982년 채택된 「협약」은 전통 해양질서가 오랫동안 소수 대국에 유리했던 점을 타파하고 국제해양법을 발전시켰다. 이는 중국의 해양이용 개발과 권익보호에 주요한 법적 근거를 제공한다. 그러나 「협약」 자체도 집단들이 서로 절충한 결과이다. 「협약」의 많은 규정은 포괄적이고 모호하며 지킬 수 있는 엄격한 기준이 없는 데다, 심지어 일부 원칙에 대해 회피적 태도를 보임으로써 파벌별, 이익집단별로 해석의 '결과'를 달리하고 있다.[39]

예컨대 대향국 간 또는 인접국 간의 영해의 경계획정에 관련해 「협약」은 사실상 '중간선 원칙'[40]과 '형평의 원칙'[41]을 함께 고려했다. 「협약」 제74조와 제83조는 각각 대향국 간 또는 인접국 간의 배타적경제수역과 대륙붕 경계를 다음과 같이 규정하고 있다. 공평한 해결에 이르기 위하여, 국제사법재판소규정 제38조에 언급된 국제법을 기초로 하는 합의에 의하여 이루어진다. 상당한 기간내에 합의에 이르지 못할 경우 관련국은 제15부에 규정된 절차에 회부한다.[42]

쟁점 가운데 어떠한 원칙을 내세울지는 「협약」의 명분이 서지 않는다. 문제는 배타적경제수역과 대륙붕 경계획정에서 중국이 주창하는 '형평의 원칙', '대륙붕 자연연장원칙'과 일본, 한국 등이 제창한 '중간선 원칙'이 엇갈리는 것이다.

중국 주변국들이 잇달아 「협약」을 체결함에 따라, 「협약」 자체의 결함은 중국과 주변국 간의 해양권익 분쟁을 직접적으로 격화시켰다. 댜오위다오 문제, 동중국해 경계획정 문제, 남중국해 문제 등 갈등의 골이 깊어지면서, 관련국들은 군사투쟁 준비를 강화하면서, 법리 다툼에 더 치중하고 있다. 자신에게 유리한 자료와 증거를 수집해 국제해양법재판소, 대륙붕한계위원회 등 국제기구와 고용인에게 유세하고, 국제법적 법리연구를 하는 등 일리 있고 사실적인 방식으로 국제적 지지를 얻어내겠다는 것

---

39) 刘中民：《世界海洋政治与中国海洋发展战略》，北京：时事出版社，2009年，第277页。

40) 「유엔 해양법 협약」 제15조 '대향국간 또는 인접국간의 영해의 경계획정'에 따르면, '양국간 달리 합의하지 않는 한 양국의 각각의 영해 기선상의 가장 가까운 점으로부터 같은 거리에 있는 모든 점을 연결한 중간선 밖으로 영해를 확장할 수 없다'.

41) 대륙붕의 자연연장, 양안의 지형지질 구조, 해안선의 방향과 길이의 비율 등을 경계획정에서 고려하는 것이 일반적이다.

42) 陈德恭：《现代国际海洋法》、北京：海洋出版社，2009年，第296页。

이다. 따라서 강력한 외교적 지지를 바탕으로 중국의 경계획정 주장에 국제법을 적용한 뒤 협상과 투쟁을 통해 중국의 합법적 권익을 지키는 것이 분쟁을 최종적으로 해결할 수 있는 주요 통로다.

중국이 동중국해, 남중국해 등 분쟁에서 얻는 궁극적 이득은 국제해양법에 대한 중국의 영향력에 달려 있으며, 자신의 이익을 극대화하면서 외부에서 받아들일 수 있는 주장을 펼칠 수 있는지가 노력의 방향이다. 중국은 전 세계 다른 해역의 이익과 자유의 보장도 국제 해양 기제에서의 중국의 위상과 역할에 크게 의존하고 있다.

반면, 규칙은 양날의 검이다. 어떤 조항은 중국에 유리할 수 있고, 어떤 조항은 중국에 불리할 수 있다. 일부 조항은 어느 때와 어느 해역에서는 중국에 유리하지만, 다른 때와 다른 해역에서는 중국에 불리하다. 따라서 이익을 추구할 때 규칙의 도움을 자주 받지만, 규칙에 얽매이기도 한다. 사실, 국제관계의 무정부 상태로 인해 대국들은 규칙을 피해, 강력한 처벌을 받지 않을 수 있으며, 심지어 자신의 행동에 대한 책임을 지지 않기 위해 규칙을 만들고 곡해할 수 있다. 그러나 이처럼 규칙 자체가 이익이고, 때로는 중대한 이익인 만큼 실질적인 이익과 규칙의 이익 간의 균형을 고려해야 한다.

주권과 해양력의 관계를 잘 처리하고, 중국은 '동맹 맺는 것'을 이성적·객관적으로 보아야 한다. '동맹을 맺는 것'은 주권 일부를 희생하거나 양도하는 것이다. 대륙의 강권은 지역적일 수 있지만, 해양력 강국은 세계적이고, 전 세계적인 체계는 동맹이 받쳐줘야 한다. 군사기술의 발전은 지금도 거리가 권력에 미치는 영향을 변화시킬 수 없어, 군사효율성은 통상 본토로부터의 군사행동 거리에 반비례한다. 동아시아 근해에서 미국의 군사투입 효율성은 중국에 미치지 못한다. 영국과 미국이 해상주도적 지위를 유지하는 한 가지 중요한 요인은 해외 동맹이 있기 때문인데, 해양국이 세계로 뻗어나가는 것은 반드시 동맹을 맺어야 한다는 의미이며, 자원과 지리적 조건만으로는 막강한 해양력을 지탱할 수 없기 때문이다.

국가 간 동맹이나 연맹은 주권국 간에 어떤 목적을 달성하고 어떤 목표를 달성하기 위해 공식적 또는 비공식적으로 이뤄지는 것이다. 전통적 국제관계 이론과 전통적인 실천 경험에 따르면 동맹은 자신의 안전을 보장하기 위한 것이며, 동맹은 통상 일정한 표적성이 있고, 공동의 적이 있다. 신중국은 건국 후, 먼저 '일변도(一邊倒)'를 행하여 소련과 동맹을 맺었다. 1960년대에는 아시아, 아프리카, 라틴 아메리카의 제3

세계 국가를 지원하고, 세계 혁명을 지지하였으며, 광대한 제3세계 국가를 단결시키고, 미·소 두 패권에 반대하였다. 1971년 미·중 관계가 완화된 후, '일조선(一條線)',[43] '일대편(一大片)'[44]이 행하여졌다. 1980년대 초 미·소 패권 다툼은 '소련 공격, 미국 수비'에서 '미·소 상호 공수'로 전환되고, 중국, 서유럽, 일본, 제3세계 국가의 위상이 상승하였으며, 중·미 관계는 미국이 타이완에 무기를 판매함으로써 새로운 마찰이 발생하였고, 중·소 관계는 완화되기 시작했다. 새로운 국제정세에 맞서, 신중국 건국 이후 30여 년간 외교전략의 경험을 깊이 반성하면서 중국 지도자는 중국의 대외정책을 조정하기 시작했다. 1984년 5월 29일 덩샤오핑 동지는 브라질 대통령 피게이레두(Figueiredo)를 만나 이렇게 말했다. "중국의 대외정책은 독립적이고 자주적이며 진정한 비동맹이다. 중국은 미국을 이용하지 않고, 소련도 이용하지 않으며, 다른 이가 중국을 이용하는 것도 허용하지 않는다".[45] 이는 비동맹 정책의 본격적 형성을 뜻하며, 중국이 미국과 소련 어느 나라와도 동맹을 맺지 않을 뿐 아니라, 그들을 비롯한 집단에 참여하지 않고 독립적이고 자주적인 외교정책을 유지하며, 자신을 우두머리로 하는 동맹을 조직하지 않을 것임을 의미하는 것이다. 중국은 대국과 동맹을 맺으면 불필요한 속박을 받고 국익에 도움이 되지 않는다는 교훈을 얻었다.

중국이 동맹을 맺어야 할지 말아야 할지는 결국 중국의 국익에 달려 있다. '비동맹' 정책은 양극화 속에서 중국의 국익을 비교적 잘 지켜왔으나, 국제구도의 변화와 중국의 경제, 사회적 개방성과 외향성에 따라 맹목적으로 '비동맹'이라는 금과옥조(金科玉條: 금이나 옥처럼 귀중히 여겨 꼭 지켜야 할 법칙이나 규정)를 지키면서 중국의 국익에 불리해졌다. 첫째, 총칼을 휘두르는 문제에서, 중국은 진정한 친구가 거의 없으므로, 대국으로서는 결코 정상적인 상황이 아니다. 둘째, 중국 자체의 자원과 능력이 점점 더 광범위한 해외이익을 유지하기 어려워지기 때문에, 중국은 믿을 만한 친구의 지지가 필요하다. 중국이 해양력과 원양해군 발전에 주력하려면 '비동맹' 정책의 제한을 극복해야 한다.

해양력 국가의 해양통제와 이용은 다른 나라의 협력과 참여가 필요하며, 동맹국

43) 위도상 미국으로부터 일본, 중국, 파키스탄, 이란, 터키와 유럽으로 연결되는 전략선.
44) 일조선 이외의 국가, 소련 패권주의에 반대하는 모든 단결 가능한 세력과 국가와의 단결 전략.
45) 邓小平：《邓小平文选》, 第叁卷, 北京：人民出版社, 1993年, 第57页。

의 해상교통로 제공과 보급, 외교지원 등의 협조가 필요하다. 해외 동맹국의 이러한 도움 없이는 어떠한 나라도 진정으로 막강한 해양력을 가질 수 없다. 오늘날 대규모 해상대결 가능성은 희박하지만, 각국의 해외 경제안보, 해상교통로 안전은 더더욱 독선적이기 어렵다. 미국을 포함한 모든 나라가 세계를 떠맡을 수는 없다.

모든 세계를 통틀어 대국이나 대국이 되려는 뜻이 있는 국가, 미국, 영국, 러시아, 일본 등은 동맹을 맺는 정책을 시행한다. 따라서 중국이 지상력 대국에서 해상강국으로 발돋움하는 과정에서 동맹을 맺는 것도 피할 수 없는 문제다.

동맹의 두 번째 필요성은 중국의 복잡한 주변 안보환경에 있다. 중국이 직면한 전통적인 안보문제는 여전히 엄중하며, 중국은 각 해양연맹의 포위 속에 있으며, 생존 환경은 매우 험악하고 고립되어 있다. 동쪽에서는 미·일 동맹이 호시탐탐 노리고 있고, 동남에서는 아세안 연합이 자강하여, 나날이 남중국해 문제에 대해 대중 압박을 가하고 있으며, 남아시아에서는 인도가 '동진(東進)'을 모색하고 있다. 한편, 앞서 설명한 바와 같이, 일본-인도, 일본-호주 간의 준연맹은 이미 형성되었다. 중국이 직면한 해양문제는 복잡다단하고, 해양력 발전의 길은 멀고 험하다. 세계 대국이 되려면 중국은 진정한 친구를 가져야 한다. 중요한 시기에 중국은 동맹국들의 국제적 지원과 필요한 국제적 동원능력이 있어야 한다.

동맹은 대외관계 틀을 규율하는 역할도 할 수 있다. 안정적 동맹체계는 제3의 위협에 대처하는 것 외에 동맹원들의 행동을 구속하는 기능도 갖는다는 점에서 동맹의 최소한의 책임과 의무를 약속하는 쪽으로 갈수록 발전하고 있다. 비동맹 정책은 중국의 대외 행보에 더 많은 선택의 공간과 좌우를 열어줄 수 있는 여지를 주었지만, 불확실성의 위험과 결과를 감수해야 했다. 중국이 일시적으로 안전을 보장하고 특수관계를 유지한 것은 조약이나 문서가 아닌 양자 간 합의를 통해서였다. 법적, 제도적 기반이 부족해 탄력적인 관계인 데다 유려한 듯 보이는 비동맹 정책도 중국과 이들 관계의 양성화에 도움이 되지 않는다. 국제적 위상과 영향력이 커지면서 중국은 책임 있는 대국으로서 예상되는 제도들을 통해 이들 국가는 물론 국제사회에 중국의 원칙과 정책, 한계를 분명하게 설명할 필요가 있다.

따라서 중국은 비동맹 정책을 재고할 필요가 있다. 실질적인 동맹관계를 발전시킴으로써 중국의 동맹 수 확대와 질 향상, 특히 주변국과의 전략적 우호관계를 강화해야 한다.[46] 조건이 성숙하지 않은 상황에서, 21세기 이후 미국, 일본, 인도 등 나라에서 채택한 '준연맹' 전략, 즉 상황과 시간에 따라 시행한 임시동맹을 따라 할 수 있다.[47] 물론 중국이 어떤 형태의 연맹을 추구하든 그 잠재적인 속내는 직시해야 한다. 중국과 같은 대국에게 있어 동맹과 비동맹의 실질적인 차이는 중국이 자신과 가깝고 이해관계가 밀접한 중소국의 안전을 보장해줄 용의가 있느냐에 있다. 다른 나라의 안보를 위해 적지 않은 비용과 위험을 부담하겠지만, 그에게 안보를 제공하지 않으면 중국의 적은 국제적 영향력은 더욱 더 줄어들 것이다.[48]

동맹의 정책 조정에 상응하게, 중국은 내정 불간섭, 해외 주둔 장병의 부재 등을 재고해야 한다. 다른 나라의 안전보장을 제공하는 것이 다른 나라에 중대한 투자이익이 있다면, 그 나라의 정세 발전에 무관심할 수 없고, 자신의 중대한 안보와 경제적 이익이 훼손되거나 전 세계의 해양안보와 관련된 중대한 사안이 발생할 경우, 중국이 반드시 반응해야 하기 때문이다.

제4절 억제전략의 응용 강화

외교는 결코 단순히 친구를 사귀는 것이 아니므로, 겉으로 드러난 화합은 유지하되, 국익을 바탕으로 해야 한다. 이 때문에 외교에서는 '떠들썩한 잔치'의 화합과 '첨예한 대립'의 힘겨루기가 동시에 이루어지고 있다. 억제는 외교에서 갈등에 대처하고 문제를 해결하는 보편적이면서도 중요한 수단이다.

억제력, 특히 상호 핵 억제력은 냉전시대 평화와 안보를 유지하는 데 중요한 버팀목이었다. 억제 이론은 핵 테러와 함께 만들어졌는데, 초기 억제 이론 연구의 중심 의제는 핵 억제력이었다. 그러나 억제는 실제로 인류사회의 긴 역사 속에 이미 등장한 바 있다. 억제는 어떤 상황(전쟁이나 침략과 같은)을 막기 위한 방어적 전략이지, 다른 사람을 협박해 제 뜻에 복종하게 하는 전략이 아니다.[49]

---

46) 中国现代国际关系研究院海上通道安全课题组：《海上通道安全与国际合作》，北京：时事出版社，2005年，第341页。

47) 查道炯：《中国的石油供应安全》，载《世界经济与政治》，2005年第6期。

48) 杨原：《大国无战争时代霸权国与崛起国权力竞争的主要机制》，载《当代亚太》，2011年第6期，第32页。

억제수단은 안보뿐 아니라 경제, 외교 등에서도 널리 활용되고 있지만, 다른 분야에서는 더 불확실하고 파악이 쉽지 않은 경우가 많다. 국제 교류에서 적절한 시점에 자신의 역량과 결의를 과시하는 것은 이익을 실현하고 지역의 안정과 세계의 평화와 발전을 촉진하는 데 도움이 된다. 중국의 국익이 걸린 문제에서 상대에게 자신의 의지와 결심을 과시하는 것은 상대를 조심하게 만들어 억제하는 역할을 할 수 있다. 성공적으로 억제하려면 반드시 다음 세 가지 조건이 갖추어져야 한다. 보복의 힘, 확실한 위협, 그리고 그 의사를 전달할 수 있는 확실한 방법이다.[50]

보복의 힘이란 주로 보복을 할 수 있는 능력 또는 실력을 말하며, 확실한 위협은 보복의 뜻이나 의지를 말하는 것이다. 외교는 억제적 의사를 전달하는 가장 중요한 통로이며 통상 지도자의 담화, 외교대표의 발언, 외교 각서, 비밀 회동 등이 있다. 정치·경제·군사적으로 막강한 힘을 가진 나라도 뛰어난 외교술을 갖추지 못하면 반드시 상대를 따라오게 할 수 없다. 양국 군사교류 중단, 외교대표 추방, 외교적 항의 등 외교 자체도 보복의 힘이다. 이 때문에 외교에서는 다른 나라가 자신들에게 불리한 행동을 하지 않도록 억제책을 쓰곤 한다.

중국 해양력의 성장은 미국, 일본 등의 억제를 피할 수 없으며, 그 방식은 하드, 소프트 두 가지의 혼합체일 것이다. 즉, 군사적으로는 중국에 대한 압도적 우위를 유지하면서, 중국 해양력을 매우 압박하고, 필요하면 중국 해상역량에 대해 선제공격을 취할 것이다. 외교적으로는 중국 위협론을 계속 부각해, 주변국과 해양 분쟁에 틈틈이 개입하고, 주변 중소국들을 끌어들여 중국을 거부할 것이다. 첨단 기술력을 계속 봉쇄하고 전략적 요충지를 장악해 중국의 해상역량이 너무 빨리 늘어나는 것을 막겠다는 것이다. 한동안은 이러한 억제가 중국의 뜻을 꺾을 수 없겠지만, 중국의 해양력이 계속 커지면, 그 억제력은 계속 존재하고 강해질 것이다. 이러한 억제를 깨려면 외교적 평화 선언과 석방의 선의만으로는 부족하고, 필요할 경우 비우호적 의도에 대한 억제력 있는 대응도 필요하다.

중국의 해양력은 주변국으로부터 폭넓게 도전받고 있어, 억제력을 강화하는 것

49) [澳] 凯斯·克劳斯(Keith Krause)：《理论与实践中的理性威慑(Rationality and Deterrence in Theory and Practice)》, 载《当代安全与战略(Contemporary Security and Strategy)》, 第148页。

50) [澳] 凯斯·克劳斯：《理论与实践中的理性威慑》, 载《当代安全与战略》, 第151页。

도 현실적인 해양이익을 위해 필요하다. 남중국해 문제의 경우 베트남, 필리핀, 말레이시아 등이 중국의 주권과 경제적 이익을 끊임없이 침해하고 있지만, 중국은 선린대국을 중시하면서 여전히 '논쟁은 접어두고 공동개발하자'라고 주장했고, 2002년 분쟁 당사국과 「남중국해 당사국 행동 선언」을 체결하였으며, 그 골자는 해결책이 마련되기 전까지 현상을 깨뜨리는 행위를 하지 않겠다는 것이다. 이는 주변국과의 영토 및 해양 분쟁과 대한 중국의 일관된 입장이다. 그러나 일부 국가는 이를 지키지 않고 섬 점거와 자원 약탈을 강화하는 각종 조치를 계속 취하고 있다. 중국은 이런 비우호적 행동에 대한 억제력을 강화해 관련국들에 해양이익 수호 의지와 결의를 행동으로 보여줄 필요가 있다. 그래야 남중국해 정세가 계속 악화하는 것을 막을 수 있다.

오늘날 중국은 억제적인 자원이나, 억제적인 통로가 문제가 아니라, 우리의 이익을 지키기 위한 강한 의지와 결의가 필요하다. 중국 인민은 평화를 지향하고 화합을 지향하지만, 중국의 해양력 발전은 가시밭길에서 경쟁과 대결로 점철되어 있다. 중국이 육지로 완전히 철수하지 않는 한, 국익을 위한 다른 선택은 없다. 여기서, 널리 퍼져있는 관점, 즉 중국은 평화롭고 안정된 국제환경이 필요하고, 충돌과 전쟁은 평화굴기의 대계를 그르칠 수 있으므로, 분쟁과 갈등에 대해 참을 수 있는 만큼 참고, 미룰 수 있는 만큼 미뤄야 한다는 관점은 타파해야 한다.

평화발전의 전략적 기회라는 것은 타협과 인내만으로 얻을 수 있는 것이 아니다. 실제로 적절한 투쟁과 억제력은 충돌을 증폭시키기는 커녕 오히려 충돌의 악화와 격화를 예방한다. 국제체계의 변천은 국가 간의 상호작용으로 만들어지는데, 모든 국가는 가능한 한 자신의 우위를 확대할 기회를 잡을 것이다. 이것은 당신의 힘이 세지고 있기 때문이지, 당신 자신의 자세가 바뀐 것이 아니다. 이 법칙은 특히 중국의 해양력 발전에서 두드러진다. 중국의 해군 현대화는 최근 20여 년간의 일로, 부분적으로는 그동안의 빚을 메우고 서방 선진국과의 격차를 줄이기 위한 것이었다. 그 결과 서방국가들의 억측과 대비를 초래했다. 외교에서 무조건 참으면, 적대세력의 욕심을 키울 뿐 아니라, 중국의 전략적 의도에 대한 다른 국가들의 의구심을 증폭시킬 수 있다. 국제체계의 다른 국가들도 국익을 지키기 위해 안간힘을 쓰고 있는데, 중국이 양보와 온건함을 보인다면 그 동기를 의심받을 수밖에 없다. 또 문제를 무작정 외면하고 타협하다 보면, 참고 양보하는 자승자박이 될 수도 있다. 중국의 이러한 행태에 익숙해지면 중국이 조금만 강경해도 큰 차이가 나기 때문에 오히려 중국 대외관계 정상화에 도움이 되지 않는다.

억제는 현상유지와 충돌저지를 위한 예방적 외교수단이다. 다른 국가들이 기정사실로 하도록 내버려 두면 우리는 더욱 수동적인 상황에 빠질 것이고, 그러면 양측의 대립과 적개심이 더욱 격렬해질 뿐이다. 많은 문제에서 우리가 그동안 상대방에게 전달한 의사가 분명하지 않아, 사건이 발생하면 우리는 또 상대방에게 심기일전을 강요하는 과격한 수단을 동원해야 했다. 공개외교의 시대에 대중의 참여는 갈수록 높아지고, 언론의 정서적 과장에 따라 상대편 국민의 높은 관심 속에서 상대편 지도자가 타협에 승복하기란 쉬운 일이 아니다. 피해자인 중국은 국내 민심이 더 강하고, 타협의 국내 정치적 위험이 더 커 굴복할 수 없고, 보복 수단을 늘려 보복의 강도를 높일 수밖에 없다. 이러다간 '죄수의 딜레마' 식으로 꼬이기 일쑤고, 결국 어떠한 결말에도 승자가 없는 것이다. 설사 난국을 타개하더라도 윈-윈의 결과는 찾기 어렵고, 어느 쪽이든 자신이 상대보다 더 많이 양보했다고 생각할 것이다. 양국 관계는 공식적으로 냉랭해질 뿐 아니라 국민적 적대감도 커질 수밖에 없다. 예를 들어 2010년 9월 댜오위다오 선박 충돌 위기에서 중국측은 각종 조치(양국 성급 이상의 교류를 일시중지하고, 항공편 증편, 중-일 항공권 확대와 관련된 쌍방의 접촉을 중지하였으며, 중-일 석탄 종합회의를 연기하고, 중국 국민의 일본 여행 규모를 제한하는 등)를 통해 일본이 선장을 석방하게 하여 겉으로는 승리를 얻어냈지만, 중국에 대한 일본인의 적개심은 눈에 띄게 높아졌고, 일본 민간에서는 타협에 대한 일본의 연약함을 비난하기도 했다. 이런 분위기는 장기적으로 중국의 대일 외교에 바람직하지 않다.

따라서 사태가 악화하기 전에, 혹은 사태가 진전되기 전에 다른 나라의 행동을 예상한 뒤 외교경로나 다른 특수경로를 통해 상대방에게 불만을 표시하고 보복성 조치를 함으로써 사태를 일정 범위 내로 통제하거나 소멸시킬 필요가 있다. 우리는 반드시 미리 준비해야지, 기정사실화될 때까지 기다렸다가 다시 항의해서는 안 된다. 그런 의미에서 억제는 위기 대비와 통제를 위한 것이다. 적절한 시점에 효과적인 억제력은 중국의 국익에 심각한 손상을 입힐 수 있는 추세를 억제하거나 제거할 수 있다.

갈등에 과잉 대응하고 강경 대응만 하는 또 다른 극단적인 경향도 막아야 한다. 억제력, 특히 안보상의 억제력은 부정적인 효과가 있어 항상 쓸 수 있는 수단이 아니다. 여기서 억제란 자신의 이익이 훼손되고, 담판, 우호협상이 무효가 될 것을 예상할 때 강요당하는 동작을 뜻한다. 모든 일에 중국이 다른 국가와 맞서야 하는 것은 아니다.

중국의 경우 툭하면 다른 국가를 무력으로 위협하기보다는 문화적 영향력, 즉 위협을 통해 외교, 경제 등 보복 수단을 동원할 가능성이 크다. 구체적으로 어떨 때 어떠한 형태의 억제력이 필요한지, 이익의 성격과 파괴의 정도에 따라 달라지는 것으로, 일정한 유형 없이 정교하고 세밀한 외교술이지, 툭하면 엄중히 항의하고 엄정한 교섭으로 대체될 수 있는 것은 아니다.

같은 맥락에서 다른 국가들이 중국을 억제할 때 상대방의 나쁜 시도에 대해 경각심을 갖고 냉정하게 대응할 필요가 있다. 경제문제를 정치화, 정치문제를 안보화, 저급 정치문제를 고급 정치화해서 모든 문제에 초점을 맞추고 과민반응해서는 안 된다. 중국이 발전한 현 단계에서 중국과 외부와의 교류의 깊이와 밀도는 전례 없이 높으며, 중국과 외부 간 갈등의 다양성과 복잡성도 전례를 찾기 어렵다.

다른 나라도 중국과의 이견과 갈등을 다루면서, 억제 수단과 반제 조처를 할 수밖에 없어, 중국은 앞으로 자주 다른 나라의 억제를 받을 것이다. 이러한 억제는 대부분 정상적인 현상이며, 실무적인 문제로 중국의 굴기가 겪어야 할 고통이다. 우리가 자신 있게 대응하면 얼마든지 풀릴 수 있다.

현대 국제사회에서 화합은 이상적 상태와 목표이며, 갈등과 충돌이 정상이다. 중국은 이 모순투성이의 세계에 적응하여야 하고, 이익을 지키기 위해 다른 나라를 억제하고, 다른 나라에 의해 억제당하는 데 익숙해져야 한다. 맹목적으로 '도광양회'할 수도 없고, 날카로운 칼날을 다 드러내며 사사건건 적과 맞서도 안 된다. 다른 나라와의 갈등과 불일치로 전반적인 상황에 관한 판단이 흐려졌다고 해서, 피해의식에 사로잡혀 다른 나라의 모든 억제행위를 '제국주의가 우리를 망하게 해도 마음은 죽지 않는다'라는 식으로 억지를 부려서는 안 된다.

핵무기에 의한 핵 테러, 세계의 반전과 평화역량 증대, 세계화와 상호의존의 발전 등으로 대국 간의 대규모 전쟁은 거의 피할 수 있다는 것은 인정해야 하며, 중국과 같은 대국에 전략적 억제력이 강하다는 것은 의심의 여지가 없다. 중국 인민해방군의 역대 대외전쟁에서의 눈부신 업적과 육·해·공 삼위일체의 전략적 핵 타격 능력만으로도 중국을 겨냥한 어떠한 대규모 전쟁을 막을 수 있다.

'그러나 감히 중국에 첫 발을 쏘지 못한다고 해서, 중국의 국익을 침범하지 못하는 것은 아니다.' 강력한 전략적 억제에도 불구하고 중국의 이익은 주변국에 의해 자주 침해당하고 있다. 이들 국가의 배짱은 주로 다음 세 가지 원인에 기초한다. 첫째,

'전쟁'과 '평화' 사이에 많은 중간지대가 있고, 많은 경우 전략적 억제가 무용지물이라는 점이다. 정치, 사회, 외교, 경제, 법 집행 등 비군사적 수단을 동원해 중국과 맞서거나, 군사적 수단을 동원해 저강도의 냉랭한 대결로 맞서면, 중국이 대규모 보복에 나서기 쉽지 않다. 둘째, 대국의 대외행동 능력이 전면적이지 못하고, 국지적 공간, 일부 영역에서 열세일 수 있다는 점이다. 예컨대 중국의 전체 군사력은 막강하지만, 소규모 해상충돌과 저강도 해상대치에서 정보화 수준이 낮고 투사능력이 떨어지는 등의 문제로 주변국보다 그다지 유리하다고 할 수 없다. 셋째, 대규모 전쟁이 드물어짐에 따라 전략적 억제의 효과가 감소하기 시작했다는 점이다. 국제체제, 국제규범, 국제여론 등의 역할이 커지고 무력 외교의 위험이 커졌다. 현대전은 비용이 많이 들고, 경제적·정치적 비용은 갈수록 커지고 있다. 이러한 상황에서 대규모 전쟁 위협은 실제로 이행하기 어렵고, 상대방도 이를 알고 있으므로 그냥 넘어가는 경우가 많다.

정밀타격을 위해서는 보다 '똑똑한' 억제책과 방식이 필요하며, 강력한 전략적 억제체계 구축과 함께 전술적 억제체계 강화도 시급하다. 억제전략 적용은 한 나라의 전략적 의사결정과 정책수행 능력의 수준을 직접 반영하는 것으로, 좋은 억제행동은 여러 수단의 통합으로 사용되며, 상대방의 의도를 정확하게 판단하고, 적과 아군의 강점을 통찰하며, 목표가 명확하고, 대내적 인식 통일과 입장 조정, 자원 통합이 필요하며, 힘을 합쳐 '주먹'을 만들어야 한다. 중국은 억제 효율과 효과를 높이기 위해 다음과 같은 개선에 주력해야 한다.

첫째, 적극적인 억제책으로 '후발제인'을 '선발제인'으로 바꿔야 한다. 억제는 현상유지, 충돌 및 위기 격상을 막기 위한 예방적 전략으로, 미래의 수습을 막기 위한 것이므로 '선발제인'는 본래 억제의 의미가 있다. 또 '선발제인'을 주창하는 이유는 '후발제인' 전략이 실제 운용에서는 충분히 시행되기 어렵기 때문이다. 충돌이나 위기가 발생하면 공개외교의 시대에 대중 폭넓은 참여와 언론의 과장으로 상대 국민의 높은 관심 속에서 양측 모두 선택의 폭이 크게 줄어들어 타협이 쉽지 않을 것이다. 중국이 황옌다오에서 필리핀을 제압한 것은 대표성도 없고, 계속 따라 할 수도 없으며, 종합국력이 상대적으로 강한 베트남으로 바뀌면 이런 전략은 먹히지 않을 것이다. 또 국제사회는 기정사실화 원칙을 선호하여, 위기를 고조하는 행위는 고립되기 쉽다. 보통 시시비비를 가리지 않고, '양쪽 모두 나쁘다'라며, 논란 확대, 위기 자극 및 갈등 격화 등의 행동을 해서는 안 된다고 강조하며, 현상 파괴자, 특히 무력으로 현상을 파괴하는 자는 항상 더 큰 외압을 당하고 '후발이 제압당하곤 한다.' 그래서 우리는 미리미리 치고 나가야지, 다시는 소 잃고 외양간 고치는 일은 없어야 한다.

둘째, 억제력의 표적성 강화, 즉 취한 조치가 상대방의 허를 직접 찌를 수 있어야 한다. 연타는 기세가 대단하지만, 반드시 허를 찌르지도 못하고, 심지어 불필요한 부차적 손실을 초래해 자신의 이익을 최대한으로 지키는 데 도움이 되지 않는다. 다시 2010년 댜오위다오 어선 충돌 사건을 예로 들면, 위기에서 중국은 일련의 억제 수단과 조처를 하였으며 그 목적은 일본이 석방과 사과를 하게 하는 것이었다. 우선 외교부 대변인, 차관보, 장관, 국무위원, 국무총리가 일본측에 항의와 경고를 쏟아내며, 일본측 외교대표와 엄정한 교섭을 벌였다. 그 의사의 하나는 사람을 놔주지 않으면 추가 조치가 있을 수 있다는 것이었다. 둘째, 중국은 동중국해 협상 연기, 전인대 대표단의 일본 방문 연기, 항공편 증편 확대 중·일 항공권 접촉 중지, 중·일 석탄종합회의 연기, 중·일의 성·부급 이상 교류 중단 등 일련의 조처를 해 일본 정부의 석방을 압박한 것으로 평가된다. 이러한 항의, 교섭, 경고, 반제 조치가 일본측에 중국의 결심과 의지를 잘 전달해 일본측에 충분한 압박을 가했다고 말할 수 있다.

하지만 거기에는 여전히 논의하거나 개선할 여지가 있다. 우선, 일본 정부의 의도와 일본 국내정치 모형에 관한 판단이 정확하지 않을 수 있으므로, 중국은 빠르게 목적을 달성할 수 없으며, 끊임없이 억제력을 강화하고 억제범위를 확대하였다. 17일 동안이나 위기가 지속되고, 오랫동안 국내외 매체의 구설수 홍보와 중·일 양국 국민간 감정대립을 불러일으켰으며, 이는 이후 양국 관계개선에 불리하게 작용했다. 다음으로, 중국이 취한 특정 조치는 일본의 의사결정에는 큰 영향은 미치지 않았으면서, 오히려 일본인의 반감을 불러일으켰을 것이다. 일반적인 비정부 교류의 중단이나 연기를 예로 들 수 있다. 이러한 비표적성 조치는 공격의 범위를 확대했지만, 일본 민중의 불만을 자극했다. 마지막으로, 억제의 신뢰성은 보복수단의 질과 양에 의존하지 않고, 억제자가 공적인 자리에서 격앙된 외교 퍼포먼스를 펼치는 데 의존하지 않으며, 도전자의 보복수단에 관한 생각과 자신의 의도와 동기에 대한 평가에 의존한다. 억제는 양측 의도의 소통이 매우 중요하며, 소통의 부재와 불통은 억제의 실패로 이어질 수 있다. 따라서 자신의 억제수단의 신뢰성과 유효성을 유지하는 데 필요한 소통경로를 유지하는 것이 매우 중요하며, 민감한 사안에 대해서는 특수 소통경로가 예상치 못한 중요한 역할을 하는 경우도 종종 있다.

셋째, 정치, 경제, 외교, 군사 등의 수단을 모두 강화해 '실력'을 '능력'으로 바꾸어야 한다. 어느 대국도 전천후 우승자는 아니며, 중국도 마찬가지이다. 정교하고 정확한 억제력은 다양한 능력과 도구가 필요하고, 전쟁뿐 아니라 평화롭게 맞서 싸울 수 있는 능력도 필요하다. 우리는 첨단기술 여건에서의 국지전을 준비하는 동시에, 급변사태와 민사분쟁, 해상위기에 대비해 준군사력이나 법 집행역량의 건설도 강화해야 한다. 해경함은 역대 해상위기와 충돌에서 반응속도, 행동능력, 지휘수준 등 현장 통제에서 중요한 위치를 차지하였다. 군사적 수단이 최적의 억제수단이 아니라, 경제적, 외교적 보복수단이 때로는 더 표적적이고 조작하기 쉽다. 따라서 군사 및 법 집행역량 외에 경제 권력과 외교력을 끌어올릴 필요가 있다. 경제적으로는 과학기술 혁신과 국제기제 구축을 강화해 경제규모를 크게 늘리는 한편 구조 조정과 국제적 발언권 쟁취를 중시해 국제경제 권력을 최적화해야 한다. 외교적으로는 외교 자원이나 실력의 외교력 전환을 강화해야 한다. 중국의 외교력은 빠르게 성장한 국력에 비해 상당한 격차가 있으며, 주로 전략적 사고의 자각, 외교 종사자의 직업적 자질과 의사 결정 및 집행 기제의 효율성 등에서 나타난다.

넷째, 의사결정 기제를 최적화하여 자원, 실력 및 수단을 충분히 통합해야 한다. 병을 효과적으로 처방하기 위해서는 먼저 억제대상의 약점이 어디인지, 어떠한 종류의 타격이 상대를 물리칠 수 있는지 파악해야 한다. 이를 위해서는 지휘통일과 종합연구, 부처 간 조율을 강화하고, 자신이 실행에 옮기는 수단과 능력을 분명히 하며, 자신이 달성할 목표와 대응책을 이성적으로 계획하는 것이 급선무이다.

가장 급한 것은 강력한 외교안보 협조체제를 구축하는 것이다. 외교 의제나 사건은 통상 여러 부처나 단위에 걸쳐 진행되는데, 오늘날 중국에서는 참여 부처와 기구가 많아져 외교부, 상무부 등 전통적인 외사 부문에 국한되지 않은 지 오래고, 국무원 체계의 각 부처, 각급 인민대표대회, 각급 정부와 군대 등 나름의 이해관계와 외사 경로가 있으며, 또한 자체의 발언권과 대응방식을 갖추고 있다. 이들 부서가 힘을 합하면 중국의 막강한 실력과 굳은 결의를 잘 보여줄 수 있는데, 각자 싸우고, 서로 발목을 잡으면 외부에 선명하고 힘 있는 의사를 전달하는 데 도움이 되지 않아, 억제가 실패할 수 있고, 심지어는 의도하지 않은 결과가 나올 수도 있다. 해양 및 안보에 관련해 중국은 중앙외판(中央外事工作委員會辦公室), 중앙해권판(中央維護海洋權益工作領導小組), 중국국가안전위원회(中國國家安全委員會) 등 중앙 일급 조정기구를 두고 있는데,

이들 기관의 기능적 위치와 역할 분담을 좀더 명확하게 할 필요가 있다. 정책 집행 측면에서도 권한과 책임이 명확하지 않고, 규범이 모호한 문제점도 안고 있다.

또 억제력의 유효성 강화해, 뱉은 말은 반드시 행해야 한다. 입술의 총과 혀의 검이 화려하더라도 행동이 없으면 큰 효과가 없다. 외교는 상대방에 대한 억제 의도와 의사를 전달하는 역할을 하며, 정치·경제·군사적으로 협력과 지지를 얻어야 효과를 볼 수 있다. 뒷받침할 힘이 없으면 아무리 훌륭한 외교도 도움이 되지 않는다. 1919년 파리강화회의에서 구웨이쥔(顧維鈞) 중국 대표의 연설은 충격적이고 놀라웠지만, 당시 중국과 일본은 실력에서 큰 차이가 있었기 때문에, 일본이 쟈오둥(膠東) 반도를 삼키려는 계획에 대한 동의는 변하지 않았다. 구웨이쥔이 9.18 사변 직후 장쉐량(張學良)과 중화민국 정부에 지적했듯이 '전쟁터에서 얻지 못한 것을 외교적으로 얻기를 바라는 것은 현실성이 없다.' 실력이 있어도 실력을 사용할 각오가 없으면 억제는 성공할 수 없다. 외교 현장의 억제적 발언은 반드시 수단의 지지가 있어야 하고, 이러한 표현에 앞서 우리 측이 이를 실행할 수 있는 여건이 마련되어 있는지 충분히 고민해야 하며, 여건이 안 된다면 함부로 독설을 내뱉지 말아야 한다. 억제는 뱉은 말을 반드시 행해야 하며, 절대 형식과 말싸움에 그쳐서는 안 된다. 정상적인 상황에서 외교적으로 선포한 대로 억제가 행해지지 않으면 이후 억제는 더욱 무시되고 신뢰도와 효용이 크게 떨어질 수밖에 없다.

맺음말

중국 해양력 전략 수립

맺음말

중국 해양력 전략 수립

성공적인 해양력 국가는 일반적으로 경제적 번영, 자유무역의 가치관, 적절한 정책, 합리적 추진의 네 가지 특징을 갖고 있다.[1] 지난 30여 년 동안 중국 해양력의 성과가 대단했음을 인정해야 한다. 중국의 조선능력, 어업 규모와 생산량은 세계 1위이고, 상선 수는 세계에서 1, 2위(수량, 총 통수)를 다툰다. 해경함정 규모는 세계 1위이고 그 수가 빠르게 증가하고 있으며, 해군 규모도 미 해군에 버금가는 수준이다. 하드웨어에 관한 한 군사력은 물론이고 민사력까지 중국은 이미 해양력 강국이 되었다.[2]

물론 중국은 해양력 강국의 목표를 아직 이루지 못한 게 분명하다. 어업, 조선업 및 상업운수 등 주요 해양산업의 질과 효율성은 아직 부족하다. 중국 해군의 대규모 해상 투사능력은 여전히 약하고, 해외에서도 필요한 기지나 지점이 부족하며, 장비, 품질, 지휘 및 행동효율, 군사훈련, 전장 경험 등에서 미·영 등 서방과는 큰 차이가 있다.

경제의 하향과 전환 압박이 커지는 상황에서, 중국의 해양력 발전을 뒷받침할 종합국력, 특히 경제력에 큰 문제점과 변수가 남아 있다. 경제 규모에서 중국은 세계 2위가 되었다고 하지만, 내실이 없다. 경제력 성장은 빠르지만, 정치, 외교, 군사력 성장은 더디며, 세계가 인정하듯이 국제정치에서의 영향력과 군사력은 여전히 선진국

---

1) Geoffrey Till, *Seapower: A Guide for the 21st Century*, Taylor & Francis Group, 2009, pp.33－37.

2) Thomas Bickford, "China and Maritime Power: Meanings, Motivations, and Strategy", Michael McDevitt edit, *Becoming a Great 'Maritime Power': A Chinese Dream*, June 2016, p.21.

과 적지 않은 차이를 보인다. 중국의 굴기하는 경제력에도 악재가 많다. '세계의 공장'인 중국의 일부 산업의 핵심 경쟁력은 여전히 서방 선진국들과 어깨를 나란히 하지 못하고 있다. 중국 경제는 이미 세계 체계에 전면적으로 편입되었지만, 중국은 게임의 법칙 방면에서는 분명히 발언권이 부족하다. 또 중국은 해외의 경제적 이익을 보호할 수단이 크게 부족하다. 따라서 중국 해양력 발전의 사명은 해양이익의 지속 유지, 확장뿐 아니라 중국의 외교·군사적 '단점'을 보완해 중국의 평화발전을 위한 대전략적 이바지를 추구하는 것이다.

외부 환경으로 보면 중국 해양력의 '문화적 영향력'은 턱없이 부족하고, 수용 정도가 낮다. 중국의 국력이 빠른 속도로 신장하고 있지만, 우리는 국제적으로 어떠한 역할을 해야 할지 여전히 잘 모르고 있고, 강대국의 지위는 이미 국제사회로부터 인정받고 있지만, 세계 대국으로서의 기본 이익, 특히 정치적 이익과 군사·안보적 이익은 세계의 패권국과 동아시아 국가들로부터 존중받지 못하고 있다. 국제체제를 주도하는 서방국가들은 중국의 해군발전과 그 밖의 핵심이익 수호에 대해 의심과 시기, 심지어 적대시하고 있다. 중국 자체의 실력 성장은 주변국의 민감, 긴장과 경계를 불러오고, 다양한 형태의 '중국 위협론'이 쏟아지면서 굴기의 길에 '안보 딜레마'가 가시화되고 있다.[3] 중국의 해양력 발전은 이러한 '안보 딜레마'를 가중할 수밖에 없다. '나비효과'와 같이, 중국 해양력이 아직 강대하지 않은 가운데, 중국을 겨냥한 걱정과 대비, 봉쇄의 잡음이 이미 세계를 휩쓸고 있다. 그러한 의미에서 '중국의 해양력'은 국제적으로 논란이 되고 있으며, 그 발전은 중국만의 문제가 아니다. 중국과 세계의 상호작용 가운데, 중국 해양력의 발전은 반드시 자신의 발전과 지역 및 전 세계 안보 신뢰 구축의 균형을 잘 맞추어야 한다. 중국은 너무 오만하여, 국제사회의 합리적 관심과 의구심에 귀를 막고, 외부의 압박에 못 이겨 영토주권과 합리적 해양권익을 희생시키려 해서는 안 된다. 중국은 국제체제와의 평화적인 상호작용에서 경제, 외교, 문화 등을 종합적으로 활용하여 다른 국가와의 소통을 강화하고, 이익의 경계를 명확히 함으로써 서로의 지위와 위상을 재구성할 필요가 있다. 중국은 세계 대국의 지위에서 부여되는 국제적 책임과 의무를 빨리 인식하여야 하며, 국제체제와의 상호 교류에서 중국이 세계 대국으로서의 기본 이익 경계를 국제사회에 이해시켜야 한다. 이러

3) 杨毅：《中国国家安全战略构想》，北京：时事出版社，2009年，第227页。

한 상황에서 중국 해양력의 강세는 멀고 험한 길이며 '3대 혁신'이 불가피하다.

제1절 패러다임 혁신

2005년 중국 정보, 언론, 학계 등은 정화의 원정 600주년을 대대적으로 기념하면서, 강대했던 당대 중국의 해양력을 좇아, 미래 중국의 해양력 발전을 모색했다. 국민은 중국의 해양력이 한때 빛을 발했던 만큼, 다시 일어설 수 있다고 느끼고 있으며, 이는 위대한 역사의 저력이 주는 자신감이다. 그러나 현재 중국의 발전이 처한 시대적 조건, 중국의 지정학적 상황, 중국과 국제체계의 관계 등 제약과 영향 요인을 잘 살펴보면 우리는 이러한 부흥이 불가능하다는 것을 알게 될 것이다. 중국은 정화의 영광을 재현할 수 없고, 과거의 대영제국과 오늘날 미국의 해상패권을 따라 할 수도 없으며, 중국이 추구할 수 있는 해양력은 조상들이 가졌던 권세와 다르고, 영·미 해상굴기의 길과 달리, 국제 대세에 순응해야 하며, 해양력의 개념, 경로와 방식과 방법 등에서 혁신이 필요하다.

국민의 '대양해군'이라는 기대를 등에 업은 항모 랴오닝함이 돛을 올린 지도 수년이 되어, 어느 정도 전투력을 갖춰가며, 중국 해군이 원양으로 나아가는 신호탄을 정식으로 쏘았다. 그러나 해양통제권과 군사적 성과에 관한 한 중국의 이번 해상굴기는 선조의 영광을 회복하지 못할 것이며, 중국은 세계 해양패권은 커녕, 동아시아 지역의 해양패권도 차지하지 못할 것이다. 세계 해상권력이 갈수록 다극화하는 상황에서, 중국은 전 세계 해역의 제해권을 놓고 미국과 경쟁할 조건과 의지, 능력이 없으며, 동아시아 열강의 틈바구니에서 이른바 '주도권(hegemony)'을 차지할 조건과 의지, 능력도 없다.

하지만 중국은 강력한 군사적 억제력을 바탕으로, 해양의 효율적 이용과 개발을 목표로, 외교와 경제적 수단에 의존해 해양이익을 극대화할 수 있다. 뛰어난 외교전략, 중국과 외부 세계의 경제협력과 강한 해양경제 번영이 이러한 해양력 확대의 주요 수단이다. 중국의 5000년 문명사를 본다면 이것은 완전히 새로운 발전의 길이며, 세계 역사에서 대국의 흥망성쇠를 보아도 새로운 해양력의 길이다.

따라서 중국이 전 세계적인 공방의 강력한 해군을 보유할 가능성은 희박하지만, 해양의 경제, 과학기술, 인문 분야에서의 효과적 활용은 세계적일 수 있으며, 이것은 완전히 새로운 해양력 모형이다. 역사적으로 다른 해양력 대국의 굴기와 달리, 중국 해양력의 전략목표와 발전수단의 가장 큰 특수성은 해양통제의 제한성과 군사력 활용에 대한 극도의 자제를 추구하고 있다는 점이다. 이러한 특수성은 중국의 자체 여건과 직면한 복잡한 환경과 무관하지 않을 뿐만 아니라, 국제 정치문화와 세계 정치문명의 변천에 대한 사실적 반영이기도 하다. 중국의 해양력 부흥은 세계의 새로운 해양력 발전 형식의 성공을 의미할 것이며, 중국의 해양력 발전은 세계 해양력 이념의 혁신이 될 것이다. '어떠한 대국의 성공적 굴기도 물질적 추구와 사회적 추구의 유기적 통합에서 벗어날 수 없고, 후발국일수록 국제사회의 규범과 행동의 틀에 더 많이 얽매인다.' 이런 의미에서 중국의 해양력 전략은 물질적이고 사회적인 통일이며, 중국 해양력 목표의 정의, 실현 수단 선택도 시대적 여건과 국제규범의 영향과 제약을 받지 않을 수 없다.[4] 이러한 해양력 전략은 내생적이면서도 외생적이다.

하지만 중국 해양력의 발전도 해상력 건설과 뗄 수 없다. 중국은 여전히 강대한 해상력으로 해양의 평화적 이용, 해양 참여에 필요한 권리를 확보해야 하며, 이러한 권리는 중국이 대국으로서 해양력을 발전시키는 토대가 된다. 이는 중국의 주권 보전과 경제적 이익이 심각한 현실적 위협에 직면해 있는 것은 물론, 안보가 일종의 감각이기 때문이며, 복잡한 지정학적 상황과 비참한 역사의 기억을 가진 중국으로서는 더욱 그렇다. 해상력의 주된 역할은 사실 중국에 자신의 안전에 대한 자신감을 부여하는 데 있다. 중국이 자신의 근해와 해상교통로의 기본적인 안전마저 보장하지 못한다면, 중국은 시시각각 불안 속에서 평화굴기는 말도 꺼낼 수도 없다. 중국이라는 대국으로서, 강한 주변국으로 둘러싸인 동아시아에서 일정한 군사적 억제력을 갖는 것은, 중국이 더 열린 마음으로 국제문제에 참여하도록 촉진하는 데 큰 도움이 될 것이다. 중국은 자신의 행동을 규제하고 규범화하여 세계를 안심시킬 필요가 있고, 세계도 중국의 안전과 중국의 핵심이익에 대하여 최소한의 존중을 해줄 필요가 있다. 세계 모든 대국이 해양을 다스리고 강대한 해군을 발전시키는 데 적극적이며, 중국도 대국의 지위에 걸맞은 해상권력을 확보해야 한다. 중국이 이러한 해상력을 평화적으로 얻어

4) 郭树勇：《大国成长的逻辑——西方大国崛起的国际政治社会学分析》， 北京：北京大学版社，2006年，第234页。

필요한 해상공간을 확보할 수 있을지는 중국 자체의 노력뿐 아니라 국제사회, 특히 해상 주도국인 미국의 선택에 달려 있다. 중국으로서는 외교와 경제적 수단을 통해 중국 해양이익에 대한 외부 세계의 인식과 이해에 영향을 미칠 필요가 있다. 중국의 해상력 발전방식은 평화롭고 목표 또한 제한적이다. 중국의 해상력은 지역을 중심으로 배치하여, 제한된 공간 범위 내에서 중국의 이익을 보호하고, 상대적으로 무한한 공간 범위 내에서 국제 공공재를 제공하며, 국제적 책임을 지는 것을 목적으로 하고 있다.

중국 해양력 발전의 조건과 환경, 이익 동기와 실현 수단에 대한 진지한 고찰을 통해 중국 해양력 발전전략은 이미 윤곽을 드러냈다. 성격과 범위에 따라 공간을 목표로 중국의 해양력 발전의 전략목표는 다음과 같이 요약할 수 있다. 중국 핵심이익과 관련한 제1도련선 안팎 해역에서 일정한 군사우위를 도모해야 한다. 서태평양과 북인도양에서 일정한 역량의 존재와 정치적 영향력을 유지하고, 미국, 일본, 러시아, 인도 등 나라의 해상력과 함께 아·태 해역의 안전과 안정을 지켜야 한다. 세계적으로 일정한 기동성을 유지하면서, 비전통적 안보위협에 적극적으로 대처하고, 세계 해양의 평화를 지키는 데 이바지하며, 세계 해양의 새로운 질서를 구축하는 데 큰 밑거름이 되어야 한다.

전략수단의 경우 중국은 외교, 경제, 해상 군사력의 3대 주요 수단에 의해 세 가지 전략목표를 달성하는데, 이 세 가지 수단은 유기적 총체로, 서로 의지하며 지지한다. 적극적인 외교는 해양경제 확대와 해상 군사력 발전에 정치적 지원을 하고, 해양경제의 발전은 외교와 해상 군사력의 발전에 대한 현실적 근거와 물질적 보장을 제공하며, 해상 군사력은 외교와 경제적 수단에 필요한 힘을 뒷받침할 것이다.

전략수단도 전략목표와 결합해 적응한다. 해양력 발전의 전략수단은 외교적 영향, 해양경제적 성취, 해상 군사능력 등 3대 차원으로 나눌 수 있으며, 중국 해양력의 세기도 이들 3대 지표로 분류된다. 물론 어느 한쪽의 목적을 달성하기 위한 수단은 단일한 것이 아니라 복합적이어야 한다. 예컨대 군사적 목표의 달성은 해군을 발전시키는 것 외에도 적극적인 외교와 강한 해양경제에 크게 의존한다. 외교, 경제, 군사적 수단을 총동원해 현 외교, 경제, 군사적 목표를 달성해야 한다. 이익의 유형에 따라, 서로 다른 공간적 범위에서, 세 가지 차원의 이익 서열을 합리적으로 배치하고, 세 가지 수단의 응용에 대해 합리적으로 배치해야 한다.

표 10 중국 해양력의 전략수단 조합

공간 범위	제1도련선 내	서태평양, 북인도양	세계 범위
전략수단	경제개발, 군사 억제, 외교 투쟁	외교적 지지, 군사 위협, 경제개발과 협력	외교 서비스, 경제개발과 협력, 군사외교 및 비전쟁 군사행동

제2절 기술혁신

역사적으로 보면, 해양력은 흔히 선진 생산력을 대표하며, 일류 기술 없이는 강한 해양력을 가질 수 없다.

해양강국은 예외 없이 기술이 뛰어나고, 과학기술은 군사력 건설, 해양자원 개발, 해양환경 보호 등에서 중요한 역할을 한다. 역사적으로 새로운 기술체계는 새로운 해양강국을 낳기 마련이다. 국가의 총력은 해양강국이 되기 위한 토대가 되지만, 국력은 총량뿐 아니라 질까지 갖춰야 한다. 질이 안 되면 총량도 아무 소용이 없다는 것은 역사가 거듭 증명한다. 1840년 중국 국내 총생산은 전 세계 약 30%를 차지하여 영국을 훨씬 넘었지만, 영국에게 참패를 당했다. 청일전쟁 시 중국보다 일본의 국내 총생산은 훨씬 적었으며, 중국보다 부유하지 못했지만, 중국은 더 비참하게 패했다.

무엇보다 기술혁신 없이는 패러다임의 혁신도 없으며, 기술혁신은 중국의 해양력 발전에 특별한 사명이 있다. 중국은 해상 평화굴기의 패러다임 아래 경제, 사회, 군사, 문화 등 전방위적인 종합진보를 추구하고 있으며, 이것은 평화발전과 평화경쟁의 일종이다. 기술혁신은 패러다임 혁신의 토대이며, 중국이 후발 해양국으로 '우회추월'을 하기 위한 근본적인 전제이다. 비록 중국은 현재 국민경제와 해양경제의 규모가 이미 세계 상위에 있고, 실력의 규모는 이미 매우 커졌지만, 해양 과학기술 혁신 능력은 여전히 '약점'이며, 실력의 질은 여전히 만족스럽지 못하다. 중국이 해양으로 나아가 세계 해양강국이 되려면 과학기술의 혁신 부족과 핵심기술의 한계를 해결해야 한다.

해양과 기술의 빠른 발전으로 인류가 전방위적으로 해양을 이용하는 단계에 접어들고 있으며, 특히 심해에 대한 인류의 탐색과 개발은 빠른 시일 안에 실질적인 돌파를 할 것이다. 근해와 얕은 대륙붕의 오일가스 자원 탐사와 개발이 포화상태에 이르면서, 세계 대부분의 새로운 탐사 매장량은 심해에서 나온다. 2016년 10월 말 현재 국제해저기구는 망가니즈단괴, 망간강 지각, 해저열수광상 등 총 26건을 신청했고, 다수의 신청 및 승인 시기는 2015년부터 2016년까지다.[5] 미국, 영국 등은 현재 신형 채굴설비를 연구하고 있으며, 앞으로 5~10년 안에 상업적 채굴이 가능할 것으로 전망하고 있다. 심해의 대규모 탐사와 개발은 해양국들의 발전 및 과학기술 과제가 되고 있으며, 복합금속단괴, 망간각, 해저열수광상 등 심해 광물자원 탐사 조사가 계속 진행되어, 심해의 오일가스 자원 매장량이 끊임없이 경신되고 있으며, 심해 유전자원이 해양대국들의 시야에 들어오면서, 심해 장비와 과학기술이 빠르게 발전하고 있다. 현재 인류가 탐색한 해저는 5%에 불과하고, 바다의 95%는 알려지지 않아 해양개발 전망이 밝다. 최근 10년 동안 해양대국들은 심해관측망과 무인 심해잠수정을 대대적으로 발전시켜 심해 대양에서의 감지, 개발 및 활동 능력이 크게 증강되었다.

인간의 해상활동이 근해에서 심해로, 관할해역에서 공해와 '심해저' 등 공공 해양공간으로, 수상, 공중, 해저에서 전 수심, 전 방면으로 이동함에 따라, 기술혁신은 한 나라가 바다에서 공간과 권력을 확장하는 가장 중요한 전제가 되고 있다.

현재 4차 산업혁명의 핵심기술로 꼽히는 3D 프린팅, 인공지능, 사물인터넷 등은 모두 기존기술을 집적화해 운용하고 있어 사실상 혁신적인 기술이라고 할 수 없다. 해양공간과 해양정치의 판도를 바꿀 만한 기술은 나오지 않았다고 할 수 있으며, 아직 성숙과 시행착오의 단계이다. 앞으로 심해 탐사 개발 및 수중전의 잠재력이 커 혁신적인 기술체계 형성이 가능할 것으로 전망된다.

제3절 제도혁신

국제사회는 더는 적나라한 강권정치가 아니며, 국가의 실력과 이익을 국제적으로 인정받아야 하는 것은 물론, 국가발전이 상징하는 세계적 흐름에 충분히 호소할 수 있어야 한다. 해양력 국가는 해양질서를 만들고, 그 해양활동을 방어하는 언어체

5) International Seabed Authority, https://www.isa.org.jm/deep-seabed-minerals-contractors.

계, 즉 해양서사를 생산하고, 시대마다 국제체계에 '해양과 해양 소유권'에 관한 규칙이 있다.[6] 전통 해양력이 제해권에 초점을 맞추는 것과 달리 현대 해양력의 핵심은 '질서'이며, 피라미드 꼭대기에 있는 해양력 강국은 자신의 이익을 지키면서 어떻게 국제기제나 규칙의 변천과 진보를 이끌어 나갈 것인가부터 고민해야 한다.

또 실력과 권력지위의 변천은 반드시 세계 이익구도의 재분배를 가져오고, 적절한 제도적 장치가 없으면 혼란과 전쟁으로 이어질 수밖에 없다. 그런 의미에서 제도혁신은 세력의 평화적 전이를 촉진하고, '투키디데스 함정'을 피하는 열쇠이다.

영국과 미국이 세계 해양질서를 오랫동안 주도해 온 이유도 여러 가지가 있겠지만, 제도혁신도 이들의 성공에 중요한 요인임이 틀림없다. '중국 해양력이 세계질서를 만드는 주요 힘이 되어야, 중국 해양력 발전의 궁극적 가치가 확고하게 자리잡을 수 있다.'[7]

영국은 해상패권을 확립한 뒤 자유무역의 이념을 내세워, 당시 자국의 이익을 보호할 것으로 보였던 「곡물법」과 「항해조례」 등 보호무역주의로 대표되는 법령을 스스로 폐기함으로써, 세계적으로 영국의 위상을 높이고, 사람들이 '해가 지지 않는 제국'의 통치 아래 사는 것에 대한 두려움과 저항을 크게 줄였다. 19세기 말, 20세기 초 미국은 세계 해상대국으로 부상하기 직전, 영국의 자유무역에 한발 더 나아가, 해상자유 이념을 내세우며, 식민지 철폐와 해상 항행의 절대적 자유 보장 등을 주장하였으며, 이는 윌슨(Wilson)의 '14개조 평화원칙'에서 잘 나타났다. 이렇게 시대적 흐름을 이끄는 원칙을 주장하고, 두 차례의 세계대전이 부여한 전략적 기회에 힘입어, 미국은 영국과 직접 충돌하지 않으면서 영국의 해상주도적 지위를 무너뜨리고, 자신을 핵심으로 하는 해상질서를 구축하였다.

제2차 세계대전 종전 이후 국제관계의 민주화는 사람들의 마음속에 깊이 자리잡았고, 세계 대다수 국가는 공평하고 공정하며 합리적인 새 국제질서의 확립을 외쳤다. 미국이 주창한 자유원칙과 전후 널리 퍼진 주권원칙 사이에 갈수록 격렬한 갈등이 발생하고 있으며, 미국식 해상주도적 지위는 점점 더 큰 도전에 봉착해왔다. '과학기술은 인류의 해역과 해양자원 활용능력을 확장해 나가기 때문에, 해역과 자원이 부

6) 李文富：《海洋元叙事；海权对海洋法律秩序的塑造》，载《世界经济与政治》，2014年第5期，第66－67页。
7) 师小芹：《论海权与中美关系》，北京：军事科学出版社，2013年，第291页。

족한 문제가 발생하고, 각국이 다른 국가의 간섭을 배제하기 위해 관할지역을 확대하도록 자극하고 있다.'[8] 「유엔 해양법 협약」(이하 「협약」)이 발효되면서 미국의 해양력은 더욱 어려워지고 있으며, 이를 위해 「협약」 외에 '항행의 자유 작전'까지 만들어 이른바 '항행의 자유'를 지키고 있다.

미국 해양력의 문제는 그 해상자유원칙이 주권원칙에 대한 적절한 고려가 없어, 국제사회의 폭넓은 지지를 얻기 어렵다는 데 있다. 이론적으로는 세계 각국이 미국과 같은 자유권리를 갖고 있지만, 힘의 불균형 때문에 법적 평등은 사실상의 불평등을 초래하고, 절대다수의 연안국 해군은 인접해역에서 활동해 세계 해역 항행의 자유가 이들 국가에 큰 의미가 없기 때문이다.

중국의 기회는 바로 여기에 있다. 400여 년 동안 국제적으로 맞섰던 해상 개방과 폐쇄/자유와 주권의 원칙이 새로운 균형으로 나아가고 있고, 영·미가 주창하는 해상자유원칙이 극단으로 치달으면 어느 정도 선회와 조정을 해야 하며, 주권원칙이 더 많은 관심을 끌게 될 것이다. 반면 중국은 대국과 개발도상국이라는 신분까지 겸비하고 있어, 심해의 원양으로 갈수록 자유원칙상 미국과의 공동이익과 요구가 빠르게 늘고 있으며, 동시에 주권원칙상 대부분의 개발도상국과 비슷한 입장과 강한 공감대가 형성되고 있다.

'일대일로' 구상에서 중국이 주장하는 상호연결, 협력공영, 개방포용 등의 원칙은 자유원칙이나 주권원칙의 균형을 잘 조화시켜 미래 해양질서의 주요 가치이념으로 발전할 가능성이 크며, 이를 잘 포장하고 실천해 간결하고 분명한 꼬리표를 빨리 찾아내야 한다. 물론 앞으로 어떠한 국가도 영국이나 미국처럼 막강한 힘을 갖추기 어려울 것이며, 중국도 자신이 주도하는 해양질서를 만들 수 없겠지만, 중국은 미래 해양질서에 한 축이 되어야 하며, 이것은 중국 해양력 굴기를 제도적으로 뒷받침할 것이다.

게다가 해양력의 제도혁신은 국내제도 혁신의 요구를 안고 있는데, 국내사업과 국제사업의 경계가 모호해져, 국내제도는 사실상 국제제도와 떼려야 뗄 수 없는 관계에 있다. 한 나라는 국내외 제도의 분리를 오래 가져갈 수 없으며, 장기적으로는 국내정치와 국제정치의 가치와 요구가 일치하는 경향을 보인다. 고대 중국 관습의 '외유

8) (美) 罗伯特·基欧汉, 约瑟夫·奈：《权力与相互依赖》, 林茂辉, 等译, 北京：中国人民公安大学出版社, 1991年, 第107页。

내법(外儒內法: 겉으로는 유가, 속으로는 법가)'은 오늘날 세계에서 오래 남을 수 없으며, 국내제도와 통치이념의 발전이 국제제도의 혁신에 부응하는 것이 절실하다.

마르크스는 일종의 지역적 체제는 육지로 충분한데, 세계적 체제는 수역이 반드시 있어야 한다고 지적한 바 있다.[9] 역사적으로 중국은 오랫동안 지역적 제국, 왕조, 또는 공화국이었고, 동아시아 이외의 세계 다른 지역에서는 별로 중요한 이익이 없었으며, 이 지역 국가들과도 정치, 경제적 연계가 강하지 않았다. 명나라 이래 중국이 여러 차례 해양력 발전의 기회를 놓친 것은 지혜와 선택의 문제가 아니라, 경제적 이익의 기초에 의해 결정된 측면이 크다. 개혁개방 이후 거의 40년 동안, 중국의 이익은 나날이 전 세계에 널리 퍼져나갔으며, 중국은 세계 각국과의 우호협력을 통해 이미 세계적인 대국이 되는 데 성공했다. 중국의 이익 분배 판도가 바뀌면 해양력을 대하는 태도도 바뀌기 마련이다. 세계적인 강대국이 되기 위해서는 강대한 해양력이 절대 없어서는 안 된다. 오늘날 중국의 해양력은 적어도 지상력만큼 중요하다. 경험에 따르면 해양력 대국이 되는 것은 대부분 자신도 모르게 선택받은 결과이지만, 해양력 강국이 되는 것은 자신의 설계와 기획이 필요하다. 또 중국처럼 덩치가 큰 나라는 약(弱)에서 대(大)로 가기 쉽지만, 대에서 강(強)으로 가기는 어렵다. 앞으로 30여 년 동안 중국은 세계 해양력 대국에서 세계 해양력 강국으로 도약하는 단계에 있으며, 위험한 도전이 날로 늘고 있어, 주도적인 계획과 적극적인 행동이 없으면 실패할 가능성이 크다. 이런 점에서 이 책의 글은 '완벽하지는 않지만 필요'한 시도일 것이다.

해양강국의 부흥은 그 나라의 정치, 경제, 외교, 군사, 정신 및 문화 등 영역의 전반적인 발전과 향상에 기댈 수밖에 없다. 지면의 한계로 필자는 외교, 경제, 군사적 수단에 치중했는데, 사실 중국의 강대한 해양력이라는 전략목표를 제대로 달성하기엔 이 3대 수단으로는 턱없이 부족하다. 사회, 문화, 교육 등 수단의 역할도 중요하며, 이것들이 3대 수단의 정신적 토양과 지적 지원이다. 또한 해양력 발전은 결코 정부, 국가만의 일이 아니라, 전국, 전 민족의 꿈으로, 뜨거운 피가 흐르는 중국인 개개인의 일이여야 한다. 해양이익을 보호하고 확장하는 것은 하나의 체계적인 공정으로, 정부, 기업, 민간단체, 개인 등 각 분야의 주체가 각각 그 직무를 담당하고, 공동으로 노력하며, 외교, 경제, 군사, 사회, 문화, 교육 등의 수단을 종합적으로 응용해야 한다.

---

9) 马克思(마르크스)：《十八世纪外交史内幕(18세기의 비밀 외교사)》, 中共中央马克思恩格斯列宁斯大林着作编译局编译, 北京：人民出版社, 1979年, 第80页。

중국의 해양력 전략을 연구, 설계하는 것도 하나의 체계적인 공정이고, 정부 각 부처, 기업, 학자 등이 서로 다른 역사적 역할과 책임으로 제 역할을 다해야 한다. '많은 사람이 힘을 합하면 그만큼 힘이 세진다.' 해양력을 연구하고 발전시키는 과정에서 관련된 집단과 개인마다 자신의 위치를 정확하게 파악하여, 누구도 대체할 수 없는 이바지를 해야 한다. 그리하면 중국의 해양사업은 매우 영광스럽고, 중화민족은 번영할 것이다!

후기

「머핸시대 이후 중국의 해양력」은 필자가 6년 전 펴낸 졸작 「중국 해양력 전략(中国海权册)」의 연장선이다. 당시의 혁신이나 역점은 중국 해양력 발전의 큰 틀을 구축하고, 중국 해양력의 전략목표와 실현 수단에 대한 전면적인 분석과 기획을 시도하는 데 있었다.

6년여 동안 중국의 해양실천은 풍부하고 고조가 거듭되어, 해양권익 수호와 해양강국의 종합건설이 큰 성과를 거두었다. 이와 더불어 외부의 반응과 관심이 동시에 커지면서 중국과 분쟁이 있는 일부 국가들이 중국의 강력한 해상권익 수호에 적응하지 못하고 초조해하고 있다는 우려도 커지고 있다. 중국 해상굴기에 대한 미국, 일본 등 나라의 반응이 나날이 치열해지면서, 서태평양 지역에서 중국의 적절한 해상 지위 향상과 미·일의 주도적 지위 또는 우위 유지의 대결이 두드러지었다. 중국 정부나 두뇌집단의 많은 인재는 '해양력'이라는 말이 유행이 지났다고 하지만, 해양력 경쟁의 현실은 해양력 이론에 대한 검토가 여전히 시의적절하다는 점을 일깨워주고 있다. 사실 해양력 이론의 발전은 중국의 해상실천과 밀접하게 연결되어 있고, 고전 이론은 중국의 해양력 발전에 일정한 참고와 지침을 제공하며, 중국의 해상굴기는 해양력 이론에 대해 새롭고 중대한 과제를 제기한다.

「중국 해양력 전략」의 기본 틀과 주요 판단은 그동안 실천과 정세의 시련을 겪어 왔고, 그 인증이 이 책을 재조명하려는 충동을 불러일으켰다고 봐야 한다. 또 이 책은 시야가 넓지 않고, 문헌이 정리되지 못한 점, 구성이 완전하지 못한 점 등 아직 문제나 부족함이 남아 있다. 물론 더 중요한 것은 최근 몇 년의 관찰과 축적을 통해 필자 자신의 인식수준도 어느 정도 향상되었다는 점이다.

그래서 최신 연구성과를 독자들에게 더 잘 보여주기 위해 「중국 해양력 전략」의 기본 틀에 새로운 시도와 노력을 보태려 한다. 1980년대 이래 중국의 해양력 건설과 실천을 '중간평가'하고, 앞으로 30여 년간 '대에서 강으로' 나아갈 해양력의 길을 관찰하고 고민해 보자는 것이다.

탐색하면서 많은 혼란과 방황이 있었는데, 용기를 잃지 않도록 지지와 격려를 보내주신 독자와 지도자 그리고 스승과 친구들에게 진심으로 감사하다.

후보

2018년 2월 20일

베이징대 옌둥위안(燕東園)

찾아보기

글쓴이

후보(胡波) 박사

베이징대학 해양전략연구중심의 주임이자, 남해전략태세감지계획의 주임을 맡고 있다. 오랫동안 해양전략과 정책, 국제안보 분야에서 연구하였으며, 『세계 경제와 정치(世界经济与政治)』, 『국제관찰(国际观察)』, 『외교평론(外交评论)』, 『Journal of Chinese Political Science』 등 국내외 핵심 정기간행물에 40여 편의 학술논문을 발표하고, 여러 권의 학술저서를 출판하였다. 해양전략과 정책 분야의 저서에는 『2049년 중국의 해상권력(2049年的中国海上权力)』(中国发展出版社, 2015년), 『머핸시대 이후 중국의 해양력(后马汉时代的中国海权)』(海洋出版社, 2018년)과 『Chinese Maritime Power in the 21st Century』(Routledge, 2019년)가 있다.

옮긴이

이진성

해군 소령
해군사관학교 조교수
중국 베이징대학 신호정보처리학 석사('14년)
국방어학원 중국어과정('09년)
해군사관학교 정보통신공학 학사('04년)

이희정

해군 대령
국립통일교육원 통일정책지도자과정('21년)
국방대학교 합동고급과정('14년)
국방어학원 중국어과정('04년)
해군 사관후보생(OCS) 92기('97년)

한국해양전략연구소 총서 91
머핸시대 이후 중국의 해양력

초판발행 2021년 5월 31일

지은이 후보(胡波)
옮긴이 이진성·이희정
펴낸이 안종만·안상준

편 집 우석진
기획/마케팅 이영조
표지디자인 박현정
제 작 고철민·조영환

펴낸곳 (주) 박영사
서울특별시 금천구 가산디지털2로 53, 210호(가산동, 한라시그마밸리)
등록 1959. 3. 11. 제300-1959-1호(倫)
전 화 02)733-6771
f a x 02)736-4818
e-mail pys@pybook.co.kr
homepage www.pybook.co.kr
ISBN 979-11-303-1202-6 93390

정 가 17,000원